普通高等院校土木专业"十三五"规划精品教材

建 筑 力 学

Architectural Mechanic

（第二版）

华中科技大学出版社

中国·武汉

内 容 提 要

　　本书是根据普通高等院校建筑学、城乡规划、土木工程等专业的基本教学要求编写的,旨在将理论力学、材料力学和结构力学三门课程的体系进行整合优化、融会贯通,形成建筑力学一门课程。在本书编写过程中,我们在保留经典内容的基础上,积极引入新内容;在一定程度上剔除了三门力学课程之间的重叠内容,并注意保持内容的严谨性和连贯性;同时在课程体系上进行了较大幅度的改革创新,为培养高素质复合型的土建类专业人才服务。

图书在版编目(CIP)数据

建筑力学/王崇革主编. —2 版. —武汉:华中科技大学出版社,2020.2(2024.1 重印)
普通高等院校土木专业"十三五"规划精品教材
ISBN 978-7-5680-5586-4

Ⅰ. ①建…　Ⅱ. ①王…　Ⅲ. ①建筑科学-力学-高等学校-教材　Ⅳ. ①TU311

中国版本图书馆 CIP 数据核字(2019)第 184668 号

建筑力学(第二版)　　　　　　　　　　　　　　　　　　　王崇革　主编
Jianzhu Lixue(Di-er Ban)

策划编辑:周永华
责任编辑:周永华
封面设计:原色设计
责任校对:李　弋
责任监印:朱　玢
出版发行:华中科技大学出版社(中国·武汉)　　　电话:(027)81321913
　　　　　武汉市东湖新技术开发区华工科技园　　　邮编:430223
录　排:华中科技大学惠友文印中心
印　刷:武汉开心印印刷有限公司
开　本:850mm×1060mm　1/16
印　张:21.75
字　数:570 千字
版　次:2024 年 1 月第 2 版第 3 次印刷
定　价:65.00 元

总　　序

　　教育可理解为教书与育人。所谓教书,不外乎是教给学生科学知识、技术方法和运作技能等,教学生以安身之本。所谓育人,则要教给学生做人的道理,提升学生的人文素质和科学精神,教学生以立命之本。我们教育工作者应该从中华民族振兴的历史使命出发,来从事教书与育人工作。作为教育本源之一的教材,必然要承载教书和育人的双重责任,体现两者的高度结合。

　　中国经济建设高速持续发展,国家对各类建筑人才需求日增,对高校土建类高素质人才培养提出了新的要求,从而对土建类教材建设也提出了新的要求。这套教材正是为了适应当今时代对高层次建设人才培养的需求而编写的。

　　一部好的教材应该把人文素质和科学精神的培养放在重要位置。教材中不仅要从内容上体现人文素质教育和科学精神教育,而且还要从科学严谨性、法规权威性、工程技术创新性来启发和促进学生科学世界观的形成。简而言之,这套教材有以下特点。

　　一方面,从指导思想来讲,这套教材注意到"六个面向",即面向社会需求、面向建筑实践、面向人才市场、面向教学改革、面向学生现状、面向新兴技术。

　　二方面,教材编写体系有所创新。结合具有土建类学科特色的教学理论、教学方法和教学模式,这套教材进行了许多新的教学方式的探索,如引入案例式教学、研讨式教学等。

　　三方面,这套教材适应现在教学改革发展的要求,提倡"宽口径、少学时"的人才培养模式。在教学体系、教材编写内容和数量等方面也做了相应改变,而且教学起点也可随着学生水平做相应调整。同时,在这套教材编写中,特别重视人才的能力培养和基本技能培养,适应土建专业特别强调实践性的要求。

　　我们希望这套教材能有助于培养适应社会发展需要的、素质全面的新型工程建设人才。我们也相信这套教材能达到这个目标,从形式到内容都成为精品,为教师和学生,以及专业人士所喜爱。

中国工程院院士　王思敬

前　　言

　　本书编写结合现代工程的实际问题,同时适应现代工程技术发展和计算机应用的要求,迎合各力学学科的发展以及相互间的渗透与融合。在体系和内容上做了适当的调整与充实,对经典内容加以精选,力求简明实用、荟萃精华、汇集基本概念、原理、公式及工程技术中常用的力学参数等基础知识与技术资料,具有一定的实用性。在编写的过程中注意了基本概念和分析方法的严谨性,在篇幅上力求精练。

　　本书由王崇革(第0、1、2、3章)、葛吉虹(第5、11、12章、附录)、刘润星(第4、13章)、李云峰(第6、7章)、孙黄胜(第8、9章)和高秋梅(第10、14章)编写。全书由王崇革统编定稿,山东科技大学的王来教授对本书做了详细的校审。

　　本书内容主要包括:静力学基础,静定和超静定结构的内力计算,静定结构的变形及位移计算,结构与构件的强度、刚度和稳定性,等等。本书可供高等工科院校的土木工程、建筑学、城乡规划、工程管理、交通工程、给水排水工程等专业的学生选用,也可供其他专业和有关工程技术人员选用。

　　由于编者水平有限,书中难免存在不足之处,殷切希望读者批评指正。

编　者

二〇一八年十月

主 要 符 号

A	面积
C_{ij}	传递系数
D,d	直径
E	弹性模量
f_s	静摩擦因数
$\boldsymbol{F}$	力
$\boldsymbol{F}_{Ax},\boldsymbol{F}_{Ay}$	A 处铰支座反力
$\boldsymbol{F}_{cr}$	临界力
$\boldsymbol{F}_N$	轴力
$\boldsymbol{F}_Q$	剪力
$\boldsymbol{F}_R$	合力、主矢
F_x,F_y,F_z	力在 x、y、z 方向的分量或投影
G	剪切弹性模量
g	重力加速度
h	高度
I	惯性矩
I_P	极惯性矩
k	弹簧刚度系数
l、L	长度、跨度
m	质量
M,M_y,M_z	弯矩、力矩
M_O	主矩
M_T	扭矩
n	转速
n_{st}	稳定安全系数
P	重量
q	分布荷载集度
R、r	半径
V	变形能
W	重量、抗弯截面模量、功
W_T	抗扭截面模量
α、β	倾角

ϕ	相对扭转角
ϕ_{m}	摩擦角
γ	切应变
Δ	变形、位移
ε	线应变
λ	柔度、长细比
μ	长度系数
μ_{ij}	分配系数
υ	泊松比
ρ	密度、曲率半径
σ	正应力
σ_{b}	强度极限
σ_{jy}	挤压应力
$[\sigma]$	许用应力
σ_{cr}	临界应力
σ_{e}	弹性极限
σ_{p}	比例极限
σ_{s}	屈服应力
τ	切应力
$[\tau]$	许用切应力

目　　录

第0章 绪 论

0.1 引言

　　力学是人类在认识自然、改造自然的过程中,对客观自然规律的认识不断积累、应用和完善后得以发展起来的。它是一门涉及工程技术学科的力学学科分支。20 世纪以前,推动近代科学技术与社会进步的建筑、铁路、桥梁、船舶、兵器等行业,无一不是在力学理论的基础上逐渐形成和发展起来的。

　　20 世纪产生的诸多高新技术工程,如高层建筑(见图 0-1)、大跨度桥梁(见图 0-2)、高速公路(见图 0-3)、海洋钻井平台、大型水利工程(见图 0-4)、航空航天器以及高速列车等许多重要工程更是在力学理论指导下得以实现,并不断发展完善的。

图 0-1　高层建筑

图 0-2　大跨度桥梁

图 0-3　高速公路

图 0-4　大型水利工程

0.2 建筑力学的任务和内容

　　建筑力学是将理论力学中的刚体静力学、材料力学、结构力学的主要内容,根据土建类专业基础力学知识的内在连续性和相关性,优化组合形成的新知识体系。它适应建筑学、城乡规划、工程管理、房地产等专业培养目标的需要,满足相关专业对建筑力学知识的基本要求,并为建筑工程结构与构件的设计和计算提供基础知识。

建筑力学研究结构的几何构成规则以及在荷载或其他因素(支座移动、温度变化)作用下建筑结构及构件的强度、刚度和稳定性问题,以保证工程结构按设计要求正常工作,并能充分发挥建筑材料的力学性能,使设计的结构既安全可靠,又经济合理。

建筑力学的内容包括以下几方面。

① 刚体静力学基础。研究物体系统的受力分析、力系简化和物体系统静力平衡的一般规律。

② 内力分析。对静定结构和构件进行内力分析、内力图绘制。

③ 强度、刚度和稳定性问题。

强度是指结构或构件抵抗破坏的能力。**刚度**是指结构或构件抵抗变形的能力。**稳定性**是指结构或构件在荷载作用下保持其平衡形式不发生突然改变的能力。

④ 结构的几何构成分析。研究结构的组成规律及合理形式。

⑤ 超静定结构问题。只用刚体静力学平衡不能完全确定工程中常见的超静定结构的支座反力和内力,必须考虑结构的物理关系、变形协调条件,从而获得补充方程,方能求解。

0.3 结构与构件

工程结构是工程中各种结构的总称,包括土木工程结构、水利工程结构、机械工程结构、航空航天结构和化工结构等。在土木工程结构中,**承受和传递荷载并起骨架作用的部分称为结构**。结构受荷载(如风荷载、屋面雪荷载、吊车荷载、构件自重等)作用时,其几何形状和尺寸均会发生一定程度的改变,称为变形。

结构的组成部分称为构件。建筑工程结构中的基础、梁、板、柱等均为构件(见图 0-5)。

按照几何特征,结构可分为以下三种类型。

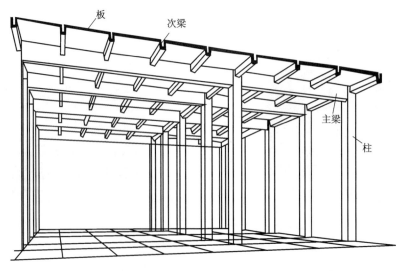

图 0-5 建筑构件

① 杆系结构。杆系结构是由细长杆件所组成的系统。杆件的几何特征是其长度远远大于横截面的宽度和高度。

② 薄壁结构。薄壁结构是由薄板或薄壳等组成的结构。薄板、薄壳的几何特征是其厚度远远小于其他两个方向的尺寸。

③ 实体结构。实体结构是指三个方向的尺寸大约为同数量级的结构。

建筑力学的研究对象主要是杆系结构。

0.4 刚体、变形固体

结构和构件可统称为物体。建筑力学对所研究的物体采用两种计算模型：刚体模型和变形固体模型。

刚体是指在力的作用下，大小和形状始终不变的物体，也就是说，物体任意两点之间的距离保持不变。 在实际情况中，任何物体在力的作用下或多或少都会产生变形，如果物体变形不大或变形对所研究的问题没有实质性影响，则可将物体视为刚体。研究这些问题时，应用刚体模型。

如果在所研究的问题中，物体的变形成为主要因素，则应视为变形固体。

变形固体的变形分为两类：一类为外力解除后可消失的变形，称为弹性变形；另一类为外力解除后不能完全消失的变形，称为塑性变形或残余变形。只产生弹性变形的固体称为弹性体。

实际变形固体的结构和形态都比较复杂，但本书所涉及的研究内容仅限于宏观形态。因此，为简化研究过程，得到便于实际工程应用的结果，一般需对变形固体作如下假设。

① 连续性假设。假设物体的材料结构是密实的，物体内的材料是无间隙连续分布的。

② 均匀性假设。假设材料的力学性质是均匀的，从物体上任取微小单元体，材料的力学性质均相同。

③ 各向同性假设。假设材料沿任何方向的力学性质完全相同，这类材料称为各向同性材料。有一些材料（如碳纤维、玻璃、陶瓷等）沿不同方向的力学性质不同，称为各向异性材料。本书中仅研究各向同性材料。

按照连续、均匀、各向同性假设而理想化的一般变形固体称为理想变形固体。 采用该模型不仅使理论分析得到简化，且所得结果的精度能满足实际工程要求。

一般工程结构中，当外力不超过某一限度时，构件属于弹性体，且工作时所产生的弹性变形与构件尺寸相比非常微小，这类变形称为小变形。除特殊说明外，本书的研究内容仅限于小变形和弹性体的范围。

0.5 杆件的四种基本变形

所谓杆件，是指长度远大于横向尺寸的构件。杆件各横截面形心的连线称为轴线。轴线为曲线的杆件称为曲杆，如图 0-6（a）所示；轴线为直线的杆件称为直杆，如图 0-6（b）所示。

如果杆件截面的形状和尺寸沿杆件的轴线保持不变，称为等截面杆，如图 0-6（b）所示，否则称为变截面杆，如图 0-6（a）所示。

图 0-6 杆件

(a)变截面曲杆；(b)等直杆

作用在杆件上的外力是多种多样的，因此杆件的变形也各不相同。无论何种形式的变形，均可归结为以下四种基本变形之一，或是其中某几种基本变形的组合。直杆的四种基本变形介绍如下。

① 轴向拉伸或压缩。直杆受到与轴线重合的外力作用时，杆件的变形主要表现为沿轴线方向的伸长或缩短。这种变形形式称为轴向拉伸或轴向压缩，如图 0-7(a)、(b)所示。

② 剪切。一对相距很近、等值、反向的平行力沿横向(垂直于杆轴)作用于杆件时，杆件的变形主要表现为两力之间的截面沿力的作用方向发生错动。这种变形形式称为剪切，如图 0-7(c)所示。

③ 扭转。直杆在两个横截面(垂直于轴线的平面)内，受到一对大小相等、方向相反的力偶作用时，杆件的相邻横截面绕轴线发生相对转动。这种变形形式称为扭转，如图 0-7(d)所示。

④ 弯曲。直杆在纵向平面(通过杆件轴线的平面)内，受到一对方向相反的力偶作用时，杆件的轴线由直线变为曲线。这种变形形式称为弯曲(见图 0-7(e))。

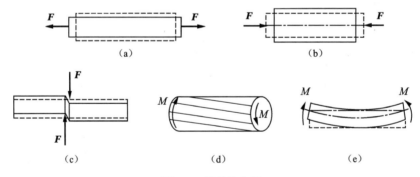

图 0-7 杆件的变形

(a)拉伸；(b)压缩；(c)剪切；(d)扭转；(e)弯曲

各种基本变形形式都是在上述特定的受力状态下发生的。实际情况中，杆件的受力状态往往比较复杂，多为四种基本变形形式的组合，即组合变形(详见第 9 章)。

0.6 荷载及其分类

荷载是指工程结构所承受的外力。在工程实际中，结构和构件所承受的荷载多种多样，为便于分析与计算，可将荷载按不同的方式分为不同的类型。

0.6.1　恒荷载与活荷载

　　荷载按其作用在结构上的时间长短,可分为恒荷载与活荷载。**恒荷载**是指长期作用在结构上的不变荷载,如结构的自重、固定在结构上的永久设备的重量、土的压力等。**活荷载**是指暂时作用于结构上的可变荷载,如车辆荷载、吊车荷载、风荷载、雪荷载及人群荷载等。

0.6.2　静荷载与动荷载

　　荷载按其作用在结构上的性质分为静荷载与动荷载。**静荷载**是指由零逐渐缓慢增加至最终值的荷载,这样不致使结构产生显著的振动与冲击,可略去惯性力的影响。当增至最终值时,荷载的大小、作用位置及方向不再随时间变化。例如,将机器设备缓慢地放置在基础之上,机器对基础的作用力便是静荷载。**动荷载**是指大小或方向随时间而改变的荷载。例如,地震力、打桩机产生的冲击荷载等。动荷载是突然施加或随时间迅速变化的荷载,它将使结构受到显著的冲击和振动,产生不容忽视的加速度。

0.6.3　分布荷载与集中荷载

　　荷载按其作用在结构上的范围分为分布荷载与集中荷载。分布作用在体积、面积和线段上的荷载称为**分布荷载**,亦可分别称为体荷载、面荷载和线荷载。连续分布于物体内部各点的重力属于体荷载,风、雪等压力属于面荷载。建筑力学研究的主要是杆系结构,可将杆件所受的分布荷载视为作用于杆件的轴线上。这样,杆件所受的分布荷载均为线荷载。

　　如果荷载作用的范围与物体的尺寸相比十分微小,这时可认为荷载集中作用于一点,并称为**集中荷载**。

　　当以刚体为研究对象时,作用于构件上的分布荷载可用其合力(集中荷载)来代替。例如,分布的重力荷载可用作用在重心上的集中合力来代替。当以变形固体为研究对象时,作用在构件上的分布荷载则不能任意地用其集中合力来代替。

第1章　物体系统的受力分析

刚体静力学主要研究物体在力系作用下的平衡问题。

物体在力系作用下处于平衡的条件称为力系的平衡条件。为了研究力系的平衡条件,除必须对物体进行受力分析以外,还必须将较为复杂的力系换成另一个与它作用效果相同的简单力系,这个过程称为力系的简化。因此,刚体静力学研究的主要内容是:物体受力分析;力系的简化;力系的平衡条件及应用。

1.1　刚体静力学基本概念

1.1.1　力和力系

力是物体间的相互作用,这种作用使物体的运动状态和物体的形状发生变化。物体间相互作用的力和其形式多种多样,归纳起来可分为两大类:一类是物体间的直接接触作用产生的作用力,如压力、摩擦力等;另一类是通过场的作用产生的作用力,如万有引力场、电磁场对物体作用的万有引力和电磁力。

力是物体间的相互作用。有一个力,就必然有一个施力物体和一个受力物体,离开物体间的相互作用是不能进行受力分析的。

从观察和试验可知,力对物体的作用效果完全取决于**力的三要素**,即力的大小、力的方向、力的作用点。其中任何一个要素发生变化,力的作用效应也随之发生变化。

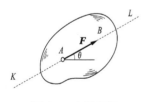

图 1-1　力的表示

力是具有大小和方向的量,即力是矢量,简称力矢。它常用带箭头的直线线段来表示,如图 1-1 所示。其中线段 AB 的长度(按一定的比例)表示力的大小,线段的方位(与水平方向的夹角 θ)和箭头的指向表示力的方向,线段的起点表示力的作用点。过力的作用点沿力的矢量方向画出直线 KL,称为力的作用线。

在国际单位制(SI)中,力的单位是 N(牛[顿])。

在工程单位制中,力的单位是 kgf(千克力),1 kgf=9.8 N。

在本书中,凡是矢量都用粗斜体字母表示,如力矢为 F;而这个矢量的大小(标量)则用斜体的同一字母(细体)表示,如 F。

作用在物体上的一群力称为**力系**。力的作用线在同一平面内,该力系称为**平面力系**;力的作用线为空间分布,该力系称为**空间力系**。在同一平面内,力的作用线汇交于一点,该力系称为**平面汇交力系**;在同一平面内,力的作用线相互平行,该力系称为**平面平行力系**;在同一平面内,力的作用线既不平行又不相交,该力系称为**平面任意力系**。力系作用于物体上而不改变其运动状态,则称该力系为**平衡力系**。如果两个力系分别作用于同一个物体上且效应相同,则这两个力系称为

等效力系。若一个力与一个力系等效,则称这个力是这个力系的**合力**,而该力系中的每一个力是这个合力的**分力**。对一个比较复杂的力系,求与它等效的简单力系的过程称为**力系的简化**。

1.1.2　平衡的概念

平衡是指物体相对于惯性参考系保持静止或匀速直线运动状态。平衡是物体机械运动的一种特殊形式,如静止在地面上的楼房、桥梁等。通常所说的惯性参考系是指与地球固定连接的参考系。

1.1.3　刚体静力学

在实际问题中,任何物体在力的作用下或多或少都会产生变形,如果物体变形不大或变形对所研究的问题没有实质性影响,则可将物体视为刚体,静力学主要是以刚体为研究对象的,所以也称**刚体静力学**。

1.2　静力学公理

静力学公理是人们在长期生活和生产中,经过反复观察和实践总结出来的客观规律,它正确地反映了作用于物体上力的基本性质。静力学中所有的定理和结论都是由几个公理推演出来的,这些公理已为大量的试验、观察和实践所证实。

公理一　二力平衡公理

欲使作用于刚体上的两力平衡,必须也只需这两个力的大小相等、方向相反且作用在同一直线上(等值、反向、共线) (见图1-2)。

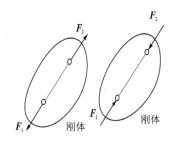

图 1-2　二力平衡

这个公理只适用于刚体。二力等值、反向、共线是刚体平衡的必要与充分条件。

公理二　加减平衡力系公理

在作用于刚体的力系上增加或减去一组平衡力系,不改变原力系对刚体的作用效应。

这个公理也只适用于刚体。对变形体来说,增加或减去一组平衡力系,改变了变形体各处的受力状态,将引起其内、外效应的变化。

推论一　力的可传性

作用于刚体上的力可沿其作用线移动到刚体内任一点,而不改变该力对刚体的作用效应。

证明　设力 F 作用于刚体上的 A 点,如图 1-3(a)所示,在作用线上任一点 B 增加一组平衡力 F' 和 F'',且令 $F'=-F''=F$,根据加减平衡力系公理,力 F 与三个力 F、F'、F'' 等效,如图 1-3(b)所示。在这三个力中,显然 F 与 F'' 构成一平衡力系,再去掉这两个力,则作用在刚体上 B 点的力 F' 与作用在 A 点的力 F 等效,即力 F 可以从 A 点沿其作用线任意移动到同一刚体内的 B 点,如图 1-3(c)所示。

根据力的可传性,力在刚体上的作用点已被它的作用线所代替,所以作用于刚体上力的三要素又可表述为:力的大小、作用线和方向,因此,作用于刚体上的力矢是滑动矢量。

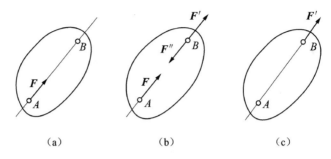

图 1-3　力的可传性

公理三　力的平行四边形法则

作用于物体同一点的两个力可以合成为作用于该点的一个合力,合力的大小和方向由以这两个力矢为邻边所构成的平行四边形的对角线表示,如图 1-4(a)所示。以 F_R 表示力 F_1、F_2 的合力,则按平行四边形法则相加,这个定律可表示为

$$F_R = F_1 + F_2$$

即作用于物体同一点的两个力的合力等于这两个力的矢量和。

事实上,将二力合成时,可以不必画出平行四边形。任选一点 a,作 ab 表示力矢 F_1,过其末端 b 作 bc 表示力矢 F_2,则 ac 即为合力矢 F_R,如图 1-4(b)所示,由分力矢与合力矢所构成的三角形 abc 称为力三角形。

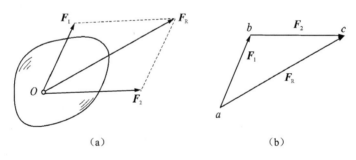

图 1-4　力的平行四边形法则

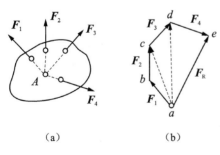

(a)　　　　　(b)

图 1-5　力多边形法则

上述方法可以推广到 n 个力组成的平面汇交力系的合成,如图 1-5(a)所示。设刚体上的 A 点作用有四个同平面的力 F_1、F_2、F_3、F_4,应用力三角形法则,各力依次合成,即先将 F_1 和 F_2 合成,则 ac 表示 F_1 和 F_2 的合力矢,再作 cd 表示 F_3,则 ad 表示 F_1、F_2、F_3 的合力矢,最后作 de 表示 F_4,ae 即为 F_1、F_2、F_3、F_4 的合力矢 F_R,如图 1-5(b)所示,这种求合力矢 F_R 的方法称为**力多边形法则**,多边形 $abcde$ 称为力多边形,ae 称为力多边形的封闭边。因此,可得出如下结论:平面汇交力系合成的结果为一个合力,合力的作用线过力系的汇交点,其大小和方向可用力多

边形的封闭边表示。即

$$F_R = F_1 + F_2 + \cdots + F_n = \sum_{i=1}^{n} F \tag{1-1}$$

若力多边形的封闭边长度为零,即最后一个力的末端与第一个力的始端重合,则合力为零,这表示该平面汇交力系为平衡力系。因此,**平面汇交力系平衡的必要与充分条件(几何法)是:力多边形首尾相连,自行封闭。** 平面汇交力系平衡条件的矢量表达式为

$$F_R = F_1 + F_2 + \cdots + F_n = \sum_{i=1}^{n} F = 0 \tag{1-2}$$

推论二　三力平衡汇交定理

若刚体在三力作用下平衡,而其中两个力的作用线相交,则第三个力的作用线必过该交点,且三力共面。

证明　设在刚体上 A、B、C 三点分别作用有力 F_1、F_2、F_3(见图 1-6),其中 F_1 和 F_2 的作用线相交于 O 点,刚体在此三力作用下平衡。由力的可传性,将力 F_1 和 F_2 分别从 A 点和 B 点滑移到 O 点,由力的平行四边形法则,将这两个力合成为 F_R。显然刚体在 F_R 和 F_3 作用下平衡。由二力平衡原理得知,F_R 和 F_3 必共线,即 F_3 的作用线必过 O 点。由于 F_1、F_2、F_R 共面,故 F_1、F_2、F_3 也必共面。

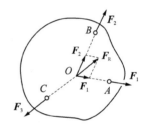

图 1-6　三力平衡汇交定理

公理四　作用与反作用定律

物体间相互作用的力总是同时存在,且大小相等、方向相反,沿同一条直线,并且分别作用在这两个物体上。 这个定律概括了任何两个物体间相互作用的关系。有作用力,必有反作用力。两者总是同时存在,又同时消失,因此,力总是成对出现在两个相互作用的物体之间。

静力学全部理论都可以由上述四个公理推论而得到,如前述的推论一和推论二。本书基本上采用这种逻辑推演的方法,建立静力学的理论体系。这一方面能保证理论体系的完整性和严密性,另一方面也可以培养读者的逻辑思维能力。然而,对于某些易于理解而推证过程又较烦琐的个别结论,本书将省略其证明过程,直接给出结论,以便于应用,读者亦可自行推证。

1.3　约束和约束反力

有些物体,如飞行的飞机、炮弹和火箭等,它们在空间的位移不受任何限制。位移不受限制的物体称为**自由体**。相反,有些物体在空间的位移受到一定的限制。如机车受铁轨的限制,只能沿轨道运动;电机转子受轴承的限制,只能绕轴线转动;重物由钢索吊住,不能下落等。位移受到限制的物体称为**非自由体**。对非自由体的某些位移起限制作用的周围物体称为**约束**。例如,铁轨对于机车、轴承对于电机转子、钢索对于重物等,都是约束。

既然约束阻碍着物体的位移,也就是约束能够起到改变物体运动状态的作用,所以约束对物体的作用,实际上就是力,这种力称为**约束反力**,简称**反力**。因此,约束反力的方向必与该约束所能够阻碍的位移方向相反。应用这个准则,可以确定约束反力的方向或作用线的位置。至于约束反力的大小则是未知的。在刚体静力学问题中,约束反力和物体受的其他已知力(称主动力)组成

平衡力系,因此可用平衡条件求出未知的约束反力。

下面介绍几种在工程中常遇到的简单约束类型和确定约束反力方向的方法。

1.3.1 柔体约束

绳索、钢丝绳、胶带、链条等都是柔体,由于柔体只能限制物体沿柔体中心线伸长方向的运动,而不能限制物体沿其他方向的运动,所以柔体的约束反力方向必定沿柔体的中心且背离被约束物体,即柔体只能承受拉力。例如,用钢丝绳吊起的重物 AB,如图 1-7(a)所示。根据约束的性质,钢丝绳只能承受拉力,因此,钢丝绳给构件的拉力为 F_A、F_B,作用线分别沿 AC 与 BC 方向,如图 1-7(b)所示。

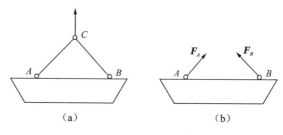

(a)   (b)

图 1-7 柔体约束

1.3.2 光滑面约束

当两物体接触面上的摩擦力很小时,可以略去不计,即可认为接触面光滑。图 1-8(a)中的物体搁在光滑支承面上,不论支承面的形状如何,这种约束只能限制物体沿接触面的公法线指向支承面的移动,而不能限制物体沿公切线或离开支承面的运动,因此,光滑面的约束反力通过接触点,方向沿接触面的公法线并指向被约束物体(通常称为法向反力),如图 1-8(b)所示。

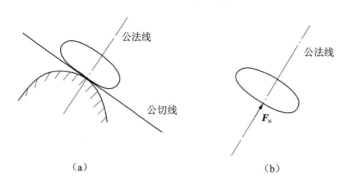

(a)   (b)

图 1-8 光滑面约束

1.3.3 铰链支座

光滑圆柱铰链简称为**铰链**,在工程结构和机械设备中常用以连接构件或零部件。铰链是用圆柱销插入两物体的圆孔而构成的,如图 1-9(a)、(b)所示。铰链的简图如图 1-9(c)所示。

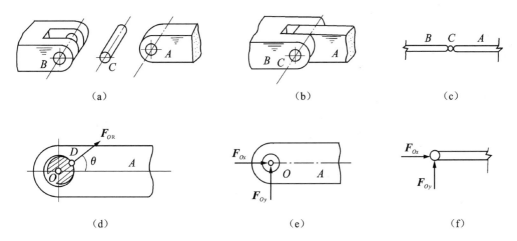

图 1-9　铰链

若销钉与物体间的接触面是光滑的,则这种约束只能限制物体在垂直于销钉轴线平面内任意方向的运动,但不能限制物体绕销钉的转动和沿销钉轴线方向的滑动。显然,铰链的约束反力作用于物体与销钉的任一母线上(图 1-9(d)中的 D 点),由于假设销钉是光滑的圆柱形,故可知约束反力必作用于接触点 D 并通过销钉的中心 O,如图 1-9(d)中的 F_{OR} 所示。由于接触点不能预先确定,F_{OR} 的方向是未知的。因此,铰链的约束反力作用在垂直于销钉轴线的平面内,通过销钉中心,而方向待定。在实际应用中,通常把它分解为两个相互垂直且通过销钉中心的分力,用 F_{Ox}、F_{Oy} 来表示,如图 1-9(e)、(f)所示,其指向可以任意假设,假设的正确性根据计算结果来判断。

工程上常将一支座用螺栓与基础物固定起来,如将物体用光滑的圆柱体销钉与该支座连接,就构成所谓的**固定铰链支座**,简称**固定铰支座**,其基本结构如图 1-10(a)所示。铰链支座的约束特性与铰链相同,铰链支座的简图以及约束反力的表示方法分别如图 1-10(b)和图 1-10(c)所示。

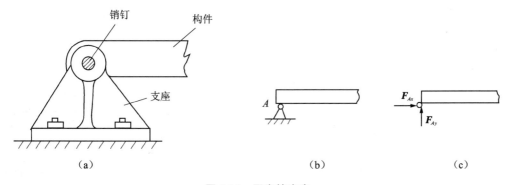

图 1-10　固定铰支座

1.3.4　滚动支座

在铰链支座下面用几个辊轴支承于平面上,并允许支座沿着支承面运动,但不能脱离支承面,就构成了**滚动支座**,如图 1-11(a)所示。不计各接触面的摩擦,这种支座不能限制物体绕销钉转动和沿支承面的运动,只能限制物体与支承面垂直方向(指向或背离支承面)的运动。因此滚动支座约束反力垂直于支承面,且通过销钉中心,但指向要由支座与哪一支承面接触来确定。图 1-11(b)、(c)分别为这种支座的简图及其约束反力的表示方法。

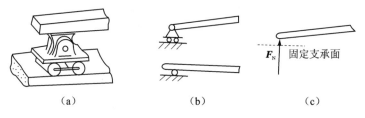

图 1-11　滚动支座

1.3.5　链杆约束

物体有时用两端为铰链连接的刚性杆支承,称为**链杆约束**,如图 1-12(a)中的 AB 杆。如杆本身的重力不计,那么这种只有两端受力而处于平衡的构件称为**二力构件**,简称"**二力杆**"。由二力平衡公理得知,作用于二力杆两端的约束反力的作用线必然通过二铰链的中心,如图 1-12(b)中的 F_A 和 F_B 的作用线必通过 A、B 两点,其方向待定。二力杆不一定是直杆,也可以是曲杆。

应当指出,工程上有些约束并不一定都做成与上述基本类型一样,如何把工程中的约束简化为基本类型的约束,这就需要对实际约束的构造及其性质进行具体的分析,将结构的实际约束进行简化。

1.3.6　固定端约束(固定端支座)

图 1-13 中,杆件的一端被牢固地固定,使杆件在该端既不发生移动,也不发生转动,这种约束称为**固定端约束**或**固定端支座**。

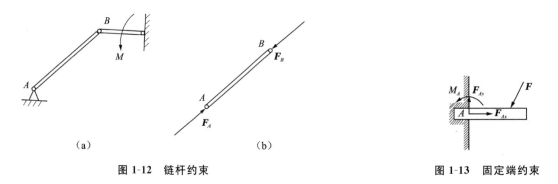

图 1-12　链杆约束　　　　　　　　　　　　　图 1-13　固定端约束

在平面力系情况下,固定端 A 处的约束反力可简化为两个约束反力 F_{Ax}、F_{Ay} 和约束反力偶 M_A,如图 1-14 所示。

比较固定端支座与固定铰链支座的约束性质可见,固定端支座除了限制物体在水平方向和铅直方向移动外,还能限制物体在平面内转动。因此,除了约束反力 F_{Ax}、F_{Ay} 外,还有约束反力偶 M_A。而固定铰链支座没有约束反力偶,因为它不能限制物体在平面内转动。

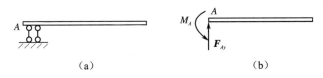

（a）　　　　　　　　　　（b）

图 1-14　定向支座

关于力偶的概念将在第 2 章中讲述。

工程中，固定端支座是一种常见的约束，例如插入地基中的电线杆以及悬臂梁等。

1.3.7　定向支座

将构件用两根相邻的等长、平行链杆与地面相连接，如图 1-14 所示。这种支座允许杆端沿与链杆垂直的方向移动，既限制了沿链杆方向的移动，也限制了转动。因此定向支座的约束反力是一个沿链杆方向的力 F_{Ay} 和一个约束反力偶 M_A。图1-14中反力 F_{Ay} 和约束反力偶 M_A 的指向均为假定。

1.4　结构计算简图

一个实际的工程结构，无论是本身构造，还是连接方式，或是荷载的作用与传递方式都是非常复杂的。进行相关力学分析与计算时，必须将实际结构或构件抽象为理想化模型，简化为既能反映实际受力和变形状态，又便于理论分析与计算，并能保证计算精度的图形。这种代替实际结构的简化图形称为该结构的**计算简图**。

对实际结构或构件的抽象、简化，主要包括对其几何形状、荷载、支座以及对构件与构件之间的连接方式进行简化。

1.4.1　支座简化

为便于计算，在确定结构的计算简图时，应分析实际结构支座的主要约束功能与哪种理想约束相符合，将真实支座简化为理想支座。如图 1-15 所示的预制钢筋混凝土柱置于杯形基础上，基础埋置于坚实的地基土壤中。如杯口四周用细石混凝土填实，如图 1-15（a）所示，柱端被坚实地固定，则可简化为固定端支座。若杯口四周填入沥青麻丝，如图 1-15（b）所示，柱端可发生微小转动，则可简化为固定铰支座。

1.4.2　结点简化

在杆系结构的计算简图中，杆件均用其轴线来表示。杆件之间连接处称为结点。结构的结点通常可简化为铰接点或刚结点。铰接点的基本特点是它所连接的各杆件都可绕结点作自由转动，如图 1-16（b）所示。刚结点的特点是它所连接的各杆件不能绕结点作自由转动，即刚结点所连接的各杆件之间的夹角始终不变，如图 1-16（d）所示。

1.4.3　计算简图

怎样才能恰当地选取实际结构的计算简图，是结构设计中比较复杂的问题，也需要有较多的

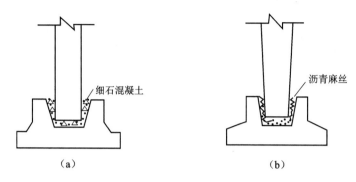

图 1-15 杯形基础

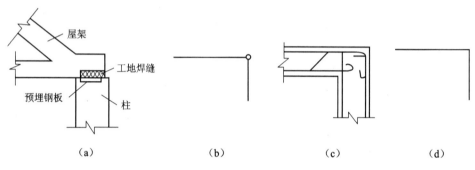

图 1-16 结点简化

实际经验,并善于判断主次因素。

图 1-17(a)所示的单层厂房结构是一个空间结构。厂房的横向是由柱子和屋架组成的若干横向单元。沿厂房的纵向,由屋面板、吊车梁等构件将各横向单元联系起来。由于各横向单元沿厂房纵向有规律地排列,且风、雪荷载等沿纵向均匀分布,因此,可通过纵向柱距的中线,取出图 1-17(a)中阴影所示部分作为一个计算单元,如图 1-17(b)所示。从而将空间结构简化为平面结构来计算,便可得到单层厂房的结构计算简图,如图 1-17(c)所示。

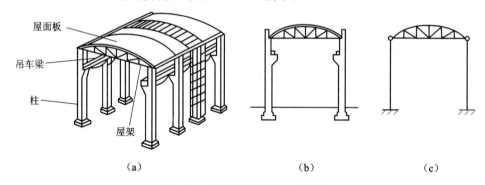

图 1-17 单层厂房的结构计算简图

对于一些新型结构,往往还要通过反复试验和实践才能获得比较合理的计算简图。不过,对于常规的结构形式,则可利用前人已积累的经验,直接采用常用的计算简图。

1.4.4　平面杆系结构分类

实际工程中常见的平面杆系结构的计算简图有以下几种。

① 梁。梁由受弯杆件构成,杆件轴线一般为直线。图 1-18(a)、(c)所示为单跨梁的计算简图,图 1-18(b)、(d)所示为多跨梁的计算简图。

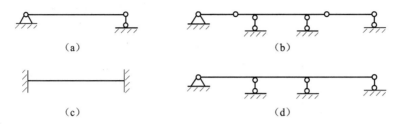

图 1-18　梁的计算简图

② 拱。拱一般由曲杆构成。在竖向荷载作用下,支座产生水平反力。图 1-19 所示分别为三铰拱(见图 1-19(a))和无铰拱(见图 1-19(b))的计算简图。

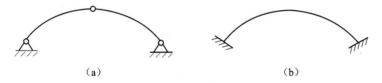

图 1-19　拱的计算简图

③ 刚架。刚架是由梁和柱组成的结构。刚架结构具有刚结点。图 1-20(a)、(b)所示的结构为单层刚架,图 1-20(c)所示的结构为多层刚架。图 1-20(d)所示的结构称为排架,也称铰接刚架或铰接排架。

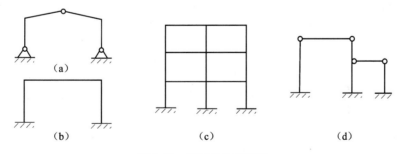

图 1-20　刚架的计算简图

④ 桁架。桁架是由若干直杆用铰链连接组成的结构。在图 1-21 中所示的结构为桁架。

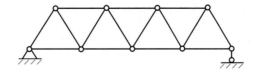

图 1-21　桁架的计算简图

⑤ 组合结构。组合结构是由桁架、梁或刚架组合在一起形成的结构,具有组合特点。在图 1-22 中所示的结构都为组合结构。

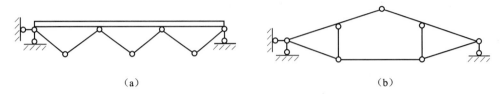

（a）　　　　　　　　　　　　　　　（b）

图 1-22　组合结构的计算简图

1.5　受力分析与受力图

在工程实际中,为了求出未知的约束反力,需要根据已知力,应用平衡条件求解。为此,先要确定构件受了几个力,每个力的作用位置和作用方向,这种分析过程称为物体的**受力分析**。

作用在物体上的力可分为两类:一类是**主动力**,如物体的重力、风力、气体压力、电磁力等,一般是已知的;另一类是约束对于物体的约束反力,为未知的**被动力**。

为了清晰地表示物体的受力情况,我们把需要研究的物体(称为受力体)从周围的物体(称为施力体)中分离出来,单独画出它的简图,这个步骤叫做取研究对象或取分离体。然后把施力体对研究对象的作用力(包括主动力和约束反力)全部画出来。这种表示物体受力的简明图形,称为**受力图**。画物体受力图是解决静力学问题的一个重要步骤。下面举例说明。

【例 1-1】　用力 F 拉动碾子以压平路面,重为 P 的碾子受到一石块的阻碍,如图 1-23(a)所示。试画出碾子的受力图。

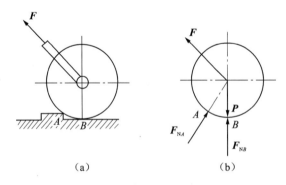

（a）　　　　　　　　　　　（b）

图 1-23　碾子的受力分析

【解】　① 取碾子为研究对象(即取分离体),并单独画出其简图。

② 画主动力。有重力 P 和杆对碾子中心的拉力 F。

③ 画约束反力。因碾子在 A 和 B 两处受到石块和地面的约束,如不计摩擦,均为光滑表面接触,故在 A 处受石块的法向反力 F_{NA} 的作用,在 B 处受地面的法向反力 F_{NB} 的作用,它们都沿着碾子上接触点的公法线指向圆心。

碾子的受力图如图 1-23(b)所示。

【**例 1-2**】　屋架如图 1-24(a)所示。A 处为固定铰链支座，B 处为滚动支座，搁在光滑的水平面上。已知屋架自重 P，在屋架的 AC 边上承受了垂直于它的均匀分布的风力，单位长度上承受的风力为 q。试画出屋架的受力图。

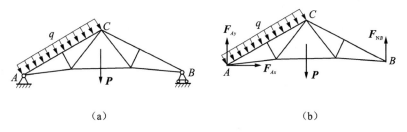

（a）　　　　　　　　　　（b）

图 1-24　屋架的受力分析

【**解**】　① 取屋架为研究对象，除去约束并画出其简图。

② 画主动力。有屋架的重力 P 和均布的风力 q。

③ 画约束反力。因 A 处为固定铰链支座，其约束反力通过铰链中心 A，但方向不能确定，可由两个大小未知的正交分力 F_{Ax} 和 F_{Ay} 表示。B 处为滚动支座，约束反力垂直向上，用 F_{NB} 表示。

屋架的受力图如图 1-24(b)所示。

【**例 1-3**】　如图 1-25(a)所示，梯子的两部分 AB 和 AC 在点 A 铰接，在 D、E 两点用水平绳索连接。梯子放在光滑水平面上，若其自重不计，但在 AB 的中点 H 处作用一铅垂荷载 F_P。试分别画出绳子 DE 和梯子的 AB、AC 部分以及整个系统的受力图。

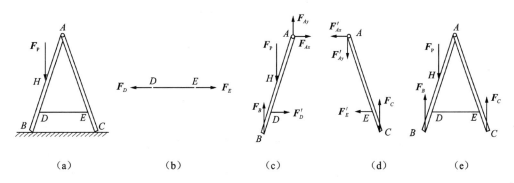

（a）　　　　（b）　　　　（c）　　　　（d）　　　　（e）

图 1-25　梯子的受力分析

【**解**】　① 绳子 DE 的受力分析。绳子两端 D、E 分别受到梯子对它的拉力 F_D、F_E 的作用，如图 1-25(b)所示。

② 梯子 AB 部分的受力分析。它在 H 处受荷载 F_P 的作用，在铰链 A 处受 AC 部分给它的约束反力 F_{Ax} 和 F_{Ay} 的作用。在点 D 受绳子对它的拉力 F'_D（与 F_D 互为作用力和反作用力）的作用。在点 B 受光滑地面对它的法向反力 F_B 的作用。

梯子 AB 部分的受力图如图 1-25(c)所示。

③ 梯子 AC 部分的受力分析。在铰链 A 处受 AB 部分对它的作用力 F'_{Ax} 和 F'_{Ay}（分别与 F_{Ax} 和 F_{Ay} 互为作用力和反作用力）。在点 E 受绳子对它的拉力 F'_E（与 F_E 互为作用力和反作用力）。在 C

处受光滑地面对它的法向反力 $\boldsymbol{F}_C$ 的作用。

梯子 AC 部分的受力图如图 1-25(d)所示。

④ 整个系统的受力分析。当选整个系统为研究对象时,可视整个平衡的结构 ABC 为一个刚体。由于铰链 A 处所受的力互为作用力与反作用力,即 $\boldsymbol{F}_{Ax} = -\boldsymbol{F}'_{Ax}$,$\boldsymbol{F}_{Ay} = -\boldsymbol{F}'_{Ay}$;绳子与梯子的连接点 D 点和 E 点所受的力也分别互为作用力与反作用力,即这些力都成对地作用在整个系统内,称为内力。内力对系统的作用效应相互抵消,因此可以除去,并不影响整个系统的平衡,故内力在受力图上不必画出。在受力图上只需画出系统以外的物体给系统的作用力,这种力称为外力。这里,荷载 $\boldsymbol{F}_P$ 和约束反力 $\boldsymbol{F}_B$、$\boldsymbol{F}_C$ 都是作用于整个系统上的外力。

整个系统的受力图如图 1-25(e)所示。

应该指出,内力与外力的区分不是绝对的。例如,当把梯子的 AC 部分作为研究对象时,$\boldsymbol{F}'_{Ax}$、$\boldsymbol{F}'_{Ay}$ 和 $\boldsymbol{F}'_E$ 均属外力。但取整体为研究对象时,$\boldsymbol{F}'_{Ax}$、$\boldsymbol{F}'_{Ay}$ 和 $\boldsymbol{F}'_E$ 又成为内力。可见内力与外力的区分,只有相对某一确定的研究对象才有意义。

【例 1-4】 如图 1-26(a)所示的三铰拱桥,由左、右两拱铰接而成。设各拱自重不计,在拱 AC 上作用有荷载 $\boldsymbol{F}_P$。试分别画出拱 AC 和 CB 的受力图。

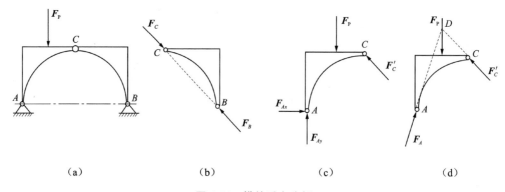

（a）　　　　　　　（b）　　　　　　　（c）　　　　　　　（d）

图 1-26　拱的受力分析

【解】 (1) 先分析拱 BC 的受力

由于拱 BC 自重不计,且只在 B、C 处分别受 $\boldsymbol{F}_B$、$\boldsymbol{F}_C$ 两力的作用,则 BC 为二力杆,且 $\boldsymbol{F}_B = -\boldsymbol{F}_C$,这两个力的方向如图 1-26(b)所示。

(2) 取拱 AC 为研究对象

由于自重不计,因此主动力只有荷载 $\boldsymbol{F}_P$。拱在铰链 C 处受拱 BC 给它的约束反力 $\boldsymbol{F}'_C$ 的作用,根据作用和反作用定律,$\boldsymbol{F}'_C = -\boldsymbol{F}_C$。拱在 A 处受固定铰支座给它的约束反力 $\boldsymbol{F}_A$ 的作用,由于方向未定,可用两个大小未知的正交分力 $\boldsymbol{F}_{Ax}$ 和 $\boldsymbol{F}_{Ay}$ 代替。拱 AC 的受力图如图 1-26(c)所示。

再进一步分析可知,由于拱 AC 在 $\boldsymbol{F}_P$、$\boldsymbol{F}'_C$ 和 $\boldsymbol{F}_A$ 三个力作用下平衡,故可根据三力平衡汇交定理,确定铰链 A 处约束反力 $\boldsymbol{F}_A$ 的方向。点 D 为力 $\boldsymbol{F}_P$ 和 $\boldsymbol{F}'_C$ 作用线的交点,当拱 AC 平衡时,反力的作用线必通过点 D,如图 1-26(d)所示;至于 $\boldsymbol{F}_A$ 的指向,暂且假定如图 1-26(d)所示,以后由平衡条件确定。

【本章要点】

1. 对非自由体的某些位移起限制作用的周围物体称为约束。约束对非自由体的作用力称为约束反力。约束产生什么样的约束力取决于约束的功能。如固定铰支座限制物体任何方向的线位移,而不限制角位移,其约束反力用两个相互垂直的分力表示;固定端支座既限制线位移又限制角位移,其约束反力用两个相互垂直的分力和一个反力偶表示。

2. 结构计算简图是反映结构的主要工作特性且便于计算的简化图形。需将真实结构的结点和支座进行简化,简化成理想的约束形式。简化时还要考虑结构的实际约束功能与何种理想约束相符合。

3. 物体的受力分析是进行力学计算的依据。进行受力分析时,先取隔离体为研究对象,再画出主动力,按约束类型画出约束反力。绘制受力图时,应注意正确运用内力、外力以及作用力与反作用力的概念。

【思考题】

1-1　为什么说二力平衡条件、加减平衡力系公理和力的可传性等都只适用于刚体?

1-2　试区别 $F_R = F_1 + F_2$ 和 $F_R = F_1 + F_2$ 两等式代表的意义有何不同。

1-3　什么是二力杆? 分析二力杆受力时与构件的形状有无关系。

1-4　受力分析对于土木工程结构计算有何意义?

1-5　对物体进行受力分析、绘制受力图时,应注意哪些问题?

【习题】

1-1　画出如图 1-27 所示各物体的受力图。设各接触面均为光滑,未画出重力的物体其重量不计。

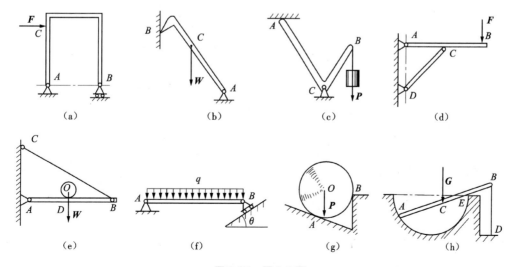

图 1-27　题 1-1 图

1-2　画出如图 1-28 所示各图形中每一个物体及整体系统的受力图。设备接触面均光滑，未画出重力的物体其重量不计。

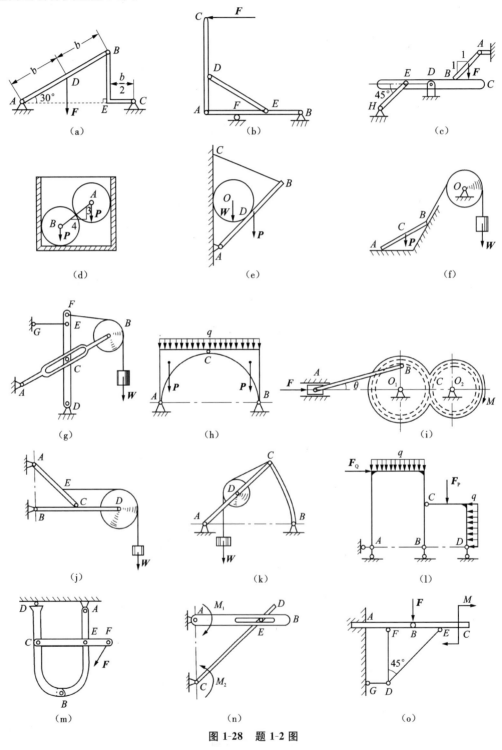

图 1-28　题 1-2 图

第 2 章　力系的等效与简化

平面力系简化的目的是便于对实际工程结构进行力学分析,并为建立力系的平衡条件提供理论依据。本章将介绍力学中的几个重要基本概念:力的投影、合力投影定理、力对点之矩、力偶理论以及力向一点平移定理等。这些概念不但是研究力系简化的基础知识,而且在实际工程问题中应用广泛,并将进一步介绍平面力系的等效与简化问题。

2.1　力的投影与合力投影定理

2.1.1　力在直角坐标系上的投影

设刚体上某点 A 作用有力 $\boldsymbol{F}$,在平面直角坐标系下,从力矢的两端点向 x 轴作垂线,两垂足之间的距离 ab 再冠以相应的正负号,称为力 $\boldsymbol{F}$ 在 x 轴上的投影,记为 F_x。如果从 a 到 b 的指向与 x 轴的正向一致,力 $\boldsymbol{F}$ 在 x 轴上的投影为正值(见图2-1),反之为负值。

同理,力 $\boldsymbol{F}$ 在 y 轴上的投影,记为 F_y,正负号的选取原则同上。

设 $\boldsymbol{F}$ 与 x 轴正向的夹角为 α,则

$$\left.\begin{array}{l} F_x = F\cos\alpha \\ F_y = F\sin\alpha \end{array}\right\} \tag{2-1}$$

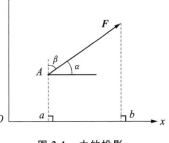

图 2-1　力的投影

α 为锐角时,投影为正值,α 为钝角时,投影为负值,因此力的投影是一个代数量。

力 $\boldsymbol{F}$ 的大小和方向可表示为

$$\left.\begin{array}{l} F = \sqrt{F_x^2 + F_y^2} \\ \cos\alpha = \dfrac{F_x}{F} \\ \cos\beta = \dfrac{F_y}{F} \end{array}\right\} \tag{2-2}$$

式中,β 为力 $\boldsymbol{F}$ 与 y 轴正向的夹角。

2.1.2　合力投影定理

设有一平面汇交力系 $\boldsymbol{F}_1, \boldsymbol{F}_2, \boldsymbol{F}_3, \cdots, \boldsymbol{F}_n$,作用于刚体上的 O 点,如图 2-2 所示。以 O 为坐标原点作一直角坐标系 xOy。由力多边形法则可知:力系 $\boldsymbol{F}_1, \boldsymbol{F}_2, \boldsymbol{F}_3, \cdots, \boldsymbol{F}_n$,可以合成为一个合力,合力的作用点仍在 O 点,合力矢等于各力的矢量和,即合力

$$\boldsymbol{F}_R = \boldsymbol{F}_1 + \boldsymbol{F}_2 + \boldsymbol{F}_3 + \cdots + \boldsymbol{F}_n = \sum_{i=1}^{n} \boldsymbol{F}_i$$

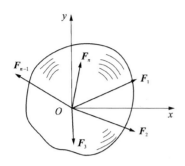

图 2-2　合力投影

如果合力 $\boldsymbol{F}_R$ 在 x、y 轴上的投影分别为 F_{Rx}、F_{Ry},各力在同一轴上的投影分别为 F_{x1}、F_{y1},F_{x2}、F_{y2},$\cdots$,F_{xn}、F_{yn}。由数学知识可知:合力在某轴上的投影等于诸分力在同一轴上投影的代数和。由于力是矢量,因此,合力 $\boldsymbol{F}_R$ 在 x、y 两坐标轴上的投影为

$$
\left.
\begin{aligned}
F_{Rx} &= F_{x1} + F_{x2} + \cdots + F_{xn} = \sum F_{xi} \\
F_{Ry} &= F_{y1} + F_{y2} + \cdots + F_{yn} = \sum F_{yi}
\end{aligned}
\right\}
\tag{2-3}
$$

由式(2-2)即可得合力 $\boldsymbol{F}_R$ 的大小和方向为

$$
\left.
\begin{aligned}
F_R &= \sqrt{F_{Rx}^2 + F_{Ry}^2} = \sqrt{\left(\sum F_{xi}\right)^2 + \left(\sum F_{yi}\right)^2} \\
\cos \alpha &= \frac{F_{Rx}}{R} \\
\cos \beta &= \frac{F_{Ry}}{R}
\end{aligned}
\right\}
\tag{2-4}
$$

其中,α、β 分别为合力 $\boldsymbol{F}_R$ 与 x、y 轴正向的夹角,合力的作用线通过汇交点。

式(2-3)为**合力投影定理**:合力在某轴上的投影,等于各分力在同一轴上投影的代数和。

【**例 2-1**】　固定圆环上作用有共面的三个力,如图 2-3(a)所示。已知:$F_1 = 10\ \text{kN}$,$F_2 = 20\ \text{kN}$,$F_3 = 25\ \text{kN}$,三力的作用线均通过圆心 O,方向如图所示。试求此力系合力的大小和方向。

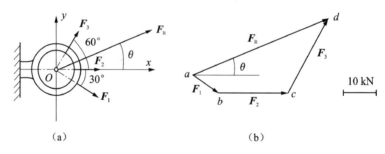

（a）　　　　　　　　　　　　　　（b）

图 2-3　固定圆环受力分析

【**解**】　图 2-3(a)为用解析法求合力 $\boldsymbol{F}_R$。取如图所示直角坐标系 xOy,则合力在 x、y 轴上的投影分别为

$$F_{Rx} = F_1 \cos 30° + F_2 + F_3 \cos 60° = 41.16\ \text{kN}$$

$$F_{Ry} = -F_1 \sin 30° + F_3 \sin 60° = 16.65\ \text{kN}$$

由式(2-4)求得合力的大小为

$$F_R = \sqrt{F_{Rx}^2 + F_{Ry}^2} = \sqrt{41.16^2 + 16.65^2}\ \text{kN} = 44.40\ \text{kN}$$

合力 $\boldsymbol{F}_R$ 与 x 轴正向的夹角　$\theta = \arctan \dfrac{F_{Ry}}{F_{Rx}} = \arctan \dfrac{16.65}{41.16} = 22°$

图 2-3(b)为用几何法求合力 $\boldsymbol{F}_R$。

2.2　力对点之矩及力偶理论

2.2.1　力对点之矩

力对点之矩是力学中的基本概念之一。如图 2-4 所示,用扳手转动螺钉,在扳手上作用一力 $\boldsymbol{F}$,扳手和螺钉将绕螺钉中心 O 转动。由经验知,力 $\boldsymbol{F}$ 使扳手与螺钉绕 O 点转动的效应既与力 $\boldsymbol{F}$ 的大小有关,也与力 $\boldsymbol{F}$ 的作用线到 O 点的垂直距离 d 有关。通常顺时针转动时,螺钉被拧紧,逆时针转动时,螺钉被松开,因而在平面问题中,我们把乘积 Fd 冠以正负号,作为度量力 $\boldsymbol{F}$ 使物体绕 O 点转动效应的物理量,这个量称为**力对点之矩**,简称力矩,以符号 $M_O(\boldsymbol{F})$ 表示,即

$$M_O(\boldsymbol{F}) = \pm Fd \tag{2-5}$$

式中,点 O 称为矩心,d 称为力臂。

通常规定力使物体绕矩心逆时针方向转动时,力矩取正;顺时针方向转动时,力矩取负。在平面问题中,力对点之矩或为正或为负,故平面内力对点之矩为代数量。

由图 2-4 还可以看出

$$|M_O(\boldsymbol{F})| = Fd = 2S_{\triangle OAB} \tag{2-6}$$

力矩的单位为 N·m(牛·米)或 kN·m(千牛·米)。

在平面问题中力矩是代数量,这是因为力的作用线和矩心在同一平面内,而这一平面在空间的方位保持不变,所以以力矩的大小和转向一定,就足以说明力矩使物体转动的效应。

2.2.2　力偶与力偶理论

由大小相等、方向相反且不共线的两个力组成的力系称为**力偶**(图 2-5),力偶 $(\boldsymbol{F},\boldsymbol{F}')$ 中两力所在的平面称为**力偶作用面**,两力作用线之间的距离 d 称为**力偶臂**。

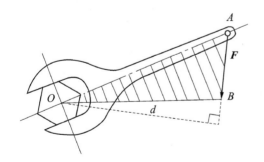

图 2-4　用扳手转动螺钉

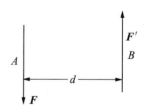

图 2-5　力偶

与力一样,力偶也是力学中的基本物理量之一。实践表明,力偶对自由体的单独作用总是使物体绕质心转动。在日常生活中,经常遇到力偶作用的情况,如两根手指拧钥匙、汽车驾驶员双手握方向盘等。

1)力偶和力偶矩

怎样度量力偶的转动效应呢? 实践表明,若力偶中的力 $\boldsymbol{F}$(或 $\boldsymbol{F}'$)越大,以及力偶臂 d 越长,则

力偶使物体转动的效应就越强,反之则越弱。

我们把力偶中任一力的大小与力偶臂的乘积称为力偶矩的模(大小)。

在平面问题中,以乘积 Fd 冠以适当的正负号,称为力偶的**力偶矩**,用符号 $M(\boldsymbol{F},\boldsymbol{F}')$ 表示,简记为 M,则

$$M=\pm Fd \tag{2-7}$$

式(2-7)中的正负号表示力偶矩的转向,规定如下:在力偶的作用面内,若力偶使物体作逆时针转动,力偶矩为正,反之则为负。由此可见,在平面内,力偶矩是代数量。力偶矩的单位为 N・m(牛・米)或 kN・m(千牛・米)。

2) 力偶的等效条件和性质

力偶对物体的转动效应完全取决于力偶矩。如果两个力偶的力偶矩相等,则它们是互等力偶,或称为**等效力偶**。这就是力偶的等效性。

力偶具有以下性质:

性质一 力偶不能与一个力等效(即力偶无合力),因此也不能与一个力平衡。

力偶的作用效应是使刚体产生转动,而一个力的作用效应除了使刚体转动外,还能使刚体移动,二者作用效果不可能相等。

性质二 力偶可以在其作用面内任意移动,而不改变它对刚体的转动效应。

因为力偶在其作用面内任意移动时,其力偶矩的大小和转向始终不变,故对刚体的转动效应也不变。

性质三 在保持力偶矩大小和转向不变的条件下,可以任意改变力偶中力的大小和力偶臂的长短,而不改变它对刚体的转动效应。

因为力偶矩的大小 M 是力和力偶臂的乘积,而一个给定的 M 值,可由多种不同的两个因子相乘而得,所以不论如何改变力偶中力的大小和力偶臂的长短,只要力偶矩的大小和转向不变,力偶总是等效的。

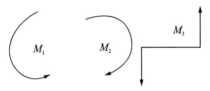

图 2-6 力偶的表示方法

由性质二和性质三可知,在力偶作用面内力偶对刚体的转动效应仅取决于力偶矩,而与其中每一个力的大小和方向无关。因此,往往就用带箭头的弧线表示力偶。例如在图 2-6 中表示了两个力偶,其中箭头表示力偶的转向,M_1、M_2 分别表示力偶矩的大小。亦可用带箭头的折线表示力偶,如 M_3。

3) 力偶系的合成与平衡条件

(1) 平面力偶系的合成

设在同一平面内有两个力偶 $(\boldsymbol{F}_1,\boldsymbol{F}_1')$ 和 $(\boldsymbol{F}_2,\boldsymbol{F}_2')$,它们的力偶臂各为 d_1 和 d_2,如图 2-7(a)所示,这两个力偶的力偶矩分别为 M_1 和 M_2。根据力偶的性质,在保持力偶矩不变的条件下,同时改变两力偶中力的大小和力偶臂的长短,使它们有相同的力偶臂 d,并将它们在平面内移动,使力的作用线重合,如图 2-7(b)所示,则得到与原力偶系等效的两个力偶 $(\boldsymbol{F}_{P1},\boldsymbol{F}_{P1}')$ 和 $(\boldsymbol{F}_{P2},\boldsymbol{F}_{P2}')$,$\boldsymbol{F}_{P1}$ 和 $\boldsymbol{F}_{P2}$ 的大小可由下列等式求出。

$$M_1=F_{P1}d$$

$$M_2 = F_{P2}d$$

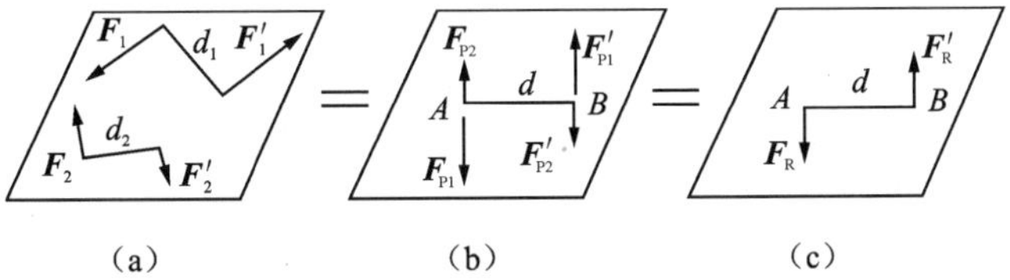

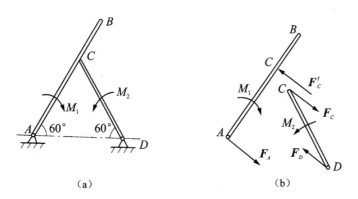

图 2-7　平面力偶系的合成

分别将作用在 A 点和 B 点的力合成（设 $F_{P1} > F_{P2}$），得

$$F_R = F_{P1} - F_{P2}$$
$$F'_R = F'_{P1} - F'_{P2}$$

而 $\boldsymbol{F}_R$ 和 $\boldsymbol{F}'_R$ 大小相等，构成一个新力偶（$\boldsymbol{F}_R, \boldsymbol{F}'_R$），如图 2-7（c）所示。以 M 表示合力偶的矩，得

$$M = F_R d = (F_{P1} - F_{P2})d = F_{P1}d - F_{P2}d = M_1 + M_2$$

对两个以上的力偶，同理可以按照上述方法合成。这就是说：在同一平面内的各力偶所组成的力偶系可以合成为一个合力偶；合力偶的力偶矩等于各分力偶的力偶矩的代数和，即

$$M = \sum_{i=1}^{n} M_i \tag{2-8}$$

（2）平面力偶系的平衡条件

由平面力偶系合成的结果，很容易得出平面力偶系平衡的必要与充分条件是：合力偶的力偶矩为零，即各分力偶的力偶矩的代数和为零。

$$\sum M_i = 0 \tag{2-9}$$

平面力偶系平衡的受力特点是：力偶只能与力偶平衡。

【例 2-2】　杆 AB 与杆 DC 在 C 处为光滑接触，它们分别受力偶矩为 M_1 与 M_2 的力偶作用，转向如图 2-8（a）所示。问 M_1 与 M_2 的比值为多大时，结构才能平衡，两杆的自重不计，几何尺寸如图 2-8 所示。

图 2-8　杆的平衡分析

【解】　A、D 处均为光滑铰链约束。由于整个系统的外载只有 M_1 和 M_2，故 A 点和 D 点的约束反力必是大小相等、方向相反的一对平行力，组成一力偶，与外载 M_1 和 M_2 的合力偶相平衡。A、

D 两点的约束反力的方向暂不能确定,故只能将 CD 取出来,对 CD 进行受力分析,由约束的性质可知,$\boldsymbol{F}_C$ 和 AB 杆垂直,$\boldsymbol{F}_C$ 和 $\boldsymbol{F}_D$ 组成一力偶,与 M_2 平衡。

由平衡条件

$$\sum M_i = 0, M_2 = F_C l_{CD} \sin 30°, M_2 = \frac{1}{2} F_C l_{CD} \tag{1}$$

再取 AB 为研究对象,进行受力分析,得 A、C 点的约束反力 $\boldsymbol{F}_A$ 和 $\boldsymbol{F}'_C$ 组成一力偶($\boldsymbol{F}_A$,$\boldsymbol{F}'_C$),与 M_1 平衡,由平衡条件

$$\sum M_i = 0, F'_C l_{AC} - M_1 = 0, M_1 = F'_C l_{AC} \tag{2}$$

注意到 $l_{AC} = l_{CD}$,$F_C = F'_C$,联立式(1)、(2)解出 $M_1 = 2 M_2$。

2.3 力向一点平移定理

力向一点平移定理 作用于刚体上的力可以平行移动到刚体内任意一点,欲不改变它对刚体的作用效应,必须附加一力偶,附加力偶的力偶矩等于原力对新的作用点之矩。

证明 设有一力 $\boldsymbol{F}_A$,作用于刚体上的 A 点(见图 2-9(a)),现在要平行移动到作用线以外的任意一点 B 上,此力到 B 的垂直距离为 d。先在作用点 B 上增加一对平衡力 $\boldsymbol{F}_B$ 和 $\boldsymbol{F}'_B$(见图 2-9(b)),使 $\boldsymbol{F}_A = \boldsymbol{F}_B = -\boldsymbol{F}'_B$。显然,由于新增加的一对力是一平衡力系,不会改变原力 $\boldsymbol{F}_A$ 对刚体的作用效应,即由 $\boldsymbol{F}_A$、$\boldsymbol{F}_B$ 和 $\boldsymbol{F}'_B$ 组成的力系与原力系 $\boldsymbol{F}_A$ 是等效的,也就是说,图 2-9(a)所示的力系和图 2-9(b)所示的力系是等效的。

在图 2-9(b)中,$\boldsymbol{F}_A$ 和 $\boldsymbol{F}'_B$ 组成一个力偶,这个力偶的力偶矩 M 等于力 $\boldsymbol{F}_A$ 对 B 点的矩,即 $M = F_A d$。由于 $\boldsymbol{F}_A = \boldsymbol{F}_B$,从而可以认为力 $\boldsymbol{F}_A$ 平行移到 B 点,还附加了一力偶。这个附加力偶的力偶矩 M 恰好等于原力 $\boldsymbol{F}_A$ 对 B 点的矩(见图 2-9(c))。

力平移后可得到同平面的一个力和一个力偶。反过来,同平面的一个力 $\boldsymbol{F}_1$ 和力偶矩为 M 的力偶也一定能合成为一个大小和方向与力 $\boldsymbol{F}_1$ 相同的力 $\boldsymbol{F}$,它的作用点到力 $\boldsymbol{F}_1$ 的作用线的距离为

$$d = \frac{|M|}{F_1} \tag{2-10}$$

力向一点平移定理不仅是力系简化的理论依据,而且还可用来解释一些实际问题。例如,某基础在偏离中心线 d 处受有压力 $\boldsymbol{F}$(见图 2-10(a)),将 $\boldsymbol{F}$ 平移到中心线处后附加一力偶,力偶矩 $M = Fd$(见图 2-10(b)),则该基础在压力 $\boldsymbol{F}'$ 作用下产生压缩,而在 M 的作用下产生弯曲。这种偏离中心线处的压缩称偏心压缩。

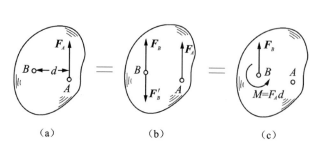

(a)　　　　　　(b)　　　　　　(c)

图 2-9　力向一点平移定理

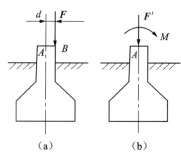

(a)　　　　　(b)

图 2-10　力的平移示意

2.4 平面任意力系的简化

为了具体说明力系向一点简化的方法和结果,设刚体作用有由 n 个力组成的平面任意力系 $F_1,F_2,\cdots,F_n$,各力的作用点分别为 $A_1,A_2,\cdots,A_n$,如图 2-11(a)所示。

在力系作用平面内,任选一点 O,点 O 称为**简化中心**。将力系中诸力平行移到 O 点,并附加相应的力偶,根据力向一点平移定理,原力系就转化为作用于 O 点的一个平面汇交力系 $F_1',F_2',\cdots,F_n'$ 以及相应的力偶矩为 $M_1,M_2,\cdots,M_n$ 的附加平面力偶系,如图 2-11(b)所示,其中

$$F_1'=F_1,F_2'=F_2,\cdots,F_n'=F_n$$

$$M_1=M_O(F_1),\ M_2=M_O(F_2),\cdots,M_n=M_O(F_n)$$

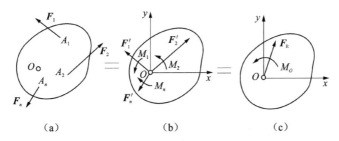

图 2-11 平面任意力系的简化

一般情况下,平面汇交力系可合成为作用于 O 点的一个力 F_R,如图 2-11(c)所示。

$$F_R=F_1'+F_2'+\cdots+F_n'=F_1+F_2+\cdots+F_n=\sum F_i \qquad (2\text{-}11)$$

我们把 F_R 称为原力系对简化中心 O 的**主矢**。

为了用解析法表示主矢 F_R,可在平面内作正交的 x 轴和 y 轴,并引入单位矢量 i 和 j,则

$$F_R=F_{Rx}i+F_{Ry}j$$

F_{Rx} 和 F_{Ry} 分别表示主矢在 x、y 轴上的投影,则

$$\left.\begin{array}{l} F_{Rx}=F_{x1}+F_{x2}+\cdots+F_{xn}=\sum F_{xi} \\ F_{Ry}=F_{y1}+F_{y2.}+\cdots+F_{yn}=\sum F_{yi} \end{array}\right\}$$

因而主矢 F_R 的大小和方向分别为

$$F_R=\sqrt{\left(\sum F_{xi}\right)^2+\left(\sum F_{yi}\right)^2}$$

$$\left.\begin{array}{l} \cos(F_R,i)=\dfrac{\sum F_{xi}}{F_R} \\[2mm] \cos(F_R,j)=\dfrac{\sum F_{yi}}{F_R} \end{array}\right\} \qquad (2\text{-}12)$$

平面力偶系($M_1,M_2,\cdots,M_n$)可合成为一个合力偶,合力偶的力偶矩 M 等于各附加分力偶的力偶矩的代数和,而各附加分力偶的力偶矩分别等于原力系中诸力对简化中心 O 之矩,于是有

$$M_O=M_1+M_2+\cdots+M_n=M_O(F_1)+M_O(F_2)+\cdots+M_O(F_n)=\sum_{i=1}^{n}M_O(F_i) \qquad (2\text{-}13)$$

我们把 M_O 称为原力系对简化中心 O 的**主矩**。

综上所述,可得出如下结论:平面任意力系向作用平面内已知点简化,一般可得到一个力和一个力偶。这个力的作用线通过简化中心,其力矢为原力系的主矢,即等于原力系诸力的矢量和;这个力偶作用于原平面,其力偶矩为原力系对简化中心的主矩,即等于力系中诸力对简化中心之矩的代数和,如图 2-11(c)所示。

应当注意,力系的主矢 F_R 只是原力系中各力的矢量和,主矢的大小和方向均与简化中心的位置选择无关。主矩等于力系对简化中心之矩的代数和,取不同的简化中心,各力对简化中心的力矩也将改变,故主矩一般与简化中心的选择有关,因此提到主矩,必须注明对哪一点的主矩,例如,主矩 M_A、M_B,分别表示为某力系对简化中心 A、B 的主矩。

需要注意的是,主矢和力是两个不同的概念。主矢只有大小和方向两个要素,它不涉及作用点问题,可在任意点画出,而力有三要素,除了大小和方向外,还必须指明作用点。

现在利用力系向一点简化的方法,分析第 1 章中固定端支座的约束反力向一点简化的结果。固定端支座对物体的作用,是在接触面上作用了一群约束反力。在平面问题中,这些力组成一平面任意力系,如图 2-12(a)所示。将这群力向作用平面内点 A 简化,可得到一个力和一个力偶,如图 2-12(b)所示。一般情况下,这个力的大小和方向均为未知量,可用两个未知分力来代替。因此,在平面力系情况下,固定端 A 处的约束反力可简化为两个约束反力 F_{Ax}、F_{Ay} 和一个矩为 M_A 的约束反力偶,如图2-12(c)所示。

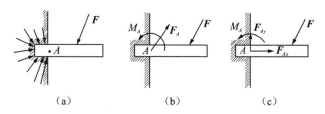

(a)　　　　　　　　(b)　　　　　　　　(c)

图 2-12　固定端支座受力分析

2.5　平面任意力系的简化结果分析

平面力系向简化中心简化,其主矢 F_R 和主矩 M_O 可能有下列四种情况:① $F_R = \mathbf{0}$,$M_O \neq 0$;② $F_R \neq \mathbf{0}$,$M_O = 0$;③ $F_R \neq \mathbf{0}$,$M_O \neq 0$;④ $F_R = \mathbf{0}$,$M_O = 0$。

(1) $F_R = \mathbf{0}$,$M_O \neq 0$

主矢等于零,主矩不等于零,说明原力系与一平面力偶系等效。此时原力系简化为一个合力偶,其合力偶矩等于原力系各力对 O 点之矩的代数和,即

$$M_O = \sum M_O(\boldsymbol{F}_i)$$

若力系向其他点简化,其主矩也应等于此合力偶对新的简化中心之矩,由力偶的性质得知,力偶对平面内任意点之矩恒等于其力偶矩,因而在主矢等于零的情况下,力系的主矩与简化中心的选择无关,都等于力系合力偶的力偶矩。

(2) $F_R \neq 0, M_O = 0$

主矢不等于零,而主矩等于零。此时原力系简化为一个作用线通过简化中心的合力,主矢 F_R 即为原力系的合力,即

$$F_R = \sum F_i$$

(3) $F_R \neq 0, M_O \neq 0$

主矢和主矩都不等于零,这说明力系向 O 点简化得到一力和一力偶(见图 2-13(a))。根据力向一点平移定理的逆过程,将简化所得的主矩改变形式,使之成为一个力偶(F'_R, F''_R),如图 2-13(b)所示。且 $F_R = F'_R = -F''_R$,使 F_R 与 F''_R 共线,力偶臂为 $d = \dfrac{|M_O|}{F_R}$。很明显,F_R 和 F''_R 为平衡力系,可以从力系中减去,而不改变其作用效应。于是剩下 F'_R 与原力系 F_R 和 M_O 等效(见图 2-13(c))。由此可见,原平面任意力系在主矢和主矩都不等于零的情况下,最后可以简化为一个合力。合力的主矢 F'_R 等于力系的主矢 F_R。但合力并不作用于简化中心 O 点,合力作用线离 O 点的距离为

$$d = \frac{|M_O|}{F_R} \tag{2-14}$$

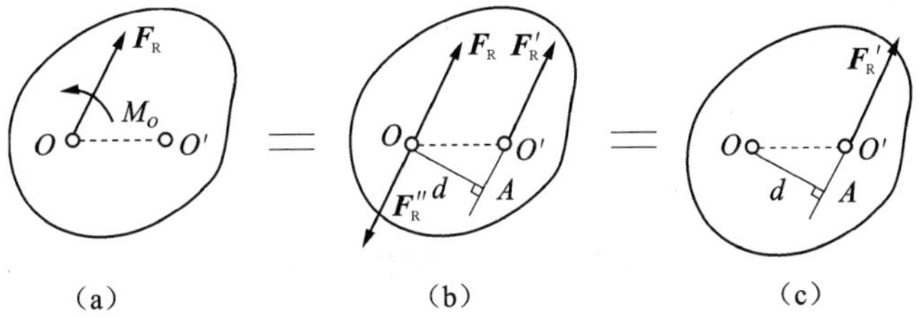

图 2-13 主矢和主矩都不等于零时力系的简化

至于合力作用在简化中心 O 点的哪一侧,可以这样判断:若 M_O 为正值,即 M_O 为逆时针方向时,O' 点位于从 O 点顺着主矢箭头方向的右侧(见图 2-13(c));否则位于左侧。

因此,平面任意力系向任意一点简化,只要其主矢 F_R 不等于零,则无论主矩 M_O 是否为零,原力系最终简化为一个合力。

由图 2-13 可知,合力 F'_R 对 O 点之矩为

$$M_O(F'_R) = F'_R l_{OA} = F_R l_{OA} = M_O \tag{1}$$

另外,根据式(2-13)知,力系对 O 点简化的主矩为

$$M_O = \sum M_O(F_i) \tag{2}$$

比较式(1)与(2),可得

$$M_O(F'_R) = \sum M_O(F_i) \tag{2-15}$$

即合力对力系所在平面内任一点的矩,等于力系中各分力对同一点的矩的代数和,称为**合力矩定理**。

应用合力矩定理计算力对点之矩,有时较为方便。例如,当力臂不易计算时,欲求一力 F 对某点 O 的矩,可将力 F 分解成两个分力,然后分别计算这两个分力对 O 点的矩,并取代数和。

（4）$F_R=0,M_O=0$

主矢和主矩都等于零,原平面任意力系是一**平衡力系**,此时对应的是平衡状态。

【**例 2-3**】 重力坝受力情形如图 2-14(a)所示。设 $P_1=450$ kN,$P_2=200$ kN,$F_1=300$ kN,$F_2=70$ kN。求力系的合力 F'_R 的大小和方向余弦、合力与基线 OA 的交点到点 O 的距离 x,以及合力作用线方程。

【**解**】 ① 先将力系向点 O 简化,求得其主矢 F_R 和主矩 M_O(见图 2-14(b))。由图 2-14(a)有

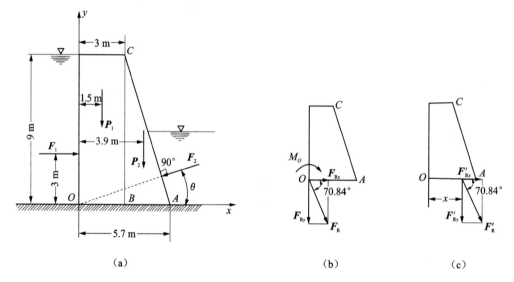

图 2-14 重力坝受力分析

$$\theta=\angle ACB=\arctan\frac{l_{AB}}{l_{CB}}=16.7°$$

主矢 F_R 在 x、y 轴上的投影为

$$F_{Rx}=\sum F_x=F_1-F_2\cos\theta=232.9\text{ kN}$$

$$F_{Ry}=\sum F_y=-P_1-P_2-F_2\sin\theta=-670.1\text{ kN}$$

主矢 F_R 的大小为

$$F_R=\sqrt{(\sum F_x)^2+(\sum F_y)^2}=709.4\text{ kN}$$

主矢 F_R 的方向余弦为

$$\cos(F_R,i)=\frac{\sum F_x}{F_R}=0.328\ 3$$

$$\cos(F_R,j)=\frac{\sum F_y}{F_R}=-0.944\ 6$$

则有

$$\angle(F_R,i)=\pm70.84°$$

$$\angle(F_R,j)=180°\pm19.16°$$

故主矢 F_R 在第四象限内,与 x 轴的夹角为 $-70.84°$。

力系对点 O 的主矩为

$$M_O = \sum M_O(\boldsymbol{F}) = -3F_1 - 1.5P_1 - 3.9P_2 = -2.355 \text{ kN} \cdot \text{m}$$

② 合力 $\boldsymbol{F}'_\text{R}$ 的大小和方向与主矢 $\boldsymbol{F}_\text{R}$ 相同。其作用位置的 x 值可根据合力矩定理求得(见图 2-14(c)),即

$$M_O = M_O(\boldsymbol{F}'_\text{R}) = M_O(\boldsymbol{F}'_{\text{R}x}) + M_O(\boldsymbol{F}'_{\text{R}y})$$

其中 $$M_O(\boldsymbol{F}'_{\text{R}x}) = 0$$

故 $$M_O = M_O(\boldsymbol{F}'_{\text{R}y}) = F'_{\text{R}y}x$$

解得 $$x = \frac{M_O}{F'_{\text{R}y}} = 3.514 \text{ m}$$

③ 设合力作用线上任一点的坐标为 (x, y),将合力作用于此点,则合力 $\boldsymbol{F}_\text{R}'$ 对坐标原点的矩的解析表达式为

$$M_O = M_O(\boldsymbol{F}'_\text{R}) = xF'_{\text{R}y} - yF'_{\text{R}x} = x\sum F_y - y\sum F_x$$

将已求得的 M_O、$\sum F_x$、$\sum F_y$ 的代数值代入上式,得合力作用线方程为

$$-2\,355 = x(-670.1) - y(232.9)$$

即 $$670.1x + 232.9y - 2\,355 = 0$$

【**例 2-4**】　求三角形荷载合力的大小和作用点的位置(见图 2-15)。

【**解**】　(1) 求合力的大小

设距 A 端为 x 处的荷载集度为 $q(x)$,则 $\mathrm{d}x$ 段的合力大小为

$$F_\text{R}(x) = q(x)\mathrm{d}x$$

又 $$\frac{q(x)}{x} = \frac{q_\text{m}}{l}$$

则合力 $\boldsymbol{F}_\text{R}$ 的大小为

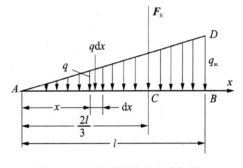

图 2-15　三角形荷载合力的分析一

$$F_\text{R} = \int_0^l q(x)\mathrm{d}x = \int_0^l \frac{q_\text{m}}{l}x\,\mathrm{d}x = \frac{1}{2}q_\text{m}l$$

(2) 求合力作用点 C 的位置

由合力矩定理

$$F_\text{R}l_{AC} = \int_0^l q(x)x\mathrm{d}x = \int_0^l \frac{q_\text{m}}{l}xx\,\mathrm{d}x = \frac{1}{3}q_\text{m}l^2$$

得 $$l_{AC} = \frac{q_\text{m}l^2}{3F_\text{R}}$$

因为 $F_\text{R} = \dfrac{1}{2}q_\text{m}l$,故 $l_{AC} = \dfrac{2}{3}l$。

如果分布荷载并不与 AB 垂直(见图 2-16),它的合力大小也等于 $\dfrac{q_\text{m}l}{2}$,合力作用线通过 AB 上的 C 点,且 $l_{AC} = \dfrac{2l}{3}$。

若荷载均匀分布(见图 2-17(a)),则合力的大小为 ql,其

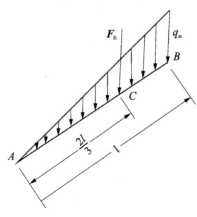

图 2-16　三角形荷载合力的分析二

作用点 $l_{AC} = \dfrac{1}{2}l$。若荷载呈梯形分布，如图 2-17(b)所示，这时可将荷载视为两部分的叠加：一部分为荷载集度 q_1 的均布载荷，另一部分是以 $q_2 - q_1$ 为高的三角形荷载。

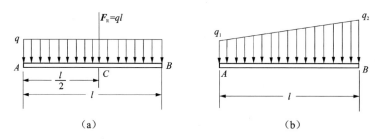

图 2-17　荷载合力的分析

【本章要点】

1. 平面汇交力系简化的结果是一合力，合力作用于力系的汇交点，合力的大小与方向可由两种方法确定：几何法、解析法。几何法是根据力的多边形法则，按照一定顺序绘制首尾相连的力多边形，封闭边即为该力系的合力。解析法是根据合力投影定理求合力在两相互垂直的坐标轴上的投影，求解合力的大小与方向。

2. 平面内力对点之矩是描述力使物体绕矩心的转动效应。力对点之矩是一代数量，与力的大小及力臂的长短有关，一般以逆时针转向为正，顺时针转向为负。

力偶是由等值、反向、不共线的两平行力组成的特殊力系。其作用效应取决于力的大小与力偶臂的乘积（力偶矩）。力偶没有合力，也不能用一个力来平衡。力偶对平面内任一点的矩等于力偶矩，与矩心的选取无关。

3. 平面力偶系的合成等于各个分力偶矩的代数和。平面力偶系的平衡条件为合力偶矩为零。

4. 力向平面内任一点平移，欲不改变它对刚体的作用效应，一方面将力的大小与方向不改变移至该点，另一方面必须附加一力偶，附加力偶的力偶矩等于原力对该点之矩。

5. 平面任意力系向一点（简化中心）简化，可简化为一平面汇交力系和一平面力偶系，平面汇交力系合成的结果为主矢（力），平面力偶系的合成结果为主矩（力偶矩）。

主矢与简化中心的位置无关。主矩一般与简化中心的位置有关，在主矢等于零的特殊情况下，主矩与简化中心的位置无关。

【思考题】

2-1　力沿某坐标轴的分力和力在该轴上的投影有何区别？

2-2　用解析法求平面汇交力系的合力时，若取不同的直角坐标轴，所求得的合力是否相同？为什么？

2-3　试比较力对点之矩与力偶矩二者的异同。

2-4　平面任意力系向一点简化得到的主矢是否是该力系的合力？为什么？

2-5　若已知平面任意力系向一点简化的主矢与主矩，能否求得该任意力系合力的大小与方向？

2-6　某平面力系向 A、B 两点简化的主矩皆为零，此力系简化的最终结果可能是一个力还是一个力偶？

【习题】

2-1　已知 $F_1=3$ kN，$F_2=6$ kN，$F_3=4$ kN，$F_4=5$ kN（见图 2-18），试用解析法和几何法求此四个力的合力。

2-2　设 F_R 为 F_1、F_2、F_3 三个力的合力（见图 2-19），已知 $F_R=1$ kN，$F_3=1$ kN，试用几何法求分力 F_1、F_2 的大小和指向。

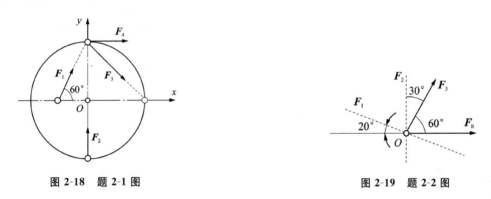

图 2-18　题 2-1 图　　　　　　　　　图 2-19　题 2-2 图

2-3　根据图 2-20 所示情况，试分别计算力 F 对 O 点之矩，设圆半径为 R。

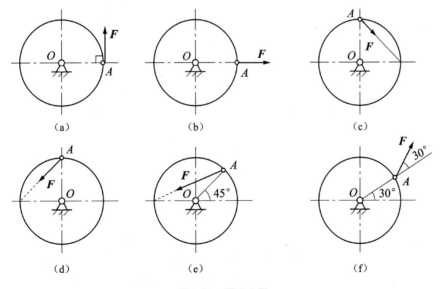

（a）　　　　　　（b）　　　　　　（c）

（d）　　　　　　（e）　　　　　　（f）

图 2-20　题 2-3 图

2-4　在半径为 R 的圆盘上，作用三个大小相等的力 F（见图 2-21），其作用线均为圆周的切线。试求：① 各力对点 O、D 之矩的代数和；② 证明此三个力组成一力偶，其力偶矩等于 $3FR$。

2-5 如图 2-22 所示,已知:$F=300$ N,$r_1=0.2$ m,$r_2=0.5$ m,力偶矩 $M=8$ N·m。试求力 **F** 和力偶矩 M 对 A 点及 O 点之矩的代数和。

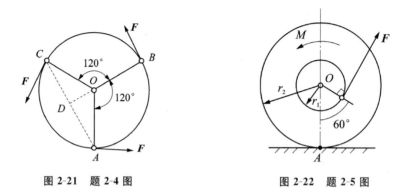

图 2-21 题 2-4 图   图 2-22 题 2-5 图

2-6 图 2-23 所示为导轨式运输车,已知重物的重量 $W=20$ kN,试求导轨对轮 A 和轮 B 的约束反力。

2-7 如图 2-24 所示,一均质杆 AB 重 $W=30$ N,长 100 cm,被悬于竖直的两墙之间,不计摩擦,试求墙面的反力。

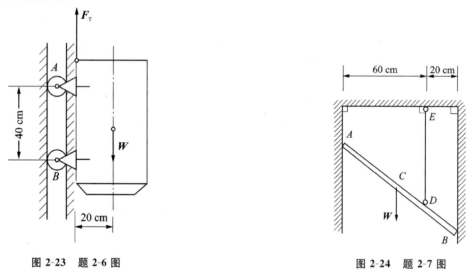

图 2-23 题 2-6 图   图 2-24 题 2-7 图

2-8 T 字形杆 AB 由铰链支座 A 及杆 CD 支撑,如图 2-25 所示。在 AB 杆的一端 B 作用一力偶(F,F'),其力偶矩的大小为 50 N·m,$l_{AC}=2l_{CB}=0.2$ m,$\theta=30°$,不计杆 AB、CD 的自重。求杆 CD 及支座 A 的反力。

2-9 三铰刚架如图 2-26 所示,在它上面作用一力偶,其力偶矩 $M=50$ kN·m。如不计刚架的自重,试求:① A、B 处的支座反力;② 如将该力偶移到刚架的左半部,两支座的反力是否改变?为什么?

2-10 如图 2-27 所示,已知 $F_1=150$ N,$F_2=200$ N,$F_3=300$ N,$F=F'=20$ N,求力系向点 O 的简化结果,并求力系合力的大小及其与原点 O 的距离 d。

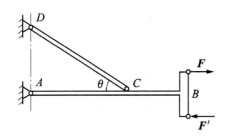

图 2-25 题 2-8 图

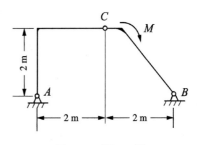

图 2-26 题 2-9 图

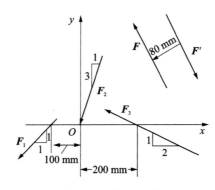

图 2-27 题 2-10 图

第 3 章　力系的平衡

　　工程中经常遇到的平面任意力系,即作用在物体上的力的作用线都分布在同一平面内并任意分布的力系。当物体所受的力都对称于某一平面时,也可将它视作平面力系的问题。本章将在第 2 章的基础上,详述平面任意力系的平衡问题,并介绍考虑了摩擦的平衡问题。

3.1　平面力系的平衡方程

3.1.1　平面任意力系的平衡方程

　　现在讨论静力学中最重要的情形之一,即平面任意力系的主矢和主矩都等于零的情形:

$$\left.\begin{array}{l} \boldsymbol{F}_{R}=\boldsymbol{0} \\ M_{O}=0 \end{array}\right\} \tag{3-1}$$

　　显然,主矢等于零,表明作用于简化中心 O 的汇交力系为平衡力系;主矩等于零,表明附加力偶系也是平衡力系,所以原力系必为平衡力系。因此,式(3-1)为平面任意力系平衡的充分条件。

　　由上一章的分析结果可知:若主矢和主矩有一个不等于零,则力系应简化为合力或合力偶;若主矢和主矩都不等于零,则可进一步简化为一个合力。上述情况下力系都不能平衡,只有当主矢和主矩都等于零时,力才能平衡,因此,式(3-1)又是平面任意力系平衡的必要条件。

　　于是,平面任意力系平衡的必要和充分条件是:力的主矢和对任一点的主矩都等于零。

　　这些平衡条件可用解析式表示,即

$$\left.\begin{array}{l} \sum F_{x}=0 \\ \sum F_{y}=0 \\ \sum M_{O}(\boldsymbol{F})=0 \end{array}\right\} \tag{3-2}$$

　　由此可得结论,平面任意力系平衡的解析条件是:各力在两个任选的坐标轴上的投影的代数和分别等于零,以及各力对于任意一点的矩的代数和也等于零。式(3-2)称为平面任意力系的平衡方程。

　　式(3-2)有三个方程,只能求解三个未知数。

　　【例 3-1】　试求图 3-1(a)所示悬臂梁固定端 A 处的约束反力。其中 q 为均布荷载集度,单位为 kN/m,设集中力的大小 $F=ql$,力偶矩为 $M=ql^{2}$。

　　【解】　以 AB 为研究对象,画出受力图,如图 3-1(b)所示。

　　在解本题时应注意以下几点。

　　① 固定端 A 处约束反力除了 $\boldsymbol{F}_{Ax}$、$\boldsymbol{F}_{Ay}$ 外,还有约束反力偶 M_{A}。

　　② 在列平衡方程时应注意,力偶对任何轴的投影均为零,力偶对作用面内任意点之矩恒为该

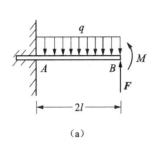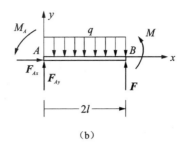

（a）　　　　　　　　　　　　（b）

图 3-1　悬臂梁固定端的受力分析

力偶矩。

取 x、y 轴如图 3-1(b)所示，列平衡方程

$$\sum F_x = 0, F_{Ax} = 0$$

$$\sum F_y = 0, F_{Ay} + F - q \cdot 2l = 0$$

$$\sum M_A(\boldsymbol{F}) = 0, M_A - 2ql \cdot l + M + F \cdot 2l = 0$$

解得
$$F_{Ax} = 0, F_{Ay} = ql, M_A = -ql^2$$

M_A 计算结果为负值，说明实际转向与图示转向相反，为顺时针转向。

通过以上例题可以看出，对于平面任意力系，可以求解三个未知量，在应用平衡方程求解问题时，应尽量避免方程联立，尽可能一个方程只包含一个未知量。选取的坐标轴尽量与较多的力特别是未知力的作用线平行或垂直，而矩心尽可能选在较多的力特别是未知力的交点上。采取力矩式平衡方程有时比投影式平衡方程计算要简便一些。

【例 3-2】　图 3-2 所示的水平横梁 AB，A 端为固定铰链支座，B 端为一滚动支座。梁的长度为 $4a$，梁所受的重力 $\boldsymbol{P}$ 作用在梁的中点 C。在梁的 AC 段上受均布荷载 q 作用，在梁的 BC 段上受力偶作用，力偶矩 $M = Pa$。试求 A 和 B 处的支座反力。

【解】　选梁 AB 为研究对象。它所受的主动力有均布荷载 q，重力 $\boldsymbol{P}$ 和矩为 M 的力偶。它受的约束反力有：铰链 A 处的两个分力 $\boldsymbol{F}_{Ax}$ 和 $\boldsymbol{F}_{Ay}$，滚动支座 B 处铅直向上的约束反力 $\boldsymbol{F}_B$。

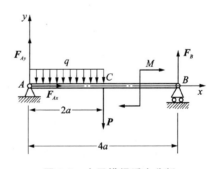

图 3-2　水平横梁受力分析

取坐标系如图所示，列出平衡方程

$$\sum M_A(\boldsymbol{F}) = 0, F_B \cdot 4a - M - P \cdot 2a - q \cdot 2a \cdot a = 0$$

$$\sum F_x = 0, F_{Ax} = 0$$

$$\sum F_y = 0, F_{Ay} - q \cdot 2a - P + F_B = 0$$

解上述方程，得

$$F_B = \frac{3}{4}P + \frac{1}{2}qa$$

$$F_{Ax}=0$$

$$F_{Ay}=\frac{P}{4}+\frac{3}{2}qa$$

【例 3-3】 自重为 $P=100$ kN 的 T 字形刚架 $ABCD$，置于铅垂面内，荷载如图 3-3(a) 所示。其中 $M=20$ kN·m，$F=400$ kN，$q=20$ kN/m，$l=1$ m，试求固定端 A 的约束反力。

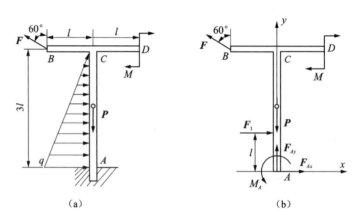

（a）　　　　　　　　（b）

图 3-3　T 字形刚架受力分析

【解】 取 T 字形刚架为研究对象，其上除受主动力外，还受有固定端 A 处的约束反力 $\boldsymbol{F}_{Ax}$、$\boldsymbol{F}_{Ay}$ 和约束反力偶 M_A。线性分布荷载可用一集中力 $\boldsymbol{F}_1$ 等效替代，其大小为

$$F_1=\frac{1}{2}q\times 3l=30 \text{ kN}$$

作用于三角形分布荷载的几何中心，即距点 A 为 l 处。刚架受力图如图 3-3(b)所示。

如图 3-3(b)所示，列平衡方程

$$\sum F_x=0, F_{Ax}+F_1-F\sin 60°=0$$

$$\sum F_y=0, F_{Ay}-P+F\cos 60°=0$$

$$\sum M_A(\boldsymbol{F})=0, M_A-M-F_1l-F\cos 60°\cdot l+F\sin 60°\cdot 3l=0$$

解方程，求得

$$F_{Ax}=F\sin 60°-F_1=316.4 \text{ kN}$$

$$F_{Ay}=P-F\cos 60°=-100 \text{ kN}$$

$$M_A=M+F_1l+F\cos 60°\cdot l-3F\sin 60°\cdot l=-789.2 \text{ kN·m}$$

负号说明图中所设方向与实际情况相反，即 $\boldsymbol{F}_{Ay}$ 应为向下，M_A 应为顺时针转向。

若以方程 $\sum M_B(\boldsymbol{F})=0$ 取代方程 $\sum F_y=0$，可以不解联立方程直接求得 F_{Ay} 值。因此在分析某些问题时，采用力矩方程比投影方程简便。下面介绍平面任意力系平衡方程的其他两种形式。

三个平衡方程中有两个力矩方程和一个投影方程（二矩式），即

$$\left.\begin{array}{c}\sum_{i=1}^{n} M_A(\boldsymbol{F})=0\\[2mm]\sum_{i=1}^{n} M_B(\boldsymbol{F})=0\\[2mm]\sum_{i=1}^{n} F_x=0\end{array}\right\} \tag{3-3}$$

其中，x 轴不得垂直 A、B 两点的连线。

为什么上述形式的平衡方程也能满足力系平衡的必要和充分条件呢？这是因为，如果力系对点 A 的主矩等于零，则这个力系不可能简化为一个力偶。但可能有两种情形：这个力系或者简化为经过点 A 的一个力，或者平衡。如果力系对另一点 B 的主矩也同时为零，则这个力系或者有一合力沿 A、B 两点的连线，或者平衡。如果再加上 $\sum F_x=0$，那么力系如有合力，则此合力必与 x 轴垂直。式(3-3)的附加条件(x 轴不得垂直于连线 AB)完全排除了力系简化为一个合力的可能性，故所研究的力系必为平衡力系。

同理，也可写出三个力矩式的平衡方程(三矩式)，即

$$\left.\begin{array}{c}\sum_{i=1}^{n} M_A(\boldsymbol{F})=0\\[2mm]\sum_{i=1}^{n} M_B(\boldsymbol{F})=0\\[2mm]\sum_{i=1}^{n} M_C(\boldsymbol{F})=0\end{array}\right\} \tag{3-4}$$

其中，A、B、C 三点不得共线。为什么必须有这个附加条件，读者可自行证明。

上述三组方程(3-2)、(3-3)、(3-4)都可用来解决平面任意力系的平衡问题。究竟选用哪一组方程，须根据具体条件确定。对于受平面任意力系作用的单个刚体的平衡问题，只可以写出三个独立的平衡方程，求解三个未知量。任何第四个方程只是前三个方程的线性组合，而不是独立的。我们可以利用这个方程来校核计算结果。

【**例 3-4**】　边长为 a 的等边三角形 ABC 在垂直平面内，用三根沿边长方向的直杆铰接，如图 3-4(a)所示，CF 杆水平，三角形平板上作用一已知力偶，其力偶矩为 M，三角形平板所受重力为 $\boldsymbol{P}$，略去杆重，试求三杆对三角形平板的约束反力。

【**解**】　选取三角形平板 ABC 为研究对象，画出其受力图，如图 3-4(b)所示。很明显，作用于三角形平板上的力系是平面一般力系，并且未知力的分布比较特殊，其特点是 A、B、C 三点分别是两个未知约束反力的汇交点，因此本题宜用三矩式平衡方程求解。

列平衡方程

$$\left\{\begin{array}{llll}\sum M_A(\boldsymbol{F})=0 & \dfrac{\sqrt{3}}{2}a\times F_C-M=0 & 得 & F_C=\dfrac{2\sqrt{3}}{3}\times\dfrac{M}{a}\\[3mm]\sum M_B(\boldsymbol{F})=0 & \dfrac{\sqrt{3}}{2}a\times F_A-M-P\times\dfrac{a}{2}=0 & 得 & F_A=\dfrac{2\sqrt{3}}{3}\times\dfrac{M}{a}+\dfrac{P}{\sqrt{3}}\\[3mm]\sum M_C(\boldsymbol{F})=0 & \dfrac{\sqrt{3}}{2}a\times F_B-M+P\times\dfrac{a}{2}=0 & 得 & F_B=\dfrac{2\sqrt{3}}{3}\times\dfrac{M}{a}-\dfrac{P}{\sqrt{3}}\end{array}\right.$$

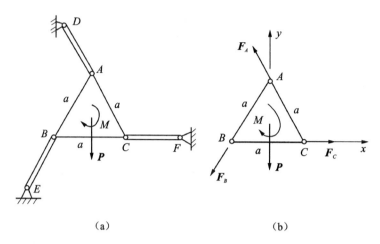

图 3-4 三角形平板与杆件受力分析

3.1.2 平面特殊力系的平衡方程

平面任意力系的平衡条件包含了各种特殊力系的平衡条件,因此,由式(3-2)可以导出平面汇交力系、平面平行力系和平面力偶系的平衡方程。

(1) 平面汇交力系的平衡方程

对于平面汇交平衡力系,式(3-2)的第三式 $\sum M_O(\boldsymbol{F}) \equiv 0$ 不独立,因此,平衡方程为

$$\begin{cases} \sum F_x = 0 \\ \sum F_y = 0 \end{cases} \tag{3-5}$$

平面汇交力系平衡的必要与充分条件是所有外力在两坐标轴上的投影的代数和分别为零。

(2) 平面平行力系的平衡方程

如果取 x 轴与平面平行力系中各力的作用线垂直,则这些力在 x 轴上的投影全部为零,因而 $\sum F_x \equiv 0$。由平面任意力系的平衡方程可得

$$\begin{cases} \sum F_y = 0 \\ \sum M_A(\boldsymbol{F}) = 0 \end{cases} \tag{3-6}$$

平面平行力系平衡的必要和充分条件是:力系中所有各力在与该力系平行的轴上的投影的代数和等于零,以及这些力对于任一点之矩的代数和等于零。

同理,由平面任意力系平衡方程的二力矩形式,可得平面平行力系平衡方程的另一种形式为

$$\begin{cases} \sum M_A(\boldsymbol{F}) = 0 \\ \sum M_B(\boldsymbol{F}) = 0 \end{cases} \tag{3-7}$$

其中,A、B 两点的连线不能平行于力系中各力的作用线。

(3) 平面力偶系的平衡方程

平面力偶系平衡的必要与充分条件是:合力偶的力偶矩为零,即各分力偶的力偶矩的代数和

为零,即

$$\sum M_i = 0 \tag{3-8}$$

【例 3-5】 如图 3-5(a)所示,重物 $P = 20$ kN,用钢丝绳挂在支架的滑轮 B 上,钢丝绳的另一端缠绕在绞车 D 上。杆 AB 与 BC 铰接,并以铰链 A、C 与墙连接。如两杆和滑轮的自重不计,并忽略摩擦和滑轮的大小,试求平衡时杆 AB 和 BC 所受的力。

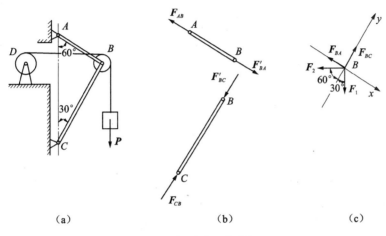

(a)   (b)   (c)

图 3-5 杆件的受力分析

【解】 (1)取研究对象

由于 AB、BC 两杆都是二力杆,假设杆 AB 受拉力,杆 BC 受压力,如图 3-5(b)所示。为了求出两个未知力,可通过求两杆对滑轮的约束反力来解决。因此选取滑轮 B 为研究对象。

(2)画受力图

滑轮受到钢丝绳的拉力 F_1 和 F_2(已知 $F_1 = F_2 = P$)作用。此外杆 AB 和 BC 对滑轮的约束反力为 F_{BA} 和 F_{BC}。由于滑轮的大小可忽略不计,故此力系可看作是平面汇交力系,如图 3-5(c)所示。

(3)列平衡方程

选取坐标轴如图 3-5(c)所示。为使每个未知力只在一个轴上有投影,在另一个轴上的投影为零,坐标轴应尽量选取在与未知力作用线相垂直的方向。这样在一个平衡方程中只有一个未知数,不必解联立方程,即

$$\sum F_x = 0, \ -F_{BA} + F_1 \sin 30° - F_2 \sin 60° = 0 \tag{1}$$

$$\sum F_y = 0, \ F_{BC} - F_1 \cos 30° - F_2 \cos 60° = 0 \tag{2}$$

由式(1)得

$$F_{BA} = -0.366P = -7.32 \ \text{kN}$$

由式(2)得

$$F_{BC} = 1.366P = 27.32 \ \text{kN}$$

所示结果,F_{BC} 为正值,表示此力的假设方向与实际方向相同,即杆 BC 受压。F_{BA} 为负值,表示此力的假设方向与实际方向相反,即杆 AB 也受压力。

【例 3-6】 塔式起重机(见图 3-6)的机身重量 $P = 220$ kN,作用线通过塔架中心,最大起吊重

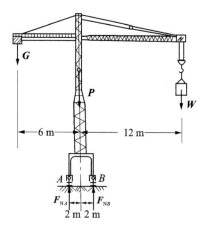

图 3-6 塔式起重机受力分析

量 $W=50$ kN,平衡物重 $G=30$ kN,试求满载和空载时轨道 A、B 的约束反力,并问此起重机在使用过程中有无翻倒的危险。

【解】 考虑起重机整体的平衡,受力图如图 3-6 所示。分别以 B、A 二点为矩心,写出平衡方程

$$\sum M_B(\boldsymbol{F})=0, G(6+2)+P\times2-W(12-2)-F_{NA}\times4=0$$

$$\sum M_A(\boldsymbol{F})=0, G(6-2)+F_{NB}\times4-P\times2-W(12+2)=0$$

解得 $F_{NA}=2G+0.5P-2.5W$

              $F_{NB}=-G+0.5P+3.5W$

对于满载的情形,$W=50$ kN 代入得

              $F_{NA}=45$ kN, $F_{NB}=255$ kN

对于空载的情形,$W=0$ 代入得

$F_{NA}=170$ kN, $F_{NB}=80$ kN

满载时,为了保证起重机不至于绕 B 点翻倒,必须使 $F_{NA}>0$;同理,空载时,为了保证起重机不致绕 A 点翻倒,必须使 $F_{NB}>0$。由上述计算结果可知,满载时 $F_{NA}=45$ kN>0,空载时 $F_{NB}=80$ kN>0,因此,起重机的工作将是安全可靠的。

3.2 物体系统的平衡

所谓**物体系统**,是指若干个物体通过适当的约束相互连接而组成的系统。

当整个物体系统处于平衡时,则组成该系统的每一个物体必然处于平衡。于是,可以选取整个物体系统为研究对象;也可将整个物体系统拆开,取系统中某一部分(局部)作为研究对象。由此可见,选取研究对象往往会遇到先后顺序的问题。如何解决这一问题呢?要根据物体系统内各物体之间的约束和受力情况而定。下面举例说明物体系统平衡问题的求解方法。

【例 3-7】 图 3-7(a)所示的组合梁由 AC 和 CD 在 C 处铰接而成。梁的 A 端插入墙内,B 处为链杆约束。已知:$F=20$ kN,均布荷载 $q=10$ kN/m,$M=20$ kN·m,$l=1$ m。试求插入端 A 处及链杆约束 B 处的约束反力。

【解】 先以整体为研究对象,组合梁在主动力 M、$\boldsymbol{F}$、q 和约束反力 $\boldsymbol{F}_{Ax}$、$\boldsymbol{F}_{Ay}$、M_A 及 $\boldsymbol{F}_B$ 作用下平衡,受力如图 3-7(a)所示。其中均布荷载的合力通过点 C,大小为 $2ql$。列平衡方程

$$\sum F_x=0, F_{Ax}-F_B\cos 60°-F\sin 30°=0 \tag{1}$$

$$\sum F_y=0, F_{Ay}+F_B\sin 60°-2ql-F\cos 30°=0 \tag{2}$$

$$\sum M_A(\boldsymbol{F})=0, M_A-M-2ql\times2l+F_B\sin 60°\times3l-F\cos 30°\times4l=0 \tag{3}$$

以上三个方程中包含四个未知量,必须再补充方程才能求解。为此可取梁 CD 为研究对象,受力如图 3-7(b)所示,列出对点 C 的力矩方程。

$$\sum M_C(\boldsymbol{F})=0, F_B\sin 60°\times l-ql\times\frac{l}{2}-F\cos 30°\times2l=0 \tag{4}$$

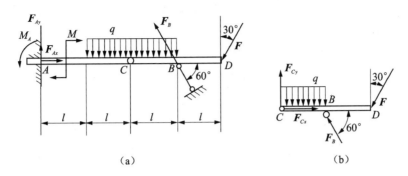

图 3-7　组合梁受力分析

由式(4)可得 $\qquad\qquad F_B=45.77\text{ kN}$

代入式(1)(2)(3)求得 $\quad F_{Ax}=32.89\text{ kN},F_{Ay}=-2.32\text{ kN},M_A=10.37\text{ kN}\cdot\text{m}$

如需求解铰链 C 处的约束反力,可取梁 CD 为研究对象,由平衡方程 $\sum F_x=0$ 和 $\sum F_y=0$ 求得。

此题也可先取梁 CD 为研究对象,求得 F_B 后,再以 AC 杆为研究对象,求出 F_{Ax}、F_{Ay} 及 M_A。

【例 3-8】　图 3-8(a)所示为钢结构拱架,拱架由两个相同的刚架 AC 和 BC 用铰链 C 连接,拱脚 A、B 用铰链固定于地基上,吊车梁支承在刚架的突出部分 D、E 上。设两刚架各重为 $P=60$ kN,吊车梁重为 $P_1=20$ kN,其作用线通过点 C,荷载为 $P_2=10$ kN,风力 $F=10$ kN。尺寸如图所示。D、E 两点在力 P 的作用线上。求固定铰支座 A 和 B 处的约束反力。

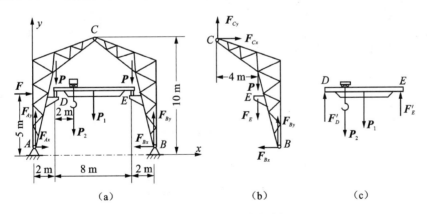

图 3-8　钢结构拱架受力分析

【解】　(1) 选整个拱架为研究对象

拱架在主动力 P、P_1、P_2、F 和铰链 A、B 处的约束反力 F_{Ax}、F_{Ay}、F_{Bx}、F_{By} 作用下平衡,受力如图 3-8(a)所示。列出平衡方程

$$\sum M_A(\boldsymbol{F})=0,12F_{By}-5F-12P-4P_2-6P_1=0 \qquad\qquad (1)$$

$$\sum F_x=0,F+F_{Ax}-F_{Bx}=0 \qquad\qquad (2)$$

$$\sum F_y=0,F_{Ay}+F_{By}-P_2-P_1-2P=0 \qquad\qquad (3)$$

以上三个方程包含四个未知数,欲求得全部解答,必须再补充一个独立的方程。

(2) 选右边刚架为研究对象

其上受有左边刚架和吊车梁对它的作用力 F_{Cx}、F_{Cy} 和 F_E 的作用。另外还有重力 P 和铰链 B 处的约束反力 F_{Bx}、F_{By} 的作用,如图 3-8(b)所示。于是可列出三个独立的平衡方程。为了减少方程中的未知量数目,采用力矩方程,即

$$\sum M_C(\boldsymbol{F}) = 0, 6F_{By} - 10F_{Bx} - 4(P + F_E) = 0 \tag{4}$$

这时又出现一个未知数 F_E。为求得该力的大小,可再考虑吊车梁的平衡。

(3) 选吊车梁为研究对象

吊车梁在 P_1、P_2 和支座约束反力 F'_D、F'_E 的作用下平衡,如图 3-8(c)所示。为求得 F'_E 可列方程

$$\sum M_D(\boldsymbol{F}) = 0, 8 F'_E - 4P_1 - 2P_2 = 0 \tag{5}$$

由式(5)解得 $\qquad\qquad F'_E = 12.5$ kN

由式(1)求得 $\qquad\qquad F_{By} = 77.5$ kN

将 F_{By} 和 F_E 的值代入式(4)得 $\qquad F_{Bx} = 17.5$ kN

代入式(2)得 $\qquad\qquad F_{Ax} = 7.5$ kN

代入式(3)得 $\qquad\qquad F_{Ay} = 72.5$ kN

【例 3-9】 构架尺寸及所受荷载如图 3-9(a)所示。求铰链 E、F 处的约束反力。

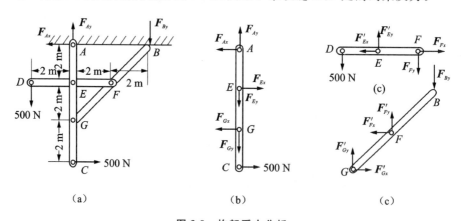

(a)　　　　　　　(b)　　　　　　　(c)

图 3-9 构架受力分析

【解】 这个构架由三根杆组成,其研究对象的选取不像上述例题有一定的规律,但是对构架整体来说,铰链 E、F 处的约束反力都是内力,单纯以整体为研究对象是不能求出 E、F 处的约束反力的,因此一定要把整个构架拆开,拆开后取受力较为简单的杆 DF 为研究对象,其受力图如图 3-9(c)所示。

$$\begin{cases} \sum M_E(\boldsymbol{F}) = 0, -F_{Fy} \times 2 + 500 \times 2 = 0, F_{Fy} = 500 \text{ N} \\ \sum F_y = 0, F'_{Ey} - F_{Fy} - 500 = 0, F'_{Ey} = F_{Fy} + 500 = 1\,000 \text{ N} \\ \sum F_x = 0, F_{Fx} - F'_{Ex} = 0, F'_{Ex} = F_{Fx} \end{cases} \tag{1}$$

再取杆件 AC 为研究对象,其受力图如图 3-9(b)所示。

$$\sum M_G(\pmb{F})=0, F_{Ax}\times 4 - F_{Ex}\times 2 + 500\times 2 = 0$$

$$2F_{Ax} - F_{Ex} + 500 = 0 \tag{2}$$

最后,取整体为研究对象,其受力图如图 3-9(a)所示。

$$\sum F_x = 0, 500 - F_{Ax} = 0$$

$$F_{Ax} = 500 \text{ N}$$

将 F_{Ax} 的值代入式(2)得　　　$2\times 500 - F_{Ex} + 500 = 0$

解得　　　　　　　　　　　$F_{Ex} = 1\ 500 \text{ N}$

将 F_{Ex} 的值代入式(1)得 $F_{Fx} = F'_{Ex} = F_{Ex} = 1\ 500$ N,因此铰链 E、F 处的约束反力分别为

$$F_{Ex} = F'_{Ex} = 1\ 500 \text{ N}, \ F_{Ey} = F'_{Ey} = 1\ 000 \text{ N}$$

$$F_{Fx} = F'_{Fx} = 1\ 500 \text{ N}, \ F_{Fy} = F'_{Fy} = 500 \text{ N}$$

以上分析是先后取杆 DF、AC 及构架整体为研究对象,但是也可按其他的顺序选取不同的杆件或局部为研究对象,总之为了计算的简便要适当选取研究对象。

综合以上例题得出物体系统平衡问题的解题方法和步骤如下。

① 先应考虑是否可选择整体为研究对象。一般来说,如整体系统之外约束力的未知量不超过三个,或超过三个却可通过选择适当的平衡方程,率先求出一部分未知量时,应首先选取整体为研究对象。

② 如果整体系统之外约束力超过三个或者题目要求求解内约束反力时,应考虑把物体系统拆开,选取相应的研究对象;可选单个刚体,也可选若干个刚体组成的局部。这时一般应先选取力系较简单的、未知量较少的但却包含了未知力和待求未知量的刚体或局部为研究对象。

③ 应排好研究对象的先后顺序,整理出解题步骤,当确信可以达到解题要求时,再动手求解。

此外还应注意:① 各受力图之间的统一和协调。尤其是作用力和反作用力,这两力的方向相反,所以符号应该协调。② 尽量做到一个方程求解一个未知量,勿建立与求解无关的平衡方程,尽可能避免方程联立。

3.3　摩擦问题

3.3.1　摩擦现象

摩擦是一种普遍现象。它广泛存在于日常生活和工程实际中。例如车辆行驶、机器的运转时都存在摩擦;夹具利用摩擦夹紧工具;制动器利用摩擦刹车;皮带利用摩擦传递轮子间的运动。在此类问题中,摩擦对物体的平衡和运动起着重要作用,它是有利的。摩擦也有其不利的一面,如摩擦使机器中的零件磨损、发热,增加能量损耗等。我们研究摩擦的目的是要掌握其规律,充分利用其有利的一面,尽可能避免其有害的一面,为工程实际服务。

我们前面讨论的平衡问题均未考虑摩擦。假设物体间的接触均是光滑的,这是实际问题中的一种理想情况。当物体间的接触面足够光滑或者润滑较好时,这种假设所产生的误差不大。但当摩擦成为主要因素时,摩擦力不仅不能忽略,而且应该作为重要的因素来考虑。

按照物体接触部分的运动情况,摩擦可分为滑动摩擦和滚动摩擦两类。当两个物体的接触面间有相对运动或有相对运动趋势时的摩擦称为**滑动摩擦**。滑动摩擦又可分为动滑动摩擦和静滑动摩擦两种情况。**滚动摩擦**(简称**滚阻**)是一个物体在另一个物体上滚动时产生的摩擦。本书仅讨论滑动摩擦问题。

滑动摩擦还可以按照两物体接触表面间的物理情况分为两类:固体与固体间的接触面没有添加润滑剂(即无润滑剂的固体间)的摩擦称为**干摩擦**,如夹具与工件之间的摩擦可以认为是干摩擦;有润滑剂的固体间的摩擦称为**湿摩擦**,如添加足够润滑油的轴与轴承间的摩擦。

3.3.2 滑动摩擦

1) 静滑动摩擦

静滑动摩擦力(简称为静摩擦力)是指两个物体间具有相对滑动趋势但没有相对运动时,彼此之间存在的阻碍物体滑动的力 F。

由于物体处于平衡状态,静摩擦力 F 与主动力沿接触面的切向分量大小相等、方向相反。当主动力变化时,静摩擦力也将随之变化。主动力为零时,物体间没有相对运动趋势,也就没有摩擦力。主动力增加时,静摩擦力也就相应地增加,但这种增加并不是无限制的,当主动力增加到某一值时,物体将产生移动,换句话说,静摩擦力 F 有一个最大值 F_{max},即

$$0 \leqslant F \leqslant F_{max}$$

静摩擦力等于最大静摩擦力时物体的平衡状态,称为**临界平衡状态**。

根据大量试验表明:最大静摩擦力 F_{max} 的大小与两个相互接触物体间的法向反力 F_N 的大小成正比,方向与相对滑动趋势方向相反,即

$$F_{max} = f_s \cdot F_N \tag{3-9}$$

式(3-9)称为**静滑动摩擦定律**或**库仑摩擦定律**。式中比例系数 f_s 称为静摩擦因数,它是一个无单位的数值。f_s 的大小与接触物体的材料及接触面的粗糙程度、干湿度、温度等情况有关。通常认为与接触面积的大小无关。静摩擦因数的参考值见表 3-1。

表 3-1 摩擦因数参考值

材料名称	摩擦因数			
	静摩擦因数(f_s)		动摩擦因数(f)	
	无润滑剂	有润滑剂	无润滑剂	有润滑剂
钢-钢	0.15	0.10~0.20	0.15	0.05~0.10
钢-铸铁	0.30	—	0.18	0.05~0.15
钢-青铜	0.15	0.10~0.15	0.15	0.10~0.15
钢-橡胶	0.90	—	0.60~0.80	—
铸铁-铸铁	—	0.18	0.15	0.07~0.12
铸铁-青铜	—	—	0.15~0.20	0.07~0.15
铸铁-皮革	0.30~0.50	0.15	0.60	0.15
铸铁-橡胶	—	—	0.80	0.50
青铜-青铜	—	0.10	0.20	0.07~0.10

2）动滑动摩擦

当主动力继续增大时，物体之间将产生相对滑动，此时物体接触面间仍有摩擦力，此阻碍物体滑动的摩擦力称为**动滑动摩擦力**，简称**动摩擦力**，以 F' 表示，动摩擦力具有以下特性。

① 动摩擦力 F' 的大小与两个物体接触面的法向反力 F_N 的大小成正比，即

$$F' = f \cdot F_N \tag{3-10}$$

其中，f 称为动摩擦因数。它也是一个无单位的数值，其参考数值见表 3-1。

② 动摩擦力的方向与物体相对滑动速度的方向相反。

③ 一般情况下，动摩擦因数 f 略小于静摩擦因数 f_s，但在处理实际的工程问题中，为了计算简便，取 $f = f_s$。

3）摩擦角与自锁现象

当存在摩擦时，物体受到的接触面的约束反力包括法向反力 F_N 和摩擦力 F。这两个力的合力 F_R 称为支承面对物体的**全约束反力**，简称**全反力**。

即　　　　　　　　　　　　$$F_R = F + F_N \tag{3-11}$$

设 F_R 与接触面法线的夹角为 ϕ，则

$$\tan \phi = \frac{F}{F_N}$$

图 3-10(b) 中，物体上作用主动力，即水平方向力 F_Q 和竖直方向力 F_P。若 F_P 不变，那么物体在开始滑动前，静摩擦力 F 将随主动力的水平方向力 F_Q 的增大而增大。设力 F_Q 增大到 F_{QK} 时，物体处于临界状态，这时的静摩擦力为 F_{max}，全反力也为 F_{Rmax}，同时 ϕ 达到最大值 ϕ_m，如图 3-11 所示。角 ϕ_m 称为静摩擦角，简称**摩擦角**。也就是说，摩擦角就是静摩擦力达到最大值时，全反力与支承面法线间的夹角。当物体处于平衡时，静摩擦力总是小于或等于最大静摩擦力，则全反力与法向反力的夹角也总是小于或等于摩擦角 ϕ_m，即

$$0 \leqslant \phi \leqslant \phi_m$$

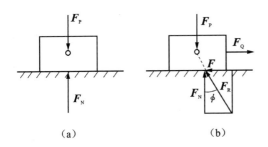

（a）　　　　　　　（b）

图 3-10　摩擦角

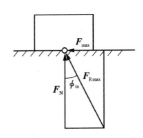

图 3-11　摩擦力分析

处于临界状态时　　　　　　$$F_R = F_{Rmax} = F_{max} + F_N$$

显然　　　　　　　　　$$\tan \phi_m = \frac{F_{max}}{F_N} = \frac{f_s F_N}{F_N} = f_s$$

由上式可看出：摩擦角的正切 $\tan \phi_m$ 等于静摩擦因数 f_s。

从图 3-10(b) 和图 3-11 可以看出，如果改变水平力 F_Q 的方向，则 F_{max} 及 F_{Rmax} 的方向也随之改变，若 F_Q 力转过一圈，则全反力 F_{Rmax} 的作用线将在空间画出一个锥面，称为**摩擦锥**。若物体与支

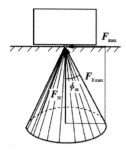

图 3-12 摩擦锥

承面间沿任何方向的静摩擦因数相同,则 ϕ_m 都相等,摩擦锥是一个以接触面法线为轴线,顶角为 $2\phi_m$ 的圆锥,如图 3-12 所示。

物体处于静止状态时,全反力 F_R 与接触面法线所形成的夹角 ϕ 不会大于 ϕ_m。也就是说,F_R 的作用线不可能超出摩擦锥(当处于临界状态时,则在锥面上)。设作用于物体上水平方向的主动力 F_Q 和竖直方向的主动力 F_P 的合力为 F_S,即 $F_S = F_Q + F_P$,当主动力的合力 F_S 的作用线在摩擦锥之外(见图 3-13(a)),即 $\theta > \phi_m$ 时,则全反力 F_R 不可能与 F_S 共线,此二力不符合二力平衡条件,于是物体将产生滑动。当主动力合力 F_S 的作用线在摩擦锥之内(见图 3-13(b)),即 $\theta < \phi_m$ 时,无论主动力多大,它总是与 F_R 平衡,因而物体将保持静止。这样,只要主动力合力的作用线在摩擦锥以内,物体依靠摩擦总能平衡而与主动力大小无关的现象,称为**自锁**,图 3-13(c)表明主动力 F_S 在锥面时,物体处于临界状态,即工程上常见的自锁现象,例如螺旋千斤顶能顶住很重的物体而不会自行下落等。

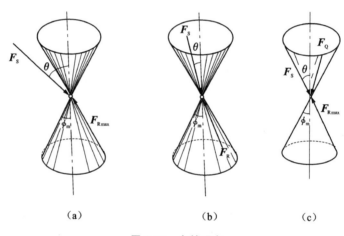

(a)	(b)	(c)

图 3-13 自锁现象

$$\theta = \phi_m$$

3.3.3 考虑滑动摩擦时物体的平衡问题

求解有摩擦时物体的平衡问题与不计摩擦时物体的平衡问题,二者有共同之处,即作用于物体上的力都应满足力系的平衡条件。对有摩擦的平衡问题,还应考虑以下几点:

① 取研究对象时,一般总是从摩擦面将物体分开。

② 摩擦力的大小由平衡条件决定,同时应与最大静摩擦力 F_{max} 比较。当 $F < F_{max}$ 时,物体平衡;当 $F > F_{max}$ 时,物体不平衡。

③ 在临界状态下,摩擦力达到最大静摩擦力,此时,$F_{max} = f_s F_N$。

④ 摩擦力的方向总是与物体相对运动或相对运动趋势方向相反。当物体未处于临界状态时,摩擦力是未知的,如其指向无法预先判断,可以先假定;当物体达临界状态时,此时摩擦力与相对滑动趋势方向相反,不可假定。

⑤ 解题的最后结果常常用不等式或最大值和最小值表示。

【例 3-10】　制动器的构造和主要尺寸如图 3-14(a)所示,制动块与毂轮表面间的静摩擦因数为 f_s,试求制动毂轮转动所必需的最小力 F_P。

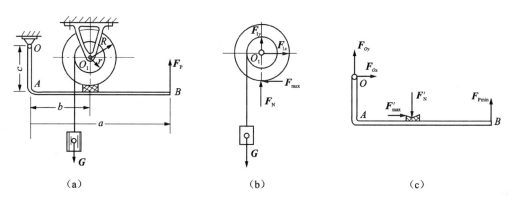

图 3-14　制动器受力分析

【解】　从摩擦面将毂轮与杠杆 OAB 分开,分别画出其受力图,如图 3-14(b)和图 3-14(c)所示。毂轮上的力除轴心受有轴承反力 F_{1x}、F_{1y},重物的重力 G 外,摩擦面上还有正压力 F_N 和摩擦力 F,毂轮的制动正是摩擦力 F 产生的。当作用于杠杆 OAB 上的力 F_P 为最小值 F_{Pmin} 时,轮子处于逆时针方向转动的临界平衡状态,摩擦力为 F_{max}。

由毂轮的平衡方程有

$$\sum M_{O_1}(F)=0, Gr-F_{max}R=0, F_{max}=f_s F_N$$

解得

$$F_{max}=\frac{r}{R}G, F_N=\frac{F_{max}}{f_s}=\frac{r}{f_s R}G$$

由杠杆的平衡条件有

$$\sum M_O(F)=0, F'_{max}c-F'_N b+F_{Pmin}a=0$$

将 $F'_N=F_N=\dfrac{r}{f_s R}G$ 和 $F'_{max}=F_{max}=\dfrac{r}{R}G$ 代入上式,得 $F_{Pmin}=\dfrac{Gr}{aR}\left(\dfrac{b}{f_s}-c\right)$。

上述所得的 F_P 值为最小值,则制动毂轮的力须满足 $F_P \geqslant \dfrac{Gr}{aR}\left(\dfrac{b}{f_s}-c\right)$。

【例 3-11】　物体重为 P,放在倾角为 α 的斜面上,它与斜面间的静摩擦因数为 f_s,如图 3-15 所示,当物体处于平衡时,试求水平力 F_1 的大小。

【解】　由经验易知,力 F_1 太大,物体将上滑;力 F_1 太小,物体将下滑。因此力 F_1 的数值必在一定范围内,即 F_1 应在最大与最小值之间,物体才能平衡。

先求力 F_1 的最大值。当力 F_1 达到此值时,物体处于将要向上滑动的临界状态。在此情形下,摩擦力 F 沿斜面向下,并达到最大值 F_{max}。物体共受四个力作用:已知力 P,未知力 F_1、F_N、F_{max},如图 3-15(a)所示。列平衡方程

$$\sum F_x=0, F_1\cos \alpha-P\sin \alpha-F_{max}=0$$

$$\sum F_y=0, F_N-F_1\sin \alpha-P\cos \alpha=0$$

此外,还有一个补充方程,即　　　　　　$F_{max}=f_s F_N$

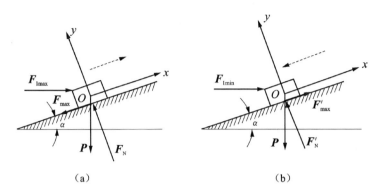

图 3-15 斜面上物体的受力分析

要注意,这里摩擦力的最大值 F_{max} 并不等于 $f_sP\cos\alpha$。因 $F_N \neq P\cos\alpha$,力 F_N 的值必须由平衡方程决定。

三式联立,可解得水平推力 F_1 的最大值为

$$F_{1max} = P\frac{\sin\alpha + f_s\cos\alpha}{\cos\alpha - f_s\sin\alpha}$$

再求 F_1 的最小值。当力 F_1 达到此值时,物体处于将要向下滑动的临界状态。在此情形下,摩擦力沿斜面向上,并达到另一最大值,用 F'_{max} 表示此力,物体的受力情况如图 3-15(b)所示。列平衡方程

$$\sum F_x = 0, F_1\cos\alpha - P\sin\alpha + F'_{max} = 0$$

$$\sum F_y = 0, F'_N - F_1\sin\alpha - P\cos\alpha = 0$$

此外,再列出补充方程 $\qquad F'_{max} = f_sF'_N$

三式联立,可解得水平推力 F_1 的最小值为

$$F_{1min} = P\frac{\sin\alpha - f_s\cos\alpha}{\cos\alpha + f_s\sin\alpha}$$

综合上述两个结果可知:为使物体静止,力 F_1 必须满足如下条件

$$P\frac{\sin\alpha - f_s\cos\alpha}{\cos\alpha + f_s\sin\alpha} \leqslant F_1 \leqslant P\frac{\sin\alpha + f_s\cos\alpha}{\cos\alpha - f_s\sin\alpha}$$

此题如不计摩擦(或 $f_s = 0$),平衡时应有 $F_1 = P\tan\alpha$,其解答是唯一的。

应该强调,在临界状态下求解有摩擦的平衡问题时,必须根据相对滑动的趋势,正确判定摩擦力的方向,不能任意假设。这是因为解题中引用了补充方程 $F_{max} = f_sF_N$,由于 f_s 为正值,F_{max} 与 F_N 必须有相同的符号。法向约束反力 F_N 的方向总是确定的,F_N 值永为正,因而 F_{max} 也应为正值,即摩擦力 F_{max} 的方向不能假定,必须按真实方向给出。

【本章要点】

1. 平面任意力系有三个独立的平衡方程,可求解三个未知量。平衡方程有三种形式(一矩式、二矩式、三矩式)。注意后两种平衡方程形式有附加条件。

2. 物体系统的平衡问题是本章的重点。求解物体系统的平衡问题的基本原则是:要正确地分

析物体系统整体与各个局部的受力情况,根据问题的具体情况,适当地选取平衡方程,恰当地选择投影轴和力矩矩心,明确最优解题思路。

3. 求解考虑摩擦的物体系统平衡问题时应注意摩擦力处于何种状态。

① 静滑动摩擦力的方向与相对滑动趋势相反,其大小由平衡方程决定;

② 当物体处于临界平衡状态时,静摩擦力达到最大值,即最大静滑动摩擦力,其大小为静滑动摩擦因数与正压力的乘积;

③ 当物体运动时,接触面产生动滑动摩擦力,其方向与滑动方向相反,大小为动滑动摩擦因数与正压力的乘积;

④ 当主动力的合力作用线与接触面法线间的夹角小于或等于摩擦角时,无论主动力的合力多大,物体都处于平衡状态。这种现象称为自锁现象。

【思考题】

3-1　平面任意力系的平衡方程与平面汇交力系、平面平行力系、平面力偶系的平衡方程之间的联系是什么?

3-2　平面汇交力系的平衡方程中,可否取两个力矩方程,或一个力矩方程和一个投影方程?这时,其矩心和投影轴的选择有什么限制?

3-3　在刚体上不共线的 A、B、C 三点分别作用三个力 F_1、F_2、F_3,各力的方向沿着三角形 ABC 的三条边首尾相连,大小与三条边的边长成比例。问该力系是否平衡? 为什么?

3-4　重 $W=100$ N 的物体放在水平面上,静摩擦因数 $f_s=0.3$,动摩擦因数 $f=0.25$。若在物体上加一水平推力 F,当 F 的值分别等于 10 N、30 N、40 N 时,试分析物体是否平衡。如平衡,静滑动摩擦力为多大?

3-5　物体重 $W=100$ N,放在倾角为 30°的斜面上,静摩擦因数 $f_s=0.38$。试问物体在斜面上能否静止? 为什么?

【习题】

3-1　试求如图 3-16 所示各梁的支座反力。图中力的单位为 kN,力偶矩的单位为kN·m,分布荷载集度的单位为 kN/m,尺寸的单位为 m。

3-2　刚架 $ABCD$ 的尺寸、荷载及支承情况如图 3-17 所示,试求图示支座 A、B 的约束反力。

3-3　如图 3-18 所示,在曲杆 AB 上作用有力 F,与水平线的夹角为 θ,试求固定端 A 处的约束反力。角 θ 等于多大时,固定端的反力偶等于零?

3-4　图 3-19 所示为浇筑体积混凝土时的支承模板,已知模板的长度(垂直于图纸方向) $l=0.6$ m,混凝土浇筑层厚 $h=2$ m,流态混凝土侧压力按流体压力计算,而混凝土容重 $\gamma=23.5$ kN/m³。若不计模板自重,试求预埋螺栓 A 及拉条 BC 的受力等于多少(计算时,螺栓到已固结混凝土表面的距离可忽略不计,模板在 A 点可有微小转动)。

3-5　构件 ABC 的荷载及支承情况如图 3-20 所示。已知 $F=100$ kN,$M=50$ kN·m,试求三根链杆所受的力。

3-6　如图 3-21 所示四个支架,在销钉上作用竖直力 F,各杆自重不计。试求杆 AB 与 AC 所

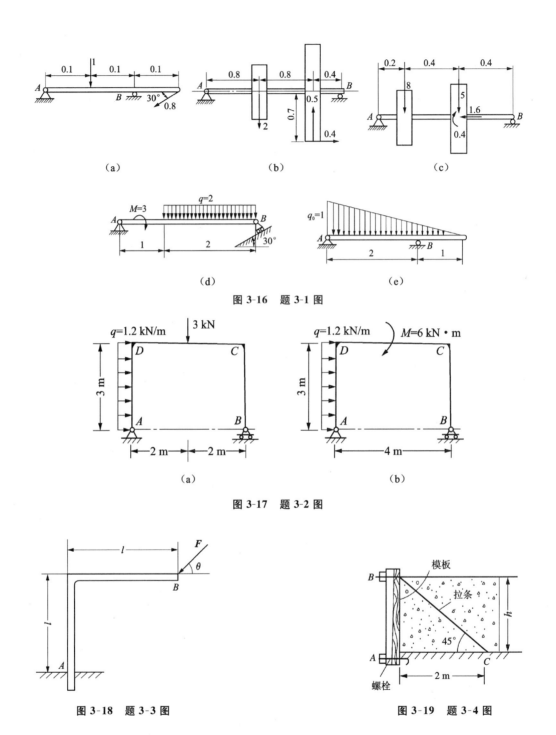

（a）　　　　　　　　（b）　　　　　　　　（c）

（d）　　　　　　　　　　（e）

图 3-16　题 3-1 图

（a）　　　　　　　　　　　（b）

图 3-17　题 3-2 图

图 3-18　题 3-3 图　　　　　　　　图 3-19　题 3-4 图

受的力，并说明受力的性质。

3-7　刚架的受力和尺寸如图 3-22 所示，试求支座 A 和 B 处的约束反力 F_A 和 F_B。设刚架自重不计。

3-8　如图 3-23 所示，送料车装有轮 A 和 B，可沿轨道 CD 移动。若装在铁铲中的物料重 W＝

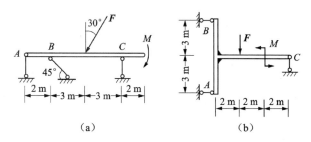

图 3-20　题 3-5 图

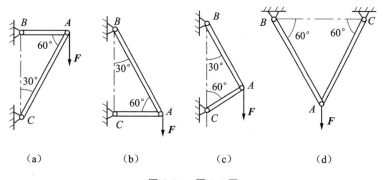

图 3-21　题 3-6 图

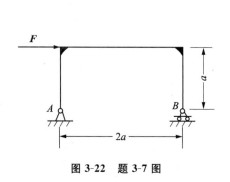

图 3-22　题 3-7 图

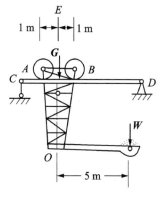

图 3-23　题 3-8 图

15 kN,它到送料车竖直线 OE 的距离为 5 m,欲使物料重不致使送料车倾倒,问送料车的重量 G 应等于多少? 设每一轮到竖直线 OE 的距离各为 1 m。

3-9　图 3-24 所示为三铰拱刚架,受水平力 F 的作用。求铰链支座 A、B 和铰链 C 处的约束反力。

3-10　多跨连续梁的支承及荷载情况如图 3-25 所示,求支座 A、B 和 D 处的反力。

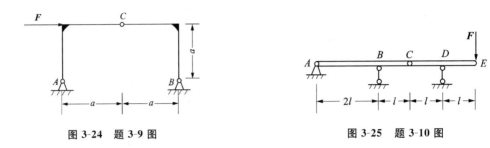

图 3-24　题 3-9 图　　　　　　　　　　　　图 3-25　题 3-10 图

3-11　多跨连续梁在 C 点用铰链连接,在梁上受均布荷载 $q=5$ kN/m 的作用,尺寸如图 3-26 所示。求支座 A 和链杆 B、D 处的约束反力。

3-12　如图 3-27 所示,两根相同的均质杆在 B 处铰接,A 为铰链支座。自由端 C 作用一水平力 F。设 $F=(P\sqrt{3})/2$,其中 P 是每根杆的重量。若系统处于平衡,试求角 θ 与 β。

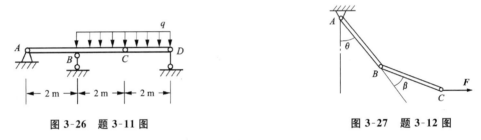

图 3-26　题 3-11 图　　　　　　　　　　　　图 3-27　题 3-12 图

3-13　多跨梁如图 3-28 所示,求支座 A 及链杆 B、C、D 处的约束反力。图中力的单位为 kN,长度的单位为 m。

3-14　梯子的两部分 AB 和 AC 在 A 点铰接,又在 D、E 两点用水平绳子连接。梯子放在光滑水平面上,其一边作用有铅垂力 F,结构尺寸如图 3-29 所示,不计梯重,求梯子平衡时绳 DE 中的拉力。设 a、l、h 和 θ 均为已知。

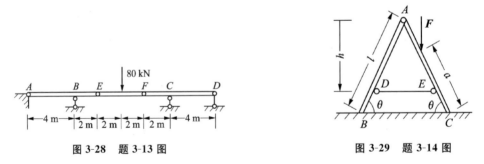

图 3-28　题 3-13 图　　　　　　　　　　　　图 3-29　题 3-14 图

3-15　梁 AE 由支座 A 与墙连接,在 C 和 D 处受到杆 1、2 的支承。已知均布荷载 $q=10$ kN/m,结构尺寸如图 3-30 所示,不计杆重。求支座 A 处的约束反力及 1、2、3 各杆所受的力。

3-16　如图 3-31 所示构架,由直杆 BC、CD 及直角弯杆 AB 组成,各杆自重不计。荷载分布及尺寸如图所示,销钉 B 穿透 AB 及 BC 两构件。在销钉 B 上作用一集中载荷 F。已知 q、a、M,且 $M=qa^2$。求固定端 A 处的约束反力及销钉 B 对 BC 杆、AB 杆的作用力。

3-17　如图 3-32 所示结构,已知:$q=10$ kN/m,$F_P=20$ kN,$F_Q=30$ kN。试求固定端 A 处的

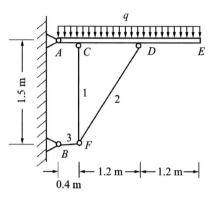

图 3-30 题 3-15 图

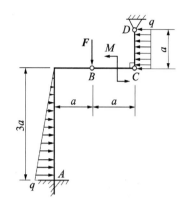

图 3-31 题 3-16 图

约束反力。

3-18 重为 P 的物体放在倾角为 β 的斜面上,物体与斜面的摩擦角为 ϕ,如图3-33所示。如在物体上作用力 F,此力与斜面的交角为 θ,求拉动物体时的 F 值。并问当角 θ 为何值时,此力为最小?

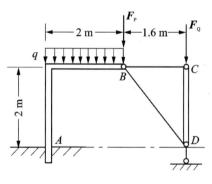

图 3-32 题 3-17 图

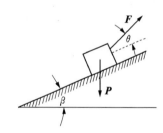

图 3-33 题 3-18 图

3-19 如图 3-34 所示,置于 V 形槽中的棒料上作用一力偶,力偶的矩 $M=15$ N·m 时,刚好能转动此棒料。已知棒料重 $P=400$ N,直径 $D=0.25$ m,不计滚动摩擦。试求棒料与 V 形槽间的静摩擦因数 f_s。

3-20 梯子 AB 靠在墙上,其重为 $P=200$ N,如图 3-35 所示。梯长为 l,与水平面的交角 $\theta=60°$。已知接触面间的静摩擦因数均为 0.25。今有一重 650 N 的人沿梯子上爬,问此人所能达到的最高点 C 到 A 点的距离有多少?

3-21 毂轮 B 重 500 N,放在墙角上,如图 3-36 所示。已知毂轮与水平地板间的静摩擦因数为 0.25,而铅直墙壁则假定是绝对光滑的。毂轮上绳索下端挂着重物。设半径 $R=200$ mm,$r=100$ mm,求平衡时重物 A 的最大重量。

3-22 砖夹的宽度为 0.25 m,曲杆 AGB 与 $GCED$ 在 G 点铰接,尺寸如图 3-37 所示。设砖重 $P=120$ N,提起砖的力 F 作用在砖夹的中心线上,砖夹与砖间的静摩擦因数 $f_s=0.5$,试求距离 b 为多大时才能把砖夹起。

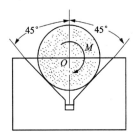

图 3-34　题 3-19 图

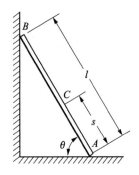

图 3-35　题 3-20 图

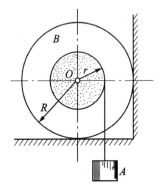

图 3-36　题 3-21 图

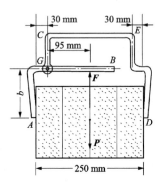

图 3-37　题 3-22 图

第4章　平面体系的几何组成分析

本章从几何组成的角度来分析工程结构。建筑力学主要研究杆件结构。杆件结构是由若干杆件相互联结所组成的体系，并与基础联结成一整体。体系的几何组成是研究结构计算的基础。几何组成除了研究结构的组成方法外，还与结构的受力分析密切相关。

在分析杆件体系的形状时，由于不考虑杆件的微小变形，因此可以把一根杆件或已知是几何不变的部分视为刚体，在平面体系中又将刚体称为**刚片**。本章的讨论中，杆件都可看作刚片。

4.1　几何不变体系和几何可变体系

在同一平面上若干杆件连接组成的平面体系，并不是无论怎样组成都能作为工程结构使用的。体系在受到荷载作用后，构件将产生变形，通常这种变形是很微小的。设如图 4-1(a)所示的体系，在受到荷载 F 作用后，在不考虑材料微小变形的条件下，能保持其几何形状和位置不变，不发生刚体的运动，这类体系称为**几何不变体系**。再如图 4-1(b)所示的铰接四边形 $ABCD$，在同样不考虑材料应变的前提下，即使荷载 F 很小，也会引起体系几何形状的改变，这类体系称为**几何可变体系**。为了能承受荷载，结构的几何形状必须是不能改变的，因此几何可变体系不能作为建筑结构使用。

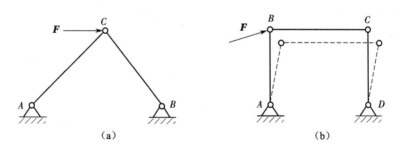

图 4-1　几何不变体系与几何可变体系

如图 4-2(a)所示体系，由在一条直线上的三个铰 A、B、C 及 AC、BC 两个杆件组成。

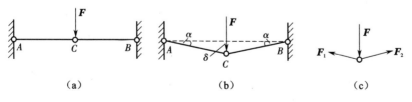

图 4-2　瞬变体系

体系在外力 F 作用下会产生微小的位移(见图 4-2(b))。发生位移后，由于三个铰不再共线，体系将不能继续运动。这种在原来的位置上发生微小位移后不能继续移动的体系称为**瞬变体系**。瞬变体系承受荷载后,构件将产生很大的内力。内力值可根据平衡关系由受力图 4-2(c)求得。由

$$\sum F_x = 0, F_1 = F_2, \sum F_y = 0, 2F_1 \sin \alpha = F$$

解得

$$F_1 = \frac{F}{2\sin \alpha}$$

当位移 δ 很小时,α 也很小,此时杆件的内力 F_1 很大。当 $\alpha \to 0$ 时,$F_1 \to \infty$。由于瞬变体系能产生很大的内力,所以它也不能用作建筑结构,同时工程中也不允许采用接近瞬变体系的几何不变体系作为结构。

在对结构进行分析计算时,必须先分析体系的几何组成,以确定体系的几何不变性,这种分析就是体系的**几何组成分析**。几何组成分析是进行结构设计的基础,有如下目的。

① 判别体系是否为几何不变体系,从而决定它能否作为结构使用;

② 掌握几何不变体系的组成规则,便于设计出合理的结构;

③ 用以区分体系为静定结构或超静定结构,从而对它们采用不同的计算方法。

4.2 几何组成分析的几个概念与计算自由度

4.2.1 自由度

要判定一个体系是否是几何不变体系,需引入自由度的概念。**自由度**是体系运动时可以独立改变的几何参数的数目,即确定体系位置时所需要的独立参数的数目。

(1) 点的自由度

平面内一个点的运动可以分解为两个方向的移动,或一个点的位置需要由两个独立的坐标来确定,如图 4-3 所示,在平面内的点 A,其位置可以由两个坐标 x 和 y 来确定,所以一个点在平面内具有两个自由度。

(2) 刚片的自由度

平面内一个刚片的运动可以分解为两个方向的移动和绕某点的一个转动。如图 4-4 所示,刚片的位置可由刚片上任一线段 AB 的位置来确定,而线段 AB 的位置可由 A 点的坐标 x 和 y 及直线 AB 与 x 轴的夹角 α 来确定。所以一个刚片在平面内具有三个自由度。

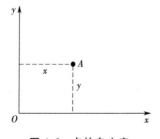

图 4-3 点的自由度

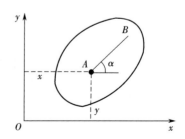

图 4-4 刚片的自由度

4.2.2 约束

物体的自由度,将由于加入限制运动的约束而减少。能减少几个自由度就有几个约束与之对应,常见的约束有链杆和铰。

（1）链杆

用一链杆将一刚片与地面联结,则刚片将不能沿链杆方向移动（见图 4-5(a)),这样就减少了一个自由度,其位置可用参数 φ_1 和 φ_2 确定。所以一个链杆联结相当于一个约束。如果在图中 A 点处再增加一链杆,将刚片与地面联结（见图 4-5(b)),此时刚片只能绕 A 点转动而不能作平移运动,这样刚片又减少了一个自由度,所以只具有一个自由度,其位置可用参数 φ 确定。

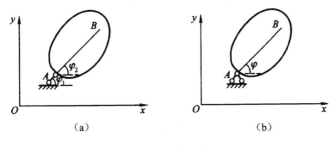

图 4-5 链杆约束

（2）单铰

联结两个刚片的铰称为单铰。如图 4-6(a)所示,刚片 Ⅰ 和 Ⅱ 联结在一起。如果用三个坐标 x、y 和 α 确定了刚片 Ⅰ 的位置,则刚片 Ⅱ 只能绕单铰 A 转动,这时只需要一个坐标便可以确定刚片 Ⅱ 与刚片 Ⅰ 的相对位置。于是两个刚片的自由度从六个变成了四个,减少了两个。可见,一个单铰相当于两个约束,能减少两个自由度。

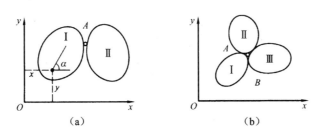

图 4-6 单铰与复铰

（3）复铰

联结三个或三个以上刚片的铰称为复铰。复铰的作用可以通过单铰来分析。图 4-6(b)所示的复铰 A 联结三个刚片,它的联结过程可以想象为:先有刚片 Ⅰ,然后用单铰将刚片 Ⅱ 联结于刚片 Ⅰ,再以单铰将刚片 Ⅲ 联结于刚片 Ⅰ。这样联结三个刚片的复铰相当于两个单铰。同理,当 n 个刚片用一个复铰联结在一起时,可折算为 $n-1$ 个单铰,相当于 $2(n-1)$ 个约束。

（4）虚铰

一个单铰相当于两个约束,两根链杆也相当于两个约束,因此两根链杆相当于一个单铰。如

图 4-7(a)所示,刚片用铰 A 与地面相连,铰 A 的作用使刚片只能绕 A 点转动,而不能移动。如果用两根链杆 1、2 将一刚片与地面相连(见图 4-7(b)),则在图示位置刚片可以绕两个链杆延长线的交点 O 转动,两根链杆的作用就像在 O 点的一个铰的作用一样,所以称 O 点为虚铰。当两个刚片用不平行的两根链杆相互联结时,两链杆的交点为虚铰,即可以说两刚片用一虚铰联结。

(5) 必要约束和多余约束

在杆件体系中能限制体系自由度的约束称为**必要约束**;而对限制自由度不起作用的约束称为**多余约束**。或者可以说,凡使体系的自由度减少为零所需要的最少约束即为必要约束;如果在一个体系中增加一个约束,而体系的自由度并不减少,该约束即为多余约束。

图 4-8(a)中点 A 用两根不共线的链杆与基础相连,A 点的两个自由度受到了约束,因此链杆 1 和 2 都是必要约束。如果 A 点再增加一个链杆 3 与基础相连,如图 4-8(b)所示,则链杆 3 即为多余约束。实际上,三根链杆中的任何一根都可以看成是多余约束。

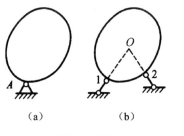

(a)   (b)

图 4-7 虚铰

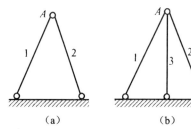

(a)   (b)

图 4-8 必要约束与多余约束

另外,在一个体系中如果有多余约束的存在,那么,应当分清楚哪些约束是多余的,哪些约束是必要的。只有必要约束才对体系的自由度有影响,而多余约束则对体系的自由度没有影响。

4.2.3 计算自由度

一个平面体系,通常是由若干个刚片彼此用铰相连并用支座链杆与基础相连而组成的。设其刚片数为 m,单铰数为 h,支座链杆数为 r,则当各刚片都自由时,它们所具有的自由度总数为 $3m$;而现在所加入的约束总数为 $2h+r$,假设每个约束都使体系减少一个自由度,则体系的自由度为

$$W=3m-(2h+r) \tag{4-1}$$

实际上每增加一个约束不一定都能使体系减少一个自由度,这还与体系中是否具有多余约束有关。因此,W 不一定能反映体系真实的自由度。但在分析体系是否是几何不变体系时,还是可以根据 W 先判断约束的数目是否足够。为此,把 W 称为体系的**计算自由度**。

如图 4-9 所示体系,由 AB、CB、DE 三个刚片组成,B、D、E 为三个单铰,A、C 两支座处共有三根支座链杆。所以根据式(4-1)可以算出此体系的计算自由度为

$$W=3m-(2h+r)=3\times3-(2\times3+3)=0$$

又如图 4-10 所示,体系由 ADE、BE、EFC、DG、FG 五个刚片组成。铰 E 相当于两个单铰,共有五个单铰,五根支座链杆,所以根据式(4-1)可以算出此体系的计算自由度为

$$W=3m-(2h+r)=3\times5-(2\times5+5)=0$$

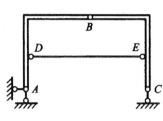

图 4-9 计算自由度一

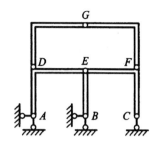

图 4-10 计算自由度二

4.3 几何不变体系的组成规则

本节讨论的是无多余约束的几何不变体系的组成方法。无多余约束是指体系内部的约束恰好使该体系成为几何不变体系,只要去掉任意一个约束就会使体系变成几何可变体系。几何不变体系的基本组成规则有三个。

4.3.1 三刚片规则

三个刚片用不在同一条直线上的三个单铰两两联结组成的体系是没有多余约束的几何不变体系。

如图 4-11(a)所示,刚片Ⅰ、Ⅱ、Ⅲ用不在同一直线上的三个单铰 A、B、C 联结在一起,这三个点的联结组成一个三角形,因为三边的长度 AB、AC、BC 是定值,所组成的三角形是唯一的;体系的几何形状不会改变,所以该体系是几何不变的。

如图 4-11(b)所示的体系由三个刚片组成,每两个刚片之间都用两根链杆相连,而且每两根链杆都相交于一点,构成一个虚铰。这三个刚片由三个不在同一直线上的虚铰两两相连,所构成的体系也是几何不变的。

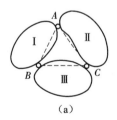
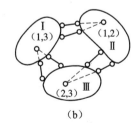

图 4-11 遵循三刚片规则的几何不变体系

如图 4-12(a)所示体系,若 AB、AC、Ⅰ 三个刚片通过共线的三个铰 A、B、C 相连,此时铰 A 可发生微小的移动。发生移动后,由于三个铰不再共线,因而就不能继续运动,所以该体系是一瞬变体系。其静力性质在前面已介绍过。图 4-12(b)所示刚片由三根交于一点的链杆相连,以及图 4-12(c)所示两刚片用三根不等长的平行链杆相连均组成瞬变体系。

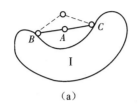 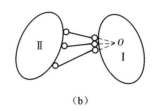 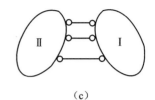

图 4-12　瞬变体系

4.3.2　二刚片规则

两个刚片用一个铰和一根延长线不通过此铰的链杆相连,组成的体系是没有多余约束的几何不变体系。

如图 4-13(a)所示,平面内两刚片Ⅰ、Ⅱ如用一个铰 A 相连,则两刚片可以绕铰 A 相对转动;如加一根不通过 A 铰的链杆 BC 相连(见图 4-13(b)),则该体系为无多余约束的几何不变体系。

根据不平行的两根链杆相当于一个铰的约束等效代换原则,二刚片规则也可阐述为:两刚片用三根既不完全平行、也不相交于一点的链杆联结组成的体系是无多余约束的几何不变体系(见图 4-13(c))。

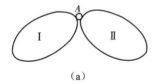 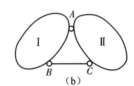 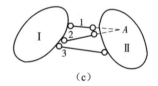

图 4-13　遵循二刚片规则的几何不变体系

4.3.3　二元体规则

在一个体系上加上或减去二元体,不改变体系的几何不变性或几何可变性。

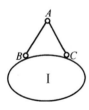

图 4-14　二元体

如图 4-14 所示,用两根链杆 AB、AC(可视为两个刚片)与刚片Ⅰ通过不共线的三个铰 A、B、C 两两相连,根据三刚片规则,该体系为几何不变体系,则这两根链杆称为**二元体**。

通过这一规则可以用依次增加二元体的方法构成新体系,所构成的新体系是几何不变的。反之,拆去二元体时并不会改变原体系的几何组成性质。

以上介绍了组成几何不变体系的三项基本规则。可以根据这些规则对体系进行几何组成分析。

进行体系的几何组成分析时,为使分析过程简化,应注意以下两点。

① 可根据上述规则将体系中的几何不变部分当作一个刚片来处理;

② 可逐步拆去二元体,使所分析的体系简化,这样做并不影响原体系的几何组成性质。

下面举例说明如何应用三项规则对体系进行几何组成分析。

【**例 4-1**】　分析图 4-15(a)所示体系的几何组成。

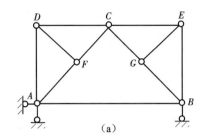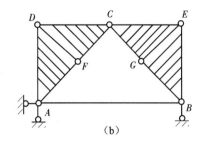

图 4-15 几何组成分析一

【解】 铰接三角形 *AFD* 是一刚片，在 *AFD* 上增加一个二元体 *DCF*，可得一大刚片 *AFCD*。同理可得 *BGCE* 大刚片。两个大刚片用铰 *C* 和链杆 *AB* 相连，且链杆不通过铰 *C*，组成一无多余约束的更大的刚片。整个大刚片用不共点的三个链杆与基础相连，组成几何不变且无多余约束的体系（见图 4-15(b)）。

因此，整个体系几何不变，且无多余约束。

【例 4-2】 分析图 4-16 所示两个体系的几何组成。

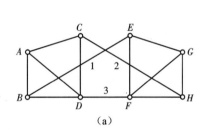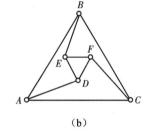

图 4-16 几何组成分析二

【解】 (1) 先分析图 4-16(a)所示体系的几何组成

三角形 *ABD* 是几何不变的，加上 *AC*、*CD* 杆（二元体）后，*ABCD* 由两个三角形组成，是几何不变的。同理 *EFGH* 也是几何不变的。*ABCD* 与 *EFGH* 可视为两个刚片，且用既不平行，也不汇交于一点的三根链杆 1、2、3 联结，按二刚片规则，该体系是几何不变的，且无多余约束。

(2) 再分析图 4-16(b)所示体系的几何组成

外围大三角形 *ABC* 是几何不变的。内部小三角形 *DEF* 也是几何不变的。大三角形 *ABC* 与小三角形 *DEF* 可视为两个刚片，它们之间用 *AD*、*BE*、*CF* 三根杆联结，由二刚片规则可知，整个体系是没有多余约束的几何不变体系。

【例 4-3】 分析图 4-17(a)所示体系的几何组成。

【解】 折杆 *AC* 也是一个链杆，它使 *A*、*C* 两点间距不变，*CDE* 为一刚片，基础为一刚片，所以体系的组成如图 4-17(b)所示。由于联结两刚片的三杆相交于一点 *O*，故组成瞬变体系。

若体系不对称，则三杆不交于一点，体系就是几何不变的。

【例 4-4】 分析图 4-18(a)所示体系的几何组成。

【解】 这个体系既无二元体可拆，也无铰接三角形，不能形成大刚片，只能摸索着找出两个或

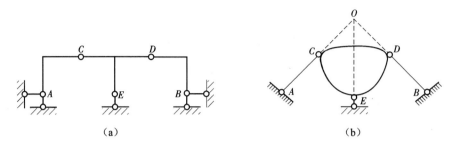

图 4-17　几何组成分析三

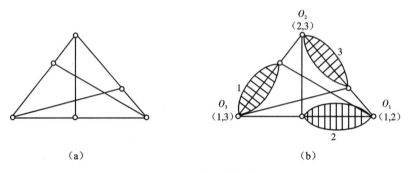

图 4-18　几何组成分析四

三个刚片并考察它们之间的关系。摸索的结果如图 4-18(b)所示。它由 1、2、3 三个刚片用六根链杆相联结而成,这六根链杆相当于三个虚铰 O_1、O_2、O_3,由于三个虚铰不在同一直线上,所以,体系几何不变,且无多余约束。

【例 4-5】　分析图 4-19(a)所示体系的几何组成。

【解】　如图 4-19(b)所示,先拆除二元体链杆 7、8。链杆 5、6、9 组成的刚片与基础用三根链杆 10、11、12 相联结组成的整体可看作刚片Ⅲ,中间的铰接三角形视为刚片Ⅰ,链杆 13 视为刚片Ⅱ。三个刚片间用三个铰(O_1、O_2 为虚铰,O_3 为实铰)相连,而三铰不在一条直线上。

所以,体系几何不变,且无多余约束。

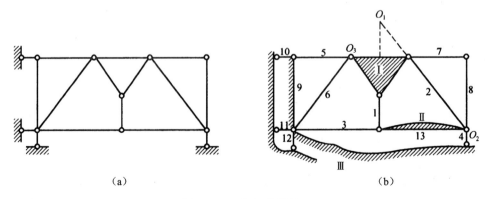

图 4-19　几何组成分析五

【**例 4-6**】　分析图 4-20(a)所示体系的几何组成。

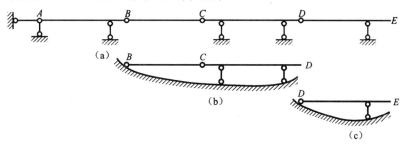

（a）

（b）

（c）

图 4-20　几何组成分析六

【**解**】　梁 AB 与基础用三链杆相连,可看作是基础的一部分。杆 CD(见图 4-20(b))用三根杆与基础相连,也可看作是基础的一部分。杆 DE(见图 4-20(c))用一根杆和一铰与基础相连,是几何不变的。

所以,体系几何不变,且无多余约束。

通过以上的例题分析可以看出,进行几何组成分析时应灵活应用三个几何组成规则;分析时应充分运用最基本的刚片,如基础和铰接三角形等,并注意运用虚铰。

分析体系的几何组成时,可以先从基础出发,逐次应用组成规则固定点或刚片。也可以先从体系内部的局部刚片(如铰接三角形或刚性杆件)出发,应用组成规则逐步扩大为整体。对不影响体系几何组成分析的部分(如二元体)可逐步拆除,使分析对象得以简化。

4.4　静定结构和超静定结构

工程结构的体系,必须是几何不变的。几何不变体系可分为无多余约束(见图 4-21)和有多余约束(见图 4-22)两类。无多余约束的几何不变体系称为**静定结构**,有多余约束的几何不变体系称为**超静定结构**。

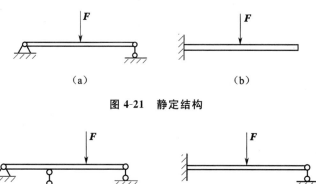

（a）　　　　　　　　　　（b）

图 4-21　静定结构

（a）　　　　　　　　　　（b）

图 4-22　超静定结构

由静力学的平衡关系可知,一个平衡体系所能列出的独立平衡方程的数目是确定的,如果平衡体系的全部未知量(包括需要求出和不需要求出的)的数目,等于体系独立的平衡方程的数目,可用静力学平衡方程求解全部未知量,则所研究的平衡问题是静定问题,此类结构是静定结构。

对于图 4-21 所示无多余约束的结构,其未知约束力数目均为三个,每个结构可列出三个独立的静力学平衡方程,所有未知力都可由平衡方程确定,因此它们是静定结构。

为了减少工程结构的变形,增加其强度和刚度,常常在静定结构上增加约束,形成有多余约束的结构,从而增加了未知量的数目。若未知量的数目大于独立的平衡方程的数目,仅用平衡方程不能求解出全部未知量,则所研究的问题称为超静定问题,此类结构是超静定结构。

如图 4-22 所示有多余约束的结构,因为有多余约束,增加了未知约束力的数目,仅用静力学平衡方程无法求出其全部未知约束力,故均为超静定结构。

4.5 常见的结构形式

为满足各种不同的实际工程要求,需要将建筑物设计成不同的结构形式。例如桥梁需要有较大的跨度;剧场、体育馆等需要有较大的空间;电视发射塔需要具有一定的高度等,这些均对建筑物的结构形式提出了相应的要求。下面介绍几种工程中常采用的结构形式。

(1) 梁板体系

图 4-23 所示为主梁-次梁结构体系,次梁承受楼板传来的荷载,所承受的荷载较小,主梁承受次梁传来的较大的荷载。这种结构体系可承受较大的荷载,柱距较大,可以提供一定的使用净空,且施工方便。图 4-24 所示为双向密肋楼盖体系。该体系的梁双向承载,形成一个双向网格,适用于跨度较大的结构。

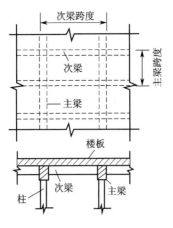

图 4-23 主梁-次梁结构体系

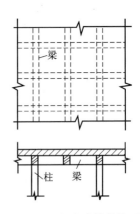

图 4-24 双向密肋楼盖体系

(2) 桁架体系

当要求结构有较大的跨度或承受较大的荷载时,通常采用桁架结构形式。这种结构形式受力合理、重量轻。桁架用作屋盖(见图 4-25(a)、(d))或桥梁(见图 4-25(b))时比大梁更经济。图 4-25 (a)、(b)所示为平面桁架,图 4-25(c)、(d)所示为空间桁架。电视塔(见图 4-25(c))、输电塔、井架等结构经常采用空间桁架结构形式。

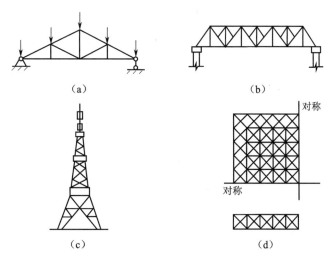

图 4-25 桁架体系

（3）拱结构体系

我国的土木工程发展过程中的拱结构历史悠久（如著名的赵州桥）。拱结构可用抗压性能良好的材料（如石材、砖等）来建造，材料来源广。该结构形式发展到今天，由于采用了新材料、新技术，已经可以建成大跨度的拱结构，能承受较大荷载，同时还可以形成各种优美的结构造型，在桥梁、屋盖设计中经常被采用。图 4-26(a)所示为拱桥结构，图 4-26(b)所示为拱屋盖结构。

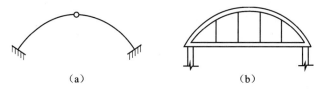

图 4-26 拱结构体系

（4）框架、筒体体系

对高层建筑来说，承受水平荷载和垂直荷载同样重要，十几层乃至上百层的高层建筑中采用的主要结构形式就是框架（见图 4-27(a)）或筒体（见图 4-27(b)）体系。框架体系在开窗及空间布置上比较灵活，是高层建筑中抗震能力较好的结构形式。将框架体系的外墙连接起来就形成筒体体系，与框架体系相比，它可使建筑物具有更好的抵抗水平荷载的能力，具有更大的强度及刚度。

（5）悬索体系

悬索与拱相反，它是用受拉性能好的材料代替受压材料。当材料的受拉性能很好时，用悬索体系代替拱体系更加经济。悬索体系的优点是不会发生压屈失效的情况，总的跨高比可以达到 10 左右。在动力和局部荷载作用下，应特别注意加劲以增加稳定性，避免过大的柔度。悬索通常采用高强度钢索。图 4-28(a)所示为一典型的悬索桥。悬索体系还常常用于屋盖结构（见图 4-28(b)）中，可形成风格各异的建筑造型。

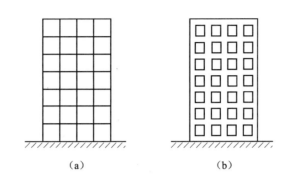

图 4-27 框架、筒体体系

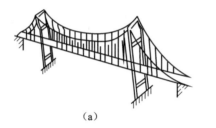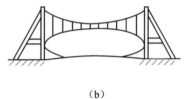

图 4-28 悬索体系

(6) 薄壳体系

将薄板做成各种形状的曲面,就形成了薄壳结构。薄壳结构常用作屋盖,可以获得较大的空间和跨度。当采用钢筋混凝土材料时,薄壳厚度通常为 $80 \sim 100$ mm。可以将几种曲面组合构成组合壳体,也可以做成各种回转曲面壳体。用各种曲面形成的壳体,变化多样,既丰富了建筑造型,又给人以美的感受。图4-29所示为几种薄壳结构形式。

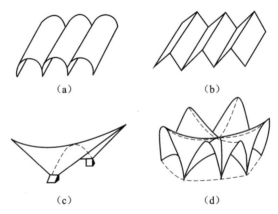

图 4-29 薄壳体系

【本章要点】

1. 体系可以分为几何不变体系和几何可变体系,只有几何不变体系才能用作结构,几何可变体系及瞬变体系不能用作结构。

2. 自由度是确定体系位置所需的独立参数的数目。

平面内点的自由度等于 2,刚片的自由度等于 3。

约束包括链杆、铰(单铰和复铰)、刚性约束。1 个链杆相当于 1 个约束;1 个单铰相当于 2 个约束;联结 n 个刚片的复铰相当于 $n-1$ 个单铰,$2(n-1)$ 个约束。

3. 几何不变体系组成规则有如下三条。

三刚片规则:三个刚片用三个铰两两相连,三铰不在同一直线上。

二刚片规则:两个刚片用一个铰和一根不通过此铰的链杆或三根不完全平行也不交于一点的链杆相连。

二元体规则:在体系上增加或减去二元体,不影响体系的几何组成性质。

【思考题】

4-1　简述几何不变体系、几何可变体系、瞬变体系的定义。工程中的结构不能使用哪些体系?

4-2　何谓单铰? 何谓复铰? 平面内一个联结了七个刚片的复铰的自由度是多少?

4-3　体系几何组成分析有何前提条件?

4-4　什么是约束? 什么是必要约束? 什么是多余约束? 几何可变体系一定没有多余约束吗?

4-5　几何不变体系的基本组成规则有几条? 利用它们能够对所有的体系都进行几何组成分析吗?

4-6　悬臂梁固定端支座相当于几个约束? 它可以用几根支座链杆来代替?

4-7　二元体的定义是什么? 何谓二元体规则?

4-8　什么是几何组成分析? 几何组成分析的目的是什么?

【习题】

4-1　分析图 4-30 所示体系的几何组成。

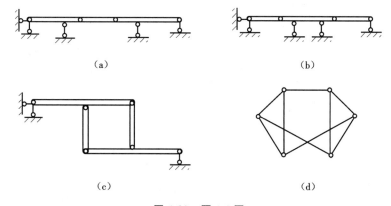

（a）　　　　　　　　　　　　　　　（b）

（c）　　　　　　　　　　　　　　　（d）

图 4-30　题 4-1 图

4-2　分析图 4-31 所示体系的几何组成。

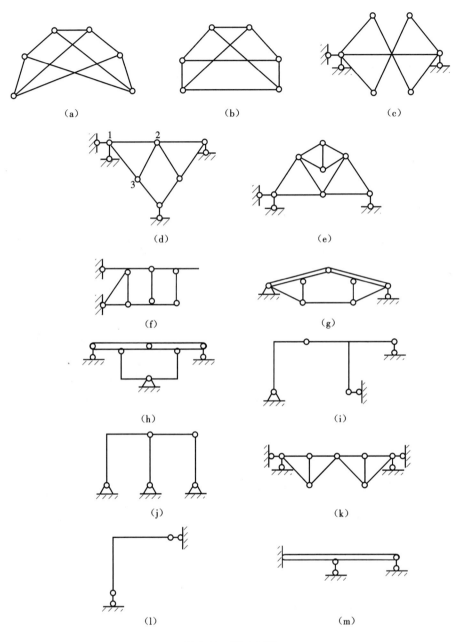

图 4-31　题 4-2 图

第 5 章　静定结构的内力计算

在外力作用下,物体内部各部分之间所产生的相互作用力称为物体的**内力**。

为了满足建筑工程结构的安全要求和使用条件,结构的构件应具有一定的强度、刚度和稳定性。解决强度、刚度问题,必须首先确定内力。静定结构的内力计算是结构位移计算和超静定结构内力计算的基础。因此,熟练地掌握静定结构的内力计算方法,深入了解各种结构的力学性能,对于学习本书的下面各章至关重要。本章结合几种常见的典型结构形式(如梁、刚架、桁架、组合结构、拱等)讨论静定结构的内力计算问题。

5.1　截面法求内力

5.1.1　杆件的内力

物体在外力或其他荷载作用下将产生变形,内部相邻各部分之间将产生内力。由此可知,内力由变形产生。反过来,内力又试图使变形消失。本节主要讨论杆件内力的计算方法。

如图 5-1(a)所示的梁 AB 在外力(荷载和支座反力)作用下处于平衡状态,现讨论距左支座为 a 处的横截面 m—m 上的内力。假设外力作用在通过杆件轴线的同一平面内。

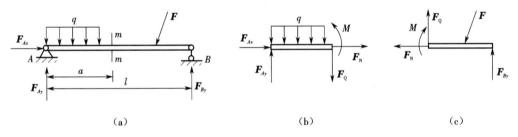

$$(a) \qquad\qquad (b) \qquad\qquad (c)$$

图 5-1　杆件的内力分析

在 m—m 处用一假想截面将梁 AB 截开,并以左段为分离体,右段视为左段的约束。实际状态中两段间既不能相对移动,也不能相对转动,所以此时的约束力应沿杆件轴线方向和垂直于杆件轴线方向的两个力及一个力偶表示。这两个力和一个力偶就是横截面 m—m 上的内力。由图 5-1(b)、(c)可以看出,内力总是成对出现的,它们等值、反向地作用在截面左、右两段的 m—m 横截面上。

沿杆件轴线方向的内力 F_N 称为**轴力**。规定轴力使所研究的杆段受拉时为正,反之为负,如图 5-2(a)所示。

沿杆件横截面(垂直于杆件轴线)方向的内力 F_Q 称为**剪力**。规定剪力使所研究的杆段有顺时针方向转动趋势时为正,反之为负,如图 5-2(b)所示。

力偶的力偶矩 M 称为**弯矩**。规定弯矩使所研究的杆段凹向向上弯曲(杆的上侧纵向受压,下侧纵向受拉)时为正,反之为负,如图 5-2(c)所示。

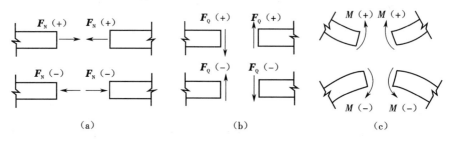

图 5-2 杆件的内力

由此可以看出,在图 5-1 中截面 m—m 上的三种内力都是按正向画出的。从图 5-1(b)和图 5-1(c)中可以看出,无论是研究左段还是研究右段,同一截面上内力的正负号总是一致的,如果取左段时某一内力为正,取右段时该内力同样为正。

5.1.2 截面法

求杆件内力的常用方法为截面法。即用假想的截面将杆件截为两段,暴露出截面的内力(均按正向画出),任选其中的一段为分离体,应用静力学平衡方程求解杆件内力值的大小,这种求截面内力的方法称为**截面法**。

应当指出,用截面法求内力,实质是以截面为界,求截面两侧各部分的相互作用力,因此,作用在其中某一部分上的荷载,可在该部分上等效移动,而不影响所求内力的值。但是绝不允许将某一部分上的荷载移到另一部分上,因为这必然会改变两部分的相互作用力,即改变所求内力的值。

【**例 5-1**】 一等截面直杆,其受力情况如图 5-3(a)所示。试求该杆指定截面的轴力。

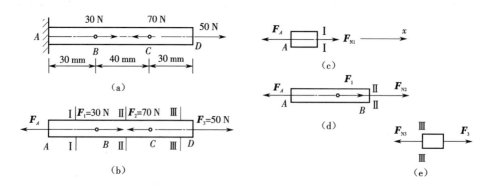

图 5-3 直杆受力分析

【**解**】 (1)求支座反力 F_A

以 AD 杆为研究对象(见图 5-3(b)),由平衡方程

$$\sum F_x = 0, \quad -F_A + F_1 - F_2 + F_3 = 0$$

可得

$$F_A = 10 \text{ N}$$

由于外力作用在杆件的轴线上,所以固定端支座 A 的竖向约束力及约束反力偶均为零。

(2) 求截面Ⅰ－Ⅰ的内力

用一假想截面Ⅰ－Ⅰ将杆件剖为两部分:在以左半部分为分离体的(见图 5-3(c))受力图上只有 A 端反力 F_A,以及截面Ⅰ－Ⅰ上的轴力 F_{N1}。截面剪力 F_{Q1} 和截面弯矩 M_1 由平衡方程可知均为零。列平衡方程 $\sum F_x = 0$,解得

$$F_{N1} = F_A = 10 \text{ N}$$

轴力 F_{N1} 为正值,表明 F_{N1} 是拉力。

(3) 求截面Ⅱ－Ⅱ的内力

取截面Ⅱ－Ⅱ左侧为分离体,受力图如图 5-3(d)所示。由平衡方程 $\sum F_x = 0$,解得

$$F_{N2} = F_A - F_1 = -20 \text{ N}$$

轴力 F_{N2} 为负值,表明 F_{N2} 是压力。

(4) 求截面Ⅲ－Ⅲ的内力

取截面Ⅲ－Ⅲ右侧为分离体,受力图如图 5-3(e)所示。由平衡方程 $\sum F_x = 0$,解得

$$F_{N3} = F_3 = 50 \text{ N}$$

轴力 F_{N3} 为正值,表明 F_{N3} 是拉力。

【例 5-2】 如图 5-4(a)所示简支梁 AB,在图示荷载作用下,试求截面 $a-a$ 上的内力。

【解】 (1) 求梁的支座反力

梁的受力如图 5-4(a)所示,由平衡方程

$$\sum F_x = 0, F_{Ax} = 0$$

$$\sum F_y = 0, F_{Ay} + F_{By} - \frac{l}{2} \cdot q = 0$$

$$\sum M_A(\boldsymbol{F}) = 0, -q \cdot \frac{l}{2} \cdot \frac{l}{4} + F_{By} \cdot l = 0$$

解方程得支座反力 $F_{Ax} = 0, F_{Ay} = \dfrac{3}{8}ql, F_{By} = \dfrac{1}{8}ql$。

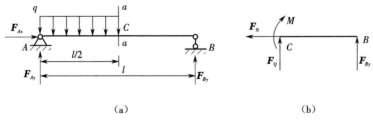

(a)   (b)

图 5-4 简支梁受力分析

(2) 利用截面法求截面 $a-a$ 的内力

用截面 $a-a$ 将梁 AB 截为左、右两段。为计算方便,取右段为分离体,截面内力均按正向画出。受力图如图 5-4(b)所示。

列平衡方程求内力:

$$\sum F_x=0,-F_N=0$$

$$\sum F_y=0,F_Q+F_{By}=0$$

$$\sum M_C(\boldsymbol{F})=0,F_{By}\cdot\frac{l}{2}-M=0$$

解得

$$F_N=0,F_Q=-\frac{1}{8}ql,M=\frac{1}{16}ql^2$$

【例 5-3】 如图 5-5(a)所示刚架 ACB,试求横梁 AC 上与支座 A 相距为 x 的截面 D 上的内力。

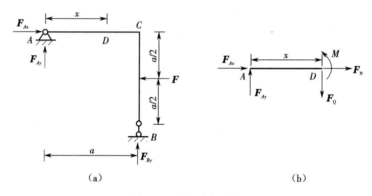

（a）　　　　　　　　　　　　　　　　（b）

图 5-5　刚架受力分析

【解】 （1）求支座反力

取整个刚架为研究对象,受力图如图 5-5(a)所示。

根据平衡方程

$$\sum M_A(\boldsymbol{F})=0,F_{By}\cdot a-F\cdot\frac{a}{2}=0$$

$$\sum F_x=0,F_{Ax}-F=0$$

$$\sum F_y=0,F_{Ay}+F_{By}=0$$

可得支座反力　　　　　$F_{Ax}=F,F_{Ay}=-\frac{F}{2},F_{By}=\frac{F}{2}$

（2）用截面法求 D 截面上的内力

用截面在 D 点将刚架截成两部分,取 AD 杆段为分离体,截面 D 的内力均按正向画出,受力图如图 5-5(b)所示。

列平衡方程求内力

$$\sum F_x=0,F_{Ax}+F_N=0$$

$$\sum F_y=0,F_{Ay}-F_Q=0$$

$$\sum M_A(\boldsymbol{F})=0,M-F_Q\cdot x=0$$

解得

$$F_N = -F, F_Q = -\frac{F}{2}, M = -\frac{1}{2}Fx$$

从以上例题可以看出,梁的横截面的内力有如下规律。

① 梁的任一横截面上的剪力在数值上等于该截面左侧(或右侧)所有竖向外力的代数和。其中每一竖向外力的正负号按剪力的正负号规定确定。

② 梁的任一横截面上的弯矩在数值上等于该截面左侧(或右侧)梁上外力对该截面与梁轴线交点的力矩的代数和。其中每一力矩的正负号按弯矩的正负号规定来确定。

根据上述规律,只要知道梁的荷载和支座反力,不需画出分离体的受力图,不需要写出平衡方程,任一横截面上的剪力和弯矩就可以直接写出,十分方便。

图 5-6(a)所示的简支梁,尺寸、荷载、支座反力均如图中所示。应用上述规律就可以直接写出梁上任一横截面的内力。

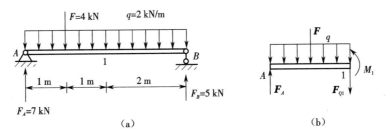

图 5-6　简支梁内力分析

现求指定截面 1 的剪力 F_{Q1} 和弯矩 M_1 如下。

考虑截面 1 的左侧,则有

$$F_{Q1} = F_A - 2 \cdot q - F$$

F_A 有使梁左侧绕截面 1 顺时针转动的趋势(见图 5-6(b)),取正号。均布荷载 q 和集中力 F 则相反,取负号。代入各力的数值,求得

$$F_{Q1} = -1 \text{ kN}$$

截面 1 的弯矩则为

$$M_1 = 2 \cdot F_A - 2 \cdot q \cdot 1 - F \cdot 1$$

力 F_A 使 A 点相对 1 截面有向上移动的趋势,即使梁左侧弯曲凹向上(下侧受拉),取正号。均布荷载 q 和集中力 F 则相反,取负号。代入各力的数值,求得

$$M_1 = 6 \text{ kN} \cdot \text{m}$$

若考虑截面右侧,可得相同结果。

5.2　内力方程和内力图

5.2.1　概述

由 5.1 节的讨论和例题知,截面的内力会因截面位置的不同而变化,若取横坐标轴 x 与杆件

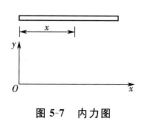

图 5-7 内力图

轴线平行,则可将杆件截面的内力表示为截面坐标 x 的函数,称之为**内力方程**。如用纵坐标 y 表示内力值,就可以将内力随横截面位置变化的图线画在如图 5-7 所示的坐标面上,称之为**内力图**,如轴力图、剪力图和弯矩图等。在例 5-3 中已由平衡方程求得了刚架横梁 AC 的内力方程,分别为

$$
\left.
\begin{aligned}
&\text{轴力方程:} F_N(x) = -F \\
&\text{剪力方程:} F_Q(x) = -\frac{F}{2} \\
&\text{弯矩方程:} M(x) = -\frac{F}{2}x
\end{aligned}
\right\} \quad (0 \leqslant x \leqslant a)
$$

根据以上内力方程,可分别绘出横梁 AC 的轴力图、剪力图和弯矩图,如图5-8 所示。

在土木工程问题中,内力图上一般不画坐标轴而是以杆线作为基线,竖向坐标表示内力值的大小,但是必须要标明内力图的名称;轴力图、剪力图要在内力图上用 $\oplus$ 或 $\ominus$ 来标明;弯矩图画在杆件受拉的一侧。因此,图 5-8 的实用画法应如图5-9 所示。

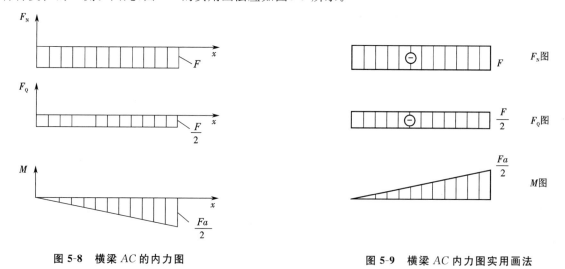

图 5-8 横梁 AC 的内力图　　　　　　　　　　　　**图 5-9 横梁 AC 内力图实用画法**

5.2.2 梁的内力方程和内力图

我们现在讨论梁的内力方程和内力图。由于梁一般只承受竖向(垂直于梁轴线)荷载作用,此时不产生轴向内力,故以下讨论中均不涉及轴力。

(1)悬臂梁

研究长为 l 的悬臂梁 AB,集中荷载 F 作用在 A 端(见图 5-10(a)),写出其内力方程,并画出内力图。

在距自由端为 x 的位置截开,如图 5-10(b)所示的受力图,可由平衡方程求得该段的内力方程为

$$剪力方程：F_Q(x)=-F$$
$$弯矩方程：M(x)=-Fx$$
$$(0\leqslant x\leqslant l)$$

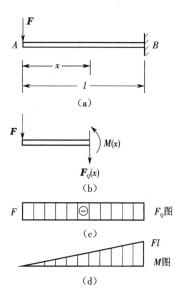

由剪力方程可知，各截面的剪力值为常量 F，负号表明各截面的剪力使所研究的杆段有逆时针转动的趋势。

由弯矩方程可知，各截面的弯矩值与其到自由端的距离成正比，在固定端截面取最大值 Fl。负号表明梁的上侧受拉，即 M 图应该画于基线上侧。

由剪力方程和弯矩方程，可以画出剪力图和弯矩图分别如图 5-10(c)和(d)所示。

(2) 简支梁

研究受均布荷载作用的长为 l 的简支梁（见图 5-11(a)），写出其内力方程，并绘出内力图。

首先求梁的支座反力，即

$$F_A=F_B=\frac{1}{2}ql$$

图 5-10　悬臂梁内力图

然后取距 A 端为 x 的截面，假设内力方向如图 5-11(b)所示，由平衡方程求得简支梁的内力方程为

$$剪力方程：F_Q(x)=F_A-qx=q\left(\frac{l}{2}-x\right)$$
$$弯矩方程：M(x)=F_Ax-qx\cdot\frac{x}{2}=\frac{q}{2}x(l-x)$$
$$(0\leqslant x\leqslant l)$$

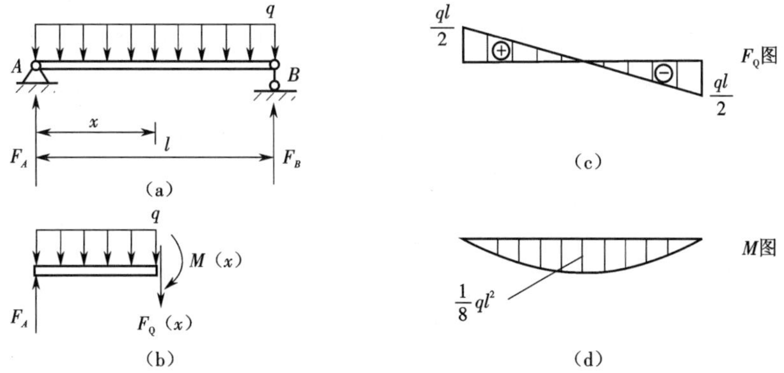

图 5-11　简支梁内力图

由剪力方程可知，剪力是 x 的一次函数，当 $x=0$ 时，$F_Q(0)=\frac{1}{2}ql$；当 $x=l$ 时，$F_Q(l)=-\frac{1}{2}ql$。由此可画出剪力图如图 5-11(c)所示。

由弯矩方程可知，弯矩是 x 的二次函数。$M(0)=M(l)=0$，当 $x=\frac{l}{2}$ 时，弯矩最大，其值

为 $M\left(\dfrac{l}{2}\right)=\dfrac{1}{8}ql^2$。

弯矩取正值,表明梁的下侧受拉,即 M 图画于基线下侧,如图 5-11(d)所示。

从以上讨论可以看出,梁上横截面的内力图有如下规律。

① 当某梁段除端截面外全段上不受外力作用时,则有:a. 该段上的剪力方程 $F_Q(x)$＝常量,故该段的剪力图为水平线;b. 该段上的弯矩方程 $M(x)$ 是 x 的一次函数,故该段的弯矩图为斜直线。

② 当某梁段除端截面外全段上只受均布荷载作用时,则有:a. 该段上的剪力方程 $F_Q(x)$ 是 x 的一次函数,故该段的剪力图为斜直线;b. 该段上的弯矩方程 $M(x)$ 是 x 的二次函数,故该段的弯矩图为二次曲线。

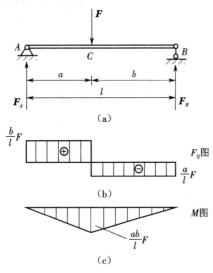

图 5-12 梁的内力图

5.2.3 作梁的内力图的简便方法

绘制梁的内力图时,可根据上述内力图的规律,将梁分割为剪力图和弯矩图的形状为已知的若干梁段,然后再根据内力方程的规律求出各梁段的端截面的剪力和弯矩值,即可绘出梁的剪力图和弯矩图。

【例 5-4】 试画出图 5-12(a)所示梁的剪力图和弯矩图。

【解】 (1)求支座反力

根据平衡方程可得

$$F_A=\frac{b}{l}F,F_B=\frac{a}{l}F$$

(2)绘内力图

以 C_L 表示集中力 F 的作用点 C 的左截面;以 C_R 表示点 C 的右截面。将 AB 梁分割为 AC_L 和 C_RB 两段,两段上的剪力图均为水平直线,弯矩图均为斜直线。可得四个端截面 A、C_L、C_R、B 的剪力、弯矩值如表 5-1 所示。

表 5-1 剪力、弯矩值表

项目	A	C_L	C_R	B
F_Q	$\dfrac{b}{l}F$	$\dfrac{b}{l}F$	$-\dfrac{a}{l}F$	$-\dfrac{a}{l}F$
M	0	$\dfrac{ab}{l}F$	$\dfrac{ab}{l}F$	0

事实上只需确定表中的

$$F_{QA}=\frac{b}{l}F,F_{QB}=-\frac{a}{l}F$$

以及

$$M_{C_L}=M_{C_R}=\frac{ab}{l}F$$

就可以画出该梁的剪力图和弯矩图分别如图 5-12(b)和(c)所示。

当力 **F** 作用于中点时,即 $a=b=\dfrac{l}{2}$,梁跨中 C 点的弯矩值 $M_C=\dfrac{1}{4}Fl$。

从本例可总结出画内力图的另一规律:在集中力 **F** 所作用的截面上,剪力发生突变,突变值等于 F(见图 5-12(b))。弯矩图在该处发生转折(见图 5-12(c))。

【例 5-5】　绘制图 5-13(a)所示简支梁的剪力图和弯矩图。

【解】　(1)求支座反力

由平衡方程可解得

$$F_A=F_B=\frac{M_e}{l}$$

(2)绘内力图

以集中力偶的作用点 C 为界,将 AB 梁分割为两段,即 AC_L 段和 C_RB 段。两段的端截面剪力相等,即

$$F_{QA}=F_{QB}=-\frac{M_e}{l}$$

所以梁的剪力图为一条水平直线,如图 5-13(b)所示。

两段的端截面弯矩为

$$M_{C_L}=-F_A \cdot a=-\frac{a}{l}M_e,M_{C_L} \text{使梁上侧受拉}$$

$$M_{C_R}=F_B \cdot b=\frac{b}{l}M_e,M_{C_R} \text{使梁下侧受拉}$$

弯矩图如图 5-13(c)所示。

由本例可总结出只受集中力偶荷载作用时内力图的规律:在力偶作用的截面剪力无变化,弯矩有突变,且突变值为力偶矩 M。

当力偶的作用位置在梁上改变时,对剪力图没有影响,只会使弯矩图的形状改变。当力偶作用在支座 B 截面时(见图 5-14(a)),剪力图和弯矩图如图 5-14(b)和(c)所示。

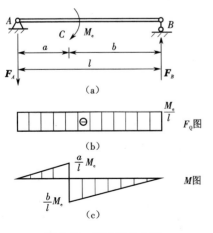

图 5-13　简支梁内力图

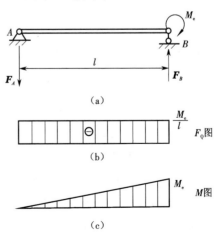

图 5-14　力偶作用位置改变后的内力图

5.3 叠加法作内力图

当梁在荷载作用下的变形微小时,梁沿轴线方向长度的改变可以忽略不计。由此,所求得的梁的支座反力、剪力、弯矩等与梁上荷载都呈线性关系。当梁上有多个荷载作用时,每个荷载所引起的支座反力和内力将不受其他荷载的影响,这时,可利用力学分析中的叠加原理计算梁的反力和内力:先分别计算出每项荷载单独作用时的反力和内力,然后把这些相应的计算结果代数相加,即得到多个荷载共同作用时的反力和内力。

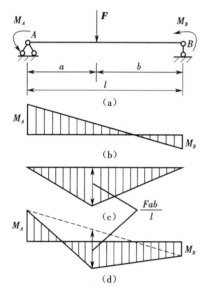

图 5-15 简支梁 AB 内力图

如图 5-15(a)所示简支梁同时承受集中力 **F** 和两端力偶 M_A、M_B 的作用,可先分别绘出两端力偶 M_A、M_B 作用下和荷载 **F** 作用下的弯矩图(见图 5-15(b)、(c)),然后将其竖标叠加,即得所求弯矩图(见图 5-15(d))。

实际作图时,也可以不必先作出图 5-15(b)、(c),而是直接作出图 5-15(d)。

此方法是:先将两端弯矩 M_A、M_B 绘出并连以直线(虚线),然后以此直线为基线叠加简支梁在荷载 **F** 作用下的弯矩图。必须注意,这里所说的弯矩图的叠加,是指其纵坐标的叠加,而不是内力图图形的简单合并。因此图 5-15(d)中的竖标$\frac{Fab}{l}$仍应沿竖向量取(而不是垂直于 M_A、M_B 连线方向)。这样,最后的图线与最初的水平基线之间所包含的图形即为叠加后得到的弯矩图。

再如一悬臂梁上作用有均布荷载 q 和集中荷载 **F**(见图 5-16(a)),梁的固定端处的反力为

$$F_B = F + ql$$

$$M_B = Fl + \frac{1}{2}ql^2$$

距左端为 x 处横截面上的剪力和弯矩分别为

$$F_Q(x) = -F - qx$$

$$M(x) = -Fx - \frac{1}{2}qx^2$$

由上述各式可以看出,梁的反力和内力都是由两部分组成的。这时采用叠加法作内力图会带来很大的方便。先将集中力 **F** 和均布荷载 q 单独作用下的剪力图和弯矩图(见图 5-16(b)、(c))分别画出,然后再叠加,就得两项荷载共同作用的剪力图和弯矩图(见图 5-16(a))。

值得指出的是,上述叠加法对直杆的任何区段都是适用的。接下来讨论梁中任意区段弯矩图的绘制方法。

作图 5-17(a)所示简支梁中某一区段 AB 的弯矩图。取杆段 AB 为分离体,受力图如图 5-17

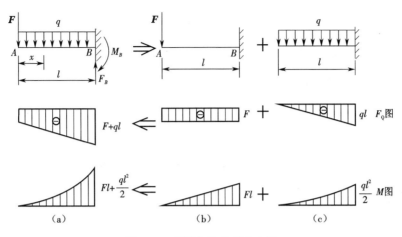

图 5-16　用叠加法绘制内力图

（b）所示。显然,杆段上任意截面的弯矩,是由杆段上的荷载 q 及杆段端面的内力共同作用所引起的。但是,轴力 F_{NA} 和 F_{NB} 不产生弯矩。现在,取一简支梁 AB,令其跨度等于杆段 AB 的长度,并将杆段 AB 上的荷载以及杆端弯矩 M_A、M_B 作用在简支梁 AB 上(见图 5-17(c))。这时,由平衡方程可知,该简支梁的反力 F_{Ay} 和 F_{By} 分别等于杆段端面的剪力 F_{QA} 和 F_{QB}。于是可以判断出,简支梁 AB 的弯矩图与杆段 AB 的弯矩图相同。简支梁 AB 的弯矩图可按叠加法作出,如图 5-17(d)所示,其中 M_A 图、M_B 图、M_q 图分别是杆端弯矩 M_A、M_B 及均布荷载 q 所引起的弯矩图。三者均使 AB 梁段下侧受拉,竖标叠加后即为简支梁 AB 段的弯矩图。

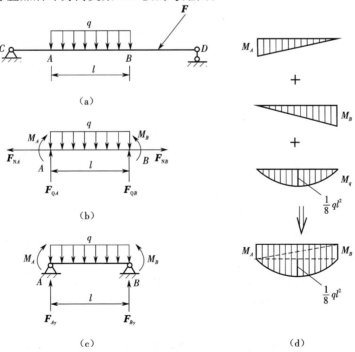

图 5-17　简支梁 AB 段的弯矩图

综上所述,作某杆段的弯矩图时,只需求出该杆段的杆端弯矩,并连以直线(虚线),然后在此直线上再叠加相应简支梁在荷载 q 作用下的弯矩图即可。

5.4 静定多跨梁

静定多跨梁是若干梁段用铰相连,并通过支座与基础共同构成的无多余约束的几何不变体系。在工程结构中,常用它来跨越几个相连的跨度。例如公路桥梁的主要承重结构和房屋建筑中的木檩条常采用这种结构形式。图 5-18(a)为一公路桥的静定多跨梁,图 5-18(b)为其计算简图。

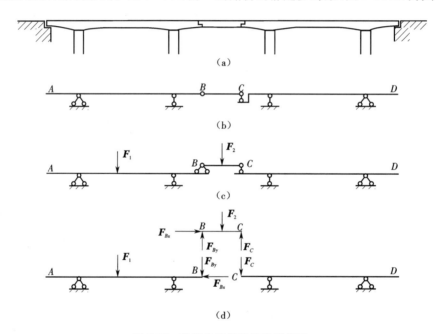

图 5-18 静定多跨梁及其计算简图

5.4.1 静定多跨梁的几何组成

从几何组成看,静定多跨梁中的各梁段可分为基本部分和附属部分两类。例如图 5-18(a)、(b)所示的多跨梁,其中 AB 部分用三根支座链杆直接与地基相连,它不依赖于其他部分的存在而能独立地维持其几何不变性,称之为**基本部分**。同理 CD 也是基本部分。而 BC 部分则必须依靠基本部分 AB 和 CD 才能维持其几何不变性,故称之为**附属部分**。显然,若附属部分被破坏或撤除,基本部分仍为几何不变体系;若基本部分被破坏,则附属部分必随之倒塌。为了更清晰地表示各部分之间的支承关系,可以把基本部分画在下层,把附属部分画在上层,如图 5-18(c)所示,称之为层次图。从层次图可以看出,当附属部分受力时,可通过联结部位的约束传给基本部分,使基本部分也受力。当基本部分受力时,会通过其支座传给基础,附属部分不会受力。根据这一传力特征,计算静定多跨梁时必须先计算附属部分,再将附属部分的支座反力反向作用于基本部分之上,计算基本部分,如图 5-18(d)所示。

5.4.2 静定多跨梁的内力

从几何构成来看,静定多跨梁的组成顺序是先固定基本部分,后固定附属部分。因此,计算静定多跨梁的内力时,需将多跨梁分离为各单跨梁,并区分其中的基本部分和附属部分,按照先附属部分后基本部分的顺序进行计算。

【例 5-6】 绘制图 5-19(a)所示的静定多跨梁的内力图。

【解】 (1) 将多跨梁分为 ABC、CD 两个单跨梁,前者为基本部分,后者为附属部分,层次图如图 5-19(b)所示。

(2) 先求附属部分 CD 的约束力,并将约束力反向加在基本部分 ABC 上,再求基本部分的约束力,如图 5-19(c)所示。

(3) 绘制弯矩图和剪力图分别如图 5-19(d)和图 5-19(e)所示。绘制 AB 段弯矩图时,可取简支梁 AB,其上受均布荷载和 B 端的杆端弯矩作用,如图 5-19(f)所示,用叠加法绘制该段的弯矩图。

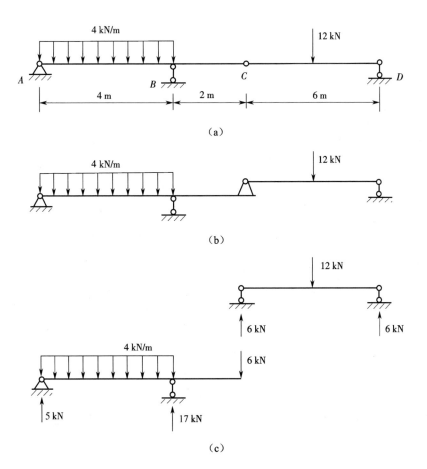

图 5-19 静定多跨梁的内力图

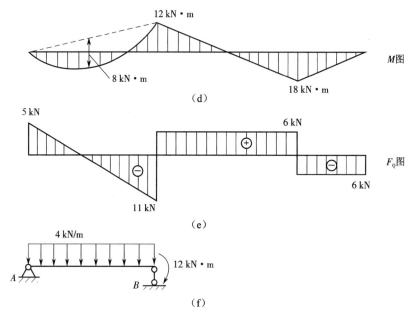

续图 **5-19**

【**例 5-7**】 绘制图 5-20(a)所示的静定多跨梁的内力图。

【**解**】 (1) AB 梁为基本部分,CF 梁由两根竖向支座链杆与地基相连,故在竖向荷载作用下也为基本部分,画层次图如图 5-20(b)所示。

(2) 先求附属部分 BC 的约束力,并将约束力反向加在基本部分 AB 和 CF 上,再求基本部分的约束力,如图 5-20(c)所示。

(3) 绘制弯矩图和剪力图分别如图 5-20(d)和图 5-20(e)所示。

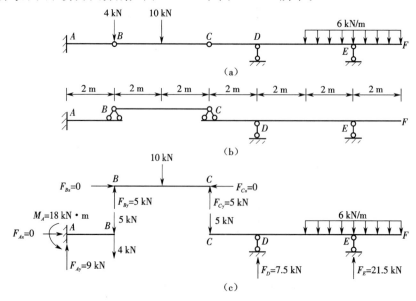

图 **5-20** 内力图绘制

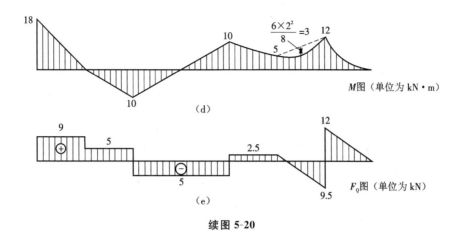

续图 5-20

5.5　静定平面刚架

刚架是由梁和柱组成的杆件结构,它的一个重要特点是具有刚结点(全部或部分)。如果刚架所有杆件的轴线都在同一个平面内,且荷载也作用在该平面内,这样的刚架称为**平面刚架**。平面刚架可以分为静定平面刚架和超静定平面刚架,本节主要研究静定平面刚架。静定平面刚架常见的形式有悬臂刚架(如图 5-21 所示站台雨棚)、简支刚架(如图 5-22 所示渡槽)及三铰刚架(如图 5-23 所示屋架)等。

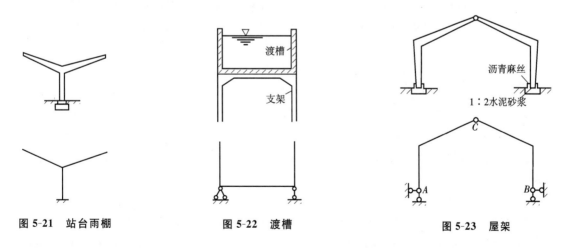

图 5-21　站台雨棚　　　　图 5-22　渡槽　　　　　图 5-23　屋架

刚结点和铰接点比较,有以下区别:① 在变形方面,在刚结点处所联结的各杆端的轴线不能发生相对转动,因而在外力作用下,各杆之间的夹角保持不变;而铰接点所连的杆件在受力变形后各杆之间的夹角将发生改变。② 在受力方面,刚结点能传递力和力矩,而铰接点只能传递力。

与梁相比,刚架具有减小弯矩的优点,节省材料,并能有较大空间。在建筑工程中常常采用刚架作为承重结构。

5.5.1 静定刚架支座反力的计算

在静定刚架的内力分析中,通常是先求支座反力。刚架在外力作用下处于平衡状态,其约束反力可由平衡方程来确定。若刚架与地基是按二刚片规则组成时,支座反力只有三个,容易求得;当刚架与地基按三刚片规则组成时(如三铰刚架),支座反力有四个,除考虑结构整体的三个平衡方程外,还需再取刚架的左半部(或右半部)为隔离体建立一个平衡方程(通常是 $\sum M=0$),方可求出全部反力;当刚架是由基本部分和附属部分组成时,应遵循先附属部分后基本部分的计算顺序。

5.5.2 绘制内力图

求解梁的任一截面内力的基本方法是截面法,这一方法同样适用于刚架,可以应用截面法求解刚架任一指定截面的内力。

刚架是由单个杆件联结而成的,因此,刚架的内力分析仍要以单个杆件的内力分析为基础。从力学的角度来看,它与前面介绍过的静定梁相同。其解题步骤通常如下。

由整体或某些部分的平衡条件求出支座反力或联结处的约束反力。

根据荷载情况,将刚架分解成若干杆段,由平衡条件求出各杆端内力。

由各杆端内力并运用叠加原理逐杆绘制内力图,从而得到整个刚架的内力图。

(1) 刚架的内力及正负号规定

刚架的内力有弯矩、剪力和轴力。弯矩一般不作正负号规定,其正向可以任意假设,但规定弯矩图要画在杆件受拉纤维的一侧。剪力使分离体顺时针方向转动为正,反之为负;轴力以杆件受拉为正,受压为负,剪力图和轴力图可以画在杆件的任一侧,但必须注明正负号,这与梁的内力图规定相同。

(2) 刚结点处的杆端截面及杆端截面内力的表示

刚架由梁、柱等不同方向的直杆用刚结点连接组成,因此,在刚结点处有不同方向的杆端截面,如图 5-24(a)所示刚架,刚结点 C 有三个杆端截面。杆端截面的内力用两个下标表示:第一个下标表示该内力所属的杆端,第二个下标表示该杆段的另一端。如图 5-24(b)所示三个杆端截面 C_1、C_2、C_3 的弯矩分别用 M_{CA}、M_{CD}、M_{CB} 表示,剪力和轴力分别用 F_{QCA}、F_{QCD}、F_{QCB} 和 F_{NCA}、F_{NCD}、F_{NCB} 表示。

(3) 内力图的绘制

绘制刚架内力图时,先将刚架拆成若干个杆件,由各杆件的平衡条件,求出各杆的杆端内力,然后利用杆端内力分别作出各杆件的内力图,最后将各杆件的内力图合在一起就是刚架的内力图。

【例 5-8】 试作图 5-24(a)所示刚架的内力图。

【解】 (1) 求支座反力

取整个刚架为研究对象,受力图如图 5-24(a)所示,由平衡方程

$$\sum M_A = 0, F \times \frac{3}{2}l - F_{Bx} \times l = 0$$

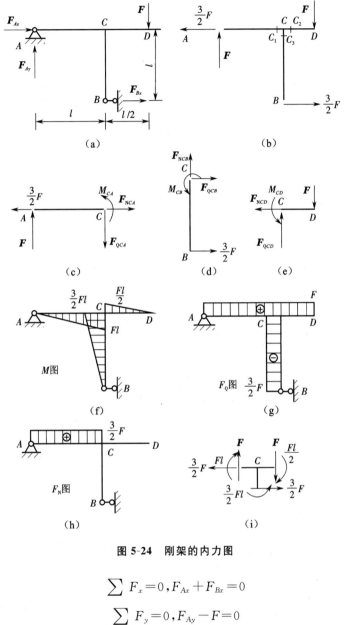

图 5-24　刚架的内力图

$$\sum F_x = 0, F_{Ax} + F_{Bx} = 0$$

$$\sum F_y = 0, F_{Ay} - F = 0$$

解得
$$F_{Ax} = -\frac{3}{2}F, F_{Bx} = \frac{3}{2}F, F_{Ay} = F$$

反力 F_{Ax} 取负值,说明假定的方向与实际方向相反。将反力按正确方向画出,如图 5-24(b)所示。

（2）作弯矩图

作弯矩图时,应逐次研究各杆,求出杆端弯矩,作出各杆的弯矩图,再合并成刚架的弯矩图。

AC 杆:分离体如图 5-24(c)所示。杆端 C 的弯矩记为 M_{CA},其方向可以任意画出,图中假设它使杆件下侧受拉,轴力 $\boldsymbol{F}_{\mathrm{NCA}}$ 和剪力 $\boldsymbol{F}_{\mathrm{QCA}}$ 按规定的正向画出;A 端的约束力按实际方向画出。由

$$\sum M_C = 0, M_{CA} - Fl = 0$$

得

$$M_{CA} = Fl (\text{下侧受拉})$$

BC 杆:分离体如图 5-24(d)所示。由

$$\sum M_C = 0, M_{CB} + \frac{3}{2}Fl = 0$$

得

$$M_{CB} = -\frac{3}{2}Fl (\text{左侧受拉})$$

CD 杆:分离体如图 5-24(e)所示。由

$$\sum M_C = 0, M_{CD} - \frac{1}{2}Fl = 0$$

得

$$M_{CD} = \frac{1}{2}Fl (\text{上侧受拉})$$

以上三杆均为无荷载区段,只要标出各杆的两杆端弯矩,并将这两个控制点的竖标连成直线,即得到各杆的弯矩图。最后刚架弯矩图由各杆弯矩图合并而成,如图 5-24(f)所示。

(3) 作剪力图

作剪力图时,依然逐杆进行。已知的杆端剪力均按正向画出。分别对各杆写出投影方程,求出各杆的杆端剪力。

由图 5-24(c)得

$$F_{\mathrm{QCA}} = F$$

由图 5-24(d)得

$$F_{\mathrm{QCB}} = -\frac{3}{2}F$$

由图 5-24(e)得

$$F_{\mathrm{QCD}} = F$$

刚架剪力图如图 5-24(g)所示。

剪力图可画在杆件的任意一侧,但必须将所求剪力的正负号标在剪力图上。

(4) 作轴力图

已知的杆端轴力均按正向画出。分别对各杆写出投影方程,求得

$$F_{\mathrm{NCA}} = \frac{3}{2}F$$

$$F_{\mathrm{NCD}} = F_{\mathrm{NCB}} = 0$$

轴力图可画在杆件的任意一侧,但必须将所求轴力的正负号标在轴力图上。刚架轴力图如图 5-24(h)所示。

(5) 内力图校核

校核内力图,通常是校核结点是否平衡。

用与结点 C 无限靠近的截面(见图 5-24(b))将结点 C 截开,如图 5-24(i)所示。其上三个杆端的内力值可以从刚架的弯矩图(见图 5-24(f))、剪力图(见图 5-24(g))和轴力图(见图 5-24(h))上得到。因为剪力图上杆 BC 的剪力取负值,即杆上 C 端面的剪力指向左(使 BC 杆有向逆时针方向转动的趋势),它的反作用力作用在结点 C 上,并指向右,如图 5-24(i)所示。

由图 5-24(i)可知,结点 C 满足平衡方程

$$\sum F_x = 0, \quad \sum F_y = 0, \quad \sum M_C = 0$$

即计算结果无误。

验算平衡条件 $\sum M_C = 0$ 时应注意,因为截取结点 C 的截面与结点 C 无限靠近,所以,各剪力对结点 C 的矩为零,方程 $\sum M_C = 0$ 中只包括弯矩项。

【**例 5-9**】 试作图 5-25(a)所示刚架的内力图。

【**解**】 (1)求支座反力

按图 5-25(a),由平衡方程求得

$$F_{Ax} = qa, \quad F_{Ay} = \frac{1}{2}qa, \quad F_{Cy} = \frac{3}{2}qa$$

(2)作弯矩图

BC 杆:分离体如图 5-25(b)所示。

由平衡方程 $\sum M_B = 0$,得

$$M_{BC} = \frac{1}{2}qa^2 \text{(下侧受拉)}$$

这时 BC 杆的弯矩图可以借助简支梁 BC 按叠加法作出,如图 5-25(c)所示。

AB 杆:分离体如图 5-25(d)所示。

由平衡方程 $\sum M_B = 0$,得

$$M_{BA} = \frac{1}{2}qa^2 \text{(右侧受拉)}$$

AB 杆的弯矩图可以借助简支梁 AB 按叠加法作出,如图 5-25(e)所示。

(3)作剪力图

按图 5-25(b)、(d)分别对 BC、BA 二杆写出投影方程,分别求得

$$F_{QBC} = \frac{1}{2}qa, \quad F_{QBA} = 0$$

将二杆的剪力图合并,得刚架的剪力图如图 5-25(g)所示。由于 AB 杆的中点有集中力,故剪力图有突变。

(4)作轴力图

按图 5-25(b)、(d)分别求得

$$F_{NBA} = -\frac{1}{2}qa, \quad F_{NBC} = 0$$

刚架的轴力图如图 5-25(h)所示。

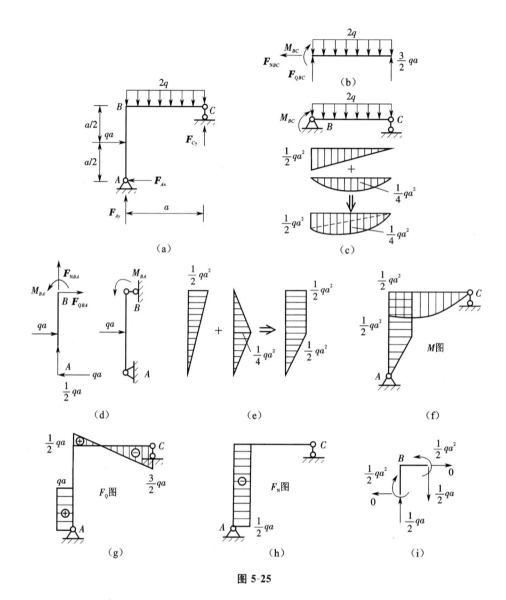

图 5-25

（5）内力图校核

取结点 B 为分离体，其上杆端的三个内力值可以从内力图 5-25(f)、(g)、(h)上得到，结点 B 的受力图如图 5-25(i)所示。可知结点 B 满足平衡条件，计算结果无误。

由图 5-25(i)中结点 B 的平衡条件 $\sum M_B = 0$ 可知，对两杆结点且结点上无外力偶作用，则结点上两杆的弯矩大小相等、方向相反。即结点上两杆的弯矩或者同在结点内侧，或者同在结点外侧，且具有相同的值。利用这一规律可简便地绘制出弯矩图。

由上面的例子，可以将绘制刚架内力图的要点总结如下。

① 绘制刚架的内力图就是逐一绘制刚架上各杆件的内力图。

② 绘制一杆件的弯矩图，可将该杆件视为简支梁，绘制其在杆端弯矩和横向荷载共同作用下

的弯矩图。求杆端弯矩是关键。

　　③ 绘制一杆件的剪力图,就是绘制其在杆端剪力和横向荷载共同作用下的剪力图。求杆端剪力是关键。

　　④ 绘制杆件的轴力图,在只有横向垂直于杆件轴线的荷载作用的情况下,只需求出杆件一端的轴力,轴力图即可画出。

　　⑤ 内力图的校核是必要的。通常取刚架的一部分或某一结点为分离体,按已绘制的内力图画出分离体的受力图,验算该受力图上各内力是否满足平衡方程即可。

5.6　三铰拱

　　拱结构在房屋建筑、桥涵建筑和水工建筑中有着广泛的应用。拱常用的形式有三铰拱(见图 5-26(a)、(b))、两铰拱(见图 5-26(c))和无铰拱(见图 5-26(d))等几种,其中三铰拱是静定的,后两种都是超静定的。本节只讨论三铰拱。

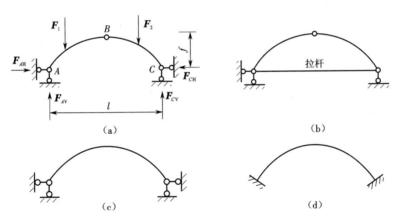

图 5-26　拱结构

　　拱结构的特点是:杆轴线为曲线,而且在竖向荷载作用下,支座处将产生水平推力。由于水平推力的存在,减小了拱结构横截面的弯矩,使得拱主要承受轴向压力作用,因而可利用抗压性能好而抗拉性能差的材料(砖、石、混凝土等)建造。由于水平推力的存在,要求有坚固的基础,给施工带来困难。为了克服这一缺点,常采用图 5-26(b)所示的带拉杆的三铰拱,水平推力由拉杆

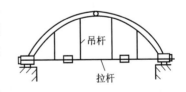

图 5-27　带拉杆的三铰拱

来承受。如房屋的屋盖采用图 5-27 所示的带拉杆的拱结构,在竖向荷载的作用下,只产生竖向支座反力,对墙体不产生水平推力。

　　图 5-26(a)中的曲线部分是拱身各横截面形心的连线,称为**拱轴线**。支座 A 和 C 称为拱趾。两个支座间的水平距离 l 称为拱的**跨度**。两个支座的连线称为**起拱线**。拱轴线上距起拱线最远的一点称为**拱顶**,图 5-26(a)中的铰 B 通常设置在拱顶处。拱顶到起拱线的距离 f 称为**拱高**。两拱趾在同一水平线上的拱称为平拱,不在同一水平线上的拱称为斜拱。拱高 f 与跨度 l 之比称为高跨比。高跨比是拱的基本参数,通常控制在 0.1~1 的范围内。

5.6.1 三铰拱的计算

三铰拱是由两根曲杆与地基之间按三刚片规则组成的静定结构。其全部约束力和内力都可以由静力学平衡方程求出。

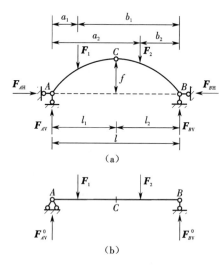

图 5-28 三铰拱受力分析

（1）支座反力的计算

三铰拱有四个支座反力 F_{AH}、F_{AV}、F_{BH}、F_{BV}（见图 5-28(a)），平衡方程也有四个，即三个整体平衡方程和一个半跨对铰 C 处取力矩为零（$\sum M_C = 0$）的方程。

为了便于理解和比较三铰拱与梁受力的不同，在图 5-28(b)中画出一相应的简支梁，它的跨度和荷载都和图 5-28(a)所示的三铰拱相同，称为"**相当梁**"。

由三铰拱及相当梁对支座 B 的力矩方程 $\sum M_B = 0$ 的对比可知

$$F_{AV} = F_{AV}^0 \tag{5-1}$$

同理，由 $\sum M_A = 0$ 得

$$F_{BV} = F_{BV}^0 \tag{5-2}$$

即三铰拱的竖向支座反力与相当梁的竖向支座反力相同。

由拱整体平衡方程 $\sum F_x = 0$，得

$$F_{AH} = F_{BH} = F_H$$

由半跨对铰 C 处取力矩为零的条件 $\sum M_C = 0$，考虑铰 C 左边所有外力对铰 C 的力矩代数和，即

$$[F_{AV} l_1 - F_1(l_1 - a_1)] - F_H \cdot f = 0$$

注意到上式中方括号部分是铰 C 左边所有竖向力对 C 点力矩的代数和；它等于简支梁相应截面 C 的弯矩值，即

$$M_C^0 = F_{AV}^0 l_1 - F_1(l_1 - a_1)$$
$$= F_{AV} l_1 - F_1(l_1 - a_1)$$

由此得

$$M_C^0 - F_H \cdot f = 0$$
$$F_H = \frac{M_C^0}{f} \tag{5-3}$$

上式表明，拱的水平支座反力等于相应简支梁截面 C 处的弯矩除以拱高 f。在竖向荷载作用下，梁中弯矩 M_C^0 总是正的(下边受拉)，所以 F_H 总是正的，即三铰拱的水平推力 F_H 永远指向内(见图 5-28(a))，这说明拱对支座的作用力是水平向外的推力，所以 F_H 又称为水平推力。当跨度不变时，水平支座反力与 f 成反比，即拱越扁平则水平推力就越大。如果 $f \to 0$，推力趋于无穷大，这时，A、B、C 三个铰在一条直线上，成为瞬变体系。

（2）内力的计算

反力求出后，用截面法即可求出拱上任一横截面的内力。在外力的作用下拱中任一横截面的内力有弯矩、剪力和轴力，其中弯矩以使拱内侧受拉为正；剪力以使分离体顺时针转动为正；因拱常受压，故规定拱的轴力以使分离体受压为正。

在图 5-29（a）所示的拱中，在 K 处用一横截面将拱截开，该截面形心坐标为 (x,y)，拱轴切线倾角为 φ，其内力为 M、F_Q 和 F_N（见图 5-29（b））。以 AK 段为分离体，求 K 截面的内力。

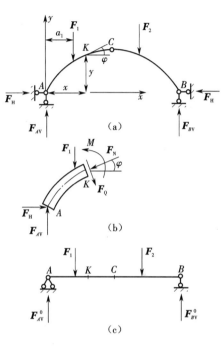

① 弯矩计算。

$$\sum M_K(F)=0$$

即

$$F_{AV}x-F_1(x-a_1)-F_Hy-M=0$$

得

$$M=[F_{AV}x-F_1(x-a_1)]-F_Hy$$

因为 $F_{AV}=F_{AV}^0$，可见方括号内的值恰好等于相应简支梁截面 K 的弯矩 M^0（见图 5-29（c）），故上式可以写成

$$M=M^0-F_Hy \qquad (5\text{-}4)$$

即拱内任一截面的弯矩 M 等于相应简支梁对应截面处的弯矩减去拱的水平支座反力引起的弯矩 F_Hy。可见，由于推力的存在，使得拱的弯矩比相当梁的弯矩要小。

图 5-29　拱内力计算

② 剪力计算。

由 K 截面以左各力在沿该点拱轴法线方向的投影的代数和等于零，可得

$$F_Q=F_{AV}\cos\varphi-F_1\cos\varphi-F_H\sin\varphi$$
$$=(F_{AV}-F_1)\cos\varphi-F_H\sin\varphi$$

式中 $F_{AV}-F_1$ 为相应简支梁对应截面 K 处的剪力 F_Q^0（见图 5-29（c））。

故上式可以写成

$$F_Q=F_Q^0\cos\varphi-F_H\sin\varphi \qquad (5\text{-}5)$$

③ 轴力计算。

由 K 截面以左各力在沿该点拱轴切线方向的投影的代数和等于零，可得

$$F_N=(F_{AV}-F_1)\sin\varphi+F_H\cos\varphi$$

即

$$F_N=F_Q^0\sin\varphi+F_H\cos\varphi \qquad (5\text{-}6)$$

上述内力计算公式中，φ 在左半部取正值，在右半部取负值。所得结果表明，由于水平推力的存在，拱中各截面的弯矩比相应简支梁的弯矩要小，拱截面所受的轴向压力较大。

5.6.2　三铰拱的合理拱轴线

由上述可知，当荷载及三个铰的位置给定时，三铰拱的反力就可以确定，而与各铰间拱轴线的

形状无关;三铰拱的内力则与拱轴线的形状有关。当拱上所有截面的弯矩都等于零且只有轴力时,截面上的正应力是均匀分布的,材料能得到最充分的利用。从力学观点看,这是最经济的,故称这样的拱轴线为**合理拱轴线**。

合理拱轴线可根据弯矩为零的条件来确定。按式(5-4),三铰拱任一截面的弯矩为

$$M = M^0 - F_H y$$

由此得

$$y = \frac{M^0}{F_H} \tag{5-7}$$

上式即为拱的合理拱轴线方程。可见,在竖向荷载作用下,三铰拱的合理拱轴线的纵坐标 y 与相应简支梁弯矩图的纵坐标成正比。当荷载已知时,只需求出相应简支梁的弯矩方程,然后除以常数 F_H,便得到合理拱轴线方程。

【例 5-10】 试求图 5-30(a)所示三铰拱在均布荷载作用下的合理拱轴线方程。

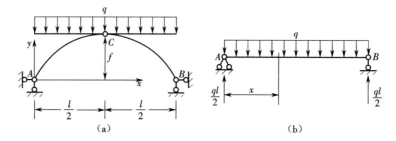

图 5-30　均布荷载作用下的合理拱轴线

【解】 相当梁(见图 5-30(b))的弯矩方程为

$$M^0(x) = \frac{ql}{2}x - \frac{1}{2}qx^2 = \frac{qx}{2}(l-x)$$

由式(5-3)求得的推力为

$$F_H = \frac{M_C^0}{f} = \frac{ql^2}{8f}$$

所以,由式(5-7)得合理拱轴线的方程为

$$y = \frac{M^0(x)}{F_H} = \frac{8f}{ql^2}\left(\frac{ql}{2}x - \frac{1}{2}qx^2\right) = \frac{4f}{l^2}x(l-x)$$

可见,在均布荷载作用下,三铰拱的合理拱轴线是一抛物线。

5.7　静定平面桁架

5.7.1　桁架的特点和组成分类

桁架结构在工程中有着广泛的应用,如民用房屋和工业厂房的屋架、托架,跨度较大的桥梁,以及起重机塔架、建筑施工用的支架等。桁架是由若干直杆用铰连接而组成的几何不变体系,其特点如下。

① 所有结点都是光滑铰接点。

② 各杆的轴线都是直线并通过铰链中心。

③ 荷载和反力均作用在结点上。

由于上述特点,桁架的各杆只受轴力作用,使材料得到充分利用。当桁架各杆轴线都在同一平面内,且外力都作用在该平面内时,称为**平面桁架**。图 5-31(a)所示为一静定平面桁架。根据桁架的特点,桁架中的每一根杆都是二力杆,内力只有轴力(见图 5-31(b))。在计算中,规定拉力为正,压力为负。

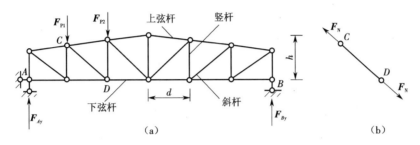

图 5-31　静定平面桁架

桁架结构的优点是:重量轻,受力合理,能承受较大荷载,可做成较大跨度。工程实际中的桁架并不完全符合上述特点。例如,各结点都具有一定的刚性,并不是铰接;各杆轴线不一定绝对平直;结点上各杆的轴线不一定交于一点;荷载不一定都作用在结点上等。所以在外力作用下,各杆将产生一定的弯曲变形。一般情况下,由弯曲变形引起的内力居于次要地位,称之为次应力,可以忽略不计。

根据桁架的组成特点,可以将其分成以下三类。

(1) 简单桁架

简单桁架是由基础或一个基本铰接三角形开始,逐次增加两根不共线的杆件、一个结点(二元体)组成的桁架,如图 5-32 所示。

(2) 联合桁架

联合桁架是由几个简单桁架按照二刚片规则或三刚片规则组成的桁架,如图 5-33 所示。

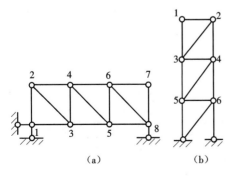

图 5-32　简单桁架

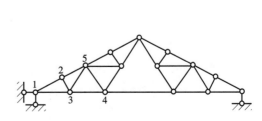

图 5-33　联合桁架

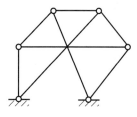

图 5-34　复杂桁架

（3）复杂桁架

不属于简单桁架及联合桁架的，称为复杂桁架，如图 5-34 所示。

求解桁架内力的常用方法有两种：结点法和截面法。下面分别介绍这两种方法。

5.7.2　结点法

结点法是以桁架结点为隔离体，由结点平衡条件求杆件内力的方法。平面桁架的结点受平面汇交力系作用，对每个结点只能列两个独立的平衡方程。因此，在所取结点上，未知内力不能多于两个。在求解时，应先截取只连接两个杆件的结点，也就是说，按与几何组成次序相反的顺序截取结点，即可依次求出全部杆件的轴力。计算时先假定未知杆件的轴力为拉力（背离结点），若结果为正值，表示轴力为拉力；反之，表示轴力为压力。

在计算中，经常需要把斜杆的内力 F_N 分解为水平分力 F_x 和竖向分力 F_y（见图 5-35）。设斜杆的长度为 l，其水平和竖向的投影长度分别为 l_x 和 l_y，则由比例关系可知

$$\frac{F_N}{l} = \frac{F_x}{l_x} = \frac{F_y}{l_y}$$

这样，在 F_N、F_x 和 F_y 三者中，任知其一便可很方便地推算其余两个，而无须使用三角函数。

桁架中某杆的轴力为零时，称为**零杆**。在计算时，宜先判断出零杆，把零杆去掉，使计算得以简化。常见的零杆有以下几种情况。

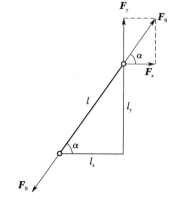

图 5-35　斜杆的内力

① 不共线的两杆结点，若无外力作用，则此两杆轴力必为零（见图5-36(a)）。

② 不共线的两杆结点，若外力与其中一杆共线，则另外一杆的轴力必为零（见图 5-36(b)）。

③ 三杆结点，无外力作用，若其中两杆共线，则另外一杆的轴力必为零（见图5-36(c)）。

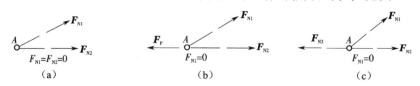

| (a) | (b) | (c) |

图 5-36　零杆

【**例 5-11**】　一屋架的尺寸及所受荷载如图 5-37(a)所示，试用结点法求每根杆的轴力。

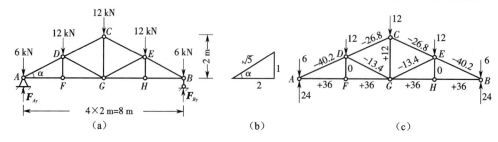

(a)　　　　(b)　　　　(c)

图 5-37　屋架受力图

【解】　先计算支座反力。以桁架整体为分离体,求得 $F_{Ay}=F_{By}=24$ kN。

按与几何组成次序相反的顺序,从结点 A(或 B)开始,依次逐个截取结点,便可求出各杆的内力。注意到结构和荷载的对称性,只要计算桁架的一半即可。又根据零杆的判断方法,可知 DF 杆和 EH 杆为零杆,可去掉。故计算的顺序为结点 A、D、C。

(1) 结点 A

受力图如图 5-38(a)所示。由

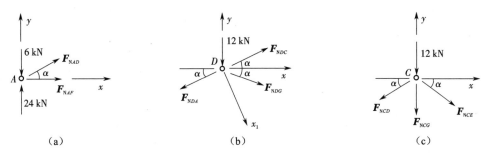

图 5-38　结点受力分析

$$\sum F_y=0, F_{NAD}\sin\alpha+(24-6)=0$$

得
$$F_{NAD}=-18\times\sqrt{5}\ \text{kN}=-40.2\ \text{kN}$$

$$\sum F_x=0, F_{NAF}+F_{NAD}\cos\alpha=0$$

得
$$F_{NAF}=-(-40.2)\times\frac{2}{\sqrt{5}}\ \text{kN}=36\ \text{kN}$$

(2) 结点 D

受力图如图 5-38(b)所示。由

$$\sum F_{x1}=0, F_{NDG}\cos(90°-2\alpha)+12\ \text{kN}\times\cos\alpha=0$$

得
$$F_{NDG}=-6\sqrt{5}\ \text{kN}=-13.4\ \text{kN}$$

$$\sum F_x=0, F_{NDC}\cos\alpha+F_{NDG}\cos\alpha-F_{NDA}\cos\alpha=0$$

得
$$F_{NDC}=-40.2\ \text{kN}-(-13.4)\text{kN}=-26.8\ \text{kN}$$

(3) 结点 C

受力图如图 5-38(c)所示。由

$$\sum F_x=0, F_{NCE}\cos\alpha-F_{NDC}\cos\alpha=0$$

得
$$F_{NCE}=-26.8\ \text{kN}$$

$$\sum F_y=0, -F_{NCG}-(F_{NCE}+F_{NDC})\sin\alpha-12\ \text{kN}=0$$

得
$$F_{NCG}=\left(-2\times\frac{-26.8}{\sqrt{5}}-12\right)\ \text{kN}=12\ \text{kN}$$

最终各杆轴力如图 5-37(c)所示。图中正号为拉力,负号为压力,单位是 kN。

由计算结果可知,桁架的上弦杆都受压,而下弦杆都受拉,斜腹杆亦受压。所以,在屋架的制作中,下弦杆用钢拉杆,上弦杆用木材或钢筋混凝土制造。

5.7.3 截面法

在分析桁架内力时,有时只需要计算某几根杆的内力,这时采用截面法较为方便。截面法是用一假想的截面在某适当位置将桁架截为两部分,选取其中一部分为分离体,其上作用的力系一般为平面任意力系,用平面任意力系平衡方程求解被截断杆件的内力。由于平面任意力系平衡方程只有三个,所以只要截面上未知力数目不多于三个,就可以求出其全部未知力。

【例 5-12】 如图 5-39(a)所示平面桁架,各杆件的长度都等于 1 m。在结点 E 上作用荷载 F_{P1} =10 kN,在结点 G 上作用荷载 F_{P2}=7 kN。试计算杆 1、2 和 3 的内力。

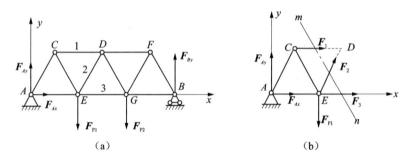

图 5-39 桁架受力分析

【解】 先求桁架的支座反力。以桁架整体为研究对象。在桁架上受荷载 F_{P1} 和 F_{P2} 以及约束反力 F_{Ax}、F_{Ay} 和 F_{By} 的作用。列出平衡方程

$$\sum F_x = 0, F_{Ax} = 0$$

$$\sum F_y = 0, F_{Ay} + F_{By} - F_{P1} - F_{P2} = 0$$

$$\sum M_B(\boldsymbol{F}) = 0, F_{P1} \cdot 2 \text{ m} + F_{P2} \cdot 1 \text{ m} - F_{Ay} \cdot 3 \text{ m} = 0$$

解得 $\qquad\qquad F_{Ax} = 0, F_{Ay} = 9 \text{ kN}, F_{By} = 8 \text{ kN}$

为求杆 1、2 和 3 的内力,可作一截面 $m-n$ 将三杆截断。选取桁架左半部为研究对象。假定所截断的三杆都受拉力,受力如图 5-39(b)所示,为一平面任意力系。列平衡方程

$$\sum M_E(\boldsymbol{F}) = 0, -F_1 \cdot \frac{\sqrt{3}}{2} \cdot 1 \text{ m} - F_{Ay} \cdot 1 \text{ m} = 0$$

$$\sum F_y = 0, F_{Ay} + F_2 \sin 60° - F_{P1} = 0$$

$$\sum M_D(\boldsymbol{F}) = 0, F_{P1} \cdot \frac{1}{2} + F_3 \cdot \frac{\sqrt{3}}{2} \cdot 1 - F_{Ay} \cdot 1.5 = 0$$

解得 $F_1 = -10.4 \text{ kN}(压力), F_2 = 1.15 \text{ kN}(拉力), F_3 = 9.81 \text{ kN}(拉力)$

如先选取桁架的右半部为研究对象,可得同样的结果。

同样,可以用截面截断另外三根杆件,计算其他各杆的内力,或用以校核已求得的结果。

有时被截杆件虽然超过三根,但某些杆件的轴力仍能由此分离体求出。如图 5-40 中所示的截面,虽然截了四根杆,但除一根外,均相交于点 B,由 $\sum M_B = 0$ 可以求出 F_{N1}。又如图 5-41 所示的

截面中,被截杆件有四根,但除一根外均平行,这时 F_{N4} 可由投影方程(垂直于 F_{N1}、F_{N2}、F_{N3} 方向)算出。

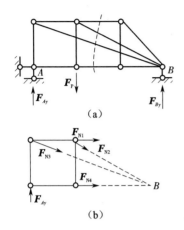

图 5-40　用截面法进行受力分析一

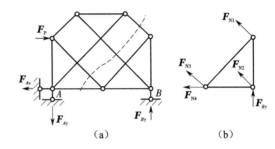

图 5-41　用截面法进行受力分析二

截面法适用于求某些指定杆的轴力以及联合桁架连接杆的轴力。计算时为了方便,可以选取荷载或反力比较简单的一侧作为分离体。

【**例 5-13**】　桁架的受力、尺寸如图 5-42 所示。试求其中 1、2、3 杆的轴力。

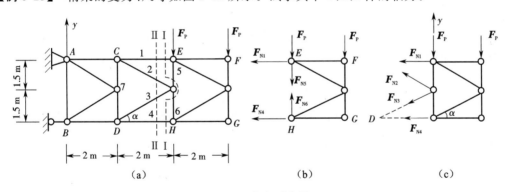

图 5-42　桁架受力图

【**解**】　若选用截面Ⅱ—Ⅱ分析架为两部分,此时将截断四根杆,无法求解。若取截面Ⅰ—Ⅰ将桁架截断,取右部为隔离体(见图 5-42(b)),虽然也截断四根杆,但杆 5、杆 6 的轴力共线,并且与杆 4 的轴力交于点 H。故可以 H 为矩心,由力矩方程解出 F_{N1}。由图示尺寸知:$\cos\alpha=\dfrac{4}{5}$,$\sin\alpha=\dfrac{3}{5}$。

(1)取截面Ⅰ—Ⅰ右部为隔离体

受力图如图 5-42(b)所示。由

$$\sum M_H=0,\ F_{N1}\cdot 3\ \text{m}-F_P\cdot 2\ \text{m}=0$$

得

$$F_{N1}=\frac{2}{3}F_P$$

(2) 取截面Ⅱ—Ⅱ右部为隔离体

受力图如图 5-42(c)所示。由

$$\sum M_D = 0, F_{N2} \cos \alpha \cdot 1.5 \text{ m} + F_{N2} \sin \alpha \cdot 2 \text{ m} + F_{N1} \cdot 3 \text{ m}$$
$$- F_P \cdot 2 \text{ m} - F_P \cdot 4 \text{ m} = 0$$

得

$$F_{N2} = -\frac{5}{3} F_P$$

由

$$\sum F_y = 0, F_{N2} \sin \alpha - F_{N3} \sin \alpha - 2F_P = 0$$

得

$$F_{N3} = -\frac{5}{3} F_P$$

其中正号表示轴力为拉力,负号表示轴力为压力。

5.8 几种常见结构形式的受力特点

前面讨论了几种典型的静定结构形式,如梁、刚架、拱、桁架等结构的内力计算问题。对多跨梁和外伸梁,利用梁在支座处产生的负弯矩,可以减少梁跨中的正弯矩。对刚架、拱等有水平推力的结构,利用水平推力可以减少结构的弯矩峰值。对三铰拱,在给定荷载作用下,可以采用合理拱轴线,使结构处于无弯矩状态。对桁架,由于杆件的铰接及结点作用荷载,可以使桁架中的所有杆件只受轴力作用。

为了对几种不同的结构形式的受力特点进行分析比较,在图 5-43 中给出它们在相同跨度和相同荷载作用下(全跨受均布荷载 q 作用)的主要内力值。

图 5-43(a)所示简支梁,跨中最大弯矩是 $M_C^0 = \frac{ql^2}{8}$。

图 5-43(b)所示外伸梁,为使跨中和支座处弯矩相等,两端应伸出 0.207l。这时支座和跨中的最大弯矩下降至 $\frac{M_C^0}{6}$。

图 5-43(c)所示带拉杆的抛物线三铰拱,由于采用了合理拱轴线,拱处于无弯矩状态,水平推力 $F_H = \frac{M_C^0}{f}$。

图 5-43(d)所示梁式桁架,在等效结点荷载作用下,各杆只受轴力作用,中间下弦杆拉力为 $F_N = \frac{M_C^0}{h}$。

图 5-43(e)所示带拉杆的三角屋架,水平推力为 $F_H = \frac{M_C^0}{f}$,由于水平推力的作用,受弯斜杆的最大弯矩下降至 $\frac{M_C^0}{4}$。

图 5-43(f)所示组合结构,为使上弦杆的结点处负弯矩与杆中的正弯矩正好相等,取 $f_1 = \frac{5f}{12}$,$f_2 = \frac{7f}{12}$,此时最大弯矩下降至 $\frac{M_C^0}{24}$。中间下弦杆的拉力为 $F_N = \frac{M_C^0}{f}$。

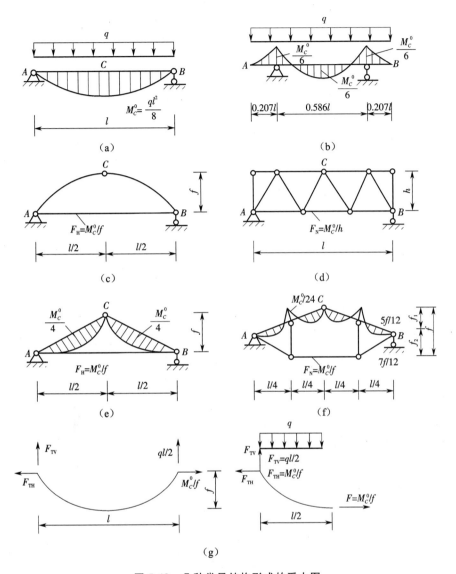

图 5-43　几种常见结构形式的受力图

图 5-43(g)所示为悬索结构。悬索是柔性结构，它只能承受拉力，在均布荷载作用下，它的轴线是抛物线。对于悬索，若要减小支座的水平拉力，可通过增加悬索的垂度 f 来实现。支座处水平拉力 $F_{TH} = \dfrac{M_C^0}{f}$，竖向拉力 $F_{TV} = \dfrac{ql}{2}$，跨中拉力 $F = F_{TH}$。

由上述对比分析可以看出，在跨度和荷载相同的条件下，简支梁的弯矩最大，外伸梁、多跨静定梁、三角屋架、刚架、组合结构的弯矩次之。而桁架以及具有合理拱轴线的三铰拱、悬索的弯矩为零。根据这些结构的受力特点，在工程实际中，简支梁多用于小跨度结构中；外伸梁、多跨静定梁、三铰刚架、组合结构多用于跨度较大的结构中；桁架、具有合理拱轴线的拱多用于大跨度结构中。

悬索受力合理,悬索结构中的钢索可采用高强度钢索,比普通钢能够承受更大的荷载,结构的自重轻,是所有结构形式中最轻的。对大跨度结构来说,结构的自重是它所承受的最大荷载。悬索结构与拱结构的受力状态正好相反,但它不会发生压屈失效。所以悬索通常用于超大跨度结构,如桥梁等。超大跨度桥梁通常采用悬索桥结构形式,跨度可达上千米。悬索也常用于大跨度屋面结构体系,但悬索结构也有弱点,如在改变荷载状态时变形较大、不够稳定、锚固要求高等。

对各种结构形式来说,它们都有各自的优点和缺点,都有经济合理的使用范围。简支梁虽然受弯矩较大,但其施工简单,制作方便,在工程中仍广泛使用。桁架结构虽然受力合理,但结点构造较复杂,施工上有些不便。拱结构要求基础能承受推力,它的曲线形式也给施工造成不便。所以在选择结构形式时,要综合全面地考虑。

【本章要点】

1. 构件某横截面的内力,是以该横截面为界,构件两部分之间的相互作用力。当构件所受的外力作用在通过构件轴线的同一平面内时,一般来说,横截面上的内力有轴力 F_N、剪力 F_Q、弯矩 M,且都处在外力作用面内。

2. 求内力的基本方法是截面法。截面法是求解平衡问题的常用方法:以假想截面截割构件(结构)为两部分,取其中一部分为分离体,用平衡方程求解截割面上的内力。

为计算方便,对内力的正负号作出了相应规定。画受力图时,内力应按正向画出。

3. 内力方程与内力图。

① 横截面的内力值随截面位置不同而变化,表达这一变化规律的函数称为内力方程。

如 $F_Q(x)$——剪力方程,$M(x)$——弯矩方程等。表达内力方程的图形称为内力图。

② 当某梁段上无荷载作用或有均布荷载作用时,对剪力方程、弯矩方程的规律,剪力图、弯矩图的规律等必须理解并能熟练应用。这是作内力图的基础知识。

4. 作刚架内力图的基本方法是将刚架拆成单个杆件,求各杆件的杆端内力,分别作出各杆件的内力图,然后,将各杆的内力图合并在一起,得到刚架的内力图。

值得注意的是:

① 弯矩不作正负号规定,弯矩图一律画在杆件受拉的一侧。剪力图、轴力图可画在杆件的任意一侧,但必须标出其正负号。

② 结点应满足平衡条件。

5. 三铰拱的内力计算,常用截面法求其曲杆的内力。为便于计算,将内力计算结果应用相当梁的弯矩和剪力表示。这样,求三铰拱的内力归结为求水平推力和相当梁的弯矩、剪力,然后代入式(5-4)、式(5-5)即可。

6. 桁架是由二力杆组成的结构。求桁架内力的基本方法有结点法和截面法。前者以结点为研究对象,用平面汇交力系的平衡方程求解内力;后者以桁架的一部分为研究对象,用平面任意力系的平衡方程求解内力。

静定结构的内力计算是超静定结构计算的基础,务必认真学习,熟练掌握。

【思考题】

5-1 什么是截面法？截面内力的正负号是如何规定的？

5-2 用叠加法作弯矩图时，为什么是竖标的叠加，而不是图形的拼合？

5-3 分别说明多跨静定梁中基本部分与附属部分的几何组成特点和各自的受力特点。

5-4 拱的特点是什么？计算三铰拱的内力与计算三铰刚架的内力有何共同点和不同点？

5-5 什么是合理拱轴线？如何找出三铰拱的合理拱轴线？在什么条件下，三铰拱的合理拱轴线才是二次抛物线？

5-6 桁架结构中既然有零杆，是否可以将其从实际结构中撤去？为什么？

5-7 在结点法和截面法中，怎样尽量避免解联立方程？

【习题】

5-1 求图 5-44 所示各杆 1-1 和 2-2 横截面上的轴力并作轴力图。

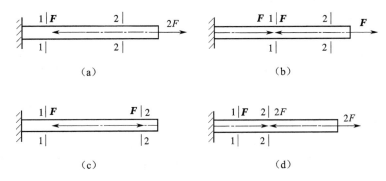

图 5-44 题 5-1 图

5-2 求图 5-45 所示各梁的指定截面上的剪力和弯矩。

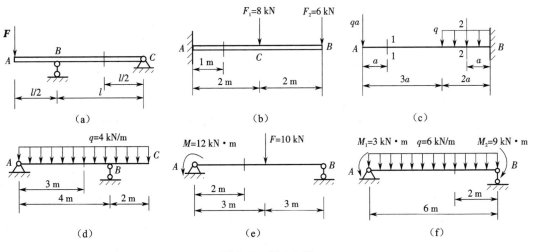

图 5-45 题 5-2 图

5-3　试根据弯矩图、剪力图的规律指出图 5-46 所示剪力图和弯矩图的错误。

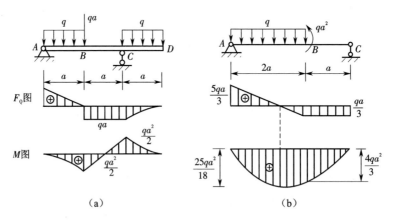

（a）　　　　　　　　　　（b）

图 5-46　题 5-3 图

5-4　作图 5-47 所示多跨静定梁的弯矩图。

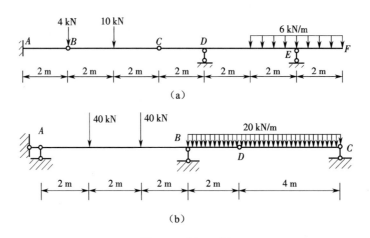

（a）

（b）

图 5-47　题 5-4 图

5-5　验证图 5-48 所示弯矩图是否正确，若有错误，给予改正。

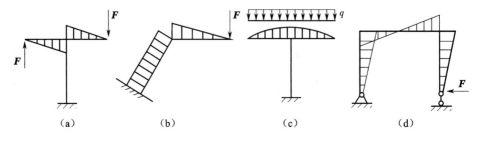

（a）　　　　　（b）　　　　　（c）　　　　　（d）

图 5-48　题 5-5 图

5-6　作图 5-49 所示刚架的内力图。

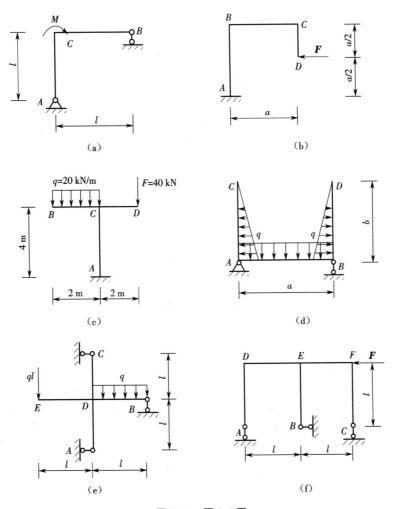

（a）　　　　　　　　　（b）

（c）　　　　　　　　　（d）

（e）　　　　　　　　　（f）

图 5-49　题 5-6 图

5-7　求图 5-50 所示三铰拱的支座反力，并求 K 截面的内力。

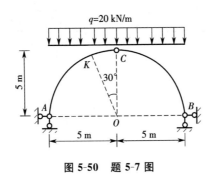

图 5-50　题 5-7 图

5-8 用结点法计算图 5-51 所示桁架各杆的内力。

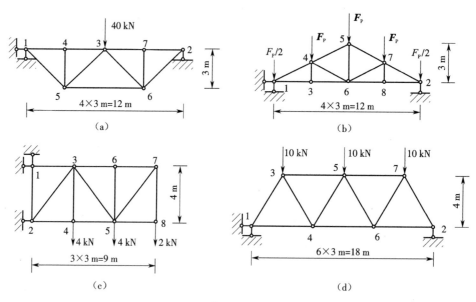

图 5-51 题 5-8 图

5-9 用较简捷的方法计算图 5-52 所示桁架中指定杆件的内力。

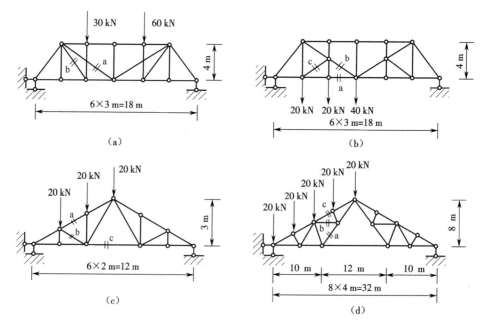

图 5-52 题 5-9 图

第6章 轴向拉伸与压缩

6.1 轴向拉伸与压缩的概念

在工程实际中,许多构件受到轴向拉伸和压缩的作用。如图 6-1 所示的三角支架中,横杆 *AB* 受到轴向拉力的作用,杆件沿轴线产生拉伸变形;斜杆 *BC* 受到轴向压力的作用,杆件沿轴线产生压缩变形。另外,起吊重物的绳索、悬索桥的吊杆、千斤顶的顶杆以及桁架的各根杆等,都是拉伸和压缩的实例。

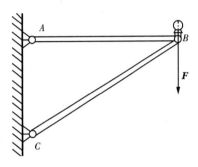

图 6-1 三角支架

上述这些杆件受力的共同特点是:外力沿杆的轴线作用。其变形特点是:杆件沿轴线方向伸长或缩短。这种变形形式称为**轴向拉伸或压缩**,这类杆件称为拉杆或压杆。

6.2 轴力与轴力图

6.2.1 横截面上的内力——轴力

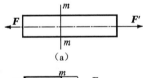

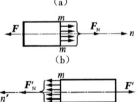

图 6-2 拉杆受力图

一拉杆如图 6-2(a)所示,两端受轴向作用力 $\boldsymbol{F}$、$\boldsymbol{F}'$($\boldsymbol{F}'=-\boldsymbol{F}$)的作用。欲求截面 m—m 上的内力,可用截面法,沿截面 m—m 将杆截成两段,并取左段(见图 6-2(b))为研究对象,将右段对左段的作用以截面上的内力 $\boldsymbol{F}_N$ 代替。由平衡方程

$$\sum F_x = 0, F - F_N = 0$$

得

$$F_N = F$$

由于内力 $\boldsymbol{F}_N$ 的作用线与杆件的轴线相重合,故称为轴向内力,简称轴力。轴力可为拉力也可为压力,当轴力方向与截面的外法线方向一致时,杆件受拉,轴力为正;反之,轴力为负。计算轴力时均按正向假设,若得负号则表明杆件受压。

采用这一符号规定,如取右段为研究对象,见图 6-2(c),则所求的轴力大小及正负号与上述结果相同。

当杆件受到多个轴向外力作用时,应分段使用截面法,计算各段的轴力。

6.2.2 轴力图

为了形象地表示轴力沿杆件轴线的变化情况,可绘制出轴力随横截面变化的图线,这一图线称为轴力图。

【例6-1】 试绘出图6-3所示杆的轴力图。已知$F_1 = 10$ kN,$F_2 = 30$ kN,$F_3 = 50$ kN。

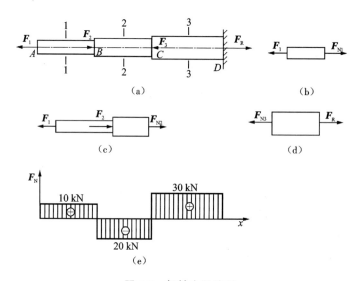

图 6-3 杆轴力图绘制

【解】 (1)计算支座反力

设固定端的反力为F_R,则由整个杆的平衡方程

$$\sum F_x = 0, -F_1 + F_2 - F_3 + F_R = 0$$

得

$$F_R = F_1 - F_2 + F_3 = (10 - 30 + 50) \text{ kN} = 30 \text{ kN}$$

(2)分段计算轴力

由于截面B和C处作用有外力,故将杆分为三段。设各段轴力均为拉力,用截面法分别取如图6-3(b)、(c)、(d)所示的研究对象后,得

$$F_{N1} = F_1 = 10 \text{ kN}$$

$$F_{N2} = F_1 - F_2 = (10 - 30) \text{ kN} = -20 \text{ kN}$$

$$F_{N3} = F_R = 30 \text{ kN}$$

在计算F_{N3}时若取左侧为研究对象,则同样可得$F_{N3} = F_1 - F_2 + F_3 = 30$ kN,结果与取右侧时相同,但不涉及F_R,也就是说。若杆一端为固定端,可取无固定端的一侧为研究对象来计算杆的内力,而不必求出固定端的反力。

(3)画轴力图

根据上述轴力值,作轴力图(见图6-3(e))。由图可见,绝对值最大的轴力为

$$|F_{Nmax}| = 30 \text{ kN}$$

【例 6-2】 竖柱 AB 如图 6-4(a)所示,其横截面为正方形,边长为 a,柱高为 h,材料的体积密度为 γ,柱顶受载荷 F 作用。试作出其内力图。

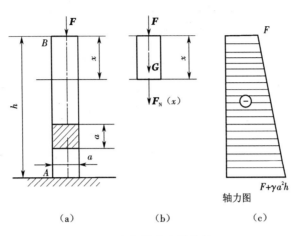

(a)　　　　　(b)　　　　　(c)

图 6-4　竖柱内力图绘制

【解】 由受力特点知 AB 产生轴向压缩,由于考虑到柱子的自重荷载,以竖向的 x 坐标表示横截面位置,则该柱各横截面的轴力为 x 的函数。对任意截面取上段为研究对象,如图 6-4(b)所示。图中 $F_N(x)$ 是任意 x 截面的轴力;$G=\gamma a^2 x$ 是该段研究对象的自重,由

$$\sum F_x=0,\ F_N(x)+F+G=0$$

得

$$F_N(x)=-F-\gamma a^2 x \quad (0<x<h)$$

上式为该柱的轴力方程,为 x 的一次函数,故只需求两点的轴力并连成直线即得轴力图,如图 6-4(c)所示。

$$当\ x\to 0\ 时,F_N=-F$$

$$当\ x\to h\ 时,F_N=-F-\gamma a^2 h$$

由上述各例可得出如下结论:杆的轴力等于截面一侧所有外力的代数和,其中背离截面的外力取正号,指向截面的外力取负号。利用这一结论求杆任一截面上的内力时,不必将杆截开,即可直接得出轴力的数值。

6.3 横截面上的正应力

6.3.1 试验观察与假设

横截面上的内力分布的集度称为**应力**。

为了求得截面上任意一点的应力,必须了解内力在截面上的分布规律,为此通过试验观察来研究。

取一等直杆,如图 6-5(a)所示,在杆上画出与轴线垂直的横线 ab 和 cd,在杆上画上与杆轴线

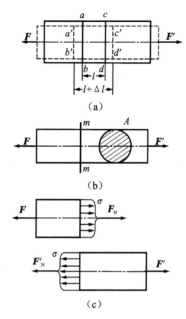

图 6-5 平截面假设示意

平行的纵向线,然后在杆的两端沿轴线施加一对力 **F**、**F**′,使杆产生拉伸变形。为此通过分析,可作如下假设:变形前为平面的横截面,变形后仍为平面,且仍与杆的轴线垂直,该假设称为**平截面假设**。

6.3.2　横截面上的正应力

根据平截面假设可以认为任意两个横截面之间的所有纵向线段的伸长都相同,即杆件横截面内各点的变形相同。由材料均匀连续假设,可以推断出内力在横截面上是均匀分布的,即横截面上各点的应力大小相等,方向垂直于横截面,即横截面任一点的**正应力**为

$$\sigma = \frac{F_N}{A} \tag{6-1}$$

式中,A 为杆横截面面积,F_N 为横截面上的轴力。正应力 σ 的符号与轴力 F_N 的符号相对应,即拉应力为正,压应力为负。应力的单位为帕斯卡(简称帕(Pa)),$1\ \text{Pa} = 1\ \text{N/m}^2$。也常用千帕(kPa)、兆帕(MPa)或吉帕(GPa)表示,$1\ \text{kPa} = 10^3\ \text{Pa}$,$1\ \text{MPa} = 10^6\ \text{Pa}$,$1\ \text{GPa} = 10^9\ \text{Pa}$。

【**例 6-3**】　一横截面为正方形的砖柱分上下两段,所受之力为轴力,各段长度及横截面尺寸如图 6-6(a)所示。已知 $F = 50\ \text{kN}$,试求载荷引起的最大工作应力。

【**解**】　(1)画轴力图

因上段轴力等于截面以上外力的代数和(保留上部),**F** 与截面外法线同向,故 $F_{NⅠ} = -F = -50\ \text{kN}$。同理可得下段轴力

$$F_{NⅡ} = -3F = -150\ \text{kN}$$

于是可画出轴力图(见图 6-6(b))。

(2)求各段应力

上段横截面上的应力为

$$\sigma_Ⅰ = \frac{F_{NⅠ}}{A_Ⅰ} = \frac{-150 \times 1\,000}{240 \times 240}\ \text{MPa} = -0.87\ \text{MPa}$$

下段横截面上的应力为

$$\sigma_Ⅱ = \frac{F_{NⅡ}}{A_Ⅱ} = \frac{-150 \times 1000}{370 \times 370}\ \text{MPa} = -1.1\ \text{MPa}$$

由计算结果可知,砖柱的最大工作应力在下段,其值为 1.1 MPa,是压应力。

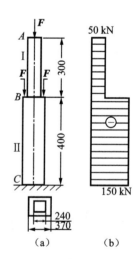

图 6-6　砖柱受力图

6.4　斜截面上的应力

前面讨论了轴向拉伸与压缩时横截面上的应力,但有时杆的破坏并不沿着横截面发生,例如

铸铁压缩时沿着与轴线约成 45°的斜截面发生破坏,为此有必要研究轴向拉伸(压缩)时,杆件斜截面上的应力状况。

现以图 6-7(a)所示的拉杆为例,研究任意斜截面 m—m 上的应力。杆两端受有轴向拉力 **F**,横截面面积为 A,斜截面 m—m 与横截面的夹角为 α,斜截面面积为 A_α。

利用截面法,假想将杆件沿着截面 m—m 切开,以左段为研究对象,如图 6-7(b)所示,由平衡条件

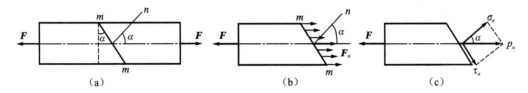

图 6-7 斜截面受力分析

$$\sum F_x = 0$$

得斜截面上的内力为

$$F_\alpha = F$$

在研究横截面上的正应力时,已知杆件内各点的纵向变形相同,故斜截面上的应力也是均匀分布的,即斜截面上任意一点的应力 p_α 为

$$p_\alpha = \frac{F_\alpha}{A_\alpha} = \frac{F}{A_\alpha}$$

将 $A_\alpha = \dfrac{A}{\cos \alpha}$ 代入上式得

$$p_\alpha = \frac{F\cos \alpha}{A} = \sigma\cos \alpha$$

式中,σ 为横截面上的正应力。

将斜截面上的应力 p_α 分解为垂直于斜截面上的正应力 σ_α 和在斜截面内的切应力 τ_α,见图 6-7(c),可得

$$\left. \begin{aligned} \sigma_\alpha &= p_\alpha\cos \alpha = \sigma\cos^2\alpha \\ \tau_\alpha &= p_\alpha\sin \alpha = \frac{\sigma}{2}\sin 2\alpha \end{aligned} \right\} \tag{6-2}$$

由式(6-2)可知,斜截面上的正应力 σ_α 和切应力 τ_α 都是 α 的函数。这表明,过杆内同一点的不同斜截面上的应力是不同的。

注意:

① 当 $\alpha = 0°$时,横截面上的正应力达到最大值 $\sigma_{\max} = \sigma$;

② 当 $\alpha = 45°$时,切应力达到最大值 $\tau_{\max} = \dfrac{\sigma}{2}$;

③ 当 $\alpha = 90°$时,σ_α 和 τ_α 均为零,这表明轴向拉(压)杆在平行于杆轴的纵向截面上没有任何应力。

在应用式(6-2)时,须注意角度 α 和 σ_α、τ_α 的正负号,通常规定如下:α 为从横截面外法线到斜

截面外法线时,逆时针旋转时为正,顺时针旋转时为负;σ_α 仍以拉应力为正,压应力为负;τ_α 的方向与截面外法线按顺时针方向转 $90°$ 所示的方向一致时为正,反之为负。

6.5 轴向拉伸与压缩时的强度计算

6.5.1 极限应力、许用应力和安全系数

材料丧失正常工作能力时的最小应力,称为**极限应力**或危险应力,用 σ_0 表示。对塑性材料,当构件的应力达到材料的屈服极限时,构件将因塑性变形而不能正常工作;对脆性材料,当构件的应力达到强度极限时,构件将因断裂而丧失工作能力。

为了保证构件安全可靠地工作,仅仅使其工作应力不超过材料的极限应力是远远不够的,还必须使构件留有适当的强度储备,即把极限应力除以大于 1 的系数 n 后,作为构件工作时允许达到的最大应力值,这个应力值称为**许用应力**,以 $[\sigma]$ 表示,即

$$[\sigma]=\frac{\sigma_0}{n} \tag{6-3}$$

式中,n 称为**安全系数**。

安全系数的选择取决于荷载估计的准确程度、应力计算的精确程度、材料的均匀程度以及构件的重要程度等因素。正确地选取安全系数,是解决构件的安全与经济这一对矛盾的关键。若安全系数过大,则不仅浪费材料,而且使构件变得笨重;若安全系数过小,则不能保证构件安全工作,甚至会造成事故。各种不同工作条件下的构件安全系数 n 可从有关工程手册中查到。对于塑性材料,一般来说,取 $n=1.5\sim2.0$;对于脆性材料,取 $n=2.0\sim3.5$。

6.5.2 拉(压)杆的强度计算

为了保证构件安全可靠地工作,必须使构件的最大工作应力不超过材料的许用应力,即

$$\sigma=\frac{F_N}{A}\leqslant[\sigma] \tag{6-4}$$

式(6-4)称为拉(压)杆的强度条件,运用这一强度条件可解决以下三类强度计算问题。

① 强度校核。

$$\sigma=\frac{F_N}{A}\leqslant[\sigma]$$

② 截面设计。

$$A\geqslant\frac{F_N}{[\sigma]}$$

③ 确定许用荷载。

$$F_N\leqslant A[\sigma]$$

现举例说明强度条件的应用。

【例 6-4】 外径 D 为 32 mm,内径 d 为 20 mm 的空心钢杆,如图 6-8 所示,设某处有直径 $d_1=$ 5 mm 的销钉孔,材料为 Q235A 钢,许用应力 $\sigma=170$ MPa,若承受拉力 $F_N=60$ kN,试校核该杆的

强度。

【解】　由于截面被穿孔削弱,所以应取最小的截面面积作为危险截面,校核截面上的应力。

（1）未被削弱的圆环面积

$$A_1 = \frac{\pi}{4}(D^2 - d^2) = \frac{\pi}{4}(3.2^2 - 2^2)\ \text{cm}^2 = 4.90\ \text{cm}^2$$

（2）被削弱的面积

$$A_2 = (D - d)d_1 = (3.2 - 2)\ \text{cm} \times 0.5\ \text{cm} = 0.60\ \text{cm}^2$$

（3）危险截面面积

$$A = A_1 - A_2 = (4.90 - 0.60)\ \text{cm}^2 = 4.30\ \text{cm}^2$$

（4）强度校核

$$\sigma = \frac{F_N}{A} = \frac{60 \times 10^3}{4.30 \times 10^2}\ \text{MPa} = 140\ \text{MPa} < [\sigma]$$

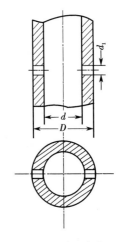

图 6-8　空心钢杆

故此杆安全可靠。

【例 6-5】　一悬臂吊车,如图 6-9 所示。已知起重小车自重为 $G = 5$ kN,起重量 $F = 15$ kN,拉杆 BC 用 Q235A 钢,许用应力 $[\sigma] = 170$ MPa。试选择拉杆直径 d。

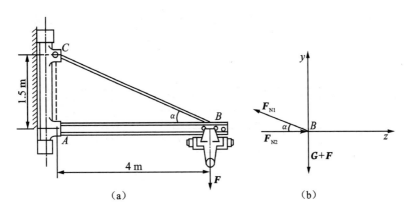

图 6-9　悬臂吊车受力分析

【解】　（1）计算拉杆的轴力

当小车运行到 B 点时,BC 杆所受的拉力最大,必须在此情况下求拉杆的轴力。取 B 点为研究对象,其受力图见图 6-9(b)。由平衡条件

$$\sum F_y = 0,\ F_{N1}\sin\alpha - (G + F) = 0$$

得

$$F_{N1} = \frac{G + F}{\sin\alpha}$$

在△ABC 中

$$\sin\alpha = \frac{AC}{BC} = \frac{1.5}{\sqrt{1.5^2 + 4^2}} = \frac{1.5}{4.27}$$

代入上式得

$$F_{N1} = \frac{(5+15) \times 10^3 \text{ N}}{\dfrac{1.5}{4.27}} = 56\ 900 \text{ N} = 56.9 \text{ kN}$$

（2）选择截面尺寸

由式(6-4)得

$$A \geqslant \frac{F_{N1}}{[\sigma]} = \frac{56\ 900}{170} \text{ mm}^2 = 334 \text{ mm}^2$$

圆截面面积 $A = \dfrac{\pi}{4}d^2$，所以拉杆直径

$$d \geqslant \sqrt{\frac{4A}{\pi}} = \sqrt{\frac{4 \times 334}{3.14}} \text{ mm} = 20.6 \text{ mm}$$

可取 $d = 21$ mm。

6.6 拉伸和压缩时的变形

6.6.1 变形和应变的概念

通过试验表明，轴向受拉(压)时，直杆的纵向与横向尺寸都有所改变。如图6-10所示的正方形截面直杆，受轴向拉力 F 作用后，长度由 l 伸长为 l_1，宽度由 b 收缩为 b_1。杆的变形有绝对变形和相对变形。

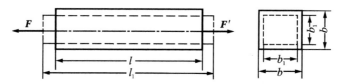

图6-10 杆件轴向受拉后的变形

（1）绝对变形

纵向绝对变形：$\Delta l = l_1 - l$。

横向绝对变形：$\Delta b = b_1 - b$。

（2）相对变形

杆的绝对变形与杆的原长有关。为方便分析和比较，用单位长度的变形，即**线应变**(相对变形)来度量杆件的变形程度。

纵向线应变(简称应变)

$$\varepsilon = \frac{\Delta l}{l} \tag{6-5}$$

横向线应变

$$\varepsilon_1 = \frac{\Delta b}{b} \tag{6-6}$$

显然，拉伸时 ε 为正，压缩时则相反，ε_1 为负。线应变是一个无量纲的量。

试验表明,当应力不超过某一限度时,材料的横向线应变 ε_1 和纵向线应变 ε 之间成正比且符号相反,即

$$\varepsilon_1 = -\mu\varepsilon \tag{6-7}$$

式中,比例系数 μ 称为泊松比系数或**泊松比**。

6.6.2 拉伸与压缩时的变形——胡克定律

试验表明,当杆的正应力 σ 不超过某一限度时,杆的绝对变形 Δl 与轴力 F_N 和杆长 l 成正比,而与横截面面积 A 成反比,即

$$\Delta l \propto \frac{F_N l}{A}$$

引进比例系数 E,得

$$\Delta l = \frac{F_N l}{EA} \tag{6-8}$$

此即为**胡克定律**。式中的比例系数 E 称为材料的**弹性模量**。由式(6-8)可知,弹性模量越大,变形越小,所以 E 是表示材料抵抗变形能力的物理量。其值随材料不同而异,可由试验测定。EA 称为杆件的**抗拉(抗压)刚度**,对于长度相同,受力情况相同的杆,其 EA 值越大,则杆的变形越小。因此,EA 表示了杆件抵抗拉伸或压缩的能力。

若将式 $\sigma = \dfrac{F_N}{A}$ 和 $\varepsilon = \dfrac{\Delta l}{l}$ 代入式(6-8),则可得胡克定律的另一表达形式

$$\sigma = E\varepsilon \tag{6-9}$$

于是,胡克定律还可以表述为:当应力不超过材料的比例极限时,应力与应变成正比。因为 ε 无量纲,所以 E 与 σ 的单位相同,其常用单位为 GPa。

【例 6-6】 变截面钢杆(见图 6-11)受轴向荷载作用,$F_1 = 30$ kN,$F_2 = 10$ kN。杆长 $l_1 = l_2 = l_3 = 100$ mm,各杆横截面面积分别为 $A_1 = 500$ mm²,$A_2 = 200$ mm²,弹性模量 $E = 200$ GPa。试求杆的总伸长量。

【解】 因钢杆的一端固定,故可不必求出固定端的反力。

(1)计算各段轴力

AB 段和 BC 段的轴力分别为

$$F_{N1} = F_1 - F_2 = (30 - 10)\ \text{kN} = 20\ \text{kN}$$
$$F_{N2} = -F_2 = -10\ \text{kN}$$

轴力图如图 6-11(b)所示。

(2)计算各段变形

由于 AB、BC 和 CD 各段的轴力与横截面面积不全相同,因此应分段计算。

$$\Delta l_{AB} = \frac{F_{N1} l_1}{EA_1} = \frac{20 \times 100}{200 \times 500}\ \text{mm} = 0.02\ \text{mm}$$

$$\Delta l_{BC} = \frac{F_{N2} l_2}{EA_1} = \frac{-10 \times 100}{200 \times 500}\ \text{mm} = -0.01\ \text{mm}$$

$$\Delta l_{CD} = \frac{F_{N2} l_3}{EA_2} = \frac{-10 \times 100}{200 \times 200}\ \text{mm} = -0.025\ \text{mm}$$

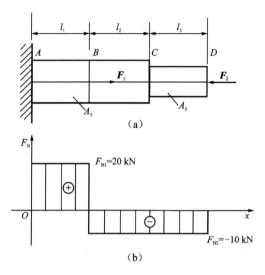

图 6-11 钢杆受力图

（3）求总变形

$$\Delta l = \Delta l_{AB} + \Delta l_{BC} + \Delta l_{CD} = (0.02 - 0.01 - 0.025) \text{ mm} = -0.015 \text{ mm}$$

即整个杆缩短了 0.015 mm。

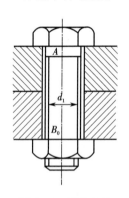

图 6-12 螺栓变形

【例 6-7】 图 6-12 所示连接螺栓，内径 $d_1 = 15.3$ mm，被连接部分的总长度 $l = 54$ mm，拧紧时螺栓 AB 段的伸长量 $\Delta l = 0.04$ mm，钢的弹性模量 $E = 200$ GPa，泊松比 $\mu = 0.3$。试求螺栓横截面上的正应力及螺栓的横向变形。

【解】 根据式（6-5）得螺栓的纵向变形为

$$\varepsilon = \frac{\Delta l}{l} = \frac{0.04}{54} = 7.41 \times 10^{-4}$$

将所得 ε 值代入式（6-9），得螺栓横截面上的正应力为

$$\sigma = E\varepsilon = 200 \times 10^3 \times 7.41 \times 10^{-4} \text{ MPa} = 148.2 \text{ MPa}$$

由式（6-7）可得螺栓的横向应变为

$$\varepsilon_1 = -\mu\varepsilon = -0.3 \times 7.41 \times 10^{-4} = -2.223 \times 10^{-4}$$

故得螺栓的横向变形为

$$\Delta d = \varepsilon_1 d_1 = -2.223 \times 10^{-4} \times 15.3 \text{ mm} = -0.003 4 \text{ mm}$$

6.7 材料拉伸和压缩时的力学性质

前面讨论轴向拉伸（压缩）的杆件内力与应力的计算时，曾涉及材料的弹性模量和极限应力等量，同时为了解决构件的强度等问题，除分析构件的应力和变形外，还必须通过试验来研究材料的力学性质（也称机械性质）。所谓材料的力学性质是指材料在外力作用下其强度和变形方面表现出来的性质，反映这些性质的数据一般由试验来测定，并且这些试验数据还与试验时的条件有关。

本节主要讨论在常温和静载条件下材料受拉(压)时的力学性质。静载就是荷载从零开始缓慢地增加到一定数值后不再改变(或变化极不明显)的荷载。

拉伸试验是研究材料的力学性质时最常用的试验。为便于比较试验结果,试件加工成标准试件,如图 6-13 所示。试件的中间等直杆部分为试验段,其长度 l 称为标距。较粗的两端是装夹部分。标准试件规定标距 l 与横截面直径 d 之比有 $\dfrac{l}{d}=10$ 和 $\dfrac{l}{d}=5$ 两种,前者为长试件(10 倍试件),后者为短试件(5 倍试件)。

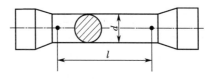

图 6-13　标准试件

拉伸试验在万能试验机上进行。试验时将试件装在夹头中,然后开动机器加载。试件受到由零逐渐增加的拉力 F 的作用,同时发生伸长变形,加载一直进行到试件断裂时为止。拉力 F 的数值可从试验机的示力度盘上读出,同时一般试验机上附有自动绘图装置,在试验过程中能自动绘出荷载 F 和相应的伸长变形 Δl 的关系曲线,此曲线称为拉伸图或 F-Δl 曲线,如图 6-14(a)所示。

拉伸图的形状与试件的尺寸有关。为了消除试件横截面尺寸和长度的影响,将荷载 F 除以试件原来的横截面面积 A,得到应力 σ;将变形 Δl 除以试件原长 l,得到应变 ε,这样绘出的曲线称为应力应变图(σ-ε 曲线)。σ-ε 曲线的形状与 F-Δl 曲线的形状相似,但又反映了材料本身的特性(见图 6-14(b))。

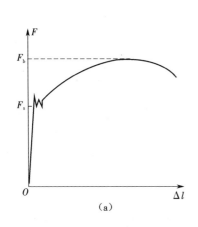 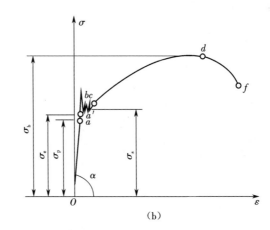

图 6-14　拉伸图

6.7.1　低碳钢拉伸时的力学性质

低碳钢是含碳量较少($<0.25\%$)的普通碳素结构钢,是工程中广泛使用的金属材料,它在拉伸时表现出来的力学性能具有典型性。图 6-14(b)是低碳钢拉伸时的应力应变图,由图可见,整个拉伸过程大致可分为四个阶段,现分段说明。

(1)弹性阶段

这是材料变形的开始阶段。Oa 为一段直线,说明在该阶段内应力与应变成正比,即材料满足胡克定律 $\sigma = E\varepsilon$。直线部分的最高点 a 所对应的应力值 σ_{p} 称为**比例极限**,即材料的应力与应变成正比的最大应力值。Q235A 碳素钢的比例极限 $\sigma_p = 200$ MPa。直线的倾角为 α,其正切值 $\tan \alpha = \frac{\sigma}{\varepsilon} = E$,即为材料的弹性模量。

当应力超过比例极限后,aa' 已不是直线,说明材料不满足胡克定律。但应力不超过 a' 点所对应的应力 σ_e 时,如将外力卸去,则试件的变形将随之完全消失。材料在外力撤除后仍能恢复原有形状和尺寸的性质称为弹性,外力撤除后能够消失的这部分变形称为弹性变形,σ_e 称为**弹性极限**,即材料产生弹性变形的最大应力值。比例极限和弹性极限的概念不同,但实际上两者数值非常接近,工程中不作严格区分。

(2)屈服阶段

当应力超过弹性极限后,图上出现接近水平的小锯齿形波段,说明此时应力虽有小的波动,但基本保持不变,而应变却迅速增加,即材料暂时失去了抵抗变形的能力。这种应力变化不大而变形显著增加的现象称为材料的屈服或流动。bc 段称为屈服阶段,屈服阶段的最低应力值 σ_s 称为材料的**屈服极限**,Q235 钢的屈服极限 $\sigma_s = 235$ MPa。这时如果卸去荷载,试件的变形就不能完全恢复,而残留下一部分变形,即塑性变形(也称为永久变形或残余变形)。屈服阶段时,在试件表面出现的与轴线成 45° 的倾斜条纹,通常称为滑移线(见图 6-15(a))。

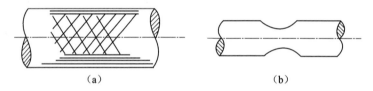

（a）　　　　　　　　　　　　　（b）

图 6-15　滑移线与颈缩

(3)强化阶段

屈服阶段后,若要使材料继续变形,必须增加力,即材料又恢复了抵抗变形的能力,这种现象称为材料的强化,cd 段称为材料的强化阶段,在此阶段中,变形的增加远比弹性阶段要快。强化阶段的最高点所对应的应力值称为材料的**强度极限**,用 σ_b 表示,它是材料所能承受的最大应力值。Q235A 钢的强度极限 $\sigma_b = 400$ MPa。

(4)颈缩阶段

当应力达到强度极限后,在试件某一薄弱的横截面处发生急剧的局部收缩,产生颈缩现象(见图 6-15(b))。由于颈缩处横截面面积迅速减小,塑性变形迅速增加,试件承载能力下降,荷载也随之下降,直至断裂。

综上所述,当应力增大到屈服极限时,材料出现了明显的塑性变形;当应力增大到强度极限时,材料就要发生断裂。故 σ_s 和 σ_b 是衡量材料塑性的两个重要指标。

试件拉断后,弹性变形消失,但塑性变形仍保留下来。工程中用试件拉断后残留的塑性变形来表示材料的塑性性能。常用的塑性性能指标有两个。

延伸率 δ $$\delta = \frac{l_1 - l}{l} \times 100\%$$ (6-10)

断面收缩率 Ψ $$\Psi = \frac{A - A_1}{A} \times 100\%$$ (6-11)

式中，l 为标距原长；l_1 为拉断后标距的长度；A 为试件原横截面面积；A_1 为颈缩处最小横截面面积。

对应于 10 倍试件和 5 倍试件，延伸率分别记为 δ_{10} 或 δ_5。通常所说的延伸率是指对应 5 倍试件的 δ_5。

一般的碳素结构钢，延伸率为 20%～30%，断面收缩率约为 60%。工程上通常把 $\delta \geqslant 5\%$ 的材料称为塑性材料，如钢材、铜和铝等；把 $\delta < 5\%$ 的材料称为脆性材料，如铸铁、砖石等。

试验表明，如果将试件拉伸到强化阶段的某一点 f 时（见图 6-16），然后缓慢卸载，则应力与应变关系曲线将沿着近似平行于 Oa 的直线回到 g 点，而不是回到 O 点。Og 就是残留下的塑性变形，gh 表示消失的弹性变形。如果卸载后立即再加载，则应力和应变曲线将基本上沿着 gf 上升到 f 点，以后的曲线与原来的 σ-ε 曲线相同。由此可见，将试件拉到超过屈服极限后卸载，然后重新加载时，材料的比例极限有所提高，而塑性变形减小，这种现象称为**冷作硬化**。工程中常用冷作硬化来提高某些构件在弹性阶段的承载能力。如预应力钢筋、钢丝绳等。

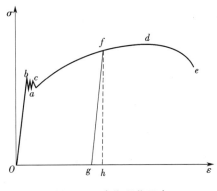

图 6-16　冷作硬化示意

6.7.2　其他塑性材料拉伸时的力学性质

其他金属材料的拉伸试验和低碳钢拉伸试验方法相同，但材料所显示出来的力学性能都有很大差异。图 6-17 给出了锰钢、硬铝、退火球墨铸铁和 45 号钢的应力应变图。这些材料都是塑性材料，但前三种材料没有明显的屈服阶段。对于没有明显屈服极限的塑性材料，工程上规定，取对应于试件产生 0.2% 塑性应变时的应力值为材料的名义屈服极限，以 $\sigma_{0.2}$ 表示（见图 6-18）。

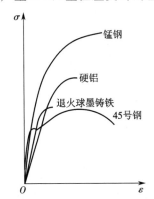

图 6-17　四种材料的应力应变图

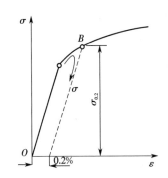

图 6-18　名义屈服极限

6.7.3　铸铁拉伸时的力学性质

图 6-19 为灰铸铁拉伸时的应力应变图。由图可见，σ-ε 曲线没有明显的直线部分，既无屈服阶段，也无颈缩现象；断裂时应变很小，断口垂直于试件轴线，$\delta < 1\%$，是典型的脆性材料。因铸铁构

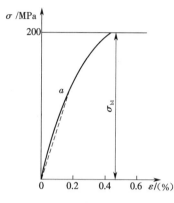

图 6-19 灰铸铁拉伸时的应力应变图

件在实际使用的应力范围内,其 σ-ε 曲线的曲率很小,实际计算时常近似地以直线(见图 6-19 中的虚线)代替,认为近似地符合胡克定律,强度极限 σ_b 是衡量脆性材料拉伸时的唯一强度指标。

6.7.4 材料压缩时的力学性质

金属材料的压缩试件,一般做成圆柱体,其高度为直径的 1.5～3 倍,以免试验时被压弯;非金属材料(如水泥)的试样常采用立方体形状。

图 6-20 为低碳钢压缩时的 σ-ε 曲线,其中虚线是拉伸时的 σ-ε 曲线。可以看出,在弹性阶段和屈服阶段,两条曲线基本重合。这表明,低碳钢在压缩时的比例极限 σ_p、弹性极限 σ_e、弹性模量 E 和屈服极限 σ_s 等,都与拉伸时基本相同,进入强化阶段后,两曲线逐渐分离,压缩曲线上升,试件的横截面面积显著增大,试件越压越扁,由于两端面上的摩擦,试件变成鼓形,不会产生断裂,故测不出材料的抗压强度极限,所以一般不作低碳钢的压缩试验,而从拉伸试验得到压缩时的主要机械性能。

铸铁压缩时的 σ-ε 曲线如图 6-21 所示,图中虚线为拉伸时的 σ-ε 曲线。可以看出,铸铁压缩时的 σ-ε 曲线也没有直线部分,因此压缩时也只是近似地符合胡克定律。铸铁压缩时的强度极限 σ_{by} 比拉伸时高出 4～5 倍。对于其他脆性材料,如硅石、水泥等,其抗压强度也显著高于抗拉强度。另外,铸铁压缩时,断裂面与轴线成 45°左右的角,说明铸铁的抗剪能力低于抗压能力。

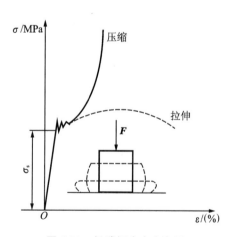

图 6-20 低碳钢应力应变图

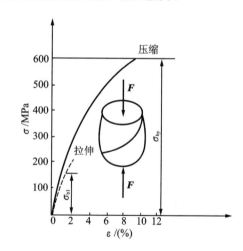

图 6-21 铸铁压缩时的应力应变图

由于脆性材料塑性差,抗拉强度低,而抗压能力强,且价格低廉,故宜用于制作承压构件。铸铁坚硬耐磨,且易于浇铸,故广泛应用于铸造机床床身、机壳、底座、阀门等受压配件。因此,其压缩试验比拉伸试验更为重要。

综上所述,衡量材料力学性能的主要指标有:强度指标即屈服极限 σ_s 和强度极限 σ_b;弹性指标

即比例极限 σ_p（或弹性极限 σ_e）和弹性模量 E；塑性指标即延伸率 δ 和断面收缩率 Ψ。对很多材料来说，这些量往往受温度、热处理等条件的影响。表 6-1 中列出了几种常用材料在常温、静载下的部分力学性能指标。

表 6-1　几种常用材料的力学性能

材 料 名 称	型号	σ_s/MPa	σ_b/MPa	δ/(%)	Ψ/(%)
普通碳素钢	Q235A	235	375~460	25~27	—
	Q275	275	490~610	21	—
优质碳素钢	35	314	529	20	45
	45	353	598	3	40
合金钢	40Cr	785	980	9	45
球墨铸铁	QT600-3	370	600	3	—
灰铸铁	HT150	—	拉 150 压 500~700	—	—

工程中有很多机械和结构长期在高温下工作，而金属在一定温度和静载长期作用下，将要发生缓慢塑性变形，这一现象，称为**蠕变**。不同的金属，发生蠕变的温度不同，温度越高，蠕变现象越显著。另外，在高温下工作的一些零件，例如联结件、螺栓等，还时常发生应力松弛的现象，引起联结件之间的松动，造成事故。所谓**应力松弛**，是指在一定温度下，零件或材料的总变形保持不变，但零件内的应力随时间增加而自发地逐渐下降的现象。因此，对于长期在高温下工作的机械或结构，必须考虑蠕变及应力松弛等的影响。

6.7.5　复合材料的力学性能

随着科学技术的发展，新型复合材料的应用也越来越广泛。所谓**复合材料**，一般是指由两种或两种以上性质不同的材料复合而成的一类多相材料。它在性能上具有所选各材料的优点，克服或减少了各单一材料的弱点。总体来说，复合材料有如下几个方面的特性。

（1）比强度和比模量高

强度和弹性模量与密度的比值分别称为比强度和比模量，它们是度量材料承载能力的重要指标。由于复合材料超轻质、超高强度，因而可使构件重量大大降低。

（2）抗疲劳性能好

一般材料在交变荷载作用下容易发生疲劳破损，而复合材料抗疲劳性能好，因而可延长构件的使用寿命。

（3）减振性好

复合材料具有较高的自振频率，因而不易引起工作时的共振，这样就可避免因共振而产生的破坏。同时，复合材料的振动阻尼很高，可使振动很快减弱，提高了构件的稳定性。

（4）破损安全性好

对于纤维增强复合材料制成的构件，一旦发生超载，出现少量断裂时，荷载会重新迅速地分配到未破坏的纤维上，从而使这类构件不至于在极短的时间内有整体破坏的危险，提高了构件的安全性。

（5）耐热性好

一些复合材料能在高温下保持较高的强度、弹性模量等,克服了一些金属和合金在高温下强度等性能降低的缺陷。

（6）成型工艺简单灵活及材料结构的可设计性

复合材料可用一次成型来制造各种构件,减少了零部件的数目及接头等紧固件,减轻了构件的重量,节省了材料和工时,改善并提高了构件的耐疲劳和稳定性。同时,可根据不同的要求,通过调整复合材料的成分、比例、结构及分配方式和稳定性,来满足构件在不同方面的强度、刚度、耐蚀、耐热等特殊性能的要求,提高了可设计性及功能的复合性。另外,某些复合材料还具有耐腐蚀、耐冲击、耐绝缘性及特殊的电、磁、光等特性。

6.8　应力集中的概念

等截面构件轴向拉伸(压缩)时,横截面上的应力是均匀分布的。实际上,由于结构或工艺方面的要求,构件的形状常常是比较复杂的,如建筑工程中某些特殊梁、柱需要开孔、槽,因而使截面尺寸突然发生变化。在突变处截面上的应力分布不均匀,在孔、槽附近局部范围内的应力将显著增大,而在较远处又渐趋均匀。这种由于截面的突然变化而产生的应力局部增大现象,称为**应力集中**。图 6-22(a)所示的拉杆,在 B—B 截面上的应力分布是均匀的(见图 6-22(b));在通过小孔中心线的 A—A 截面上,其应力分布就不均匀了(见图 6-22(c))。在孔边两点范围内应力值很大,但离开这个小范围应力值则下降很快,最后逐渐趋于均匀。

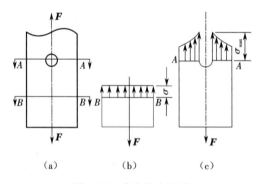

图 6-22　应力集中示意

应力集中处的 $\sigma_{\max}$ 与杆横截面上的平均应力之比,称为理论应力集中系数,以 α 表示,即

$$\alpha = \frac{\sigma_{\max}}{\sigma}$$

α 是一个应力比值,与材料无关,它反映了杆在静载下应力集中的程度。

在静载作用下,应力集中对塑性材料和脆性材料强度产生的影响是不同的。图 6-23(a)表示带有小圆孔的杆件,拉伸时孔边产生应力集中。对于塑性材料,当孔边附近的最大应力达到屈服极限时,杆件只产生塑性变形。如果荷载继续增加,则孔边两点的变形继续增加而应力不再增大,其余各点的应力尚未达到 σ_s,仍然随着荷载的增加而增大(见图 6-23(b)),直到整个截面上的应力都达到屈服极限 σ_s 时,应力分布趋于均匀(见图 6-23(c))。这个过程对杆件的应力起到了一定的松弛作用。因此,塑性材料在静载下,应力集中对强度的影响较小。对脆性材料则不同,因为它无屈服阶段,直到破坏时无明显的塑性变形,因此无法使应力松弛,局部应力随荷载的增加而上升,当最大应力达到强度极限时,就开始出现裂缝,很快导致整个构件破坏。因此,应力集中严重降低脆性材料构件的强度。应该指出,在具有周期性的外力作用下,有应力集中的构件,不论是塑性材料制造的还是脆性材料制造的,应力集中都会影响构件的强度。

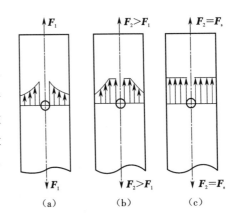

图 6-23　应力集中对强度的影响

【本章要点】

1. 轴向拉伸与压缩是杆件基本变形形式之一。当外力沿杆件轴线作用时,杆件发生轴向拉伸或压缩变形。

2. 注意理解应力的概念。内力的集度即为应力,对轴向拉(压)杆件,单位面积上的力即为应力。

3. 要熟练掌握和运用正应力公式及强度条件,这是本章的重点。

① 求任一横截面上的正应力公式为 $\sigma = \dfrac{F_N}{A}$;

② 校核强度公式为 $\sigma = \dfrac{F_N}{A} \leqslant [\sigma]$;

③ 选择截面公式为 $A \geqslant \dfrac{F_N}{[\sigma]}$;

④ 确定许用荷载公式为 $F_N \leqslant A[\sigma]$。

4. 胡克定律 $\sigma = E\varepsilon$(或 $\Delta l = \dfrac{F_N l}{EA}$)是一个基本定律,它揭示了在比例极限范围内应力与应变的关系。该公式可用于求解轴向拉(压)杆的变形。

5. 低碳钢的拉伸试验是一个典型的材料试验。要对低碳钢 σ-ε 曲线有全面的理解。要很好地领会比例极限 σ_p、弹性极限 σ_e、屈服极限 σ_s、强度极限 σ_b、弹性模量 E、延伸率 δ 等力学指标的物理意义。其中反映强度特征的是屈服极限 σ_s 和强度极限 σ_b,反映材料塑性特征的主要是延伸率 δ。

【思考题】

6-1　叙述轴向拉(压)杆横截面上的正应力分布规律。

6-2　把一低碳钢试件拉伸到应变 $\varepsilon = 0.002$ 时能否用胡克定律 $\sigma = E\varepsilon$ 来计算? 为什么?(低碳钢的比例极限 $\sigma_p = 200$ MPa,弹性模量 $E = 200$ GPa)

6-3　试说明脆性材料压缩时,沿与轴线成 45°角斜截面断裂的原因。

6-4　两根材料不同的等截面直杆,承受相同的轴力,它们的横截面面积和长度都相同,试说明:① 横截面上的应力是否相等? ② 强度是否相等? ③ 绝对变形是否相等?

6-5　钢的弹性模量 $E_1 = 200$ GPa,铝的弹性模量 $E_2 = 71$ GPa,试比较:在同一应力下,哪种材料的应变大? 在同一应变下,哪种材料的应力大?

6-6 试述求解超静定问题的方法和步骤。

【习题】

6-1 作图 6-24 所示各杆的轴力图。

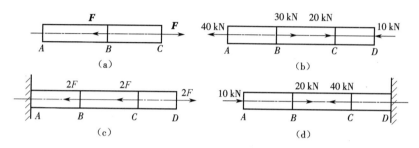

图 6-24 题 6-1 图

6-2 图 6-25 所示杆件 AB 和 GF 用 4 个铆钉连接,两端受轴向力 F 作用,设各铆钉平均分担所传递的力,作 AB 杆的轴力图。

6-3 简易起吊架如图 6-26 所示,AB 为 10 cm×10 cm 的杉木,BC 为 $d=2$ cm 的圆钢,$F=$26 kN。试求斜杆及水平杆横截面上的应力。

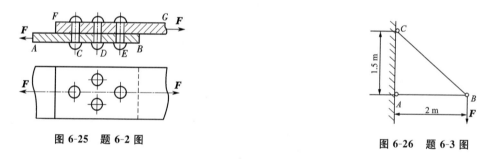

图 6-25 题 6-2 图   图 6-26 题 6-3 图

6-4 如图 6-27 所示,阶梯轴受轴向力 $F_1=25$ kN,$F_2=40$ kN,$F_3=35$ kN 的作用,截面面积 $A_1=A_3=300$ mm²,$A_2=250$ mm²。试求各段横截面上的正应力。

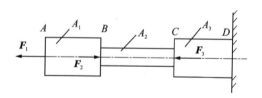

图 6-27 题 6-4 图

6-5 一铆接件,板件受力情况如图 6-28 所示。试绘出板件轴力图并计算板件的最大拉应力。已知 $F=7$ kN,$t=1.5$ mm,$b_1=4$ mm,$b_2=5$ mm,$b_3=6$mm。

6-6 已知图 6-29 所示杆横截面面积 $A=10$ cm²,杆端所受轴向力 $F=40$ kN,试求 $\alpha=60°$及 $\alpha=30°$时斜截面上的正应力及切应力。

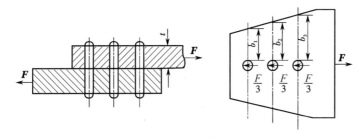

图 6-28 题 6-5 图

6-7 圆截面钢杆如图 6-30 所示,试求杆的最大正应力及杆的总伸长。已知材料的弹性模量 $E=200$ GPa。

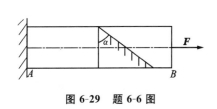

图 6-29 题 6-6 图

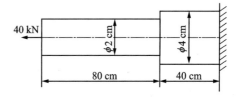

图 6-30 题 6-7 图

6-8 直杆受力如图 6-31 所示,它们的横截面面积为 A、A_1,且 $A=2A_1$,长度为 l,弹性模量为 E,荷载 $F_2=2F_1=F$。试求杆的绝对变形 Δl 及各段杆横截面上的应力。

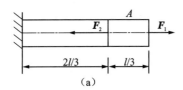

（a）

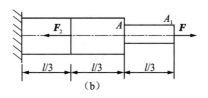

（b）

图 6-31 题 6-8 图

6-9 在图 6-32 所示简单杆系中,设 AB 和 AC 分别为直径 20 mm 和 24 mm 的圆截面杆,$E=200$ GPa,$F=5$ kN。试求 A 点的垂直位移。

6-10 试求图 6-33 所示结构中节点 B 的水平位移和垂直位移。

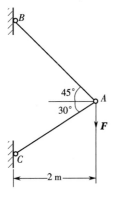

图 6-32 题 6-9 图

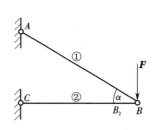

图 6-33 题 6-10 图

6-11 试定性画出图 6-34 所示结构中结点 B 的位移图。

6-12 如图 6-35 所示,AB 和 BC 杆的材料的许用应力分别为 $[\sigma_1] = 100$ MPa,$[\sigma_2] = 160$ MPa,两杆截面面积均为 $A = 2$ cm²,试求许用荷载。

6-13 汽车离合器踏板如图 6-36 所示。已知踏板受到压力 $F_P = 400$ N 作用,拉杆 1 的直径 $D = 9$ mm,拉杆臂长 $L = 330$ mm,$l = 56$ mm,拉杆的许用应力 $[\sigma] = 50$ MPa,试校核拉杆 1 的强度。

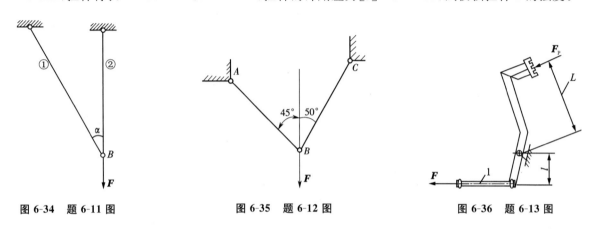

图 6-34 题 6-11 图   图 6-35 题 6-12 图   图 6-36 题 6-13 图

第7章 剪切和扭转

7.1 剪切概述

工程上一些连接件,例如常用的销(见图7-1)、平键(见图7-2)、螺栓(见图7-3)等都是会发生剪切变形的构件。这类构件的受力和变形情况可概括为图7-4所示的简图。其受力特点是:作用于构件两侧面上的横向外力的合力,大小相等,方向相反,作用线相距很近(见图7-4)。在这样的外力作用下,其变形特点是:位于两外力作用线间的截面发生相对错动。这种变形形式称为**剪切**。发生相对错动的截面称为剪切面。剪切面位于构成剪切的两外力之间,且平行于外力作用线。构件中只有一个剪切面的剪切称为单剪,如图7-2中的键;构件中有两个剪切面的剪切称为双剪,如图7-1所示。

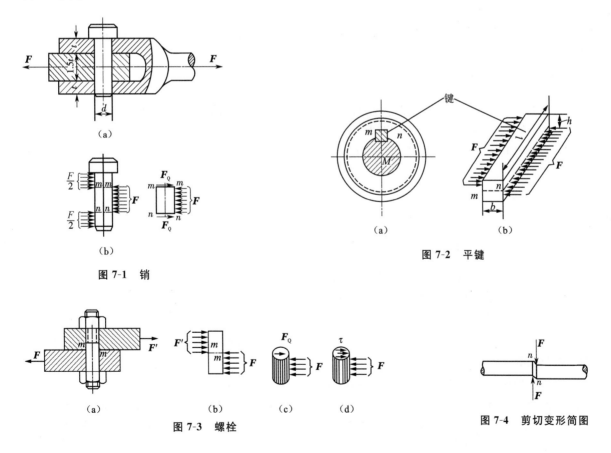

图7-1 销

图7-2 平键

图7-3 螺栓

图7-4 剪切变形简图

7.2 连接接头的强度计算

7.2.1 剪切的实用计算

设两块钢板用螺栓连接,如图 7-3(a)所示,当钢板受拉力 **F** 作用时,螺栓的受力简图如图 7-3(b)所示。为确定螺栓的强度条件,先应用截面法确定剪切面上的内力。假想将螺栓沿剪切面 m—m 截开,取下半部分为研究对象(见图 7-3(c)),根据平衡条件,截面 m—m 上必有平行于截面且与外力方向相反的内力存在,这个平行于截面的内力称为剪力,记作 F_Q。由平衡条件得

$$F_Q = F \tag{7-1}$$

剪切面上,由于剪切构件的变形比较复杂,因而切应力在剪切面上的分布很难确定。工程上常采用以试验及经验为基础的实用计算法,即假定剪切面上的切应力是均匀分布的,如图 7-3(d)所示,则剪切面上任一点的切应力为

$$\tau = \frac{F_Q}{A} \tag{7-2}$$

式中,A 为剪切面的面积。

为保证剪切构件工作时安全可靠,要求剪切面上的工作应力不超过材料的许用切应力,即剪切强度条件为

$$\tau = \frac{F_Q}{A} \leqslant [\tau] \tag{7-3}$$

公式(7-3)称为剪切的强度条件,和拉压强度条件一样,利用剪切强度条件可以解决三类问题:校核强度、设计截面及确定许用荷载。

工程中常用材料的许用切应力可从有关手册中查得,也可按下列近似关系确定。

塑性材料 $\qquad\qquad\qquad [\tau] = (0.6 \sim 0.8)[\sigma]$

脆性材料 $\qquad\qquad\qquad [\tau] = (0.8 \sim 1.0)[\sigma]$

式中,$[\sigma]$ 为同种材料的许用拉应力。

7.2.2 挤压的实用计算

构件在受剪切时,常伴随着局部的挤压变形。如图 7-5(a)中的铆钉连接,作用在钢板上的力 **F**,通过钢板与铆钉的接触面传递给铆钉。当传递的压力增加时,铆钉的侧表面被压溃,或钢板的孔已不再是圆形(见图 7-5(b))。这种因在接触表面互相压紧而产生局部压陷的现象称为**挤压**,构件上发生挤压变形的表面称为挤压面,挤压面位于两构件相互接触而压紧的地方,与外力垂直。图中挤压面为半圆柱面。

作用于挤压面上的外力,称为挤压力,以 F_{jy} 表示。单位面积上的挤压力称为挤压应力,以 σ_{jy} 表示。挤压应力与直杆压缩时的压应力不同,挤压应力分布于两构件相互接触表面的局部区域(实际上是压强),而压应力分布在整个构件的内部。在工程中,挤压破坏会导致连接处松动,影响构件的正常工作。因此对剪切构件还需进行挤压强度计算。

挤压应力在挤压面上的分布规律也比较复杂,图 7-5(c)所示为铆钉挤压面上的挤压应力分布

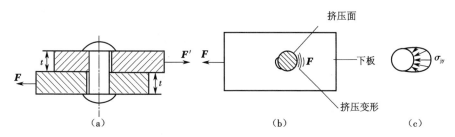

图 7-5　挤压示意

情况。和剪切一样,工程上对挤压应力采用实用计算法,即假定挤压面上的挤压应力也是均匀分布的。则有

$$\sigma_{jy} = \frac{F_{jy}}{A_{jy}} \tag{7-4}$$

计算挤压面积时,应根据挤压面的形状来确定,当挤压面为平面时,如平键连接,挤压面积等于两构件间的实际接触面积;但当挤压面为曲面时,如螺钉、销钉、铆钉等圆柱形连接件,接触面为半圆柱面,则挤压面面积应为实际接触面在垂直于挤压力方向的投影面积。如图 7-5(c) 中所示,挤压面积为 $A_{jy} = dt$,d 为螺栓直径,t 为接触高度。

为保证构件的正常工作,要求挤压应力不超过某一许用值,即挤压强度条件为

$$\sigma_{jy} = \frac{F_{jy}}{A_{jy}} \leqslant [\sigma_{jy}] \tag{7-5}$$

公式(7-5)称为挤压强度条件,根据此强度条件同样可解决三类问题:校核强度、设计截面尺寸及确定许用荷载。工程中常用材料的许用挤压应力可从有关手册中查得。同种材料的许用挤压应力与许用拉应力之间有如下近似关系。

塑性材料　　　　　　　　　$[\sigma_{jy}] = (1.5 \sim 2.5)[\sigma]$

脆性材料　　　　　　　　　$[\sigma_{jy}] = (0.9 \sim 1.5)[\sigma]$

进行剪切和挤压强度计算时,其内力计算较简单,主要是正确判断剪切面积和挤压面积的位置及其相应面积的计算。

【例 7-1】　一齿轮传动轴如图 7-6(a)所示。已知 $d = 100$ mm,键宽 $b = 28$ mm,高 $h = 16$ mm,长 $l = 42$ mm,键的许用切应力 $[\tau] = 40$ MPa,许用挤压应力 $[\sigma_{jy}] = 100$ MPa,键所传递的力偶矩为 $M_0 = 1.5$ kN·m。试校核键的强度。

【解】　(1) 键的外力计算

取轴和键为研究对象(见图 7-6(b)),设力 F 到轴线的距离为 $d/2$,由平衡方程

$$\sum M_0(\boldsymbol{F}) = 0, M_0 - F\frac{d}{2} = 0$$

得

$$F = \frac{2M_0}{d} = \frac{2 \times 1.5}{100 \times 10^{-3}} \text{ kN} = 30 \text{ kN}$$

(2) 校核键的强度

沿剪切面 m—m 将键截开,取键的下半部为研究对象(见图 7-6(c)),得

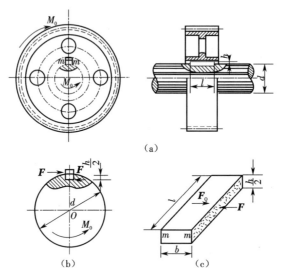

图 7-6 齿轮传动轴受力分析

$$F_Q = F$$

剪切面面积为

$$A = l \times b = 42 \times 28 \ \text{mm}^2 = 1\ 176 \ \text{mm}^2$$

代入式(7-2)得

$$\tau = \frac{F_Q}{A} = \frac{30 \times 10^3}{1\ 176} \ \text{MPa} = 25.5 \ \text{MPa} \leqslant [\sigma]$$

(3) 校核键的挤压强度

由键的下半部分(见图 7-6(c))可以看出,挤压力为

$$F_{jy} = F = 30 \ \text{kN}$$

挤压面面积为

$$A_{jy} = l\,\frac{h}{2} = 42 \times \frac{16}{2} \ \text{mm}^2 = 336 \ \text{mm}^2$$

代入式(7-4)得

$$\sigma_{jy} = \frac{F_{jy}}{A_{jy}} = \frac{30 \times 10^3}{336} \ \text{MPa} = 89.3 \ \text{MPa} < [\sigma_{jy}]$$

计算结果表明,键的强度足够。

【例 7-2】 运输矿石的矿车,其轨道与水平面夹角为 45°,卷扬机的钢丝绳与矿车通过销钉连接(见图 7-7(a))。已知销钉直径 $d = 25$ mm,销板厚度 $t = 20$ mm,宽度 $b = 60$ mm,许用切应力 $[\tau] = 25$ MPa,许用挤压应力 $[\sigma_{jy}] = 100$ MPa,许用拉应力 $[\sigma] = 40$ MPa,矿车自重 $G = 4.5$ kN。求矿车最大载重 W 为多少?

【解】 矿车运输矿石时,销钉可能被剪断,销钉或销板可能发生挤压破坏,销板可能被拉断。所以应分别考虑销钉连接的剪切强度、挤压强度和销板的拉伸强度。

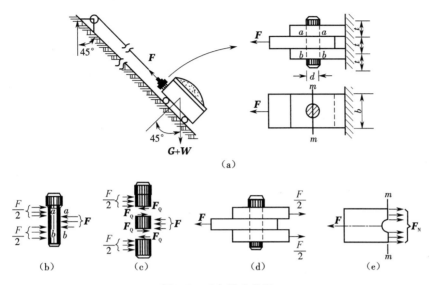

图 7-7　矿车受力分析

（1）剪切强度

设钢丝绳作用于销钉连接上的拉力为 F，销钉受力如图 7-7（b）所示。销钉有两个剪切面，故为双剪。用截面法将销钉沿 a—a 和 b—b 截面截为三段（见图 7-7（c）），取其中任一部分为研究对象，由平衡条件得

$$F_Q = \frac{F}{2}$$

代入式（7-2）得

$$\tau = \frac{F_Q}{A} \leqslant \frac{\dfrac{F}{2}}{\dfrac{\pi d^2}{4}} \leqslant [\tau]$$

得

$$F \leqslant \frac{\pi d^2 [\tau]}{2} = \frac{3.14 \times 25^2 \times 25}{2} \ \text{N} = 24\ 531 \ \text{N}$$

（2）挤压强度

销钉或销板的挤压面为曲面，挤压面积为挤压面在挤压力方向的投影面积，即

$$A_{jy} = dt = 25 \times 20 \ \text{mm}^2 = 500 \ \text{mm}^2$$

销钉的三段挤压面积相同，但中间部分挤压力最大，为

$$F_{jy} = F$$

由式（7-4）

$$\sigma_{jy} = \frac{F_{jy}}{A_{jy}} = \frac{F}{dt} \leqslant [\sigma_{jy}]$$

得

$$F \leqslant dt [\sigma_{jy}] = 25 \times 20 \times 100 \ \text{N} = 50\ 000 \ \text{N}$$

（3）拉伸强度

从结构的几何尺寸及受力分析可知,中间销板与上下销板几何尺寸相同,但中间销板所受拉力最大(见图 7-7(d))。故应对中间销板进行拉伸强度计算。中间销板销钉孔所在截面为危险截面。取中间销板 m—m 截面左段为研究对象(见图 7-7(e)),根据平衡条件,m—m 截面上的轴力为

$$F_N = F$$

危险截面面积为

$$A = (b-d)t$$

拉伸强度校核

$$\sigma = \frac{F_N}{A} = \frac{F}{(b-d)t} \leqslant [\sigma]$$

得

$$F \leqslant (b-d)t[\sigma] = (60-25) \times 20 \times 40 \text{ N} = 28\ 000 \text{ N}$$

（4）确定最大载重量

为确保销钉连接能够正常工作,应取上述三种计算结果的最小值,即

$$F_{max} = 24\ 531 \text{ N}$$

取矿车为研究对象,由车体沿斜截面的平衡方程

$$F_{max} = (G+W)\sin 45° = 0$$

得

$$W = \frac{F_{max} - G\sin 45°}{\sin 45°}$$

$$= \frac{24\ 531 - 4.5 \times 10^3 \times \sin 45°}{\sin 45°} \text{ N} = 30\ 200 \text{ N}$$

矿车的最大载重量为 30 200 N。

【**例 7-3**】 冲床的冲模如图 7-8 所示,已知冲床的最大冲力为 400 kN,冲头材料的许用应力为 $[\sigma] = 440$ MPa,被冲剪钢板的剪切强度极限 $\tau_b = 360$ MPa。试求在最大冲力下所能冲剪的圆孔最小直径 d 和板的最大厚度 t。

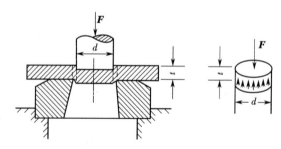

图 7-8 冲模受力示意

【**解**】 （1）确定圆孔的最小直径

冲剪的孔径等于冲头的直径,冲头工作时需满足抗压强度条件,即

$$\sigma = \frac{F}{A} = \frac{4F}{\pi d^2} \leqslant [\sigma]$$

解得

$$d \geqslant \sqrt{\frac{4F}{\pi[\sigma]}} = \sqrt{\frac{4 \times 400 \times 10^3}{\pi \times 440}} \text{ mm} = 34 \text{ mm}$$

（2）确定冲头能冲剪的钢板最大厚度

冲头冲剪钢板时，剪力为 $F_Q = F$，剪切面为圆柱面，其面积 $A = \pi d t$，只有当切应力 $\tau \geqslant \tau_b$ 时，方可冲出圆孔，即

$$\tau = \frac{F_Q}{A} = \frac{F}{\pi d t} \geqslant \tau_b$$

解得

$$t \leqslant \frac{F}{\pi d \tau_b} = \frac{400 \times 10^3}{\pi \times 34 \times 360} \text{ mm} = 10.4 \text{ mm}$$

故钢板的最大厚度为 10 mm。

7.3　扭转概述

在日常生活和工程实际中，经常遇到扭转问题。如图 7-9 所示，工人师傅攻丝时（见图 7-9(a)），通过手柄在丝锥上端施加一个力偶，在丝锥下端，工件对丝锥作用一个反力偶，处于两力偶作用下的丝锥各截面均绕丝锥轴线发生相对转动。又如汽车方向盘操纵杆（见图 7-9(b)）、桥式起重机中的传动轴（见图 7-10）以及钻探机的钻杆、螺丝刀杆等的受力都是扭转的实例。

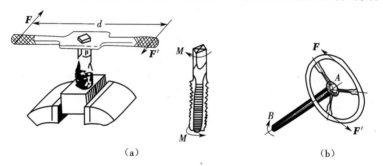

（a）　　　　　　　　　　　（b）

图 7-9　扭转实例一

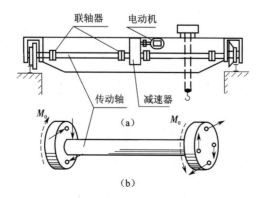

图 7-10　扭转实例二

由此可见,杆件扭转时的受力特点是:在杆件两端分别作用着大小相等、转向相反、作用面垂直于杆件轴线的力偶。其变形特点是:位于两力偶作用面之间的杆件各个截面均绕轴线发生相对转动,任意两截面间相对转过的角度称为转角,用 ϕ 表示。杆件的这种变形形式称为**扭转变形**。以扭转变形为主的杆件称为轴,截面为圆形的轴称为圆轴。本章主要讨论圆轴的扭转问题。

7.4 扭矩的计算·扭矩图

7.4.1 外力偶矩的计算

工程实际中,往往不直接给出轴所承受的外力偶矩(又称转矩),而是给出它所传递的功率和转速,其相互间的关系为

$$M = 9\,550\,\frac{P}{n} \tag{7-6}$$

$$M = 7\,024\,\frac{P}{n} \tag{7-7}$$

式中,M 为作用在轴上的外力偶矩(N·m);P 为轴所传递的功率(kW 或马力),P 单位为千瓦(kW)时采用式(7-6),P 单位为马力时采用式(7-7);n 为轴的转速(r/min)。同时注意单位换算关系

$$1\ \text{kw} = 1\,000\ \text{N·m/s}$$
$$1\ \text{马力} = 735.5\ \text{N·m/s}$$

7.4.2 横截面上的内力——扭矩

研究轴扭转时横截面上的内力仍然用截面法。下面以图 7-11(a)所示传动轴为例说明内力的计算方法。轴在三个外力偶矩 M_1、M_2、M_3 的作用下处于平衡,欲求任意截面 1—1 上的内力,应用截面法在 1—1 截面处将轴截成左、右两个部分,取左段为研究对象(见图 7-11(b)),根据左段所受外力的特点,1—1 截面的内力必为作用面垂直于轴线的力偶,该力偶矩称为**扭矩**,用 M_T 表示。由平衡方程

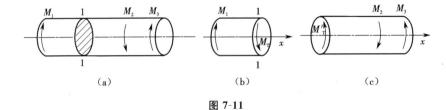

| (a) | (b) | (c) |

图 7-11

$$\sum M_x(\boldsymbol{F}) = 0, M_T - M_1 = 0$$

得

$$M_T = M_1$$

同样,若取右段为研究对象(见图 7-11(c)),由平衡方程

$$\sum M_x(\boldsymbol{F}) = 0, M_T' - M_2 + M_3 = 0$$

得

$$M_T' = M_2 - M_3 = M_1$$

即

$$M_T = M_T' \tag{7-8}$$

以上结果说明,计算某截面上的扭矩时,无论取截面左侧或右侧为研究对象,所得结果均是相同的。

上式表明,轴上任一截面上扭矩的大小等于该截面以左或以右所有外力偶矩的代数和,即

$$M_T = \sum M_左 \quad 或 \quad M_T = \sum M_右 \tag{7-9}$$

为了使取截面左侧或右侧为研究对象所得同一截面上的扭矩符号相同,对扭矩的正负号规定如下:面向截面,逆时针转向的扭矩取正号,反之取负号。这一规定亦符合右手螺旋法则:以右手四指屈起的方向为扭矩的转向,拇指的指向与截面的外法线方向一致时,扭矩取正号;反之取负号。按此规定,图 7-11(b)、(c)中的扭矩均为正。

7.4.3　扭矩图

一般情况下,圆轴扭转时,横截面上的扭矩随截面位置的不同发生变化。反映扭矩随截面位置不同而变化的图形称为**扭矩图**。画扭矩图时,以横轴表示截面位置,纵轴表示扭矩的大小。下面举例说明扭矩图的画法。

【例 7-4】 图 7-12(a)所示传动轴,其转速 $n = 300$ r/min,主动轮 A 输入功率为 $P_A = 120$ kW,从动轮 B、C、D 输出功率分别为 $P_B = 30$ kW,$P_C = 40$ kW,$P_D = 50$ kW。试画出该轴的扭矩图。

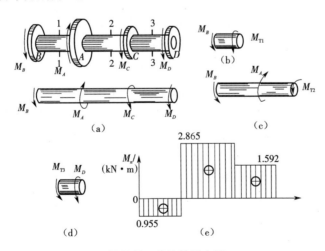

图 7-12　传动轴受力图

【解】 (1) 计算外力矩

由式(7-6)可求得作用在每个齿轮上的外力矩分别为

$$M_A = 9\,550\,\frac{P_A}{n} = 9\,550 \times \frac{120}{300}\ \text{N} \cdot \text{m} = 3\,820\ \text{N} \cdot \text{m} = 3.82\ \text{kN} \cdot \text{m}$$

$$M_B = 9\ 550\ \frac{P_B}{n} = 9\ 550 \times \frac{30}{300}\ \text{N} \cdot \text{m} = 955\ \text{N} \cdot \text{m} = 0.955\ \text{kN} \cdot \text{m}$$

$$M_C = 9\ 550\ \frac{P_C}{n} = 9\ 550 \times \frac{40}{300}\ \text{N} \cdot \text{m} = 1\ 273\ \text{N} \cdot \text{m} = 1.273\ \text{kN} \cdot \text{m}$$

$$M_D = 9\ 550\ \frac{P_D}{n} = 9\ 550 \times \frac{50}{300}\ \text{N} \cdot \text{m} = 1\ 592\ \text{N} \cdot \text{m} = 1.592\ \text{kN} \cdot \text{m}$$

（2）计算扭矩

根据作用在轴上的外力偶矩，将轴分成 BA、AC 和 CD 三段，用截面法分别计算各段的扭矩。

BA 段 　　　　　　　$M_{T1} = -M_B = -0.955\ \text{kN} \cdot \text{m}$ 　　　　　　（见图 7-12(b)）

AC 段 　　　$M_{T2} = M_A - M_B = (3.82 - 0.955)\ \text{kN} \cdot \text{m} = 2.865\ \text{kN} \cdot \text{m}$ 　　（见图 7-12(c)）

CD 段 　　　　　　　$M_{T3} = M_D = 1.592\ \text{kN} \cdot \text{m}$ 　　　　　　（见图 7-12(d)）

（3）画扭矩图

M_{T1}、M_{T2}、M_{T3} 分别代表了 BA、AC、CD 各段轴内各个截面上的扭矩值，由此画出的扭矩图，如图 7-12(e)所示。

由此可知，在无外力偶作用的一段轴上，各个截面上的扭矩值相同，扭矩图为水平直线。因此，只要根据轴的外力偶将轴分成若干段，每段任选一截面，计算出该截面上的扭矩值，则可画出轴的扭矩图。

7.5　圆轴扭转时的应力和变形

7.5.1　纯剪切

在讨论扭转的应力和变形之前，为了研究切应力和切应变的规律以及两者间的关系，先考察薄壁圆筒的扭转。

（1）薄壁圆筒扭转时的切应力

图 7-13(a)所示为一等厚薄壁圆筒，受扭前在表面上用圆周线和纵向线画成方格。试验结果表明，扭转变形后由于截面 $q—q$ 对截面 $p—p$ 的相对转动，使方格的左、右两边发生相对错动，但圆筒沿轴线及圆周线的长度都没有变化。这表明，圆筒横截面和包含轴线的纵向截面上都没有正应力，横截面上便只有切于截面的切应力 τ，它组成与外加扭转力偶矩 m 相平衡的内力系。因为筒壁的厚度 t 很小，可以认为沿筒壁厚度切应力不变。又因在同一圆周上各点的情况完全相同，应力也就如图7-13(c)所示。这样，横截面上内力系对 x 轴的力矩应为 $2\pi rt \cdot \tau \cdot r$。这里 r 是圆筒的平均半径。以 $q—q$ 截面以左的部分圆筒为研究对象，列平衡方程

$$\sum M_x = 0$$

即

$$m = 2\pi rt \cdot \tau \cdot r$$

求得

$$\tau = \frac{m}{2\pi r^2 t} \tag{7-10}$$

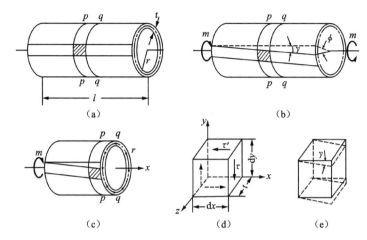

图 7-13 等厚薄壁圆筒受力图

（2）切应力互等定理

用相邻的两个横截面和两个纵向面，从圆筒中取出边长分别为 $\mathrm{d}x$、$\mathrm{d}y$ 和 t 的单元体并放大，如图 7-13(d)所示。单元体的左、右两侧面是圆筒横截面的一部分，所以并无正应力只有切应力。两个面上的切应力皆由式(7-10)计算，数值相等但方向相反。于是组成一个力偶矩为 $(\tau t\mathrm{d}y)\mathrm{d}x$ 的力偶。为保持平衡，单元体的上、下两个侧面上必须有切应力，并组成力偶与力偶 $(\tau t\mathrm{d}y)\mathrm{d}x$ 相平衡。由 $\sum M_x = 0$ 知，上、下两个面上存在大小相等、方向相反的切应力 τ'，于是组成力偶矩为 $(\tau' t\mathrm{d}x)\mathrm{d}y$ 的力偶。由平衡方程

$$\sum M_x = 0$$

得

$$(\tau t\mathrm{d}y)\mathrm{d}x = (\tau' t\mathrm{d}x)\mathrm{d}y$$
$$\tau = \tau' \tag{7-11}$$

上式表明，在互相垂直的两个平面上，切应力必然成对存在，且数值相等；两者都垂直于两个平面的交线，方向则共同指向或共同背离这条线。这就是**切应力互等定理**，也称为切应力双生定理。

图 7-13(d)所示的单元体上只有切应力而无正应力，这种受力情况称为**纯剪切**。对剪切与挤压中的键、销等连接件，其剪切面上变形比较复杂，除剪切变形外还伴随着其他形式的变形，因此这些连接件实际上不可能发生纯剪切。

（3）剪切胡克定律

为建立切应力与切应变的关系，利用薄壁圆筒的扭转，可以实现纯剪切试验。试验结果表明，当切应力不超过剪切比例极限时，切应力 τ 与切应变 γ 成正比（见图7-14），这个关系称为**剪切胡克定律**，其表达式为

$$\tau = G\gamma \tag{7-12}$$

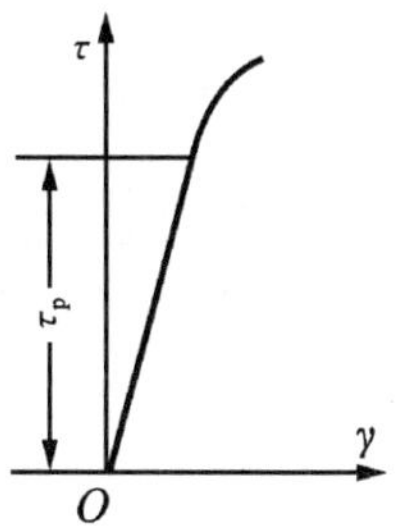

图 7-14 剪切胡克定律示意

式中，比例常数 G 称为材料的剪切弹性模量，其单位与弹性模量 E 相

同,都为 GPa,不同材料的 G 值可通过试验测定。可以证明,对于各向同性的材料,剪切弹性模量 G、弹性模量 E 和泊松系数 μ 不是各自独立的三个弹性常量,它们之间存在着下列关系。

$$G = \frac{E}{2(1+\mu)} \qquad (7\text{-}13)$$

几种常用材料的 E、G 和 μ 值见表 7-1。

表 7-1　几种常用材料的 E、G 及 μ 值

材 料 名 称	E/GPa	G/GPa	μ
低碳钢	196~216	78.5~79.5	0.25~0.33
合金钢	186~216	79.5	0.24~0.33
灰铁钢	113~157	44.1	0.23~0.27
钢及其合金	73~128	39.2~45.1	0.31~0.42
橡胶	0.007 85	—	0.47

7.5.2　圆轴扭转时横截面上的应力

现在讨论横截面为圆形的直杆受扭时的应力。这要综合研究几何、物理和静力三方面的关系。

(1) 变形几何关系

为了观察圆轴的扭转变形,与薄壁圆筒受扭一样,在圆轴表面上作圆周线和纵向线,在图 7-15(a)中,变形前的纵向线由点画线表示。在扭转力偶矩 m 作用下,发生与薄壁圆筒受扭时相似的现象。即各圆周线绕轴线相对地旋转了一个角度,但大小、形状和相邻圆周线间的距离不变。在小变形的情况下,纵向线仍近似是一条直线,只是倾斜了一个微小的角度。变形前表面上的方格,变形后错动成菱形。

根据观察到的现象,作如下基本假设:圆轴扭转变形前原为平面的横截面,变形后仍保持为平面,形状和大小不变,半径仍保持为直线,且相邻两截面间的距离不变。这就是圆轴扭转的平面假设。按照这一假设,扭转变形中,圆轴的横截面就像刚性平面一样,绕轴线旋转了一个角度。以平面假设为基础导出的应力和变形计算公式,符合试验结果,且与弹性力学一致,这都足以说明假设是正确的。

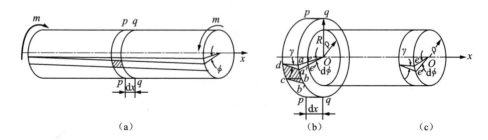

图 7-15　圆轴扭转时的变形几何关系

在图 7-15(a)中,ϕ 表示圆轴两端截面的相对转角,称为**扭转角**。扭转角用弧度来度量。用相邻的截面 q—q 和 p—p 从轴中取出长为 dx 的微段并放大,如图 7-15(b)所示。若截面 q—q 和 p—p 的相对转角为 $d\phi$,则根据平面假设,横截面 q—q 像刚性平面一样,相对于 p—p 绕轴线旋转了一个角度 $d\phi$,半径 Oa 转到了 Oa'。于是,表面方格 $abcd$ 的 ab 边相对于 cd 边发生了微小的错动,错动的距离是

$$aa' = R d\phi$$

因而引起原为直角的 $\angle adc$ 角度发生改变,改变量为

$$\gamma = \frac{aa'}{ad} = R\frac{d\phi}{dx} \tag{7-14}$$

这就是圆截面边缘上 a 点的切应变。显然,γ 发生在垂直于半径 Oa 的平面内。

根据变形后横截面仍为平面,半径仍为直线的假设,用相同的方法,并参考图7-15(c),可以求得距圆心为 ρ 处的切应变为

$$\gamma_\rho = \rho\frac{d\phi}{dx} \tag{7-15}$$

与式(7-14)中的 γ 一样,γ_ρ 也发生在垂直于半径 Oa 的平面内。在(7-14)、(7-15)两式中,$\dfrac{d\phi}{dx}$ 是扭转角 ϕ 沿 x 轴的变化率。对于一个给定的截面来说,它是常量。故式(7-15)表明,横截面上任意点的切应变与该点到圆心的距离 ρ 成正比。

（2）物理关系

以 τ_ρ 表示横截面上距圆心为 ρ 处的切应力,由剪切胡克定律知

$$\tau_\rho = G\gamma_\rho$$

把式(7-15)代入上式得

$$\tau_\rho = G\rho\frac{d\phi}{dx} \tag{7-16}$$

这表明,横截面上任意点的切应力 τ_ρ 与该点到圆心的距离 ρ 成正比。因为 γ_ρ 发生在垂直于半径的平面内,所以 τ_ρ 也与半径垂直。如再注意到切应力互等定理,则在纵向截面和横截面上,沿半径切应力的分布如图 7-16 所示。

因为式(7-16)中的 $\dfrac{d\phi}{dx}$ 尚未求出,所以仍不能用它计算切应力,这就要用静力学关系来解决。

（3）静力学关系

在横截面内,按极坐标取微分面积 $dA = \rho d\theta d\rho$（见图 7-17）。dA 上的微内力 $\tau_\rho dA$ 对圆心的力

图 7-16 切应力分布示意

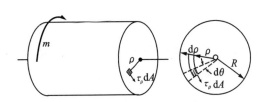

图 7-17 圆轴扭转时的静力学分析

矩为 $\rho\tau_\rho \mathrm{d}A$。积分得横截面上的内力系对圆心的力矩为 $\int_A \rho\tau_\rho \mathrm{d}A$。按照前面关于扭矩的定义,这里求出的内力系对圆心的力矩就是截面上的扭矩,即

$$M_\mathrm{T} = \int_A \rho\tau_\rho \mathrm{d}A \tag{7-17}$$

由于杆件平衡,横截面上的扭矩 M_T 应与截面左侧的外力偶矩相平衡,亦即 M_T 可由截面左侧(或右侧)的外力偶矩来计算。将式(7-16)代入式(7-17),并注意到在给定的截面上,$\dfrac{\mathrm{d}\phi}{\mathrm{d}x}$ 为常量,于是有

$$M_\mathrm{T} = \int_A \rho\tau_\rho \mathrm{d}A = G\frac{\mathrm{d}\phi}{\mathrm{d}x}\int_A \rho^2 \mathrm{d}A \tag{7-18}$$

以 I_P 表示上式的积分,即

$$I_\mathrm{P} = \int_A \rho^2 \mathrm{d}A \tag{7-19}$$

I_P 称为横截面对圆心 O 点的**极惯性矩**。这样式(7-18)便可写成

$$M_\mathrm{T} = GI_\mathrm{P}\frac{\mathrm{d}\phi}{\mathrm{d}x} \tag{7-20}$$

从式(7-16)和式(7-20)中消去 $\dfrac{\mathrm{d}\phi}{\mathrm{d}x}$,得

$$\tau_\rho = \frac{M_\mathrm{T}\rho}{I_\mathrm{P}} \tag{7-21}$$

由上式可以算出横截面上距圆心为 ρ 的任意点的切应力。

在圆截面边缘上,ρ 为最大值 R,得最大切应力为

$$\tau_{\max} = \frac{M_\mathrm{T}R}{I_\mathrm{P}} \tag{7-22}$$

若取

$$W_\mathrm{T} = \frac{I_\mathrm{P}}{R} \tag{7-23}$$

W_T 称为**抗扭截面模量**,便可以把式(7-22)写成

$$\tau_{\max} = \frac{M_\mathrm{T}}{W_\mathrm{T}} \tag{7-24}$$

以上诸式是以平截面假设为基础导出的。试验结果表明,只有对横截面不变的圆轴,平截面假设才是正确的。所以这些公式只适用于等直圆杆。对圆截面沿轴线变化缓慢的小锥度锥形杆,也可近似地用这些公式计算。此外,导出以上诸式时使用了胡克定律,因而只适用于 $\tau_{\max}$ 低于剪切比例极限的情况。

导出式(7-21)和式(7-24)时,引进了截面极惯性矩 I_P 和抗扭截面模量 W_T,以下为这两个量的计算。在实心轴的情况下(见图7-17),以 $\mathrm{d}A = \rho\mathrm{d}\theta\mathrm{d}\rho$ 代入式(7-19),即

$$I_\mathrm{P} = \int_A \rho^2 \mathrm{d}A = \int_0^{2\pi}\int_0^R \rho^3 \mathrm{d}\theta\mathrm{d}\rho = \frac{\pi R^4}{2} = \frac{\pi D^4}{32} \tag{7-25}$$

式中,D 为圆截面的直径。再由式(7-23)求出

$$W_{\mathrm{T}} = \frac{I_{\mathrm{P}}}{R} = \frac{\pi D^3}{16} \tag{7-26}$$

在空心圆轴的情况下(见图 7-18),由于截面的空心部分没有内力,所以式(7-18)和式(7-19)的定积分也不包括空心部分,于是

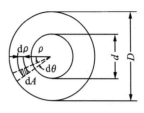

图 7-18　空心圆轴

$$\left.\begin{array}{l} I_{\mathrm{P}} = \displaystyle\int_A \rho^2 \,\mathrm{d}A = \int_0^{2\pi}\int_{d/2}^{D/2} \rho^3 \,\mathrm{d}\rho\,\mathrm{d}\theta \\[2mm] \qquad = \dfrac{\pi}{32}(D^4 - d^4) = \dfrac{\pi D^4}{32}(1 - \alpha^4) \\[3mm] W_{\mathrm{T}} = \dfrac{I_{\mathrm{P}}}{R} = \dfrac{\pi}{16D}(D^4 - d^4) = \dfrac{\pi D^3}{16}(1 - \alpha^4) \end{array}\right\} \tag{7-27}$$

式中,D 和 d 分别为空心圆截面的外径和内径,R 为外半径,$\alpha = \dfrac{d}{D}$ 为内外径之比。

【例 7-5】　有两根横截面面积及荷载均相同的圆轴,其截面尺寸为:实心轴 $d_1 = 104$ mm;空心轴 $D_2 = 120$ mm ,$d_2 = 60$ mm,圆轴两端均受大小相等、方向相反的力偶 $M = 10$ kN·m 作用。试计算:① 实心轴最大切应力;② 空心轴最大切应力;③ 实心轴最大切应力与空心轴最大切应力之比。

【解】　(1) 计算抗扭截面模量

$$W_{\mathrm{T}} = \frac{\pi d_1^3}{16} = \frac{3.14 \times 104^3}{16} \ \mathrm{mm}^3 = 2.2 \times 10^5 \ \mathrm{mm}^3$$

$$W_{\mathrm{T}}' = \frac{\pi D_2^3}{16}(1 - \alpha^4) = \frac{3.14 \times 120^3}{16}\left[1 - \left(\frac{60}{120}\right)^4\right] \ \mathrm{mm}^3 = 3.2 \times 10^5 \ \mathrm{mm}^3$$

(2) 计算最大切应力

实心轴

$$\tau_{\max} = \frac{M}{W_{\mathrm{T}}} = \frac{10 \times 10^3 \times 10^3}{2.2 \times 10^5} \ \mathrm{MPa} = 45.5 \ \mathrm{MPa}$$

空心轴

$$\tau_{\max}' = \frac{M}{W_{\mathrm{T}}'} = \frac{10 \times 10^3 \times 10^3}{3.5 \times 10^5} \ \mathrm{MPa} = 28.6 \ \mathrm{MPa}$$

(3) 两轴最大切应力之比

$$\frac{\tau_{\max}}{\tau_{\max}'} = \frac{45.5}{28.6} = 1.59$$

计算表明,实心轴的最大应力约为空心轴的 1.59 倍。

7.5.3　圆轴扭转时的变形

扭转变形的标志是两个横截面间绕轴线的相对转角,亦即扭转角,由式(7-20)得

$$\mathrm{d}\phi = \frac{M_{\mathrm{T}}}{GI_{\mathrm{P}}}\mathrm{d}x \tag{a}$$

$\mathrm{d}\phi$ 表示相距 $\mathrm{d}x$ 的两个横截面之间的相对扭转角(见图 7-15(b))。沿轴线 x 积分,即可求得距离为 l 的两个横截面之间的相对扭转角

$$\phi = \int_0^l \mathrm{d}\phi = \int_0^l \frac{M_{\mathrm{T}}}{GI_{\mathrm{P}}}\mathrm{d}x \tag{b}$$

若两截面之间的 M_{T} 值不变,且轴为等直杆,则(b)式中 $\dfrac{M_{\mathrm{T}}}{GI_{\mathrm{P}}}$ 为常量,这时(b)式化为

$$\phi = \frac{M_\mathrm{T} l}{GI_\mathrm{P}} \tag{7-28}$$

这就是扭转角的计算公式,扭转角单位为弧度(rad),由此可看到扭转角 ϕ 与扭矩 M_T 和轴的长度 l 成正比,与 GI_P 成反比。GI_P 反映了圆轴抵抗扭转变形的能力,称为圆轴的**抗扭刚度**。

如果两截面之间的扭矩 M_T 有变化或轴的直径不同,那么应分段计算各段的扭转角,然后叠加。

【例7-6】 如图 7-19 所示,轴传递的功率 $P = 7.5 \text{ kW}$,转速 $n = 360 \text{ r/min}$。轴的 AC 段为实心圆截面,CB 段为圆环截面。已知 $D = 30 \text{ mm}$,$d = 20 \text{ mm}$,轴各段的长度分别为 $l_{AC} = 100 \text{ mm}$,$l_{BC} = 200 \text{ mm}$;材料的剪切弹性模量 $G = 80 \text{ GPa}$。试计算 B 截面相对于 A 截面的扭转角 ϕ_{AB}。

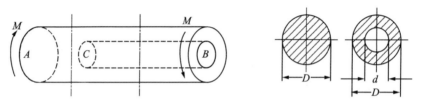

图 7-19 圆轴的扭转分析

【解】 (1)计算扭矩

轴上的外力偶矩为

$$M = 9\,550\,\frac{P}{n} = 9\,550 \times \frac{7.5}{360} \text{ N} \cdot \text{m} = 199 \text{ N} \cdot \text{m}$$

由扭矩计算规律知 AC 段和 CB 段的扭矩均为

$$M_{\mathrm{TAC}} = M_{\mathrm{TCB}} = M = 199 \text{ N} \cdot \text{m}$$

(2)计算极惯性矩

$$I_{\mathrm{PAC}} = \frac{\pi D^4}{32} = \frac{\pi \times 30^4}{32} \text{ mm}^4 = 79\,522 \text{ mm}^4$$

$$I_{\mathrm{PCB}} = \frac{\pi}{32}(D^4 - d^4) = \frac{\pi}{32}(30^4 - 20^4) \text{ mm}^4 = 63\,814 \text{ mm}^4$$

(3)计算扭转角 ϕ_{AB}

因 AC 段和 CB 段的极惯性矩不同,故应分别计算然后相加,即

$$
\begin{aligned}
\phi_{AB} &= \phi_{AC} + \phi_{CB} = \frac{M_{\mathrm{TAC}} l_{AC}}{GI_{\mathrm{PAC}}} + \frac{M_{\mathrm{TCB}} l_{CB}}{GI_{\mathrm{PCB}}} \\
&= \left(\frac{199 \times 10^3 \times 100}{80 \times 10^3 \times 79\,522} + \frac{199 \times 10^3 \times 200}{80 \times 10^3 \times 63\,814} \right) \text{ rad} \\
&= (0.003\,1 + 0.007\,8) \text{ rad} = 0.011 \text{ rad}
\end{aligned}
$$

7.6 圆轴扭转时的强度和刚度计算

7.6.1 强度计算

建立圆轴扭转的强度条件时,应使圆轴内的最大工作切应力不超过材料的许用切应力,对等

截面杆,其强度条件为

$$\tau_{\max}=\frac{M_{\mathrm{Tmax}}}{W_{\mathrm{T}}}\leqslant[\tau]\qquad\qquad(7\text{-}29)$$

对变截面杆,如阶梯轴,W_{T} 不是常量,$\tau_{\max}$ 不一定发生于扭矩为极值 M_{Tmax} 的截面上,这要综合考虑 M_{Tmax} 和 W_{T},寻求 $\tau=\dfrac{M_{\mathrm{T}}}{W_{\mathrm{T}}}$ 的极值。

【例 7-7】　由无缝钢管制成的汽车传动轴 AB(见图 7-20),外径 $D=90$ mm,壁厚 $t=2.5$ mm,材料为 45 号钢。使用时的最大扭矩为 $M_{\mathrm{T}}=1.5$ kN·m。如材料的 $[\tau]=60$ MPa,试校核 AB 轴的扭转强度。

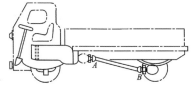

图 7-20　汽车传动轴示意

【解】　由 AB 轴的截面尺寸计算抗扭截面模量

$$\alpha=\frac{d}{D}=\frac{90-2\times2.5}{90}=0.944$$

$$W_{\mathrm{T}}=\frac{\pi D^3}{16}(1-\alpha^4)=\frac{\pi\times90^3}{16}(1-0.944^4)\ \mathrm{mm^3}=29\,400\ \mathrm{mm^3}$$

轴的最大切应力为

$$\tau_{\max}=\frac{M_{\mathrm{T}}}{W_{\mathrm{T}}}=\frac{1\,500}{29\,400\times10^{-9}}\ \mathrm{Pa}=51\times10^6\ \mathrm{Pa}=51\ \mathrm{MPa}<[\tau]$$

所以 AB 轴满足强度条件。

【例 7-8】　如把上例中的传动轴改为实心轴,要求它与原来的空心轴强度相同,试确定其直径,并比较实心轴和空心轴的重量。

【解】　因为要求与例 7-7 中的空心轴强度相同,故实心轴的最大切应力应为 51 MPa,即

$$\tau_{\max}=\frac{M_{\mathrm{T}}}{W_{\mathrm{T}}}=\frac{1\,500}{\dfrac{\pi}{16}D_1^3}\ \mathrm{Pa}=51\times10^6\ \mathrm{Pa}$$

$$D_1=\sqrt[3]{\frac{1\,500\times16}{\pi\times51\times10^6}}\ \mathrm{m}=0.053\,1\ \mathrm{m}$$

实心轴横截面面积为

$$A_1=\frac{\pi D_1^2}{4}=\frac{\pi\times0.053\,1^2}{4}\ \mathrm{m^2}=22.2\times10^{-4}\ \mathrm{m^2}$$

例 7-7 中空心轴的横截面面积为

$$A_2=\frac{\pi}{4}(D^2-d^2)=\frac{\pi}{4}(90^2-85^2)\times10^{-6}\ \mathrm{m^2}=6.87\times10^{-4}\ \mathrm{m^2}$$

在两轴长度相等、材料相同的情况下,两轴的重量之比等于横截面面积之比,即

$$\frac{A_2}{A_1}=\frac{6.87\times10^{-4}}{22.2\times10^{-4}}=0.31$$

可见在荷载相同的条件下,空心轴的重量只是实心轴的 31%,其减轻重量、节约材料的效果是非常明显的。这是因为横截面上的切应力沿半径按线性规律分布,圆心附近的应力很小,材料没有充分发挥作用。若把实心轴附近的材料向边缘移置,使其成为空心轴,就会增大 I_{P} 和 W_{T},提高轴的强度。

【例7-9】 两空心圆轴,通过联轴器用四个螺钉连接(见图7-21),螺钉对称地安排在直径 $D_1 =$ 140 mm 的圆周上。已知轴的外径 $D = 80$ mm,内径 $d = 60$ mm,螺钉的直径 $d_1 = 12$ mm,轴的许用切应力 $[\tau] = 40$ MPa,螺钉的许用切应力 $[\tau] = 80$ MPa,试确定该轴允许传递的最大扭矩。

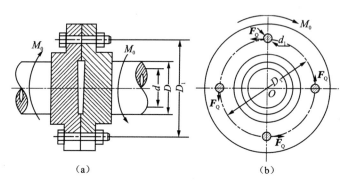

图7-21 联轴器扭转分析

【解】 (1)计算抗扭截面模量

空心轴的极惯性矩为

$$I_P = \frac{\pi}{32}(D^4 - d^4) = \frac{\pi}{32}(80^4 - 60^4) \times 10^{-12} \ \text{m}^4 = 275 \times 10^{-8} \ \text{m}^4$$

抗扭截面模量为

$$W_T = \frac{I_P}{\dfrac{D}{2}} = \frac{275 \times 10^{-8}}{40 \times 10^{-3}} \ \text{m}^3 = 6.88 \times 10^{-5} \ \text{m}^3$$

(2)计算轴的许用荷载

由轴的强度条件

$$\tau_{max} = \frac{M_{Tmax}}{W_T} \leqslant [\tau]$$

得

$$M_{Tmax} \leqslant [\tau] W_T = 40 \times 10^6 \times 6.88 \times 10^{-5} \ \text{N} \cdot \text{m} = 2 \ 750 \ \text{N} \cdot \text{m}$$

由于该轴的扭矩即为作用在轴上的转矩,所以轴的许用扭矩为

$$M_0 = 2 \ 750 \ \text{N} \cdot \text{m}$$

(3)计算联轴器的许用荷载

在联轴器中,由于承受剪切作用的螺钉是对称分布的,可以认为每个螺钉的受力相同。假设凸缘的接触面将螺钉截开,并设每个螺钉承受的剪力均为 F_Q(见图7-21(b)),由平衡方程

$$\sum M_O = 0, \quad -M_0 + 4F_Q \frac{D_1}{2} = 0$$

得

$$F_Q = \frac{M_0}{2D_1}$$

由剪切强度条件

$$\tau = \frac{F_Q}{A} = \frac{\dfrac{M_0}{2D_1}}{\dfrac{\pi d_1^2}{4}} \leqslant [\tau]$$

得

$$M_0 \leqslant \frac{[\tau]\pi d_1^2 D_1}{2} = \frac{80 \times 10^6 \times \pi \times 12^2 \times 10^{-6} \times 140 \times 10^{-3}}{2} \text{ N} \cdot \text{m} = 2\ 530 \text{ N} \cdot \text{m}$$

计算结果表明,要使轴的扭转强度和螺钉的剪切强度同时被满足,最大许用扭矩应小于 2 530 N·m。

7.6.2 刚度计算

在正常工作时,除要求圆轴有足够的强度外,有时还要求圆轴不能产生过大的变形,即要求轴具有一定的刚度。如果轴的刚度不足,将会产生剧烈的振动,影响正常工作。工程中常限制轴的最大单位扭转角 θ_{max} 不超过许用的单位扭转角 $[\theta]$,以满足刚度要求,即

$$\theta_{max} = \frac{M_T}{GI_P} \times \frac{180°}{\pi} \leqslant [\theta] \tag{7-30}$$

式(7-30)称为圆轴扭转时的**刚度条件**。式中 $[\theta]$ 的单位是 $(°)/m$,其值根据具体的工作条件确定,一般为

精密机械轴　　　　　　　$[\theta] = (0.25 \sim 0.50)(°)/m$

一般传动轴　　　　　　　$[\theta] = (0.5 \sim 1.0)(°)/m$

较低精度轴　　　　　　　$[\theta] = (1.0 \sim 2.5)(°)/m$

利用圆轴扭转刚度条件式(7-30),可进行圆轴的刚度校核、截面尺寸设计和最大承载能力的确定。

【例 7-10】　一传动轴如图 7-22 所示,已知轴的转速 $n = 208$ r/min,主动轮 A 传递功率为 $P_A = 6$ kW,从动轮 B、C 输出功率分别为 $P_B = 4$ kW,$P_C = 2$ kW,轴的许用切应力 $[\tau] = 30$ MPa,许用单位扭转角 $[\theta] = 1(°)/m$,剪切弹性模量 $G = 80 \times 10^3$ MPa。试按强度条件及刚度条件设计轴的直径。

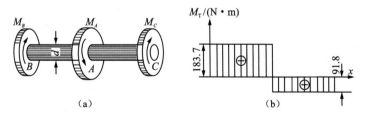

图 7-22　传动轴受力分析

【解】　(1) 计算轴的外力矩

$$M_A = 9\ 550 \frac{P_A}{n} = 9\ 550 \times \frac{6}{208} \text{ N} \cdot \text{m} = 275.5 \text{ N} \cdot \text{m}$$

$$M_B = 9\ 550 \frac{P_B}{n} = 9\ 550 \times \frac{4}{208} \text{ N} \cdot \text{m} = 183.7 \text{ N} \cdot \text{m}$$

$$M_C = 9\,550\,\frac{P_C}{n} = 9\,550 \times \frac{2}{208}\ \text{N} \cdot \text{m} = 91.8\ \text{N} \cdot \text{m}$$

（2）画扭矩图

根据扭矩图的绘制方法画出的轴的扭矩图，如图 7-22(b)所示。最大扭矩为

$$M_{\text{Tmax}} = M_{TAB} = 183.7\ \text{N} \cdot \text{m}$$

（3）按强度条件设计轴的直径

$$\tau_{\max} = \frac{M_T}{W_T} = \frac{M_T}{\dfrac{\pi d^3}{16}} \leqslant [\tau]$$

即

$$d \geqslant \sqrt[3]{\frac{16 \times 183.7 \times 10^3}{3.14 \times 30}}\ \text{mm} = 31.5\ \text{mm}$$

（4）按刚度条件设计轴的直径

$$\theta_{\max} = \frac{M_T}{GI_P} \times \frac{180°}{\pi} = \frac{M_T}{G \times \dfrac{\pi d^4}{32}} \times \frac{180°}{\pi} \leqslant [\theta]$$

即

$$d \geqslant \sqrt[4]{\frac{32 M_{\text{Tmax}} \times 180°}{G \pi^2 [\theta]}} = \sqrt[4]{\frac{32 \times 183.7 \times 10^3 \times 180}{80 \times 10^3 \times 3.14^2 \times 1}}\ \text{mm} = 34\ \text{mm}$$

为了满足刚度和强度的要求，应取两个直径中的较大值，即取轴的直径 $d = 34$ mm，为满足工程中的实际情况，取 $d = 35$ mm。

【例 7-11】 两空心轴通过联轴器用四个螺栓连接（见图 7-21），螺栓对称安排在直径 $D_1 = 140$ mm 的圆周上。已知轴的外径 $D = 80$ mm，内径 $d = 60$ mm，轴的许用切应力 $[\tau] = 40$ MPa，剪切弹性模量 $G = 80$ GPa，许用单位扭转角 $[\theta] = 1(°)/\text{m}$，螺栓的许用切应力 $[\tau] = 80$ MPa。试确定该结构允许传递的最大转矩。

【解】 （1）此题在例 7-9 中已解出，按强度设计允许传递的最大扭矩为

$$M_0 \leqslant 2\,530\ \text{N} \cdot \text{m}$$

并且在例 7-9 中已得到 $I_P = 2.75 \times 10^6$ mm^4，下面按刚度确定所传递的扭矩。

（2）按刚度条件确定轴所传递的扭矩为

$$\theta_{\max} = \frac{M_T}{GI_P} \times \frac{180°}{\pi} \leqslant [\theta]$$

得

$$M_T \leqslant \frac{GI_P \pi [\theta]}{180°} = \frac{80 \times 10^9 \times 2.75 \times 10^6 \times 10^{-12} \times 3.14 \times 1}{180}\ \text{N} \cdot \text{m} = 3\,838\ \text{N} \cdot \text{m}$$

计算结果表明，要使轴的强度、刚度和螺栓的强度同时满足要求，该结构所传递的最大扭矩为

$$M_0 = 2\,530\ \text{N} \cdot \text{m}$$

【本章要点】

1.剪切变形是杆件的基本变形之一。等值、反向且相距很近的二力垂直作用在杆件上，二力

之间各截面发生剪切变形。

① 剪力 F_Q 总是作用于横截面内；

② 与剪力 F_Q 对应的切应力 τ 作用在横截面内。

2.了解铆钉连接和螺栓连接构件的实用计算。为保证其正常工作,要满足以下三个条件。

① 铆钉的剪切强度条件 $\tau = \dfrac{F_Q}{A} \leqslant [\tau]$；

② 铆钉或连接板孔壁的挤压强度条件 $\sigma_{jy} = \dfrac{F_{jy}}{A_{jy}} \leqslant [\sigma_{jy}]$；

③ 连接板的拉伸强度条件 $\sigma = \dfrac{F_N}{A} \leqslant [\sigma]$。

在求解此类问题的过程中,关键在于确定剪切面和挤压面。

3.扭转变形也是杆件的基本变形之一。扭转时的内力是扭矩 M_T、应力是切应力 τ、变形是扭转角 ϕ。

4.要熟练掌握和运用圆轴扭转时的切应力计算公式、强度条件、扭转角计算公式、刚度条件。

① 横截面上,任意点的切应力为 $\tau_\rho = \dfrac{M_T \rho}{I_P}$；

② 强度条件 $\tau_{max} = \dfrac{M_{Tmax}}{W_T} \leqslant [\tau]$；

③ 扭转角计算公式为 $\phi = \dfrac{M_T l}{G I_P}$；

④ 刚度条件 $\theta_{max} = \dfrac{M_T}{G I_P} \times \dfrac{180°}{\pi} \leqslant [\theta]$。

【思考题】

7-1　指出图 7-23 所示构件的剪切面与挤压面。

7-2　如图 7-24 所示,在钢质拉杆和木板之间放置的金属垫圈起何作用?

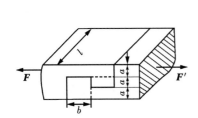

图 7-23　构件受力图

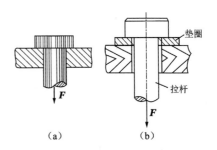

（a）　　　（b）

图 7-24　钢质拉杆与木板联结构造

7-3　试绘制图 7-25 所示圆轴的扭矩图,并说明三个轮子应如何布置比较合理。

7-4　试述切应力互等定律。

7-5　变速箱中,为何低速轴的直径比高速轴的直径大?

7-6　当圆轴扭转强度不够时,可采取哪些措施?

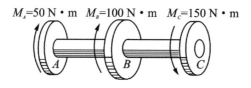

图 7-25 圆轴扭转分析

7-7 直径 d 和长度 l 都相同,而材料不同的两根轴,在相同的扭矩作用下,它们的最大切应力 τ_{max} 是否相同? 扭转角 ϕ 是否相同? 为什么?

7-8 当轴的扭转角超过许用扭转角时,用什么方法来降低扭转角? 改用优质材料的方法好不好?

【习题】

7-1 试校核图 7-1 所示连接销钉的剪切强度。已知 $F=100$ kN,销钉的直径 $d=30$ mm,材料的许用切应力 $[\tau]=60$ MPa。若强度不够,应该用多大直径的销钉?

7-2 图 7-26 所示凸缘联轴节传递的力偶矩 $m=200$ N·m,凸缘之间用四只螺栓连接,螺栓内径 $d\approx10$ mm,对称地分布在 $D_0=80$ mm 的圆周上。如螺栓的剪切许用应力 $[\tau]=60$ MPa,试校核螺栓的剪切强度。

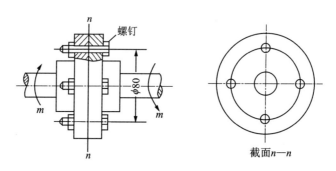

图 7-26 题 7-2 图

7-3 如图 7-27 所示,一螺栓将拉杆与厚度为 8 mm 的两块盖板相连接。各零件材料相同,许用应力均为 $[\sigma]=80$ MPa,$[\tau]=60$ MPa,$[\sigma_{jy}]=160$ MPa。若拉杆的厚度 $t=15$ mm,拉力 $F=120$ kN,试设计螺栓直径 d 及拉杆宽度 b。

7-4 图 7-28 所示螺钉受拉力 F 作用。已知材料的许用切应力 $[\tau]$ 和拉伸许用应力 $[\sigma]$ 之间的关系为:$[\tau]\approx0.6[\sigma]$。试求螺钉直径 d 与钉头高度 h 的合理比值。

7-5 图 7-29 所示传动轴受外力偶矩作用,试作出该轴的内力图。

7-6 一实心轴的直径 $d=100$ mm,扭矩 $M_T=100$ kN·m。试求距圆心 $\dfrac{d}{8}$、$\dfrac{d}{4}$ 和 $\dfrac{d}{2}$ 处的切应力,并绘出切应力分布图。

7-7 如图 7-30 所示,船用推进器的轴,一段是实心的,直径为 280 mm,另一段为空心的,其内径为外径的一半。在两段产生相同的最大切应力的条件下,求空心轴的外径 D。

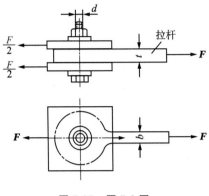

图 7-27 题 7-3 图

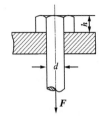

图 7-28 题 7-4 图

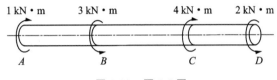

图 7-29 题 7-5 图

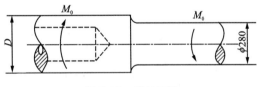

图 7-30 题 7-7 图

7-8 如图 7-31 所示,一实心圆轴与四个圆盘刚性连接,置于光滑的轴承中。设 $M_A = M_B = 0.25$ kN·m,$M_C = 1$ kN·m,$M_D = 0.5$ kN·m,圆轴材料的许用切应力 $[\tau] = 20$ MPa。试按扭转强度条件计算该轴的直径。

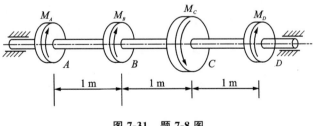

图 7-31 题 7-8 图

7-9 如图 7-32 所示传动轴,已知 $M = 300$ N·m,轴材料的许用切应力 $[\tau] = 600$ MPa,试校核该轴的扭转强度。

7-10 如图 7-33 所示圆轴,直径 $d = 100$ mm,$l = 500$ mm,$M_1 = 7$ kN·m,$M_2 = 5$ kN·m,$G = 80$ GPa。试求截面 C 相对于截面 A 的扭转角 ϕ_{CA}。

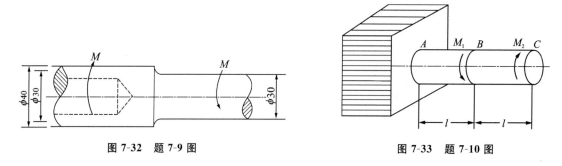

图 7-32　题 7-9 图　　　　　　　图 7-33　题 7-10 图

7-11　一圆轴尺寸及荷载如图 7-34 所示,已知材料的剪切弹性模量 $G=80$ GPa,试求:

(1) 实心和空心圆轴的最大和最小切应力,并绘出切应力分布图。

(2) 圆轴的最大扭转角 ϕ_{max} 及截面 2—2 相对于截面 1—1 的扭转角 ϕ_{12}。

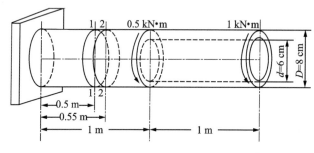

图 7-34　题 7-11 图

7-12　阶梯形圆轴的直径分别为 $d_1=4$ cm,$d_2=7$ cm,轴上装有三个皮带轮,如图 7-35 所示。已知由轮 3 输入的功率为 $P_3=30$ kW,轮 1 输入的功率为 $P_1=13$ kW,圆轴做匀速转动,转速 $n=200$ r/min,材料的许用切应力$[\tau]=60$ MPa,$G=80$ GPa,许用单位扭转角$[\theta]=2(°)/$m。试校核轴的强度和刚度。

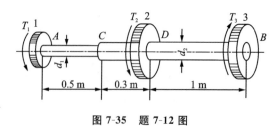

图 7-35　题 7-12 图

第8章 弯曲应力

弯曲变形是工程结构最常见的基本变形之一,以弯曲变形为主要变形特征的杆件通常称为梁。本章详细地推导了梁弯曲时的正应力和切应力公式,在此基础上讨论了梁的正应力和切应力强度计算方法。

8.1 纯弯曲梁横截面上的正应力

在确定了梁横截面上的内力之后,还要进一步研究截面上的应力。不仅要找出应力在截面上的分布规律,还要找出它和整个截面上的内力之间的定量关系,从而建立梁的强度条件,进行强度计算。

8.1.1 纯弯曲概念

一般情况下,梁截面上既有弯矩,又有剪力。对于横截面上的某点而言,则既有正应力又有切应力。但是,梁的承载力主要决定于截面上的正应力,切应力居于次要地位。所以本节将讨论梁在纯弯曲(截面上没有切应力)时横截面上的正应力。

一简支梁如图 8-1(a)所示。梁上作用有两个对称的集中力 F,该梁的剪力图和弯矩图如图 8-1(b)、(c)所示。梁在 AC 和 DB 两段内,各横截面上既有弯矩 M 又有剪力 F_Q,这种弯曲称为**剪切弯曲**;而在梁的 CD 段内,横截面上只有弯矩没有剪力,且全段内弯矩为一常数,这种情况下的弯曲,称为**纯弯曲**。

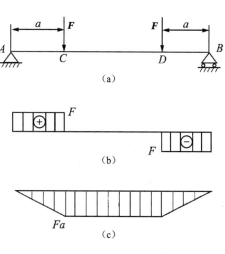

图 8-1 简支梁受力图
(a)简支梁;(b)F_Q 图;(c)M 图

8.1.2 试验观察与假设

将图 8-1 中简支梁发生纯弯曲的 CD 段作为研究对象。变形之前,在梁的表面画两条与轴线相垂直的横线 Ⅰ—Ⅰ 和 Ⅱ—Ⅱ,再画两条与轴线平行的纵线 ab 和 cd(见图 8-2(a))。梁 CD 段纯弯曲,相当于两端受力偶(力偶矩 $M=Pa$)作用,如图 8-2(b)所示。观察纯弯曲时梁的变形可以看到如下现象。

① 梁变形后,横向线段 Ⅰ—Ⅰ 和 Ⅱ—Ⅱ 还是直线,它们与变形后的轴线仍然垂直,但倾斜了一个小角度 $d\theta$(见图 8-2(b)和图 8-3)。

② 纵线 ab 缩短了,而纵线 cd 伸长了。根据观察到的外表现象来推测梁的内部变形情况,如果认为表面上的横向线反映了整个截面的变形,便可作出如下假设:横截面在变形前为平面,变形

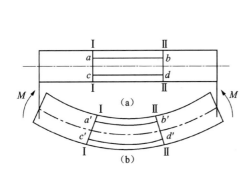

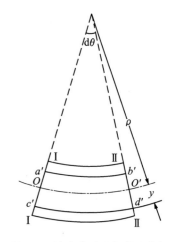

图 8-2 纯弯曲分析

图 8-3 纯弯曲时几何关系分析

后仍为平面,且仍垂直于变形后梁的轴线,只是绕横截面上某个轴旋转了一个角度。这就是梁纯弯曲时的**平面假设**。根据这个假设可以推知梁的各纵向纤维都受到轴向拉伸和压缩的作用,因此横截面上只有正应力。

8.1.3 正应力计算公式

研究梁横截面上的正应力,需要考虑变形几何关系、物理关系和静力学关系三个方面,下面分别进行分析。

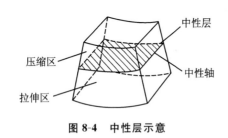

图 8-4 中性层示意

(1)几何关系

将变形后梁Ⅰ—Ⅰ、Ⅱ—Ⅱ之间的一段截取出来进行研究(见图 8-3)。两截面Ⅰ—Ⅰ、Ⅱ—Ⅱ原来是平行的,现在互相之间倾斜了一个小角度 $d\theta$,纵线 ab 变成了纵线 $a'b'$,长度比原来缩短了,纵线 cd 变成了 $c'd'$,长度比原来伸长了。由于材料是均匀连续的,所以变形也是连续的,这样,由压缩过渡到伸长之间,必有一条纵线 OO' 的长度保持不变。若把纵线 OO' 看成材料的一层纤维,这层纤维既不伸长也不缩短,称为**中性层**。中性层与横截面的交线称为**中性轴**,如图 8-4 所示。

在图 8-3 中,OO' 即为中性层,设其曲率为 ρ,$c'd'$ 到中性轴的距离为 y,则纵线 cd 的绝对伸长量为

$$\Delta l_{cd} = lc'd' - lcd = (\rho + y)d\theta - \rho \cdot d\theta = yd\theta \tag{8-1}$$

纵线 cd 的线应变为

$$\varepsilon = \frac{\Delta_{lcd}}{lcd} = \frac{yd\theta}{\rho d\theta} = \frac{y}{\rho} \tag{8-2}$$

显然,$\dfrac{1}{\rho}$ 是中性层的曲率,由梁及其受力情况确定,故它是一个常量。由此不难看出:线应变的大小与其到中性层的距离成正比。这个结论就反映了纯弯曲时变形的几何关系。

（2）物理关系

由于纯弯曲时,各层纤维受到轴向拉伸或压缩作用,因此材料的应力与应变的关系应符合拉压胡克定律

$$\sigma = E\varepsilon \tag{8-3}$$

将式(8-2)代入上式可得

$$\sigma = E\frac{y}{\rho} \tag{8-4}$$

式(8-4)中 E 是材料的弹性模量;对于指定的截面, ρ 为常数。故式(8-4)说明,横截面上任一点的正应力与该点到中性轴的距离 y 成正比,即应力沿梁高度按直线规律分布,如图 8-5 所示。

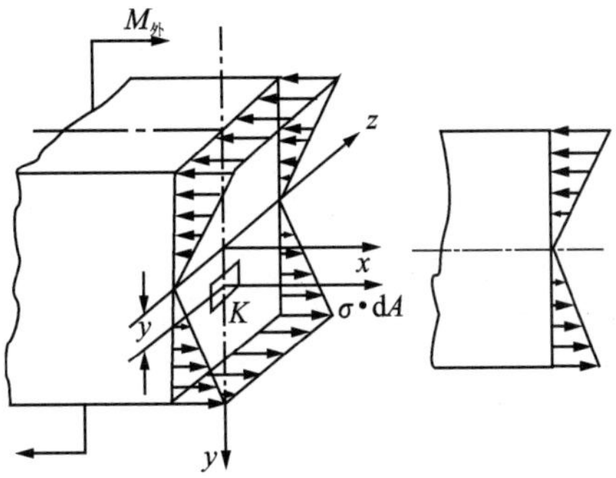

式(8-4)中性轴位置尚未确定, $\frac{1}{\rho}$ 是未知量,所以不能直接求出正应力 σ ,为此必须通过静力学关系来求解。

（3）静力学关系

在梁的横截面上 K 点附近取微面积 dA ,设 z 为横截面的中性轴, K 点到中性轴的距离为 y ,若该点的正应力为 σ ,则微面积 dA 的法向内力为 σdA 。截面上各处的法向内力构成一个空间平行力系。应用平衡条件 $\sum F_x = 0$,则有

图 8-5　纯弯曲时物理关系分析

$$\int_A \sigma dA = 0 \tag{8-5}$$

将式(8-4)代入式(8-5)中

$$\int_A \frac{E}{\rho} y \cdot dA = 0 \tag{8-6(a)}$$

或写成

$$\frac{E}{\rho}\int_A y \cdot dA = 0 \tag{8-6(b)}$$

即

$$\int_A y \cdot dA = 0 \tag{8-7}$$

式中,积分 $\int_A y \cdot dA = y_C \cdot A = S_z$,为截面对 z 轴的静矩(详见附录 A),故有

$$y_C \cdot A = 0 \tag{8-8}$$

显然,横截面面积 $A \neq 0$,只有 $y_C = 0$ 。这说明横截面的形心在 z 轴上,即中性轴必须通过横截面的形心。这样,就确定了中性轴的位置。再由

$$\sum m_z(\boldsymbol{F}) = 0 \tag{8-9}$$

得到

$$M_{外} = \int_A \sigma y \, dA = M \tag{8-10}$$

$M_{外}$ 是此段梁所受的外力偶,其值应等于截面上的弯矩。将式(8-4)代入式(8-10)中,得

$$M = \int_A \frac{E}{\rho} y^2 \, dA = \frac{E}{\rho} \int_A y^2 \, dA \tag{8-11}$$

令

$$I_z = \int_A y^2 \, dA \tag{8-12}$$

则

$$\frac{1}{\rho} = \frac{M}{EI_z} \tag{8-13}$$

I_z 称为横截面对中性轴 z 的**惯性矩**,$\frac{1}{\rho}$ 表示梁的弯曲程度,$\frac{1}{\rho}$ 愈大则梁弯曲愈大,$\frac{1}{\rho}$ 愈小则梁弯曲愈小,EI_z 与 $\frac{1}{\rho}$ 成反比,所以 EI_z 表示梁抵抗弯曲变形的能力,称为**抗弯刚度**。

矩形截面对中性轴 z 的惯性矩(详见附录 A)

$$I_z = \frac{bh^3}{12} \tag{8-14(a)}$$

圆形截面对中性轴 z 的惯性矩

$$I_z = \frac{\pi d^4}{64} \tag{8-14(b)}$$

式(8-14(a))、(8-14(b))中的 b 为截面宽度;h 为截面高度;d 为截面直径。

圆环形、回字形截面梁对中性轴 z 的惯性矩详见附录 A 中表 A-1。

将式(8-13)代入式(8-4)中,即可求出正应力

$$\sigma = E \cdot \frac{y}{\rho} = E \cdot y \cdot \frac{M}{EI_z}$$

即

$$\sigma = \frac{M}{I_z} y \tag{8-15}$$

式中,σ 为横截面上任一点处的正应力;M 为横截面上的弯矩;y 为横截面上任一点到中性轴的距离;I_z 为横截面对中性轴 z 的惯性矩。

从式(8-15)可以看出,中性轴上 $y=0$,故 $\sigma=0$,而最大正应力 σ_{max} 产生在离中性轴最远的边缘,即 $y = y_{max}$ 时 $\sigma = \sigma_{max}$,且

$$\sigma_{max} = \frac{M}{I_z} y_{max} \tag{8-16(a)}$$

由上式知,对梁上某一横截面来说,最大正应力位于距中性轴最远的地方。

令

$$\frac{I_z}{y_{max}} = W_z \tag{8-16(b)}$$

于是有

$$\sigma_{max} = \frac{M}{W_z} \qquad\qquad (8\text{-}16(\text{c}))$$

W_z 称为**抗弯截面模量**,它也是只与截面的形状和尺寸有关的几何量,量纲为[长度]³,对于矩形截面(宽为 b,高为 h,参见附录 A)

$$W_z = \frac{I_z}{y_{max}} = \frac{\dfrac{bh^3}{12}}{\dfrac{h}{2}} = \frac{bh^2}{6} \qquad\qquad (8\text{-}17)$$

对于圆形截面(直径为 d)

$$W_z = \frac{I_z}{y_{max}} = \frac{\dfrac{\pi d^4}{64}}{\dfrac{d}{2}} = \frac{\pi d^3}{32} \qquad\qquad (8\text{-}18)$$

对于空心圆截面(外径为 D,内径为 d,$\alpha = \dfrac{d}{D}$)

$$W_z = \frac{I_z}{y_{max}} = \frac{\dfrac{\pi}{64}(D^4 - d^4)}{\dfrac{D}{2}} = \frac{\pi D^3}{32}(1 - \alpha^4) \qquad\qquad (8\text{-}19)$$

各种型钢的 W_z 值可以从型钢表(附录 B)中查得。

【**例 8-1**】　一空心矩形截面悬臂梁受均布荷载作用,如图 8-6(a)所示。已知梁跨 $l = 1.2$ m,均布荷载集度 $q = 20$ kN/m,横截面尺寸为 $H = 12$ cm,$B = 6$ cm,$h = 8$ cm,$b = 3$ cm。试求此梁外壁和内壁的最大正应力。

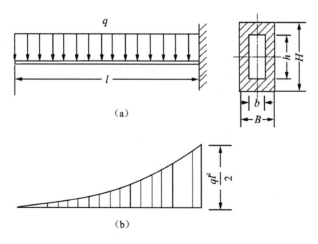

图 8-6　悬臂梁受力分析

【**解**】　(1) 作弯矩图,求最大弯矩

梁的弯矩图如图 8-6(b)所示,在固定端横截面上的弯矩绝对值最大,为

$$|M|_{max} = \frac{ql^2}{2} = \frac{20 \times 1\ 000 \times 1.2^2}{2}\ \text{N} \cdot \text{m} = 14\ 400\ \text{N} \cdot \text{m}$$

(2) 计算横截面的惯性矩

横截面对中性轴的惯性矩(见附录 A 中表 A-1)为

$$I_z = \frac{BH^3}{12} - \frac{bh^3}{12} = \left(\frac{6 \times 12^3}{12} - \frac{3 \times 8^3}{12}\right) \text{ cm}^4 = 736 \text{ cm}^4$$

(3) 计算应力

由式(8-16(a))知外壁和内壁处的最大应力分别为

$$\sigma_{外 max} = \frac{M_{max}}{I_z} \cdot \frac{H}{2} = \frac{14\ 400}{736 \times 10^{-8}} \cdot \frac{12 \times 10^{-2}}{2} \text{ Pa} = 117.4 \times 10^6 \text{ Pa} = 117.4 \text{ MPa}$$

$$\sigma_{内 max} = \frac{M_{max}}{I_z} \cdot \frac{h}{2} = \frac{14\ 400}{736 \times 10^{-8}} \cdot \frac{8 \times 10^{-2}}{2} \text{ Pa} = 78.3 \times 10^6 \text{ Pa} = 78.3 \text{ MPa}$$

【**例 8-2**】 一受集中荷载 $F = 5$ kN 作用的简支梁,由 18b 号槽钢制成,如图 8-7(a)所示。已知梁的跨度 $l = 2$ m,求此梁的最大拉应力和最大压应力。

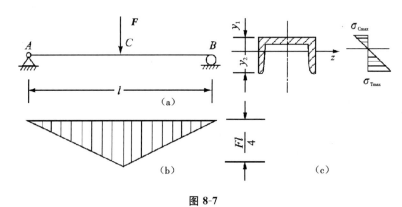

图 8-7

【**解**】 (1) 作弯矩图,求最大弯矩

梁的弯矩图如图 8-7(b)所示,由图可知在梁中点截面上的弯矩最大,其值为

$$M_{max} = \frac{Fl}{4} = \frac{5\ 000 \times 2}{4} \text{ N} \cdot \text{m} = 2\ 500 \text{ N} \cdot \text{m}$$

(2) 求截面的惯性矩及有关尺寸

由型钢表(附录 B)查得,18b 号槽钢对中性轴的惯性矩为

$$I_z = 111 \text{ cm}^4$$

横截面上边缘及下端至中性轴的距离分别为

$$y_1 = 1.84 \text{ cm}$$
$$y_2 = (7 - 1.84) \text{ cm} = 5.16 \text{ cm}$$

(3) 计算最大应力

因危险截面的弯矩为正,故截面下端受有最大拉应力,由式(8-16(a))得

$$\sigma_{Tmax} = \frac{M_{max}}{I_z} \cdot y_2 = \frac{2\ 500}{111 \times 10^{-8}} \times 5.16 \times 10^{-2} \text{ Pa} = 116.2 \times 10^6 \text{ Pa} = 116.2 \text{ MPa}$$

截面上缘受有最大压应力,其值为

$$\sigma_{Cmax} = \frac{M_{max}}{I_z} \cdot y_1 = \frac{2\ 500}{111 \times 10^{-8}} \times 1.84 \times 10^{-2} \text{ Pa} = 41.4 \times 10^6 \text{ Pa} = 41.4 \text{ MPa}$$

8.2 弯曲切应力

横向弯曲的梁横截面上既有弯矩又有剪力,所以横截面上既有正应力又有切应力。现在按梁截面的不同形状,分几种情况讨论弯曲切应力。

8.2.1 矩形截面梁

在图 8-8(a)所示的矩形截面梁的任意截面上,剪力 F_Q 均与截面对称轴 y 重合(见图 8-8(b))。关于横截面上切应力的分布规律,作以下两个假设:① 横截面上各点的切应力的方向都平行于剪力 F_Q;② 切应力沿截面宽度均匀分布。在截面高度 h 大于宽度 b 的情况下,以上述假定为基础得到的解,与精确解相比有足够的准确度。按照这两个假设,在距中性轴为 y 的横线 pq 上,各点的切应力 τ 都相等,且都平行于 F_Q。再由切应力互等定理可知,在沿 pq 切出的平行于中性层的 pr 平面上,也必有与 τ 相等的 τ'(图 8-8(b)中未画 τ',画在图 8-9 中),而且沿宽度 b,τ' 也是均匀分布的。

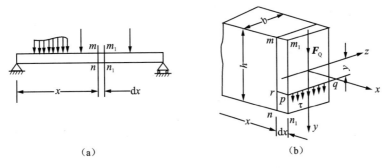

图 8-8 矩形截面梁弯曲切应力分析

如图 8-8(a)所示,沿横截面 m—n 和 m_1—n_1 从梁中取出长为 dx 的一段(见图8-9),设截面 m—n 和 m_1—n_1 上的弯矩分别为 M 和 $M+dM$,再以平行于中性层且距中性层为 y 的平面 pr 为基准平面,从 dx 段梁中截出一部分 $prnn_1$,则在这一截出部分的左侧面 rn 上,作用有因弯矩 M 引起的正应力;而在右侧面 pn_1 上,作用有因弯矩 $M+dM$ 引起的正应力;在顶面 pr 上,作用有切应力 τ'。以上三种应力(两侧正应力和切应力 τ')都平行于 x 轴(见图 8-9(a))。在右侧面 pn_1 上(见图 8-9(b)),由微元内力 σdA 组成的内力系的合力 F_{N2} 为

$$F_{N2} = \int_{A_1} \sigma dA \qquad (8\text{-}20(a))$$

式中,A_1 为侧面 pn_1 的面积。正应力 σ 应按式(8-15)计算,于是

$$F_{N2} = \int_{A_1} \sigma dA = \int_{A_1} \frac{(M+dM)y_1}{I_z} dA = \frac{(M+dM)}{I_z} \int_{A_1} y_1 dA = \frac{(M+dM)}{I_z} S_z^* \qquad (8\text{-}20(b))$$

式中

$$S_z^* = \int_{A_1} y_1 dA \qquad (8\text{-}20(c))$$

是横截面的部分面积 A_1 对中性轴的静矩,也就是距中性轴为 y 的横线 pq 以下的面积对中性轴的

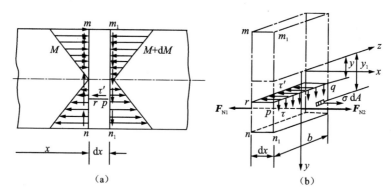

图 8-9 矩形截面梁受力分析

静矩(参见附录 A)。同理,可以求得左侧面 rn 上的内力系合力 $\boldsymbol{F}_{N1}$ 为

$$F_{N1}=\frac{M}{I_z}S_z^* \tag{8-21}$$

在顶面 rp 上,与顶面相切的内力系的合力是

$$dF_Q'=\tau'b\,dx \tag{8-22}$$

$\boldsymbol{F}_{N1}$、$\boldsymbol{F}_{N2}$ 和 $d\boldsymbol{F}_Q'$ 的方向都平行于 x 轴,应满足平衡方程 $\sum F_x=0$,即

$$F_{N1}-F_{N2}-dF_Q'=0 \tag{8-23}$$

将 $\boldsymbol{F}_{N1}$、$\boldsymbol{F}_{N2}$ 和 $d\boldsymbol{F}_Q'$ 的表达式代入上式,得

$$\frac{(M+dM)}{I_z}S_z^*-\frac{M}{I_z}S_z^*-\tau'b\,dx=0 \tag{8-24}$$

简化后得出

$$\tau'=\frac{dM}{dx}\cdot\frac{S_z^*}{I_zb} \tag{8-25}$$

由于 $\dfrac{dM}{dx}=F_Q$,于是上式简化为

$$\tau'=\frac{F_QS_z^*}{I_zb} \tag{8-26}$$

式中,τ' 虽是距中性层为 y 的 pr 平面上的切应力,但由切应力互等定理,它等于横截面的横线 pq 上的切应力 τ,即

$$\tau=\frac{F_QS_z^*}{I_zb} \tag{8-27}$$

式中,F_Q 为横截面上的剪力,b 为截面宽度,I_z 为整个截面对中性轴的惯性矩,S_z^* 为截面上距中性轴为 y 的横线以外部分面积对中性轴的静矩。这就是矩形截面梁弯曲切应力的计算公式。

对于矩形截面(见图 8-10),可取 $dA=b\,dy_1$,于是式(8-20(c))化为

$$S_z^* = \int_{A_1}y_1\,dA=\int_y^{\frac{h}{2}}by_1\,dy_1$$
$$=\frac{b}{2}\left(\frac{h^2}{4}-y^2\right) \tag{8-28}$$

这样,式(8-27)可以写成

$$\tau = \frac{F_Q}{2I_z}\left(\frac{h^2}{4}-y^2\right) \tag{8-29}$$

从式(8-29)看出,沿截面高度切应力 τ 按抛物线规律变化。当 $y=\pm\frac{h}{2}$ 时,$\tau=0$。这表明在截面上、下边缘各点处,切应力等于零。随着离中性轴的距离 y 的减小,τ 逐渐增大。当 $y=0$ 时,τ 为最大值,即最大切应力发生于中性轴上,且

$$\tau_{max} = \frac{F_Q h^2}{8I_z} \tag{8-30}$$

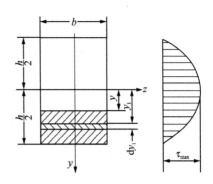

图 8-10 矩形截面梁的应力分析

如以 $I_z = \dfrac{bh^2}{12}$ 代入上式,即可得出

$$\tau_{max} = \frac{3}{2}\frac{F_Q}{bh} \tag{8-31}$$

可见矩形截面梁的最大切应力为平均切应力 $\dfrac{F_Q}{bh}$ 的 1.5 倍。

8.2.2 工字形截面梁

建筑工程中工字形截面梁也是一种常见的结构构件形式。先讨论工字形截面梁腹板上的切应力。腹板截面是一个狭长矩形,关于矩形截面上的切应力分布的两个假设仍然适用。用相同的方法,必然导出相同的应力计算公式,即式(8-27)。

若需要计算腹板上距中性轴为 y 处的切应力,则 S_z^* 为图 8-11(a)中画阴影部分的面积对中性轴的静矩。

$$S_z^* = B\left(\frac{H}{2}-\frac{h}{2}\right)\left[\frac{h}{2}+\frac{1}{2}\left(\frac{H}{2}-\frac{h}{2}\right)\right] + b\left(\frac{h}{2}-y\right)\left[y+\frac{1}{2}\left(\frac{h}{2}-y\right)\right]$$

$$= \frac{B}{8}(H^2-h^2) + \frac{b}{2}\left(\frac{h^2}{4}-y^2\right) \tag{8-32}$$

于是

$$\tau = \frac{F_Q}{I_z b}\left[\frac{B}{8}(H^2-h^2)+\frac{b}{2}\left(\frac{h^2}{4}-y^2\right)\right] \tag{8-33}$$

可见,沿腹板高度,切应力也是按抛物线规律分布的(见图 8-11(b))。以 $y=0$ 和 $y=\pm\dfrac{h}{2}$ 分别代入式(8-33),求出腹板上的最大和最小切应力分别是

$$\tau_{max} = \frac{F_Q}{I_z b}\left[\frac{BH^2}{8}-(B-b)\frac{h^2}{8}\right] \tag{8-34(a)}$$

$$\tau_{min} = \frac{F_Q}{I_z b}\left[\frac{BH^2}{8}-\frac{Bh^2}{8}\right] \tag{8-34(b)}$$

由式(8-34(a))、(8-34(b))可看出,因为腹板的宽度远小于翼缘的宽度 B,τ_{max} 与 τ_{min} 实际上相差不大,所以,可以认为在腹板上切应力大致是均匀分布的。若以图 8-11(b)中应力分布图的面积

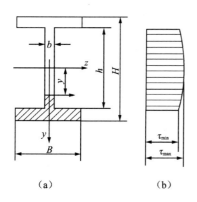

图 8-11 工字形截面梁切应力分析

乘以腹板厚度 b，即可得到腹板上的总剪力 $F_{Q总}$。计算结果表明，$F_{Q总}$ 等于 $(0.95\sim0.97)F_Q$。可见，横截面上的剪力 $\boldsymbol{F}_Q$ 绝大部分由腹板负担。既然腹板几乎负担了横截面上的全部剪力，而且腹板上的切应力又接近于均匀分布，这样可用腹板的截面面积除剪力 F_Q，近似地得出腹板内的切应力为

$$\tau=\frac{F_Q}{bh} \tag{8-35}$$

在翼缘上，也应有平行于 $\boldsymbol{F}_Q$ 的切应力分量，分布情况比较复杂，但数量很小，并无实际意义，所以通常并不进行计算。此外，翼缘上还有平行于翼缘宽度 B 的切应力分量。它与腹板内的切应力比较，一般说也是次要的。

工字梁翼缘的全部面积都在离中性轴最远处，每一点的正应力都比较大，所以翼缘负担了截面上的大部分弯矩。

8.2.3 圆形截面梁

当梁的横截面为圆形时，已经不能再假设截面上各点的切应力都平行于剪力 $\boldsymbol{F}_Q$。截面边缘上各点的切应力与圆周相切。这样，在水平弦 AB 的两个端点上与圆周相切的切应力作用线相交于 y 轴上的某点 D（见图 8-12(a)）。此外，由于对称，AB 中点 C 的切应力必定是垂直的，因而通过 D 点。由此可以假设，AB 弦上各点切应力的作用线都通过 D 点。如再假设 AB 弦上各点切应力的垂直分量 τ_y 是相等的，于是对 τ_y 来说，就与对矩形截面所作的假设完全相同，所以可用式(8-27)来计算，

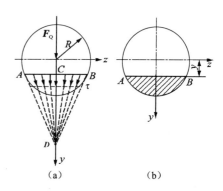

图 8-12 圆形截面梁应力分析

$$\tau_y=\frac{F_Q S_z^*}{I_z b} \tag{8-36}$$

式中，b 为 AB 弦的长度，S_z^* 为图 8-12(b)中画阴影线的面积对 z 轴的静矩。

在中性轴上，切应力为最大值 τ_{max}，且各点的 τ_y 就是该点的总切应力。对中性轴上的点

$$b=2R,\quad S_z^*=\frac{\pi R^2}{2}\cdot\frac{4R}{3\pi} \tag{8-37}$$

代入式(8-36)，并注意到 $I_z=\dfrac{\pi R^4}{4}$，最后得出

$$\tau_{max}=\frac{4}{3}\frac{F_Q}{\pi R^2} \tag{8-38}$$

式中，$\dfrac{F_Q}{\pi R^2}$ 是梁截面上的平均切应力，可见最大切应力是平均切应力的 4/3 倍。

【例 8-3】 由木板胶合而成的梁如图 8-13(a)所示。试求胶合面上沿 x 轴单位长度内的剪力。

【解】 从梁中取出长为 dx 的微段，其两端截面上的弯矩分别为 M 和 $M+dM$。再从微段中取出平放的木板（见图 8-13(b)）。仿照式(8-27)的推导方法，不难求出

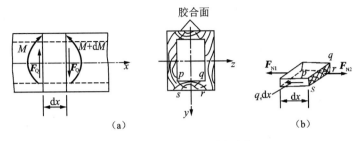

图 8-13 梁胶合面受力分析

$$F_{N1} = \frac{M}{I_z} S_z^*$$

$$F_{N2} = \frac{M + dM}{I_z} S_z^*$$

式中，S_z^* 是平放木板截面 $pqrs$ 对 z 轴的静矩，I_z 是整个梁截面对 z 轴的惯性矩。若胶合面上沿 x 轴单位长度内的剪力为 q_τ，则平放木板的前、后两个侧面上的剪力总共为 $2q_\tau dx$。由平衡方程 $\sum F_x = 0$，得

$$F_{N2} - F_{N1} - 2q_\tau dx = 0$$

将 F_{N1}、F_{N2} 代入上式，整理后得出

$$q_\tau = \frac{1}{2} \frac{dM}{dx} \frac{S_z^*}{I_z} = \frac{1}{2} \frac{F_Q S_z^*}{I_z}$$

8.3 弯曲梁的强度计算

8.3.1 弯曲梁的正应力强度计算

梁弯曲时横截面上既有拉应力又有压应力，当最大的拉、压应力分别小于它们的许用应力值时，梁才具有足够的强度。当材料的拉、压强度相等时，梁的正应力强度条件为

$$\sigma_{max} = \frac{M}{W_z} \leqslant [\sigma] \tag{8-39}$$

对于抗拉和抗压强度不等的材料（如铸铁），最大的拉、压应力不能超过各自的许用应力。

【例 8-4】 某单梁桥式吊车如图 8-14 所示，跨度 $l = 10$ m，起重量（包括电动葫芦自重）为 $G = 30$ kN，梁由 28 号工字钢制成，材料的许用应力 $[\sigma] = 160$ MPa，试校核该梁的正应力强度。

【解】 （1）绘计算简图

将吊车横梁简化为简支梁，梁自重为均布荷载 q，由型钢表查得：28 号工字钢的理论重量为 $q = 43.5$ kg/m = 0.426 3 kN/m，吊重 G 产生集中力（见图 8-14(b)）。

（2）画弯矩图

由梁的自重和吊重引起的弯矩图分别如图 8-14(c)、(d)所示，跨中的弯矩最大，其值为

$$M_{max} = \frac{ql^2}{8} + \frac{Gl}{4} = \left(\frac{0.426\ 3 \times 10^2}{8} + \frac{30 \times 10}{4} \right) \text{kN} \cdot \text{m} = 80.32\ \text{kN} \cdot \text{m}$$

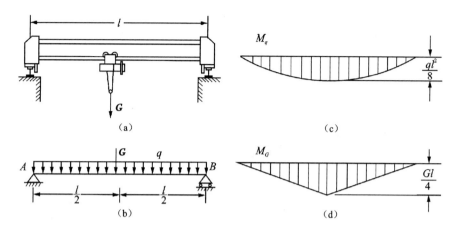

图 8-14　梁的正应力强度校核

（3）校核弯曲正应力强度

由型钢表查得：28a 号工字钢，$W_z = 508\ \text{cm}^3$，于是得

$$\sigma_{\max} = \frac{M_{\max}}{W_z} = \frac{80.32 \times 10^6}{508 \times 10^3}\ \text{MPa} = 158.11\ \text{MPa} < [\sigma]$$

故此梁的强度满足要求。

【例 8-5】　螺栓压板夹紧装置如图 8-15 所示。已知板长 $3a = 150$ mm，压板材料的弯曲许用应力为 $[\sigma] = 140$ MPa。试确定压板传给工件的最大允许压紧力 $\boldsymbol{F}$。

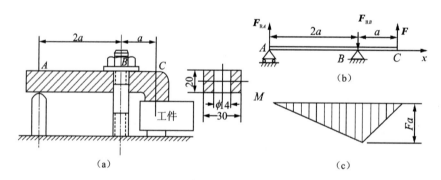

图 8-15　压板受力分析

【解】　压板可简化为图 8-15(b) 所示的外伸梁。由梁的外伸部分 BC 可以求得截面 B 的弯矩为 $M_B = Fa$。此外又知 A、C 两截面上的弯矩等于零。从而作弯矩图如图 8-15(c) 所示。最大弯矩在截面 B 上，且

$$M_{\max} = M_B = Fa$$

根据截面 B 的尺寸求出

$$I_z = \left(\frac{3 \times 2^3}{12} - \frac{1.4 \times 2^3}{12} \right)\ \text{cm}^4 = 1.07\ \text{cm}^4$$

$$W_z = \frac{I_z}{y_{\max}} = \frac{1.07}{1}\ \text{cm}^3 = 1.07\ \text{cm}^3$$

将强度条件改写为

$$M_{max} \leqslant W_z[\sigma]$$

于是有

$$F \leqslant \frac{W_z[\sigma]}{a} = \frac{1.07 \times (10^{-2})^3 \times 140 \times 10^6}{5 \times 10^{-2}} \text{ N} = 3\,000 \text{ N} = 3 \text{ kN}$$

所以根据压板的强度，最大压紧力不应超过 3 kN。

【例 8-6】　T 形截面铸铁梁的荷载和截面尺寸如图 8-16 所示。铸铁的抗拉许用应力为 $[\sigma_T]=$ 30 MPa，抗压许用应力为 $[\sigma_C]=160$ MPa。已知截面对形心轴 z 的惯性矩为 $I_z=763 \text{ cm}^4$，且 $|y_1|$ =52 mm。试校核梁的强度。

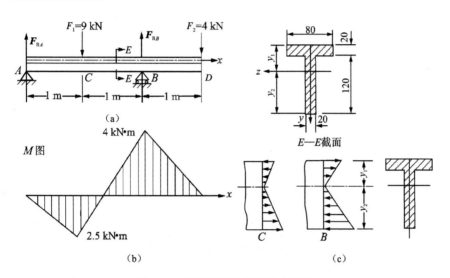

图 8-16　T 形截面铸铁梁强度校核

【解】　由静力学平衡方程求出梁的支座反力为

$$F_{RA}=2.5 \text{ kN}, F_{RB}=10.5 \text{ kN}$$

作弯矩图如图 8-16(b)所示。最大正弯矩在截面 C 上，$M_C=2.5 \text{ kN} \cdot \text{m}$。最大负弯矩在截面 B 上，$M_B=-4 \text{ kN} \cdot \text{m}$。

T 形截面对中性轴不对称，同一截面上的最大拉应力和压应力并不相等。计算最大应力时，应以 y_1 和 y_2 分别代入式(8-15)。在截面 B 上，弯矩是负值，最大拉应力发生于上边缘(见图 8-16 (c))，且

$$\sigma_T = \frac{M_B y_1}{I_z} = \frac{4 \times 10^3 \times 52 \times 10^{-3}}{763 \times (10^{-2})^4} \text{ Pa} = 27.3 \times 10^6 \text{ Pa} = 27.3 \text{ MPa}$$

最大压应力发生于下边缘各点，且

$$\sigma_C = \frac{M_B y_2}{I_z} = \frac{4 \times 10^3 \times (120+20-52) \times 10^{-3}}{763 \times (10^{-2})^4} \text{ MPa} = 46.1 \text{ MPa}$$

在截面 C 上，虽然弯矩 M_C 的数值小于 M_B，但 M_C 是正弯矩，最大拉应力发生于下边缘各点，而这些点到中性轴的距离却比较远，因而就有可能发生比截面 B 还要大的拉应力。

$$[\sigma_T] = \frac{M_C y_2}{I_z} = \frac{2.5 \times 10^3 \times (120 + 20 - 52) \times 10^{-3}}{763 \times (10^{-2})^4} \text{ MPa} = 28.8 \text{ MPa}$$

所以,最大拉应力是在截面 C 的下边缘各点处,但从所得结果看出,无论是最大拉应力或最大压应力都未超过许用应力,满足强度条件。

8.3.2 弯曲梁的切应力强度计算

由 8.2 节的应力分析知,梁在弯曲的情况下,最大切应力通常发生在中性轴处,而中性轴处的正应力为零。因此,产生最大切应力的各点处于纯切应力状态。所以,弯曲切应力的强度条件为

$$\tau_{max} = \frac{F_Q S_z^*}{I_z b} \leqslant [\tau] \tag{8-40}$$

细长梁的控制因素通常是弯曲正应力。满足弯曲正应力强度条件的梁一般都能满足切应力强度条件。只有在下述一些情况下要进行梁的弯曲切应力强度校核:① 梁的跨度较短,或在支座附近作用有较大的荷载,以致梁的弯矩较小而剪力颇大;② 铆接或焊接的工字梁,如腹板较薄而截面高度颇大以致厚度与高度的比值小于型钢的相应比值,这时,对腹板应进行切应力校核;③ 经焊接、铆接或胶合而成的梁,对焊缝、铆钉或胶合面等,一般要进行剪切计算。

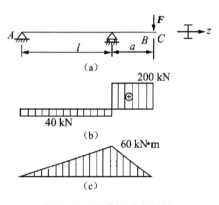

图 8-17 外伸梁受力分析

【例 8-7】 外伸梁如图 8-17(a)所示,外伸端受集中力 **F** 的作用,已知 $F = 200$ kN,$l = 0.5$ m,$a = 0.3$ m,材料的许用正应力 $[\sigma] = 160$ MPa,许用切应力 $[\tau] = 100$ MPa,试选择工字钢型号。

【解】 (1)画剪力图和弯矩图(见图 8-17(b)、(c))

由剪力图和弯矩图(见图 8-17(b)、(c))确定最大剪力和最大弯矩为

$$F_{Qmax} = 200 \text{ kN}$$
$$W_{max} = 60 \text{ kN} \cdot \text{m}$$

(2)由正应力强度条件,初选工字钢型号

$$W_z = \frac{M_{max}}{[\sigma]} = \frac{60 \times 10^6}{160} \text{ mm}^3 = 375 \times 10^3 \text{ mm}^3$$

依据 $W_z = 375 \times 10^3$ mm³,查型钢表得,25a 号工字钢:

$$W_z = 402 \text{ cm}^3, d = 8 \text{ mm}, I_z/S_z = 21.58 \text{ cm}, h = 250 \text{ mm}$$

(3)校核切应力强度

由式(8-27),梁内最大弯曲切应力为

$$\tau_{max} = \frac{F_{Qmax} S_z}{I_z d} = \frac{200 \times 10^3}{21.58 \times 10 \times 8} \text{ MPa} = 115.85 \text{ MPa} > [\tau] = 100 \text{ MPa}$$

所以,梁的切应力强度不够。

(4)按切应力强度条件选择工字钢型号

由式(8-40)可得

$$\frac{I_z d}{S_z} \geqslant \frac{F_{Qmax}}{[\tau]} = \frac{200 \times 10^3}{100} \text{ mm}^2 = 2\,000 \text{ mm}^2$$

依据上面的数据查型钢表,选取 25b 号工字钢,其几何量为

$$d = 10 \text{ mm}, I_z/S_z = 21.27 \text{ cm}$$

且有

$$\frac{I_z}{S_z}d = 21.27 \times 10 \times 10 \text{ mm}^2 = 2\,127 \text{ mm}^2 > 2\,000 \text{ mm}^2$$

最后选定工字钢型号为 25b。

8.4 提高梁的弯曲强度的措施

前面曾经指出,弯曲正应力是控制梁的主要因素。所以弯曲正应力的强度条件

$$\sigma_{\max} = \frac{M_{\max}}{W_z} \leqslant [\sigma] \tag{8-41}$$

往往是设计梁的主要依据。从这个条件看出,要提高梁的承载能力应从两个方面考虑:一方面是合理安排梁的受力情况,以降低 $M_{\max}$ 的数值;另一方面则是采用合理的截面形状,以提高 W_z 的数值,充分利用材料的性能。下面我们分几点进行讨论。

8.4.1 合理安排梁的受力情况

改善梁的受力情况,尽量降低梁内最大弯矩,相对而言也就是提高了梁的强度。首先,应合理布置梁的支座。以图 8-18(a)所示均布荷载作用下的简支梁为例。

$$M_{\max} = \frac{ql^2}{8} = 0.125ql^2$$

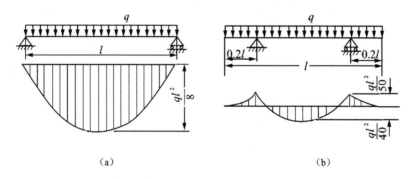

（a） （b）

图 8-18 均布荷载作用下的简支梁

若将两端支座各向内移动 $0.2l$（见图 8-18(b)）,则最大弯矩减小为

$$M_{\max} = \frac{ql^2}{40} = 0.025ql^2$$

只及前者的 $\frac{1}{5}$。也就是说按图 8-18(b)布置支座,荷载还可以提高四倍。如图 8-19(a)所示的门式起重机的大梁,图 8-19(b)所示的锅炉筒体等,其支承点略向中间移动,都可以取得降低 $M_{\max}$ 的效果。

其次,合理布置荷载,也可以收到降低最大弯矩的效果。例如将轴上的齿轮安置得紧靠轴承,

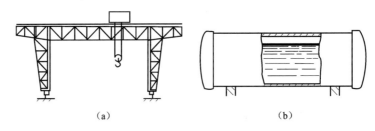

图 8-19　支座布置

就会使齿轮传到轴上的力 F 紧靠支座。如图 8-20 所示的情况,轴的最大弯矩仅为 $M_{max} = \dfrac{5Fl}{36}$;但如把集中力 F 作用于轴的中点,则 $M_{max} = \dfrac{Fl}{4}$。相比之下,前者的最大弯矩就减少很多。此外,在情况允许的条件下,应尽可能把较大的集中力分散成较小的力,或者改变成分布荷载。例如把作用于跨度中点的集中力 F 分散成图 8-21 所示的两个集中力,则最大弯矩将由 $M_{max} = \dfrac{Fl}{4}$ 降低为 $M_{max} = \dfrac{Fl}{8}$。

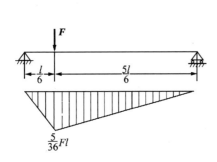

图 8-20　轴的最大弯矩分析

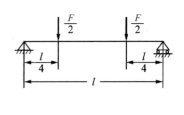

图 8-21　轴上集中力的分散

8.4.2　梁的合理截面

若把弯曲正应力的强度条件改写成

$$M_{max} \leqslant [\sigma] W \tag{8-42}$$

可见,梁可能承受的 M_{max} 与抗弯截面模量 W 成正比,W 越大越有利。使用材料的多少和自重的大小,则与截面面积 A 成正比,面积越小越经济、越轻巧。因而合理的截面形状应该是截面面积 A 较小,而抗弯截面模量 W 较大。例如截面高度 h 大于宽度 b 的矩形截面梁,抵抗垂直于平面内的弯曲变形时,如把截面竖放(见图 8-22(a)),则 $W_{z1} = \dfrac{bh^2}{6}$;如把截面平放,则 $W_{z2} = \dfrac{b^2h}{6}$。两者之比是

$$\frac{W_{z1}}{W_{z2}} = \frac{h}{b} > 1 \tag{8-43}$$

所以竖放比平放有较高的抗弯强度,更为合理。因此,房屋和桥梁等建筑物中的矩形截面梁,一般都是竖放的。

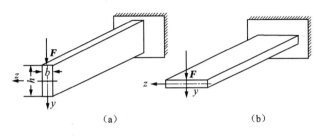

图 8-22　竖放与平放的矩形截面梁

截面的形状不同,其抗弯截面模量 W_z 也就不同。可以用比值 $\dfrac{W_z}{A}$ 来衡量截面形状的合理性和经济性。比值 $\dfrac{W_z}{A}$ 较大,则截面的形状就较为经济合理。可以算出

矩形截面的比值为

$$\frac{W_z}{A} = \frac{1}{6}\frac{bh^2}{bh} = 0.167h$$

圆形截面的比值为

$$\frac{W_z}{A} = \frac{\dfrac{\pi d^3}{32}}{\dfrac{\pi d^2}{4}} = 0.125d$$

几种常用截面的比值 $\dfrac{W_z}{A}$ 已列入表 8-1 中。从表中所列的数值看出,工字钢或槽钢比矩形截面经济合理,矩形截面比圆形截面经济合理。所以桥式起重机的大梁以及其他钢结构中的抗弯杆件,经常采用工字形截面、槽形截面或箱形截面等。从正应力的分布规律来看,这也是可以理解的。因为弯曲时梁截面上的点离中性轴越远,正应力越大。

表 8-1　几种截面的 W_z 和 A 的比值

截 面 形 状	矩形	圆形	槽形	工字形
$\dfrac{W_z}{A}$	$0.167h$	$0.125d$	$(0.27\sim0.31)h$	$(0.27\sim0.31)h$

为了充分利用材料,应尽可能地把材料置放到离中性轴较远处。圆形截面在中性轴附近聚集了较多的材料,使其未能充分发挥作用。为了将材料移到离中性轴较远处,可将实心圆截面改成空心圆截面。至于矩形截面,如把中性轴附近的材料移置到上、下边缘处(见图 8-23)则成了工字形截面。采用槽形或箱形截面也是出于同样的考虑。以上是从静载抗弯强度的角度来讨论问题。事物是复杂的,在讨论截面的合理形状时,还应考虑到材料的特性。对抗拉和抗压强度相等的材料(如碳钢),宜采用沿中性轴对称的截面,如圆形、矩形、工字形等。这样可使截面上、下边缘处的最大拉应力和最大压应力数值相等,同时接近许用应力。对抗拉和抗压强度不等的材料(如铸铁),宜采用中性轴靠近受拉一侧的截面形状,例如图 8-24 中所示的一些截面。对这类截面,如能使 y_1 和 y_2 之比接近于下列关系:

$$\frac{\sigma_{Tmax}}{\sigma_{Cmax}} = \frac{\dfrac{M_{max}\,y_1}{I_z}}{\dfrac{M_{max}\,y_2}{I_z}} = \frac{[\sigma_T]}{[\sigma_C]} \tag{8-44}$$

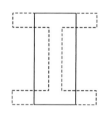

图 8-23　工字形截面

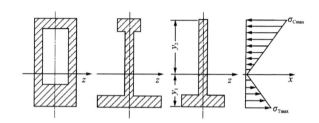

图 8-24　中性轴靠近受拉一侧的截面形状

则最大拉应力和最大压应力便可同时接近许用应力,式中 $[\sigma_T]$、$[\sigma_C]$ 分别表示拉伸和压缩的许用应力。

8.4.3　等强度梁的概念

前面讨论的梁都是等截面的,W 为常数,但梁在各截面上的弯矩却随截面的位置而变化。由式(8-41)可知,对于等截面的梁来说,只有在弯矩为最大值 M_{max} 的截面上,最大应力才有可能接近许用应力。其余各截面上弯矩较小,应力也就较低,材料没有充分利用。为了节约材料,减轻自重,可改变截面尺寸,使抗弯截面模量随弯矩而变化。在弯矩较大处采用较大截面,而在弯矩较小处采用较小截面。这种截面沿轴线变化的梁,称为**变截面梁**。变截面梁的正应力计算仍可近似地用等截面梁的公式。如变截面梁各横截面上的最大正应力都相等,且都等于许用应力,就是**等强度梁**。设梁在任一截面上的弯矩为 $M(x)$,而截面的抗弯截面模量为 $W(x)$。根据上述等强度梁的要求,应有

$$\sigma_{max} = \frac{M(x)}{W(x)} = [\sigma] \tag{8-45(a)}$$

或写成

$$W(x) = \frac{M(x)}{[\sigma]} \tag{8-45(b)}$$

这是等强度梁的 $W(x)$ 沿梁轴线变化的规律。

如图 8-25 所示,在集中力 F 作用下的简支梁为等强度梁,截面为矩形,且设截面高度 h 为常数,而宽度 b 为 x 的函数,即 $b = b(x)(0 \leqslant x \leqslant \dfrac{l}{2})$,则由式(8-45)得

$$W(x) = \frac{b(x)h^2}{6} = \frac{M(x)}{[\sigma]} = \frac{\dfrac{F}{2}x}{[\sigma]} \tag{8-46}$$

于是

$$b(x) = \frac{3Fx}{[\sigma]h^2} \tag{8-47}$$

截面宽度 $b(x)$ 是 x 的一次函数(见图 8-25(b))。因为荷载对称于跨度中点,因而截面形状也

对称于跨度中点。按照式(8-47)所表示的关系,在梁两端,$x=0,b(x)=0$,即截面宽度等于零。这显然不能满足剪切强度的要求。因而要按剪切强度条件改变支座附近截面的宽度。设所需的最小截面宽度为 b_{min}(见图 8-25(c)),根据剪切强度条件

$$\tau_{max}=\frac{3F_{Qmax}}{2A}=\frac{3\times\dfrac{F}{2}}{2b_{min}h}=[\tau] \tag{8-48}$$

由此得

$$b_{min}=\frac{3F}{4h[\tau]} \tag{8-49}$$

若设想把这一等强度梁分成若干狭条,然后叠置起来,并使其略微拱起,这就成为汽车以及其他车辆上经常使用的叠板弹簧,如图8-26所示。

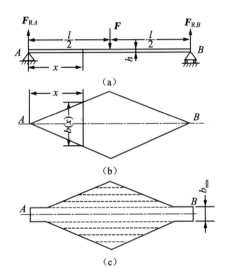

图 8-25 等强度梁受力图   图 8-26 叠板弹簧

若上述矩形截面等强度梁的截面宽度 $b(x)$ 为常数,而高度 h 为 x 的函数,即 $h=h(x)$,用完全相同的方法可以求得

$$h(x)=\sqrt{\frac{3Fx}{b[\sigma]}} \tag{8-50}$$

$$h_{min}=\frac{3F}{4b[\tau]} \tag{8-51}$$

按式(8-50)和式(8-51)所确定的梁的形状如图 8-27(a)所示。如把梁做成图8-27(b)所示的形式,就成为在厂房建筑中广泛使用的鱼腹梁了。

使用式(8-45),也可求得圆形截面等强度梁的截面直径沿轴线的变化规律。但考虑到加工的方便及结构上的要求,常用阶梯形状的变截面梁(阶梯轴)来代替理论上的等强度梁,如图 8-28 所示。

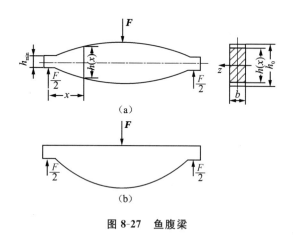

图 8-27 鱼腹梁

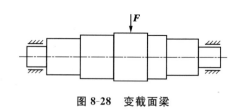

图 8-28 变截面梁

【本章要点】

1.梁弯曲时,横截面上一般产生两种内力:剪力 F_Q 和弯矩 M,与此相对应的应力也有两种——切应力 τ 和正应力 σ。

2.梁弯曲时的正应力计算公式为

$$\sigma = \frac{M}{I_z} y$$

该式表明正应力在横截面上沿高度呈线性分布的规律。

3.梁弯曲时的切应力计算公式为

$$\tau = \frac{F_Q S_z^*}{I_z b}$$

它是基于矩形截面梁导出的,但可推广应用于其他截面形状的梁,如工字形梁、T 形梁等。此时,应注意要代入相应的 S_z^* 和 b。切应力沿截面高度呈二次抛物线规律分布。

4.梁的强度计算,校核梁的强度或进行截面设计,必须同时满足梁的正应力强度条件和切应力强度条件,即

$$\sigma_{max} = \frac{M}{W_z} \leqslant [\sigma]$$

$$\tau_{max} = \frac{F_Q S_z^*}{I_z b} \leqslant [\tau]$$

应该注意的是,对于一般的梁,正应力强度条件是起控制作用的,切应力是次要的。因此,在应用强度条件解决强度校核、选择截面、确定许用荷载等三类问题时,一般都先按最大正应力强度条件进行计算,必要时才再按切应力强度条件进行校核。

5.惯性矩 I_z 和抗弯截面模量 W_z 是两个十分重要的截面图形的几何性质。对常用的矩形截面、圆形截面的 I_z 和 W_z 的计算式必须熟记。

【思考题】

8-1　什么是中性层?什么是中性轴?它们之间存在什么关系?

8-2 根据梁的弯曲正应力分析,确定塑性材料和脆性材料各选用哪种截面形状合适,如图 8-29 所示。

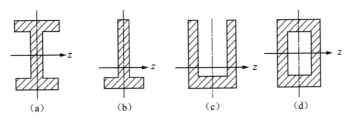

图 8-29 各种形式的截面

8-3 在推导平面弯曲切应力计算公式过程中做了哪些基本假设?

8-4 挑东西的扁担常在中间折断,而游泳池的跳水板易在固定端处折断,这是为什么?

8-5 梁的截面为 T 字形,z 轴通过截面形心。其弯矩图如图 8-30 所示。① 横截面上最大拉应力和压应力位于同一截面,截面 c 或截面 d;② 最大拉应力位于截面 c,最大压应力位于截面 d;③ 最大拉应力位于截面 d,最大压应力位于截面 c。哪种说法正确?

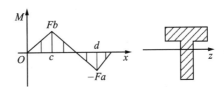

图 8-30 T 形截面梁弯矩图

8-6 丁字尺的截面为矩形。设 $\frac{b}{h} \approx 12$。由经验可知,当垂直长边 h 加力 $\boldsymbol{F}$(见图 8-31(a))时,丁字尺很容易变形或折断,若沿长边加力 $\boldsymbol{F}$(见图 8-31(b))时,则不然,为什么?

图 8-31 丁字尺

8-7 当梁的材料是钢时,应选用_____的截面形状;若是铸铁,则应采用_____的截面形状。

8-8 选择题:两梁的横截面上最大正应力值相等的条件是( )。

① M_{max} 与截面面积相等;② M_{max} 与 W_{min}(抗弯截面模量)相等;③ M_{max} 与 W_{min} 相等,且材料相同。

【习题】

8-1 求图 8-32 中 A 截面上 a、b 点的正应力。

8-2 求图 8-33 中截面 A 上 a、b 点的正应力。

8-3 求图 8-34 中梁跨中截面上的最大正应力。

8-4 倒 T 形截面的铸铁梁如图 8-35 所示,试求梁内最大拉应力和最大压应力。画出危险截面上的正应力分布图。

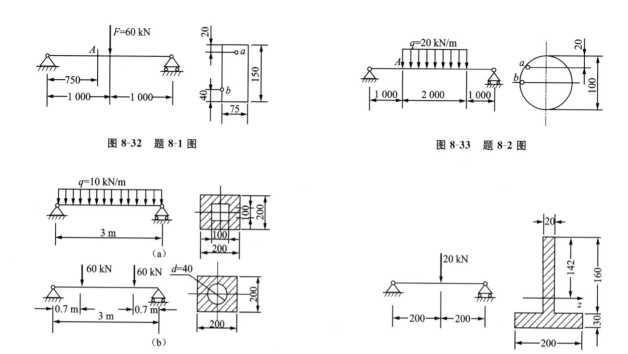

图 8-32 题 8-1 图

图 8-33 题 8-2 图

图 8-34 题 8-3 图

图 8-35 题 8-4 图

8-5 如图 8-36 所示,一矩形截面简支梁。已知:$F=16$ kN,$b=50$ mm,$h=150$ mm。试求:
① 截面 1—1 上 D、E、F、H 各点的正应力;② 梁的最大正应力;③ 若将截面转 90°(见图 8-36(c)),
则最大正应力是原来正应力的多少倍?

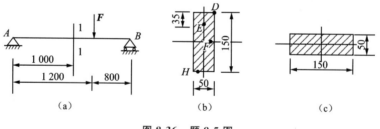

图 8-36 题 8-5 图

8-6 简支梁承受均布荷载,如图 8-37 所示。若分别采用截面面积相等的实心和空心圆截面,
且 $D_1=40$ mm,$\dfrac{d_2}{D_2}=\dfrac{3}{5}$,试分别计算它们的最大正应力。空心截面比实心截面的最大正应力减小
了百分之几?

8-7 两根梁的截面一为圆形,一为宽度与高度之比为 1/2 的矩形,设两者截面面积和最大弯
矩都相等,试求两梁的最大正应力之比。

8-8 直径 $d=1$ mm 的钢丝绕在直径为 2 m 的卷筒上,试计算该钢丝中产生的最大应力,设 E
$=200$ GPa。

8-9 试求图 8-38 所示梁 1—1 截面上 A、B 两点的切应力。

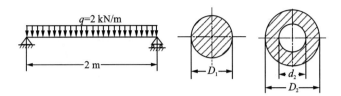

图 8-37 题 8-6 图

8-10 图 8-39 所示为一平放的 10 号普通槽钢梁。外力作用于铅直对称平面内。试求横截面最大切应力,并画出切应力沿截面中心线的分布图。

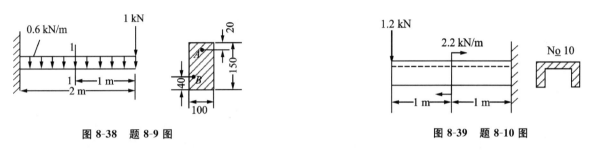

图 8-38 题 8-9 图   **图 8-39 题 8-10 图**

8-11 简支梁受力如图 8-40 所示。梁为圆形截面,其直径 $d=40$ mm,求梁横截面上的最大正应力和最大切应力。

8-12 图 8-41 所示简支梁,长 l,截面为矩形,其高度为 h,受均布荷载 q 作用。试求最大切应力与最大正应力之比。

图 8-40 题 8-11 图   **图 8-41 题 8-12 图**

第9章 组合变形

杆件的四种基本变形形式(轴向拉伸和压缩、剪切、扭转、弯曲等)都是在特定的荷载条件下发生的。工程实际中杆件所受的一般荷载,常常不满足产生基本变形形式的荷载条件。本章主要介绍了运用力的独立作用原理解决构件拉伸(压缩)与弯曲组合变形及弯曲与扭转组合变形的强度计算问题。

9.1 组合变形与力的独立作用原理

9.1.1 组合变形的概念

前面各章分别研究了构件在拉伸(压缩)、剪切、扭转、弯曲等基本变形时的强度和刚度问题。在工程实际问题中,还有许多构件在外力作用下将产生两种或两种以上的基本变形的情况。例如,图 9-1 中所示的基础在偏心压力 F 作用下将同时产生轴向压缩与弯曲的变形组合;图 9-2 中所示的传动轴在皮带轮张力 F_T 和转矩 M_0 作用下将同时产生弯曲与扭转的变形组合等。构件在外力作用下同时产生两种或两种以上基本变形的情况称为**组合变形**。

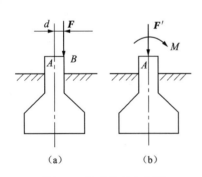

图 9-1 基础的组合变形

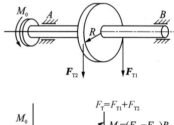

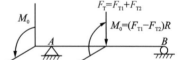

图 9-2 传动轴的组合变形

9.1.2 力的独立作用原理

对组合变形进行应力计算时,必须满足:材料服从胡克定律和小变形条件。因此,任一荷载作用所产生的应力都不受其他荷载的影响。这样,就可应用叠加原理进行计算。也就是说,当杆处于组合变形时,只要将荷载适当简化或分解,使杆在简化或分解后的每组荷载作用下只产生一种基本变形,分别计算出各基本变形时所产生的应力,最后将所得结果进行叠加,即得到总的应力。

9.2 拉伸(压缩)与弯曲的组合变形

拉伸(压缩)与弯曲的组合变形,是工程实际中常见的组合变形情况。现以矩形截面梁为例说明其应力的分析方法。

设一悬臂梁如图 9-3(a)所示,外力 **F** 位于梁的纵向对称面 xOy 内且与梁的轴线 x 成一角度 φ。

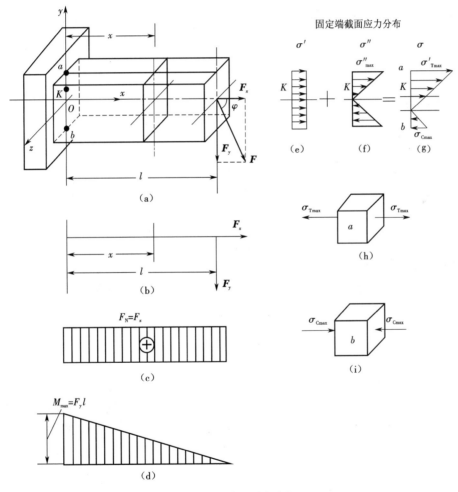

图 9-3 悬臂梁受力分析

9.2.1 外力分析

将外力 **F** 沿 x 轴和 y 轴方向分解,可得两个分力 F_x 和 F_y,如图 9-3(b)所示,即

$$\begin{cases} F_x = F\cos\varphi \\ F_y = F\sin\varphi \end{cases} \tag{9-1}$$

其中分力 F_x 为轴向拉力,在此力单独作用下,梁将产生轴向拉伸,在任一横截面上的轴力 F_N 为常量,其值为

$$F_N = F_x = F\cos\varphi \tag{9-2}$$

横向力 F_y 将使梁在纵向对称面内产生平面弯曲,在距左端为 x 的截面上,其弯矩为

$$M_x = -F_y(l-x)$$

于是,梁的变形为轴向拉伸与平面弯曲的组合。

9.2.2 内力分析

图 9-3(c)、(d)所示为在分力 F_x、F_y 单独作用下的梁的轴力图和弯矩图(剪力略去)。由图可见,固定端截面是危险截面,在此截面上的轴力和绝对值最大的弯矩分别为

$$F_N = F\cos\varphi \tag{9-3}$$

$$M_{max} = F_y \cdot l \tag{9-4}$$

9.2.3 应力分析

在危险截面上的各点处与轴力 F_N 相对应的拉伸正应力 σ' 是均匀分布的,其值为

$$\sigma' = \frac{F_N}{A} \tag{9-5}$$

而在危险截面上各点处与弯矩 M_{max} 相对应的弯曲正应力 σ'' 是按线性分布的,其值为

$$\sigma'' = \frac{M_{max} \cdot y}{I} \tag{9-6}$$

应力 σ' 和 σ'' 的正、负号可根据变形情况直观确定。拉应力时取正号,压应力时取负号,例如图 9-3(a)中的 K 点,其 σ'、σ'' 均为拉应力,故应取正号。

应力 σ'、σ'' 沿截面高度方向的分布规律如图 9-3(e)、(f)所示。若将危险截面上任一点处的两个正应力 σ'、σ'' 叠加,可得在外力 F 作用下危险截面上任一点处总的应力

$$\sigma = \sigma' + \sigma'' \tag{9-7}$$

或

$$\sigma = \frac{F_N}{A} + \frac{M \cdot y}{I} \tag{9-8}$$

式(9-8)表明:正应力 σ 是距离 y 的一次函数,故正应力 σ 沿截面高度按直线规律变化,若最大弯曲正应力 σ''_{max} 大于拉伸正应力 σ' 时,应力叠加结果如图 9-3(g)所示。显然,中性轴向下平移了一段距离,危险点位于梁固定端的上、下边缘处(例如图 9-3(a)中的 a、b 两点处),且为单向应力状态(见图 9-3(h)、(i)),其最大拉应力 σ_{Tmax} 和最大压应力 σ_{Cmax} 分别为

$$\sigma_{Tmax} = \frac{F_N}{A} + \frac{M_{max}}{W} \tag{9-9}$$

$$\sigma_{Cmax} = \frac{F_N}{A} - \frac{M_{max}}{W} \tag{9-10}$$

当轴向分力 F_x 为压力时,以上二式中等号右边第一项均应冠以负号。

9.2.4 强度计算

拉伸(压缩)与弯曲变形组合时的强度计算有以下两种情况。

① 对抗拉、抗压强度相同的塑性材料,例如低碳钢等,可只验算构件上应力绝对值最大处的强度。其强度条件为

$$\sigma_{max} = \left| \pm \frac{F_N}{A} \pm \frac{M_{max}}{W} \right| \leqslant [\sigma] \tag{9-11}$$

② 对抗拉、抗压强度不同的脆性材料,例如铸铁、混凝土等,应分别验算构件上最大拉应力和最大压应力的强度。

$$\left. \begin{aligned} \sigma_{Tmax} &= \left| \pm \frac{F_N}{A} \pm \frac{M_{max}}{W_T} \right| \leqslant [\sigma_T] \\ \sigma_{Cmax} &= \left| \pm \frac{F_N}{A} \pm \frac{M_{max}}{W_C} \right| \leqslant [\sigma_C] \end{aligned} \right\} \tag{9-12}$$

【例 9-1】　简支梁 *AB* 的横截面为正方形,其边长为 *a*＝100 mm,受力及长度尺寸如图 9-4(a)所示。若已知 *F*＝3 kN,材料的拉、压许用应力相等,且[*σ*]＝10 MPa,试校核梁的强度。

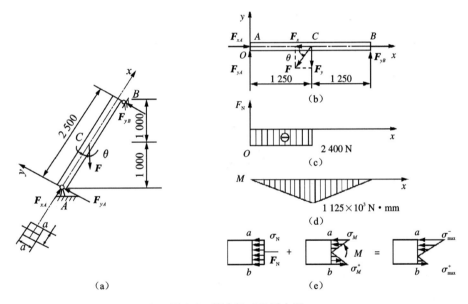

图 9-4　简支梁 *AB* 受力图

【解】　画出 *AB* 梁的受力图(见图 9-4(b)),将外力 *F* 沿 *x*、*y* 轴方向分解,得

$$F_x = F\cos\theta = 3 \times \frac{1\ 000}{1\ 250} \text{ kN} = 2.4 \text{ kN}$$

$$F_y = F\sin\theta = 3 \times \frac{\sqrt{1\ 250^2 - 1\ 000^2}}{1\ 250} \text{ kN} = 1.8 \text{ kN}$$

在轴向力 *F*_{*xA*} 作用下,梁 *AC* 段产生轴向压缩,轴力图如图 9-4(c)所示;在横向力 *F*_{*yA*}、*F*_{*yB*} 和 *F*_{*y*} 作用下,梁产生平面弯曲,弯矩图如图 9-4(d)所示。于是,梁 *AC* 段承受压缩与弯曲的组合变形,由内力图可以看出,*C* 截面为危险截面,其内力为

$$F_N = -2.4 \text{ kN}$$

$$M_{max} = 1\ 125 \text{ kN} \cdot \text{m}$$

计算得截面面积为 $A = 1.0 \times 10^4$ mm^2。抗弯截面模量 $W_z = \dfrac{100 \times 100^2}{6}$ mm$^3 = 1.667 \times 10^5$ mm^3，由于材料的拉、压许用应力相等，且 $\boldsymbol{F}_N$ 为压力。按式(9-12)进行强度计算。

$$\sigma_{Cmax} = \left| -\frac{F_N}{A} - \frac{M_{max}}{W_z} \right| = \left| \frac{-2.4 \times 10^3}{1.0 \times 10^4} - \frac{1\,125 \times 10^3}{\dfrac{100^3}{6}} \right| \text{ MPa} = 6.99 \text{ MPa} < [\sigma]$$

故梁是安全的。

【例 9-2】 图 9-5 所示为一起重支架。已知：$a = 3$ m，$b = 1$ m，$F = 36$ kN，AB 梁材料的许用应力 $[\sigma] = 140$ MPa，试选择槽钢型号。

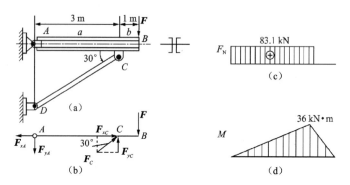

图 9-5 起重支架受力图

【解】 作 AB 梁的受力图如图 9-5(b)所示。由平衡条件

$$\sum M_A = 0, \quad F_C \sin 30° a - F(a+b) = 0$$

得

$$F_C = \frac{2(a+b)}{a} F = 96 \text{ kN}$$

将力 $\boldsymbol{F}_C$ 分解为 $\boldsymbol{F}_{xC}$、$\boldsymbol{F}_{yC}$，这样力 $\boldsymbol{F}_{xA}$ 和 $\boldsymbol{F}_{xC}$ 使梁 AC 产生轴向拉伸变形，而力 $\boldsymbol{F}_{yA}$、$\boldsymbol{F}$ 和 $\boldsymbol{F}_{yC}$ 将使梁 AB 产生弯曲变形，于是梁在外力作用下产生拉伸与弯曲的组合变形。画出梁 AB 的轴力图和弯矩图(见图 9-5(c)、(d))，由内力图可看出 C 截面为危险截面，其内力为

$$F_N = 83.1 \text{ kN}, \quad M_{max} = 36 \text{ kN} \cdot \text{m}$$

危险点在该截面上侧边缘各点，其强度条件为

$$\sigma_{max} = \frac{F_N}{A} + \frac{M_{max}}{W_z} = \left(\frac{83.1 \times 10^3}{A} + \frac{36 \times 10^6}{W_z} \right) \text{ MPa} \leqslant [\sigma] = 140 \text{ MPa}$$

因上式中有两个未知量 A 和 W_z，故要用试凑法求解。计算时可先只考虑弯曲变形求得 W_z，然后再进行校核，由

$$\frac{M_{max}}{W_z} = \frac{36 \times 10^6}{W_z} \text{ MPa} \leqslant 140 \text{ MPa}$$

得

$$W_z \geqslant \frac{36 \times 10^6}{140} \text{ mm}^3 = 257 \times 10^3 \text{ mm}^3 = 257 \text{ cm}^3$$

查型钢表，选两根 18a 槽钢，$W_z = 141 \times 2$ cm$^3 = 282$ cm^3，其相应的截面面积为 $A = 25.69 \times 2$

cm^2=51.38 cm^2,校核强度

$$\sigma_{max}=\left(\frac{83.1\times10^3}{51.38\times10^2}+\frac{36\times10^6}{282\times10^3}\right)\text{ MPa}=143.8\text{ MPa}>[\sigma]=140\text{ MPa}$$

但最大应力不超过许用应力 5%,工程上许可,故选取两根 18a 槽钢是可以的。若 σ_{max} 与 σ 相差较大,则应重新选择钢型,并再进行强度校核。

在工程实际中,有些构件所受外力的作用线与轴线平行,但不通过横截面的形心,这种情况通常称为偏心拉伸(压缩),它实际上是拉伸(压缩)与弯曲组合变形的另一种形式。现通过例题来说明这类问题的计算。

【例 9-3】 图 9-6(a)所示为一压力机,机架由铸铁制成,许用拉应力 $[\sigma_T]=35$ MPa,许用压应力 $[\sigma_C]=140$ MPa,已知最大压力 $F=1\,400$ kN,立柱横截面的几何性质为:$y_C=200$ mm,$h=70$ mm,$A=1.8\times10^5$ mm^2,$I_z=8.0\times10^9$ mm^4。试校核该立柱的强度。

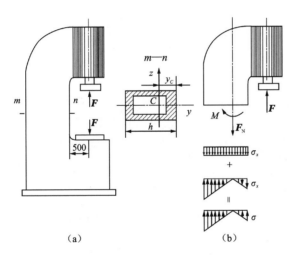

图 9-6 压力机机架受力图

【解】 用 m—n 平面将立柱截开,取上半部分为研究对象,由平衡条件可知,在 m—n 平面上既有轴力 $\boldsymbol{F}_N$,又有弯矩 M(见图 9-6(b)),其值分别为

$$F_N=F=1\,400\text{ kN}$$

$$M=F(500+y_C)=1\,400\times(500+200)\text{ kN}\cdot\text{mm}=980\times10^3\text{ kN}\cdot\text{mm}=980\text{ kN}\cdot\text{m}$$

故为拉弯组合变形。

立柱各横截面上的内力相等。横截面上应力 σ_n 均匀分布,σ_m 线性分布,总应力 σ 由两部分叠加。最大拉应力在截面内侧边缘处,其值为

$$\sigma_{Tmax}=\sigma_n+\sigma_m=\frac{F_N}{A}+\frac{M\cdot y_C}{I_z}$$

$$=\left(\frac{1\,400\times10^3}{1.8\times10^5}+\frac{980\times10^6\times200}{8\times10^9}\right)\text{ MPa}=32.3\text{ MPa}<[\sigma_T]$$

最大压应力在截面外侧边缘处,其值为

$$|\sigma_{Cmax}|=|\sigma_n+\sigma_m|=\left|\frac{F_N}{A}+\frac{-M(h-y_C)}{I_z}\right|$$

$$= \left| \frac{1\ 400 \times 10^3}{1.8 \times 10^5} - \frac{980 \times 10^6 \times (700-200)}{8 \times 10^9} \right| \ \text{MPa}$$

$$= 53.5\ \text{MPa} < [\sigma_C]$$

故立柱强度满足要求。

*9.3 弯曲与扭转的组合变形

建筑工程中某些构件除受扭转外,还经常伴随着弯曲,这也是工程结构中的一种组合变形情况。

本节主要以圆形截面曲拐轴 ABC(见图 9-7(a))为例,说明弯曲与扭转组合变形时的强度计算方法。当分析外力作用时,在不改变构件内力和变形的前提下,可以用等效力系来代替原力系的作用。因此,在研究 AB 杆时,可以将作用于曲拐轴 C 点上的力 F 向 B 点平移,得一力 F' 和一力矩为 M_0 的力偶(见图 9-7(b)),其值分别为

$$\left. \begin{array}{l} F' = F \\ M_0 = Fa \end{array} \right\} \tag{9-13}$$

力 F' 使杆 AB 产生平面弯曲,力偶矩 M_0 使杆 AB 产生扭转。于是,AB 杆产生弯曲与扭转的组合变形。图 9-7(c)、(d)分别表示 AB 杆的扭矩图和弯矩图(弯曲时的剪力可略去)。由此二图可判断,固定端截面内力最大,是危险截面,危险截面上的弯矩、扭矩值(均为绝对值)分别为

$$\left. \begin{array}{l} M_{\max} = Fl \\ M_T = M_0 = Fa \end{array} \right\} \tag{9-14}$$

下面分析危险截面上的应力。与弯矩 $M_{\max}$ 相对应的弯曲正应力为 $\sigma = \dfrac{M_{\max} y}{I}$;与扭矩 M_T 相对应的扭转切应力为 $\tau = \dfrac{M_T \rho}{I_P}$。它们的分布规律如图 9-7(e)所示。

现将 $y = \dfrac{d}{2}$、$\rho = \dfrac{d}{2}$ 分别代入后可求得圆轴边缘上 a 点或 b 点处最大弯曲正应力 σ 和最大扭转切应力 τ。由于 a、b 两点处的弯曲正应力和扭转切应力同时为最大值,故 a、b 两点就是危险点。

对于塑性材料制成的杆件,因其拉、压许用应力相同,故强度计算时可只校核其中一点(危险点)即可,例如 a 点。为此,从 a 点处取一微小单元体,一般单元体应力是空间三向的,切应力等于零的平面上的正应力称为主应力。空间三向的应力状态的主应力有三个:第一主应力 σ_1、第二主应力 σ_2、第三主应力 σ_3,且 $\sigma_1 > \sigma_2 > \sigma_3$。作用在该单元体各面上的应力如图 9-7(f)所示。该单元体处于二向应力状态(即平面应力状态),其主应力为

$$\left. \begin{array}{l} \begin{array}{c} \sigma_1 \\ \sigma_3 \end{array} = \dfrac{\sigma}{2} \pm \sqrt{\left(\dfrac{\sigma}{2}\right)^2 + \tau^2} \\ \sigma_2 = 0 \end{array} \right\} \tag{9-15}$$

现将 a 点的 σ、τ 值代入式(9-15)中可求出该点的主应力 σ_1、σ_3。得到了主应力后,就可按强度理论的强度条件进行强度计算。强度理论有四个,第一、第二强度理论一般适用于脆性材料;第三、第四强度理论适用于塑性材料。对于塑性材料杆件如用最大切应力理论(第三强度理论),其

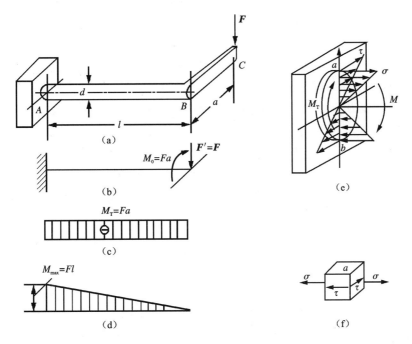

图 9-7 圆形截面曲拐轴受力图

强度条件为

$$\sigma_{eq3} = \sigma_1 - \sigma_3 \leqslant [\sigma] \tag{9-16}$$

或

$$\sigma_{eq3} = \sqrt{\sigma^2 + 4\tau^2} \leqslant [\sigma] \tag{9-17}$$

现将应力 $\sigma = \dfrac{M}{W}$、$\tau = \dfrac{M_T}{W_T}$ 代入上式，并考虑到圆形截面杆的 $W_T = 2W$，于是又可得到以弯矩 M、扭矩 W_T 和抗弯截面模量 W 表示的强度条件

$$\sigma_{eq3} = \frac{\sqrt{M^2 + M_T^2}}{W} \leqslant [\sigma] \tag{9-18}$$

如果用最大变形能理论(第四强度理论)，其强度条件为

$$\sigma_{eq4} = \sqrt{\sigma^2 + 3\tau^2} \tag{9-19}$$

对圆形截面杆则为

$$\sigma_{eq4} = \frac{\sqrt{M^2 + 0.75M_T^2}}{W} \leqslant [\sigma] \tag{9-20}$$

式(9-18)、(9-20)同样适用于空心圆轴。对于拉伸(压缩)与扭转组合变形情况(见图 9-8)，由于危险点处的应力状态与弯扭组合变形时完全相同。因此，只要把拉伸(压缩)正应力代入式(9-17)或式(9-19)中就得出其相应的强度条件为

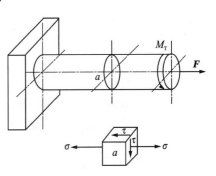

图 9-8 空心圆轴组合变形分析

$$\sigma_{eq^3}=\sqrt{\left(\frac{F_N}{A}\right)^2+4\left(\frac{M_T}{W_T}\right)^2}\leqslant[\sigma] \tag{9-21}$$

$$\sigma_{eq^4}=\sqrt{\left(\frac{F_N}{A}\right)^2+3\left(\frac{M_T}{W_T}\right)^2}\leqslant[\sigma] \tag{9-22}$$

【例 9-4】 折杆 $OABC$ 如图 9-9(a)所示,已知 $F=20$ kN,其方向与折杆平面垂直,杆 OA 的直径 $d=125$ mm,许用应力$[\sigma]=80$ MPa,试校核圆轴 OA 的强度。

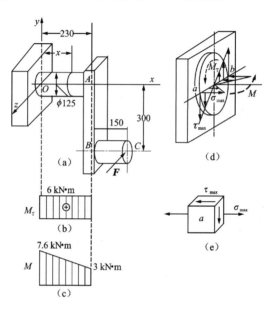

图 9-9 折杆受力分析

【解】 (1) 外力和内力分析

外力 F 对 x 轴之矩使轴 OA 产生扭转,同时力 F 还将使轴 OA 在 xOz 平面内弯曲,因此,轴 OA 的变形为弯曲与扭转的组合变形。

轴 OA 任一横截面上的扭矩和弯矩分别为

$$M_T=300F=300\times10^{-3}\times20 \text{ kN}\cdot\text{m}=6 \text{ kN}\cdot\text{m}$$
$$M=F[(230+150)-x]=20(380-x)\times10^{-3} \text{ kN}\cdot\text{m}$$

显然,固定端截面处弯矩最大,即当 $x=0$ 时可得固定端截面处的弯矩为

$$M_{max}=20\times380\times10^{-3} \text{ kN}\cdot\text{m}=7.6 \text{ kN}\cdot\text{m}$$

图 9-9(b)、(c)分别表示轴 OA 的扭矩图和弯矩图,由此二图可判断危险截面在固定端处。

(2) 应力分析和强度条件

根据内力图相应地绘出危险截面上的应力分布图,如图 9-9(d)所示。由图可知,危险截面上的 a、b 两点是危险点,且为二向应力状态(见图 9-9(e)),由公式(9-18)得

$$\sigma_{eq^3}=\frac{\sqrt{M^2+M_T^2}}{W}=\frac{\sqrt{7.6^2+6^2}\times10^3}{\frac{\pi}{32}\times12.5^3\times10^{-6}} \text{ MPa}=50.4 \text{ MPa}<[\sigma]=80 \text{ MPa}$$

计算结果表明轴 OA 的强度是足够的。

【**例 9-5**】　传动轴 AD 如图 9-10(a)所示,已知 C 轮上的皮带拉力方向都是铅直的,D 轮上的皮带拉力方向都是水平的,轴的许用应力[σ]＝160 MPa,不计自重,试选择实心圆轴的直径 d。

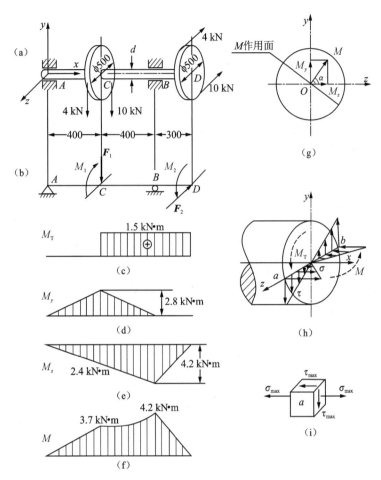

图 9-10　传动轴受力分析

【**解**】　(1) 外力分析

将两个轮子上的皮带拉力分别向轮心 C 及 D 简化,可得轴 AD 的受力图,如图 9-10(b)所示,其中

$$F_1 = F_2 = (10+4)\ \text{kN} = 14\ \text{kN}$$

$$M_1 = M_2 = (10-4) \times 25\ \text{kN} \cdot \text{cm} = 150\ \text{kN} \cdot \text{cm} = 1.5\ \text{kN} \cdot \text{m}$$

由图可知,轴的变形为扭转和两个互相垂直平面上的平面弯曲的组合。

(2) 内力分析

根据外力作用分别作出轴 AD 的扭矩图 W_T(见图 9-10(c))和两个互相垂直平面上的弯矩图(见图 9-10(d)、(e)),然后将每一截面上的两个弯矩 M_z、M_y 按下式合成弯矩 M,即

$$M = \sqrt{M_z^2 + M_y^2}$$

合成弯矩 M 与 z 轴的夹角 α 在各个截面上是不同的(见图 9-10(g)),但对于圆形截面来说,不

论 α 为多少都将产生平面弯曲,而且在计算最大弯曲正应力时,只用考虑合成弯矩的大小而无须考虑它的方向。因此,可将各截面的合成弯矩按其数值绘制在一个平面上而不影响强度计算的结果,合成弯矩 M 的图形如图 9-10(f)所示。

由扭矩图 9-10(c)和合成弯矩图 9-10(f)可以看出,B 截面是危险截面,在该截面上的弯矩和扭矩值分别为

$$M = 4.2 \text{ kN} \cdot \text{m}$$
$$M_T = 1.5 \text{ kN} \cdot \text{m}$$

（3）应力分析

根据内力的大小和方向可绘出危险截面 B 处的应力分布图,如图 9-10(h)所示。其中截面边缘上的 a、b 两点是危险点,a 点的应力状态图如图 9-10(i)所示。

（4）选择截面

对塑性材料可采用最大切应力理论建立强度条件。于是根据式(9-18)得

$$W \geqslant \frac{\sqrt{M^2 + M_T^2}}{[\sigma]} = \frac{\sqrt{4.2^2 + 1.5^2} \times 10^3}{160 \times 10^6} \text{ m}^3 = 27.9 \times 10^{-6} \text{ m}^3$$

由

$$W = \frac{\pi d^3}{32} \geqslant 27.9 \times 10^{-6} \text{ m}^3$$

解得

$$d \geqslant \sqrt[3]{\frac{32 \times 27.9 \times 10^{-6}}{\pi}} = 65.7 \times 10^{-3} \text{ m} = 65.7 \text{ mm}$$

若用最大变形能理论,可按强度条件式(9-20)进行计算,即

$$W \geqslant \frac{\sqrt{M^2 + 0.75 W_T^2}}{[\sigma]} = \frac{\sqrt{4.2^2 + 0.75 \times 1.5^2} \times 10^3}{160 \times 10^6} \text{ m}^3 = 27.5 \times 10^{-6} \text{ m}^3$$

由此解得

$$d \geqslant 65.4 \text{ mm}$$

由计算得知,按最大切应力理论与按最大变形能理论计算,其结果是非常接近的。

【本章要点】

1. 当材料服从胡克定律且构件符合小变形条件时,可应用叠加原理计算组合变形构件强度。即将荷载适当简化或分解,使杆在每组荷载作用下只产生一种基本变形,分别计算出各基本变形时所产生的应力,最后将所得结果进行叠加,就得到总的应力。

2. 解决组合变形问题的关键是将组合变形分解为有关的基本变形,应明确:

拉伸(压缩)与弯曲组合——分解为轴向拉伸(压缩)与平面弯曲;

弯曲与扭转组合——分解为弯曲变形与扭转变形。

3. 组合变形分解为基本变形的关键,是正确地对外力进行简化与分解。要点是:对于平行于杆件轴线的外力,当其作用线不通过截面形心时,一律向形心简化(即将外力平移至形心处)。

对垂直于杆件轴向的横向力,当其作用线通过截面形心但不与截面对称轴重合时,应将横向力沿截面的两个对称轴方向分解。

4.对组合变形杆件进行强度计算时,其强度条件为

$$\sigma_{\max} \leqslant [\sigma]$$

式中,$\sigma_{\max}$是危险截面上危险点的应力,$[\sigma]$是材料许用应力值。对于拉伸(压缩)与弯曲组合变形而言,$\sigma_{\max}$等于危险点在各基本变形(拉伸、压缩、平面弯曲等)中的应力之和;对于弯曲与扭转组合变形来说,$\sigma_{\max}$则应根据强度理论来确定。

【思考题】

9-1　何谓组合变形?当构件处于组合变形时,其应力分析的理论依据是什么?

9-2　分析图 9-11(a)、(b)中杆 AB、BC、CD 分别是哪几种基本变形的组合?

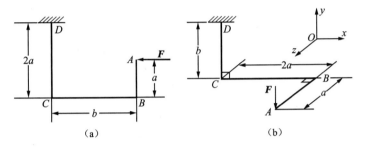

图 9-11　杆件的组合变形分析

9-3　分析图 9-12 所示槽钢所受的力 **F** 作用于 A 点时,其危险截面和危险点在何处?

9-4　矩形截面杆受力如图 9-13 所示,试写出固定端截面上 A 点和 B 点处的应力表达式;确定危险点的位置并画出它的应力状态。

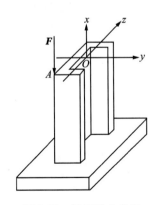

图 9-12　槽钢受力分析

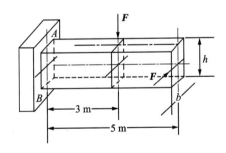

图 9-13　矩形截面杆受力图

9-5　弯扭组合变形时,为什么可以由 M_y、M_z 求出合成弯矩 $M = \sqrt{M_y^2 + M_z^2}$,之后根据合成弯矩 M 来求弯曲正应力?

9-6　弯扭组合变形时,为什么要用强度理论进行强度计算?可否用 $\sigma_{\max} = \dfrac{\sqrt{M_y^2 + M_z^2}}{W} \leqslant [\sigma]$,

$\tau_{\max} = \dfrac{M_{\mathrm{T}}}{W_{\mathrm{T}}} \leqslant [\tau]$分别校核?

9-7 试比较拉(压)扭组合与弯扭组合变形时,构件的内力、应力和强度条件有何异同。

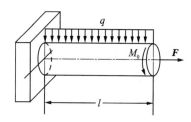

图 9-14 圆形截面悬臂梁受力图

9-8 圆形截面悬臂梁如图 9-14 所示,若梁同时受到轴向拉力 F、横向力 q 和转矩 M_0 作用,试指出:① 危险截面、危险点的位置;② 危险点的应力状态;③ 下面两个强度条件哪一个正确?

a. $\dfrac{F}{A}+\sqrt{\left(\dfrac{M}{W}\right)^2+4\left(\dfrac{M_0}{W_T}\right)^2}\leqslant[\sigma]$;

b. $\sqrt{\left(\dfrac{F}{A}+\dfrac{M}{W}\right)^2+4\left(\dfrac{M_C}{W_T}\right)^2}\leqslant[\sigma]$。

【习题】

9-1 如图 9-15 所示吊架的横梁 AC 由 16 号工字钢制成,$F=10$ kN,若材料的许用应力$[\sigma]=160$ MPa。试校核横梁 AC 的强度。

9-2 如图 9-16 所示构件为中间开有切槽的短柱,未开槽部分的横截面是边长为 $2a$ 的正方形,开槽部分的横截面为图中有阴影线的 $a\times 2a$ 矩形。若沿未开槽部分的中心线作用有轴向压力 F,试确定开槽部分横截面上的最大正应力与未开槽时的比值。

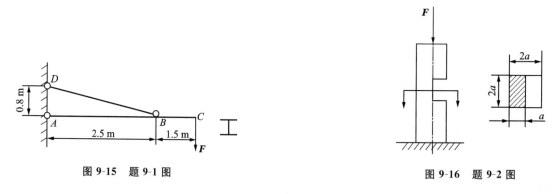

图 9-15 题 9-1 图

图 9-16 题 9-2 图

9-3 压力机框架如图 9-17 所示,材料为铸铁,许用拉应力$[\sigma_T]=30$ MPa,许用压应力$[\sigma_C]=80$ MPa,已知力 $F=12$ kN。试校核该框架的强度。

9-4 链环直径 $d=50$ mm,受到拉力 $F=10$ kN 作用,如图 9-18 所示。试求链环的最大正应力及其位置。如果链环的缺口焊好后,则链环的正应力将是原来最大正应力的几分之几?

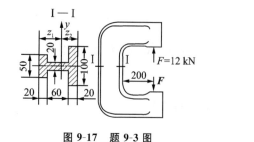

图 9-17 题 9-3 图

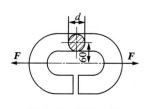

图 9-18 题 9-4 图

9-5　如图 9-19 所示,一梁 AB,跨度为 6 m,梁上铰接一桁架,力 F＝10 kN 平行于梁轴线且作用于桁架 E 点,若梁横截面为 100 mm×200 mm,试求梁中最大拉应力。

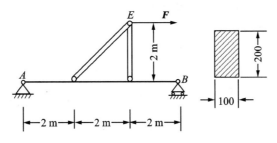

图 9-19　题 9-5 图

9-6　矩形截面梁如图 9-20 所示,已知 F＝10 kN,φ＝15°,求最大正应力。

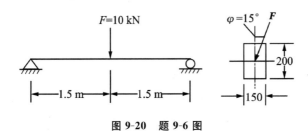

图 9-20　题 9-6 图

9-7　如图 9-21 所示,手摇绞车车轴横截面为圆形,直径 d＝3 cm,已知许用应力[σ]＝80 MPa,试根据最大切应力理论和最大变形能理论计算最大的许可起吊重量 F。

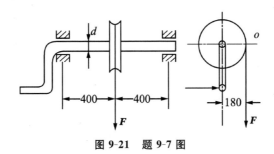

图 9-21　题 9-7 图

第10章 梁与结构的位移计算

本章主要研究微小变形、弹性状态下,静定梁和静定结构的位移计算。

先介绍挠度和转角的基本概念,建立挠曲线近似微分方程,进而讨论求挠度、转角的积分法、叠加法。在"变形能在数值上等于外力在变形过程中所做的功"的基础上,建立单位荷载法求解结构的位移。并在此基础上引入图乘法求解静定结构的位移。根据能量法推出线弹性体的互等定理,最后介绍结构的刚度校核方法。

10.1 工程中的变形问题

工程中对结构除强度要求外,往往还有刚度要求,即要求它的变形不能过大以满足正常使用要求。以阳台挑梁 AB(见图 10-1)为例,若在竖向荷载作用下,其弯曲变形过大,将会影响工程结构构件的正常使用及安全。又如图 10-2 所示,排架结构 ABCDEF 在水平荷载作用下,当横梁刚度较大,其轴向变形忽略不计时,将会产生相应的水平侧移,该侧移在实际工程中需加以控制。再以吊车梁为例,当变形过大时,将使梁上小车行走困难,出现爬坡现象,还会引起较严重的振动。所以,若变形超过允许值,即使仍然是弹性的,也被认为是一种失效。

图 10-1 阳台挑梁的变形

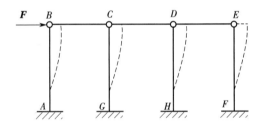

图 10-2 排架结构的水平侧移

工程中虽然经常限制弯曲变形,但是在另一些情况下,常常又要利用弯曲变形达到某种要求。例如,车辆的叠板弹簧(见图 10-3(a))应有较大的变形,才可以更好地起缓冲作用。弹簧扳手(见图 10-3(b))要有明显的弯曲变形,才可以使测得的力矩更为准确。

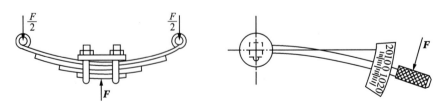

图 10-3 弯曲变形的利用

变形计算除用于解决刚度问题外,还为超静定结构的内力分析提供了基础,因各种计算超静定结构的方法,都需以位移计算作为基础。

10.2　挠曲线近似微分方程

10.2.1　挠度和转角

设一悬臂梁 AB,如图 10-4 所示,在荷载作用下,其轴线将弯曲成一条光滑的连续曲线 AB'。在平面弯曲的情况下,这是一条位于荷载所在平面内的平面曲线。梁弯曲后的轴线称为**挠曲线**。因这是在弹性范围内的挠曲线,故也称为**弹性曲线**。

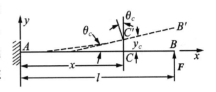

图 10-4　悬臂梁的挠曲线

梁变形时,其上各截面的位置都发生移动,称之为位移,用**挠度**和**转角**两个基本变量来表示。

（1）挠度

由图 10-4 可见,梁轴线上任一点 C（梁某一横截面的形心）,在梁变形后将移至 C'。由于梁的变形很小,变形后的挠曲线是一条光滑的曲线,故 C 点的水平位移可以忽略不计,从而认为线位移 CC' 垂直于变形前梁的轴线。这种位移称为该截面形心的挠度,简称为该截面的**挠度**,图中以 y_C 表示,单位为 mm。

（2）转角

梁变形时,横截面还将绕中性轴转动一个角度。梁任一横截面相对于其原来位置所转动的角度称为该截面的**转角**,单位为 rad。图 10-4 中的 θ_C 为截面 C 的转角。

为描述梁的挠度和转角,取一个直角坐标系,以梁的左端为原点,令 x 轴与梁变形前的轴线重合,方向向右;y 轴与之垂直,方向向上（见图 10-4）。这样,变形后梁任一横截面的挠度就可用其形心在挠曲线上的纵坐标 y 表示;根据平截面假设,梁变形后横截面仍垂直于梁的轴线,因此,任一横截面的转角,也可用挠曲线在该截面形心处的切线与 x 轴的夹角 θ 来表示。

挠度 y 和转角 θ 随截面位置 x 而变化,即 y 和 θ 是 x 的函数。因此,梁的挠曲线可表示为

$$y = f(x) \tag{a}$$

此式称为梁的**挠曲线方程**。由微分学知,过挠曲线上任一点的切线与 x 轴的夹角的正切值就是挠曲线在该点处切线的斜率,即

$$\tan \theta = \frac{\mathrm{d}y}{\mathrm{d}x} = y' \tag{b}$$

由于工程实际中梁的转角 θ 一般很小,$\tan \theta \approx \theta$,故可以认为

$$\theta = \frac{\mathrm{d}y}{\mathrm{d}x} = y' \tag{10-1}$$

可见 y 与 θ 之间存在一定的关系,即梁任一横截面的转角 θ 的值等于该截面的挠度 y 对 x 的一阶导数。这样,只要求出挠曲线方程,就可以确定梁上任一横截面的挠度和转角。

挠度和转角的符号,是根据所选定的坐标系而定的。与 y 轴正方向一致的挠度为正,反之为负;挠曲线上某点处的斜率为正时,则该处横截面的转角为正,反之为负。例如,在图 10-4 所选定的坐标系中,挠度向上时为正,向下时为负;转角逆时针转向为正,顺时针转向为负。

10.2.2 挠曲线近似微分方程

为了得到挠曲线方程,应建立梁的变形与外力之间的关系。在第 8 章中,曾导出在纯弯曲时的梁变形的基本公式,即

$$\frac{1}{\rho} = \frac{M}{EI}$$

因为一般梁的横截面的高度远小于跨长,剪力对变形的影响很小,可以忽略不计,所以上式也可推广到非纯弯曲的情况。但此时弯矩 M 和曲率半径 ρ 都是截面位置 x 的函数,故上式应改写为

$$\frac{1}{\rho(x)} = \frac{M(x)}{EI} \tag{a}$$

上式所描述的是梁弯曲后轴线的曲率,而不是梁的挠度和转角。但由这一公式出发,可建立梁的挠曲线方程,从而可得梁的挠度和转角。

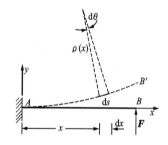

图 10-5 微段梁 ds 的位移分析

如果在梁的挠曲线中任取一微段梁 ds,则由图 10-5 可知,它与曲率半径的关系为

$$ds = \rho(x)d\theta$$

或

$$\frac{1}{\rho(x)} = \frac{d\theta}{ds}$$

式中,$d\theta$ 为微段梁两端面的相对转角。由于梁的变形很小,可以认为,$ds \approx dx$,即

$$\frac{1}{\rho(x)} = \frac{d\theta}{dx} \tag{b}$$

由式(10-1)得

$$\frac{1}{\rho(x)} = \frac{d^2y}{dx^2} \tag{c}$$

将式(c)代入式(a),最后得到

$$y'' = \frac{d^2y}{dx^2} = \frac{M(x)}{EI} \tag{10-2}$$

这样,就将描述挠曲线曲率的公式转换为上述微分方程,并称之为梁的**挠曲线近似微分方程**。之所以说是近似,是因为推导这一方程时,略去了剪力对变形的影响,并认为 $ds \approx dx$。但根据这一方程所得到的解在工程中应用是足够精确的。

应当注意,在推导式(10-2)时,所取的 y 轴方向是向上的。只有这样,等式两边的符号才是一致的。因为,当弯矩 $M(x)$ 为正时,将使梁的挠曲线呈下凹形,由微分学知,此时曲线的二阶导数 y'' 在所选取的坐标系中也为正值(见图 10-6(a));同样,当弯矩 $M(x)$ 为负时,梁的挠曲线呈上凸形,此时 y'' 也为负值(见图 10-6(b))。

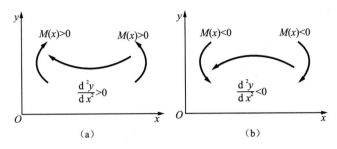

图 10-6　梁的挠曲线

10.3　积分法求梁的挠度和转角

对挠曲线近似微分方程(10-2)进行积分计算,可求得梁的挠度方程和转角方程。对于等截面梁,其刚度为常数,此时式(10-2)可改写为

$$EIy'' = M(x) \tag{10-3}$$

将上式两边乘以 dx,积分一次可得转角方程为

$$\theta = y' = \frac{1}{EI}\left[\int M(x)dx + C\right] \tag{10-4}$$

同样,将上式两边乘以 dx,再积分一次又得挠度方程为

$$y = \frac{1}{EI}\left[\int\left(\int M(x)dx\right)dx + Cx + D\right] \tag{10-5}$$

在式(10-4)和式(10-5)中出现了两个积分常数 C 和 D,其值可以通过梁边界的已知挠度和转角来确定,这些条件称为**边界条件**。

例如,在简支梁两端支座处的挠度为零(见图 10-7(a)),可列出边界条件

$$x=0 \text{ 处},y_A=0;x=l \text{ 处},y_B=0$$

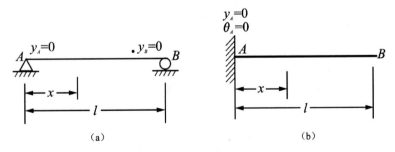

图 10-7　积分常数的取值

悬臂梁固定端的挠度和转角皆为零(见图 10-7(b)),可列出边界条件

$$x=0 \text{ 处},y_A=0 \text{ 和 } \theta_A=0$$

根据这些边界条件,即可求得两个积分常数 C 和 D。将已确定的积分常数再代入式(10-4)和式(10-5),由此可求出任一横截面的转角和挠度。

上述求梁的挠度和转角的方法,称为**积分法**。

【例 10-1】 一悬臂梁,在其自由端受集中力的作用,如图 10-8 所示。试求梁的转角方程和挠度方程,并确定最大转角$|\theta|_{\max}$和最大挠度$|y|_{\max}$。

【解】 以固定端为原点,取坐标系如图 10-8 所示。

图 10-8 悬臂梁位移分析

(1)求支座反力,列弯矩方程

在固定端处有支座反力F_{RA}和反力偶矩M_A,由平衡方程可得

$$F_{RA}=F,M_A=F \cdot l$$

在距原点x处取截面,可列出弯矩方程为

$$M(x)=-M_A+F_{RA}x=-Fl+Fx \tag{a}$$

(2)列挠曲线近似微分方程并进行积分

将弯矩方程代入式(10-3),得挠曲线近似微分方程为

$$EIy''=-Fl+Fx \tag{b}$$

对上式积分一次,得转角方程

$$\theta=y'=\frac{1}{EI}\left(-Flx+\frac{F}{2}x^2+C\right) \tag{c}$$

将上式再积分一次,可得挠度方程

$$y=\frac{1}{EI}\left(-\frac{Fl}{2}x^2+\frac{F}{6}x^3+Cx+D\right) \tag{d}$$

(3)确定积分常数

因悬臂梁在固定端处的挠度和转角均为零,即

$$在 x=0 处,\theta_A=y'_A=0 \tag{e}$$

$$y_A=0 \tag{f}$$

将式(f)代入式(d),将式(e)代入式(c),可解得待定常数

$$D=0,C=0$$

(4)确定转角方程和挠度方程

将所求得的积分常数C和D代入式(c)和(d),得梁的转角方程和挠度方程为

$$\theta=y'=\frac{1}{EI}\left(-Flx+\frac{F}{2}x^2\right)=-\frac{Fx}{2EI}(2l-x) \tag{g}$$

$$y=\frac{1}{EI}\left(-\frac{Fl}{2}x^2+\frac{F}{6}x^3\right)=-\frac{Fx^2}{6EI}(3l-x) \tag{h}$$

(5)求最大转角和最大挠度

利用式(g)和式(h)可求得任一截面的转角和挠度。由图 10-8 可以看出,B 截面的挠度和转角

绝对值为最大。以 $x=l$ 代入式(g)和(h),可得

$$\theta_B = -\frac{Fl^2}{2EI} \tag{i}$$

$$y_B = -\frac{Fl^3}{3EI} \tag{j}$$

即

$$|\theta|_{\max} = \frac{Fl^2}{2EI}$$

$$|y|_{\max} = \frac{Fl^2}{3EI}$$

所得的 θ_B 为负值,说明截面 B 作顺时针方向转动;y_B 为负值,说明 B 截面的挠度向下。

【**例 10-2**】　一简支梁如图10-9所示,在全梁上受集度为 q 的均布荷载作用。试求此梁的转角方程和挠度方程,并确定最大转角 $|\theta|_{\max}$ 和最大挠度 $|y|_{\max}$ 。

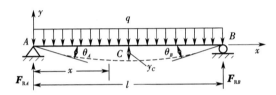

图 10-9　简支梁位移分析

【**解**】　(1) 列弯矩方程,求支座反力

由对称关系可得梁的两个支座反力为

$$F_{RA} = F_{RB} = \frac{ql}{2}$$

以 A 为原点,取坐标系如图 10-9 所示,列出梁的弯矩方程

$$M(x) = \frac{ql}{2}x - \frac{qx^2}{2} \tag{a}$$

(2) 列挠曲线近似微分方程并进行积分

将式(a)代入式(10-3),得

$$EIy'' = \frac{ql}{2}x - \frac{q}{2}x^2 \tag{b}$$

通过两次积分,得

$$\theta = y' = \frac{1}{EI}\left(\frac{ql}{4}x^2 - \frac{q}{6}x^3 + C\right) \tag{c}$$

$$y = \frac{1}{EI}\left(\frac{ql}{12}x^3 - \frac{q}{24}x^4 + Cx + D\right) \tag{d}$$

(3) 确定积分常数

简支梁两端支座处的挠度均为零,即

$$在\ x=0\ 处,y_A=0 \tag{e}$$

将式(e)代入式(d),得

$$D=0$$

$$在\ x=l\ 处,y_B=0 \tag{f}$$

将其仍代入式(d),得

$$y_B = \frac{ql^4}{12} - \frac{ql^4}{24} + Cl = 0$$

由此解出

$$C = -\frac{ql^3}{24}$$

(4) 确定转角方程和挠度方程

将所求得的积分常数 C 和 D 代入式(c)和(d),可得转角方程和挠度方程如下。

$$\theta = y' = \frac{1}{EI}\left[\frac{ql}{4}x^2 - \frac{q}{6}x^3 - \frac{ql^3}{24}\right] = -\frac{q}{24EI}\left[l^3 - 6lx^2 + 4x^3\right] \tag{g}$$

$$y = \frac{1}{EI}\left[\frac{ql}{12}x^3 - \frac{q}{24}x^4 - \frac{ql^3}{24}x\right] = -\frac{qx}{24EI}\left[l^3 - 2lx^2 + x^3\right] \tag{h}$$

(5) 求最大转角和最大挠度

梁上荷载和边界条件均对称于梁跨的中点,故梁的挠曲线必对称。由此可知,最大挠度必位于梁的中点。把 $x = \frac{l}{2}$ 代入式(h),得

$$y_C = -\frac{q \cdot \dfrac{l}{2}}{24EI}\left[l^3 - \frac{l^3}{2} + \frac{l^3}{8}\right] = -\frac{5ql^4}{384EI}$$

式中的负号表示梁中点的挠度向下。由此知绝对值最大的挠度为

$$|y|_{max} = \frac{5ql^4}{384EI} \tag{i}$$

又由图 10-9 可见,在两端支座处横截面的转角数值相等,绝对值均为最大。以 $x = 0$ 和 $x = l$ 代入式(g),得

$$\theta_A = -\frac{ql^3}{24EI}, \theta_B = \frac{ql^3}{24EI}$$

故

$$|\theta|_{max} = \frac{ql^3}{24EI} \tag{j}$$

由以上二例中的式(c)和(d),可以看出积分常数 C 和 D 的几何意义。如以 $x = 0$ 代入此二式,则

$$EIy' = EI\theta_0 = C$$
$$EIy = EIy_0 = D$$

可见,积分常数 C、D 分别表示坐标原点处截面的转角 θ_0 和挠度 y_0 与抗弯刚度 EI 的乘积。

【例 10-3】 一简支梁如图 10-10 所示,在 C 点处受一集中力 F 作用。试求此梁的转角方程和挠度方程,并确定最大转角 $|\theta|_{max}$ 和最大挠度 $|y|_{max}$。

【解】 与前面两个例题的不同之处是此梁上的外力将梁分为两段,故须分别列出左、右两段的弯矩方程。

(1) 求支座反力,列弯矩方程

先求梁两端的支座反力

由 $\sum M_B = 0$ 得
$$F_{RA} = \frac{Fb}{l}$$

由 $\sum M_A = 0$ 得 $\qquad\qquad F_{RB} = \dfrac{Fa}{l}$

取坐标系如图 10-10 所示，再列出两梁段的弯矩方程为

AC 段

$$M_1(x) = \frac{Fb}{l}x \qquad (0 \leqslant x \leqslant a) \qquad (\text{a}_1)$$

CB 段

$$M_2(x) = \frac{Fb}{l}x - F(x-a) \qquad (a \leqslant x \leqslant l) \qquad (\text{a}_2)$$

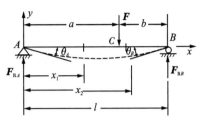

图 10-10　简支梁的位移

（2）列挠曲线近似微分方程并进行积分

因两梁段的弯矩方程不同，故梁的挠曲线近似微分方程也须分别列出。两梁段的挠曲线近似微分方程及其积分分别列出，如表 10-1 所示。

表 10-1　两梁段的挠曲线近似微分方程及其积分

AC 段 $(0 \leqslant x \leqslant a)$		CB 段 $(a \leqslant x \leqslant l)$	
$EIy_1'' = \dfrac{Fb}{l}x$	(b_1)	$EIy_2'' = \dfrac{Fb}{l}x - F(x-a)$	(b_2)
$\theta_1 = \dfrac{1}{EI}\left(\dfrac{Fb}{2l}x^2 + C_1\right)$	(c_1)	$\theta_2 = \dfrac{1}{EI}\left(\dfrac{Fb}{2l}x^2 - \dfrac{F}{2}(x-a)^2 + C_2\right)$	(c_2)
$y_1 = \dfrac{1}{EI}\left(\dfrac{Fb}{6l}x^3 + C_1 x + D_1\right)$	(d_1)	$y_2 = \dfrac{1}{EI}\left(\dfrac{Fb}{6l}x^3 - \dfrac{F}{6}(x-a)^3 + C_2 x + D_2\right)$	(d_2)

（3）确定积分常数

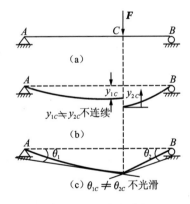

图 10-11　积分常数分析

上面的积分结果出现了 4 个积分常数，需要 4 个已知的变形协调条件才能确定。由于梁变形后其挠曲线是一条光滑连续的曲线，在 AC 和 CB 两段梁交接处 C 的横截面，既属于 AC 段，又属于 CB 段，故其转角或挠度必须相等，否则挠曲线就会出现不光滑或不连续的现象（见图 10-11）。因此，在两段梁交接处的变形应满足如下条件。

在 $x_1 = x_2 = a$ 处

$$\theta_1 = \theta_2 \qquad (\text{e})$$
$$y_1 = y_2 \qquad (\text{f})$$

这样的条件称为**连续条件**。式（e）表示挠曲线在 C 处应光滑；式（f）表示挠曲线在该处应连续。利用上述两个连续条件，连同梁的两个边界条件，即可确定四个积分常数。

以 $x = a$ 代入式（c_1）和（c_2），并按上述条件，令两式相等，即

$$\frac{Fb}{2l}a^2 + C_1 = \frac{Fb}{2l}a^2 - \frac{F}{2}(a-a)^2 + C_2$$

由此得 $\qquad\qquad\qquad\qquad C_1 = C_2$

再以 $x=a$ 代入式(d_1)和(d_2)，并令两式相等，即

$$\frac{Fb}{6l}a^3 + C_1 a + D_1 = \frac{Fb}{6l}a^3 - \frac{F}{6}(a-a)^3 + C_2 a + D_2$$

因已求得 $C_1 = C_2$，故由此得

$$D_1 = D_2$$

又，梁在 A、B 两端支座处应满足的边界条件是

在 $x=0$ 处

$$y_1 = y_A = 0 \tag{g}$$

在 $x=l$ 处

$$y_2 = y_B = 0 \tag{h}$$

以式(g)代入表 10-1 的式(d_1)，可得

$$D_1 = D_2 = 0$$

以式(h)代入表 10-1 的式(d_2)，得

$$\frac{Fb}{6l}l^3 - \frac{F}{6}(l-a)^3 + C_2 l = 0$$

由此解出

$$C_1 = C_2 = -\frac{Fb}{6l}(l^2 - b^2)$$

(4) 确定转角方程和挠度方程

将所求得的积分常数代入表 10-1 的(c_1)、(c_2)、(d_1)和(d_2)各式，即得两梁段的转角方程和挠度方程，如表 10-2 所示。

表 10-2　两梁段的转角方程和挠度方程

AC 段$(0 \leqslant x \leqslant a)$		CB 段$(a \leqslant x \leqslant l)$	
$\theta_1 = -\dfrac{1}{EI}\left(\dfrac{Fb}{6l}(l^2 - 3x^2 - b^2)\right)$	(i_1)	$\theta_2 = -\dfrac{1}{EI}\left[\dfrac{Fb}{6l}(l^2 - b^2 - 3x^2) + \dfrac{F}{2}(x-a)^2\right]$	(i_2)
$y_1 = -\dfrac{Fbx}{6EIl}(l^2 - x^2 - b^2)$	(j_1)	$y_2 = -\dfrac{1}{EI}\left[\dfrac{Fbx}{6l}(l^2 - b^2 - x^2) + \dfrac{F}{6}(x-a)^3\right]$	(j_2)

(5) 求最大转角和最大挠度

① 最大转角。

由图 10-10 可见，梁 A 端或 B 端的转角可能最大。

以 $x=0$ 代入表 10-2 的式(i_1)，得梁 A 端截面的转角为

$$\theta_A = -\frac{Fb(l^2 - b^2)}{6EIl} = -\frac{Fab(l+b)}{6EIl} \tag{k}$$

以 $x=l$ 代入表 10-2 的式(i_2)，得梁 B 端截面的转角为

$$\theta_B = \frac{Fab(l+a)}{6EIl} \tag{l}$$

比较二式的绝对值可知，当 $a>b$ 时，θ_B 为最大转角。

② 最大挠度。

在 $\theta = y' = 0$ 处，y 为极值，此处的挠度绝对值最大。故应先确定转角为零的截面位置，然后求

最大挠度。先研究 AC 段,设在 x_0 处,截面的转角为零,以 x_0 代入表 10-2 的式(i_1),并令 $y'=0$,即

$$-\frac{Fb}{6l}(l^2-3x_0^2-b^2)=0$$

由此解得

$$x_0=\sqrt{\frac{l^2-b^2}{3}} \qquad\qquad (m)$$

由此式可以看出,当 $a>b$ 时,$x_0<a$,故知转角 θ 为零的截面必在 AC 段内,以式(m)代入表 10-2 的式(j_1)并整理后,即可求得绝对值最大的挠度为

$$|y|_{\max}=\frac{Fb}{9\sqrt{3}EIl}\sqrt{(l^2-b^2)^3} \qquad\qquad (n)$$

(6) 讨论

由式(m)可以看出,当荷载 F 无限接近 B 端支座时,即 $b\to0$ 时,有

$$x_0\to\frac{l}{\sqrt{3}}=0.577l$$

这说明,即使在这种极限情况下,梁最大挠度所在位置仍与梁的中点非常接近。因此可以近似地用梁中点的挠度来代替梁的实际最大挠度。以 $x=\frac{l}{2}$ 代入表 10-2 内式(j_1),即可算出梁中点处的挠度为

$$\left|y_{\frac{l}{2}}\right|=\frac{Fb}{48EI}(3l^2-4b^2) \qquad\qquad (o)$$

以 $y_{\frac{l}{2}}$ 代替 $y_{\max}$ 所引起的误差不超过 3%。

当荷载 F 位于梁的中点,即当 $a=b=\frac{l}{2}$ 时,则由式(k)、(l)和(n)得梁的最大转角和最大挠度为

$$|\theta|_{\max}=-\theta_A=\theta_B=\frac{Fl^2}{16EI}$$

$$|y|_{\max}=\left|y_{\frac{l}{2}}\right|=\frac{Fl^3}{48EI}$$

综合上述各例可见,用积分法求梁变形的步骤如下。

① 求支座反力,列弯矩方程;

② 列出梁的挠曲线近似微分方程,并对其逐次积分;

③ 利用边界条件和连续条件确定积分常数;

④ 建立转角方程和挠度方程;

⑤ 求最大转角 $|\theta|_{\max}$ 和最大挠度 $|y|_{\max}$,或指定截面的转角和挠度。

积分法是求梁变形的一种基本方法,其优点是可以求得梁的转角方程和挠度方程;其缺点是运算过程较烦琐。因此,在一般设计手册中,已将常用梁的挠度和转角的有关计算公式列成表格,以备查。当 y 轴向下为正,转角 θ 顺时针转向为正时,表 10-3 给出了简单荷载作用下常见梁的挠度和转角。

表 10-3 梁在简单荷载作用下的变形

序号	梁的形式及荷载	挠曲线方程	梁端转角	最大挠度
1		$y=\dfrac{Fx^2}{6EI}(3l-x)$	$\theta_B=\dfrac{Fl^2}{2EI}$	$y_B=\dfrac{Fl^3}{3EI}$
2		$y=\dfrac{Fa^2}{6EI}(3a-x)$ $0\leqslant x\leqslant a$ $y=\dfrac{Fa^2}{6EI}(3x-a)$ $a\leqslant x\leqslant l$	$\theta_B=\dfrac{Fa^2}{2EI}$	$y_B=\dfrac{Fa^2}{6EI}(3l-a)$
3		$y=\dfrac{qx^2}{24EI}(x^2-4lx+6l^2)$	$\theta_B=\dfrac{ql^3}{6EI}$	$y_B=\dfrac{ql^4}{8EI}$
4		$y=\dfrac{Mx^2}{2EI}$	$\theta_B=\dfrac{Ml}{EI}$	$y_B=\dfrac{Ml^2}{2EI}$
5		$y=\dfrac{Fx}{48EI}(3l^2-4x^2)$ $0\leqslant x\leqslant l/2$	$\theta_A=-\theta_B=\dfrac{Fl^2}{16EI}$	$y_B=\dfrac{Fl^3}{48EI}$
6		$y=\dfrac{Fbx}{6EIl}(l^2-x^2-b^2)$ $0\leqslant x\leqslant a$ $y=\dfrac{Fb}{6EIl}\left[\dfrac{l}{b}(x-a)^3+\right.$ $\left.(l^2-b^2)x-x^3\right]$ $a\leqslant x\leqslant l$	$\theta_A=\dfrac{Fab(l+b)}{6EIl}$ $\theta_B=-\dfrac{Fab(l+a)}{6EIl}$	$a>b,x=\sqrt{\dfrac{l^2-b^2}{3}}$ $y_{\max}=\dfrac{Fb(l^2-b^2)^{3/2}}{9\sqrt{3}EIl}$
7		$y=\dfrac{qx}{24EI}(l^3-2lx^2+x^3)$	$\theta_A=-\theta_B=\dfrac{ql^3}{24EI}$	$y_B=\dfrac{5ql^4}{384EI}$
8		$y=\dfrac{Mx}{6EIl}(l-x)(2l-x)$	$\theta_A=\dfrac{Ml}{3EI}$ $\theta_B=-\dfrac{Ml}{6EI}$	$x=(1-\dfrac{1}{\sqrt{3}})l$ $y_{\max}=\dfrac{Ml^2}{9\sqrt{3}EI}$

10.4 叠加法求挠度和转角

用前面介绍的积分法,虽然可以求得梁任一截面的转角和挠度,但是当梁上作用有多个荷载时,计算工作量很大。在实际工程中只需求出梁指定截面的位移,此时使用叠加法是很方便的。在弯曲变形很小,且在材料服从胡克定律的情况下,挠曲线近似微分方程是线性的。又因在微小变形的前提下,计算弯矩时,用梁变形前的位置,结果弯矩与荷载的关系也是线性的。这样梁在几个力共同作用下产生的变形(或支座反力、弯矩)将等于各个力单独作用时产生的变形(或支座反力、弯矩)的代数和,这种方法称为**叠加法**。只有在小变形、材料处于弹性阶段且服从胡克定律时,才可应用叠加法。

表 10-3 给出了简单荷载作用下常见梁的挠度和转角位移方程。下面举例说明求梁变形的叠加法。

【例 10-4】 图 10-12(a)所示的悬臂梁,受集中力 **F** 和集度为 q 的均布荷载作用,求端点 B 处的挠度和转角。

【解】 从表 10-3 中查得,由集中力 **F** 引起的 B 端的挠度和转角(见图 10-12(b))分别为

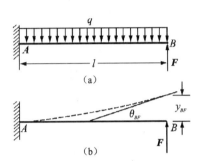

$$y_{BF} = \frac{Fl^3}{3EI}$$

$$\theta_{BF} = \frac{Fl^2}{2EI}$$

由均布荷载引起的 B 端的挠度和转角(见图 10-12(c))分别为

$$y_{Bq} = -\frac{ql^4}{8EI}$$

$$\theta_{Bq} = -\frac{ql^3}{6EI}$$

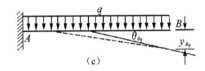

图 10-12 悬臂梁 AB 位移分析

则由叠加法得 B 端的总挠度和总转角分别为

$$y_B = y_{BF} + y_{Bq} = \frac{Fl^3}{3EI} - \frac{ql^4}{8EI}$$

$$\theta_B = \theta_{BF} + \theta_{Bq} = \frac{Fl^2}{2EI} - \frac{ql^3}{6EI}$$

【例 10-5】 一变截面外伸梁如图 10-13(a)所示,AB 段的刚度为 EI_1,BC 段的刚度为 EI_2;在 C 端受集中力 **F** 的作用,求截面 C 的挠度和转角。

【解】 此梁因两段的刚度不同,不能直接查用表 10-3 的公式;如用积分法求解,推算较烦琐。现采用叠加的方法。

先设梁在 B 点的截面不转动,BC 段视为一悬臂梁,如图 10-13(b)所示。由表 10-3 查得,此时截面 C 的转角和挠度分别为

$$\theta'_C = -\frac{Fa^2}{2EI_2}$$

$$y'_C = -\frac{Fa^3}{3EI_2}$$

再将梁在支座 B 稍右处假想地截开,截面上作用有剪力 $F_{QB} = F$,弯矩 $M_B = Fa$,其中剪力 F_{QB} 可与 B 端的支座反力平衡,不引起梁的变形,而弯矩 M_B 则相当于一个集中力偶。由表 10-3 查得,

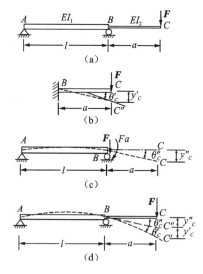

图 10-13　变截面外伸梁受力图

因 M_B 而使截面 B 产生的转角为

$$\theta_B = -\frac{(Fa)l}{3EI_1}$$

此时 BC 段将转至位置 BC'',截面 C 同时产生与 θ_B 相同的转角,即

$$\theta_C'' = \theta_B = -\frac{(Fa)l}{3EI_1}$$

并产生挠度　$y_C'' = \theta_B \cdot a = -\frac{(Fa)la}{3EI_1}$

在此基础上,再考虑因 BC 段的变形而引起的转角 θ_C' 及挠度 y_C'。由叠加法,截面 C 的总转角和总挠度为

$$\theta_C = \theta_C'' + \theta_C' = -\frac{Fal}{3EI_1} - \frac{Fa^2}{2EI_2}$$

$$y_C = y_C'' + y_C' = -\frac{Fa^2 l}{3EI_1} - \frac{Fa^3}{3EI_2}$$

10.5　单位荷载法

10.5.1　外力功的计算

外力功分为两种情况,一为常力(外力始终保持为常量)做功;另一为变力(外力是逐渐变化的)做功。二者的计算不同。

常力做的功等于外力与相应位移的乘积。例如,始终保持为常量的外力 $\boldsymbol{F}$,在沿 $\boldsymbol{F}$ 方向线位移 Δ 上所做的功 W 为

$$W = F \cdot \Delta \tag{10-6}$$

力学上的静荷载均为变力,静荷载都是从零开始逐渐缓慢增加的。以图 10-14(a)所示的简支梁代表线弹性体,未加外力时梁处于静平衡状态。在梁的横截面 1 处加力 $\boldsymbol{F}_1$,梁产生变形,静止于图 10-14(b)所示的位置,梁上任意一横截面 i 产生相应的线位移 Δ_i 和转角 θ_i(见图 10-14(b))。

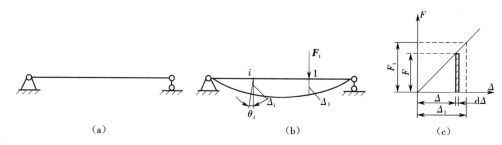

图 10-14　简支梁受力分析

由于在变形过程中没有动能的变化,动能始终保持为零。所以,外力在变形过程中所做的功全部转化为梁的变形能。在弹性范围内,外力 $\boldsymbol{F}$ 与位移 Δ 之间成线性比例关系,如图 10-14(c)所

示。外力在 $0 \sim F$ 的加载过程中,每一外力值均对应一定的位移值。当外力为 F_1 时,相应的位移为 Δ_1,此时外力增加一微量 $\mathrm{d}F$,则位移将增加一微量 $\mathrm{d}\Delta$,在这一过程中,外力做的功为

$$\mathrm{d}W = F \cdot \mathrm{d}\Delta$$

该式略去了 $\mathrm{d}F$ 在 $\mathrm{d}\Delta$ 上做的功,这部分为二阶微量。外力 F_1 在梁发生变形的过程中所做的功为

$$W = \int_0^{\Delta_1} F\mathrm{d}\Delta = \int_0^{\Delta_1} \frac{F_1}{\Delta_1}\Delta\mathrm{d}\Delta$$

即

$$W = \frac{1}{2}F_1\Delta_1 \tag{10-7}$$

此式为普遍情况,因而静荷载下外力功的表达式可写成

$$W = \frac{1}{2}F\Delta \tag{10-8}$$

此式表明,在静荷载作用下变形体处于线弹性阶段时,外力(指从零开始逐渐增加的)在其相应的位移上所做的功,等于外力最终值与相应位移最终值乘积的一半。在式(10-8)表达的外力功的计算式中,外力和位移都是广义的。F 为广义力,它可以是集中力 F,也可以是集中力偶 M;Δ 为广义位移,它可以是线位移,也可以是角位移。集中力与线位移相对应,集中力偶与角位移相对应。

10.5.2　线弹性杆件的变形能

弹性体在外力作用下要发生弹性变形。随着变形的产生,外力在其相应的位移上做了功,同时弹性体因变形而储存了能量,这种能量叫做**变形能(应变能)**。这里着重讨论弯曲构件变形能的计算。

微量计算弯曲变形能,从图 10-15(a)所示的梁中截取长为 $\mathrm{d}x$ 的微段梁,微段梁两横截面的内力如图 10-15(b)所示,此微段梁左侧截面上的弯矩为 $M(x)$,右侧截面上的弯矩为 $M(x) + \mathrm{d}M(x)$。端面弯矩引起微段发生弯曲变形,端面剪力引起微段发生剪切变形。一般情况下,剪切变形能远小于弯曲变形能,可忽略不计。弯矩增量 $\mathrm{d}M(x)$ 是 $M(x)$ 的一阶无穷小,在计算变形能时可不考虑。这样就可以按图 10-15(c)所示的受力和变形情况来计算微段的变形能。

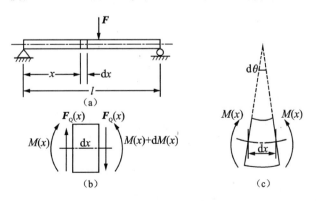

图 10-15　微段梁的变形能分析

微段的变形能 dV 可通过微段端截面上的弯矩在微段变形上的功来计算。若不考虑加载过程中其他形式的能量损耗,根据能量守恒定律可知,在整个加载过程中,储存在弹性体内的变形能 V 在数值上等于外力功,即

$$V = W$$

注意到:$d\theta = \dfrac{dx}{\rho} = \dfrac{M(x)}{EI}dx$,于是微段变形能等于微段弯矩(广义力)与转角(广义位移)乘积的一半。

$$dV = \frac{1}{2}M(x)d\theta = \frac{1}{2}M(x)\frac{M(x)}{EI}dx$$

整个杆件的弯曲变形能 V 为

$$V = \int_l \frac{M^2(x)}{2EI}dx \tag{10-9}$$

式中,$M(x)$ 为杆件的弯矩方程;EI 为杆件的弯曲刚度;积分限 l 表示积分在杆件全长上进行。

当杆件发生轴向拉伸(压缩),也可以类似地导出变形能的表达式。

$$V = \int_l \frac{F_N^2(x)}{2EA}dx \tag{10-10}$$

式中,$F_N(x)$ 为轴力;EA 为抗拉(压)刚度;l 为杆件长度。

当轴力 $F_N(x)$ 和抗拉(压)刚度沿杆件长度为常数时,则

$$V = \frac{F_N^2 l}{2EA} \tag{10-11}$$

对于组合变形杆件,按叠加原理,其变形能为各基本变形形式的变形能之和。

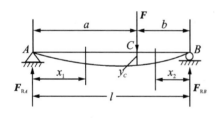

图 10-16 简支梁 AB 受力分析

【**例 10-6**】 简支梁 AB 如图 10-16 所示,C 点受集中力 $\boldsymbol{F}$ 作用,设梁的抗弯刚度 EI 为常量,求梁的变形能 V。

【**解**】 求出支座反力 $F_{RA} = \dfrac{Fb}{l}$,$F_{RB} = \dfrac{Fa}{l}$ 后,就可分别写出各段梁的弯矩方程,即

AC 段($0 \leqslant x_1 \leqslant a$)

$$M_1(x) = F_{RA} \cdot x_1 = \frac{Fb}{l}x_1$$

BC 段($0 \leqslant x_2 \leqslant b$)

$$M_2(x) = F_{RB} \cdot x_2 = \frac{Fa}{l}x_2$$

由于 AC、BC 两段梁的弯矩方程不同,故整个梁的变形能应分段计算,然后求其总和,即

$$V = \int_0^a \frac{M_1^2(x)}{2EI}dx_1 + \int_0^b \frac{M_2^2(x)}{2EI}dx_2$$

$$= \frac{1}{2EI}\int_0^a \left(\frac{Fb}{l}x_1\right)^2 dx_1 + \frac{1}{2EI}\int_0^b \left(\frac{Fa}{l}x_2\right)^2 dx_2$$

$$= \frac{F^2 b^2 a^3}{6EIl^2} + \frac{F^2 a^2 b^3}{6EIl^2} = \frac{F^2 b^2 a^2}{6EIl}$$

【**例 10-7**】 求图 10-17 所示的阶梯杆在力 $\boldsymbol{F}$ 作用下的变形能。

【解】　将阶梯杆分为上、下两段。每段上的轴力和抗拉(压)刚度分别为常数。

按式(10-11)得

$$V=\frac{F^2 l}{2(2EA)}+\frac{F^2 l}{2EA}=\frac{3F^2 l}{4EA}$$

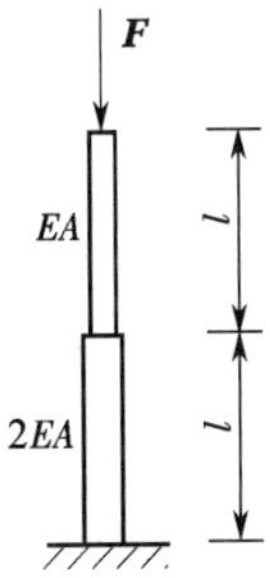

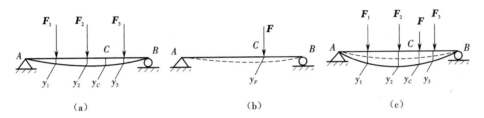

图 10-17　阶梯杆受力分析

10.5.3　单位荷载法

从以上各例可以看出,直接利用变形能等于外力功这一关系来求弹性体某点的位移时,要求该点必须有相应的力作用。否则,在外力功的表达式中就不会出现所求点的位移。为了求弹性体任一点的位移,现以简支梁为例说明单位荷载法的原理并给出计算公式。

例如,梁 AB(见图 10-18(a))在外力 F_1、F_2 和 F_3(由零逐渐增大至最终值)作用下产生弯曲变形。现假定所研究的梁处于小变形情况并且材料服从胡克定律,求梁上任一点 C 处的挠度 y_C。

图 10-18　简支梁受力分析

设梁由外力 F_1、F_2 和 F_3 共同作用所引起的弯矩为 $M_{Fi}(x)$,此时梁的变形能为

$$V=\int_l \frac{M_{Fi}(x)^2}{2EI}\mathrm{d}x \tag{a}$$

若在各力未加载之前,在 C 点沿所求位移 y_C 方向先加一个力 F 作用(见图10-18(b)),梁在力 F 单独作用下所储存的变形能为

$$V_F=\int_l \frac{M_F(x)^2}{2EI}\mathrm{d}x \tag{b}$$

式中,$M_F(x)$ 表示梁在力 F 单独作用下所产生的弯矩。

现在若先加力 F,然后再加 F_1、F_2、F_3 各力,这时梁所储存的变形能将由三部分组成。一部分是由力 F 作用时储存在梁内的变形能 V_F。另一部分是力 F_1、F_2、F_3 作用时储存在梁内的变形能。由于梁处于小变形情况,先加力 F 并不影响后加各力作用时产生的位移,故其变形能仍由式(a)计算。最后还有一部分变形能,即梁在受后加各力作用时,C 点又有一相应的位移(见图 10-18(c)),因此原作用在 C 点的力 F 又做功 $F\cdot y_C$,此功为常力做功,故在表达式中无系数 1/2。这一部分也将转化为变形能而储存在梁内。这样,在加载的全过程中梁所储存的变形能为三部分之和,即

$$V_{总}=V_F+V+F\cdot y_C \tag{c}$$

设力 F 和力 F_1、F_2、F_3 同时作用于梁上,此时梁任一截面上的弯矩为 $M_{Fi}(x)+M_F(x)$,由式(10-9)可知,此时梁的变形能为

$$V_{总}=\int_l \frac{[M_{Fi}(x)+M_F(x)]^2}{2EI}\mathrm{d}x \tag{d}$$

因变形能只取决于荷载的最终值而与加载的最终次序无关,故

$$V_F + V + F \cdot y_C = \int_l \frac{[M_F(x) + M_{Fi}(x)]^2}{2EI} \mathrm{d}x$$

考虑到

$$V_F = \int_l \frac{M_F(x)^2}{2EI} \mathrm{d}x, V = \int_l \frac{M_{Fi}(x)^2}{2EI} \mathrm{d}x$$

于是上式可简化为

$$F \cdot y_C = \int_l \frac{M_F(x) M_{Fi}(x)}{EI} \mathrm{d}x \tag{e}$$

若将上式两边同时除以 F,则可得

$$\left(\frac{F}{F}\right) \cdot y_C = \int_l \frac{M_{Fi}(x) \left(\frac{M_F(x)}{F}\right)}{EI} \mathrm{d}x \tag{f}$$

上式左端可以认为是一个单位力 $\overline{F} = \left(\dfrac{F}{F}\right) = 1$(大小等于 1 的无量纲力)所做的功,式(f)右边积分中的 $\dfrac{M_F(x)}{F}$ 可以理解为单位力所产生的弯矩(量纲为长度),并以 $\overline{M}(x)$ 表示。于是式(f)又可以转化为直接计算挠度的形式,即

$$y_C = \int_l \frac{M_F(x) \overline{M}(x)}{EI} \mathrm{d}x \tag{10-12(a)}$$

式中,$M_F(x)$ 为梁在外力作用下任一截面上的弯矩;$\overline{M}(x)$ 为梁在单位力 $\overline{F} = 1$ 作用下任一截面上的弯矩。

这就是单位荷载法的位移计算公式。

同理,如果需要计算梁内某截面的转角 θ_C,可以在该截面处加一个单位力偶 $\overline{M}(x) = 1$,于是,与其相应的公式就可以写成

$$\theta_C = \int_l \frac{M_F(x) \overline{M}(x)}{EI} \mathrm{d}x \tag{10-12(b)}$$

这时,式中的 $\overline{M}(x)$ 应表示为梁在单位力偶 $\overline{M} = 1$ 作用下任一截面上的弯矩。为了便于应用,可将式(10-12(a))、(10-12(b))写成统一的形式,即

$$\Delta = \int_l \frac{M_F(x) \overline{M}(x)}{EI} \mathrm{d}x \tag{10-13}$$

式中,Δ 为广义位移(线位移或角位移)。

应用单位荷载法求线(角)位移时,应先画出荷载弯矩图(M_F 图),写出其弯矩方程 $M_F(x)$,再画单位力(力偶)弯矩图($\overline{M}$ 图),写出弯矩方程 $\overline{M}(x)$,然后作积分运算。

对于轴力构件,位移计算公式也可按上述方法推出,即

$$\Delta_K = \int_l \frac{F_N(x) \overline{F}_N}{EA} \mathrm{d}x \tag{10-14}$$

式中,$F_N(x)$ 为荷载引起的轴力方程。$\overline{F}_N$ 为单位力 $\overline{F} = 1$ 引起的轴力。EA 为抗拉(压)刚度。当 $F_N(x)$ 和 EA 沿杆长为常数时,式(10-14)可改为

$$\Delta_K = \sum \frac{F_N \overline{F}_N l}{EI} \tag{10-15}$$

用类似方法可以求出其他基本变形形式的位移计算公式。

【例 10-8】　悬臂梁 AB 如图 10-19(a)所示,已知梁的抗弯刚度 EI 为常数,试求梁端 A 点的挠度 y_A 和 A 截面的转角 θ_A。

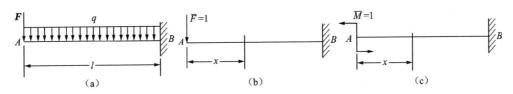

图 10-19　悬臂梁 AB 位移分析

【解】　(1) 求 A 点的挠度 y_A

在 A 点沿竖直方向加单位力 $\bar{F}=1$(见图 10-19(b)),分别写出梁在外力、单位力作用下的弯矩方程

$$M_F(x) = -Fx - \frac{qx^2}{2}$$

$$\bar{M}(x) = -1 \cdot x$$

代入式(10-13),得

$$y_A = \int_l \frac{M_F(x)\bar{M}(x)}{EI}\mathrm{d}x = \int_0^l \frac{-\left(Fx+\frac{qx^2}{2}\right)(-x)}{EI}\mathrm{d}x = \frac{1}{EI}\left(\frac{Fl^3}{3}+\frac{ql^4}{8}\right)(\downarrow)$$

(2) 求 A 截面的转角

在 A 截面加单位力偶 $\bar{M}=1$(见图 10-19(c)),设为逆时针转向,分别写出梁在外力、单位力偶作用下的弯矩方程

$$\bar{M}(x) = -1$$

代入式(10-13)中得

$$\theta_A = \int_l \frac{M_F(x)\bar{M}(x)}{EI}\mathrm{d}x = \int_0^l \frac{-\left(Fx+\frac{qx^2}{2}\right)(-1)}{EI}\mathrm{d}x$$

$$= \frac{1}{EI}\left(\frac{Fl^2}{2}+\frac{ql^3}{6}\right)(逆时针)$$

通过此例应注意到以下两点。

① 当求某点的位移或某截面的转角时,应在该点或该截面沿所求位移方向加单位力或单位力偶。

② 所得结果为正时,说明实际位移与单位力方向一致,单位力做正功;若所得结果为负,说明实际位移与单位力方向相反,单位力做负功。

【例 10-9】　试求图 10-20 所示结构 C 端的水平位移和角位移。已知 EI 为常数。

【解】　略去轴向变形和剪切变形的影响,只计算弯曲变形一项。在荷载的作用下弯矩图如图 11-20(b)所示。

(1) 求 C 端水平位移

可在 C 点上加一水平单位荷载,方向向左,并作出其弯矩图,如图 10-20(c)所示。

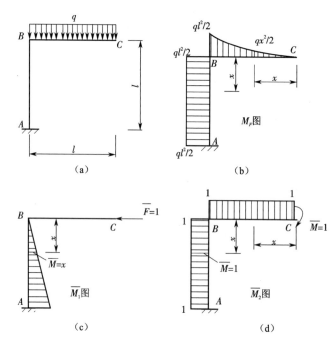

图 10-20　结构位移分析

两种状态下的弯矩为

横梁 BC 　　　　　　　　　　$\overline{M}=0,M_F(x)=-\dfrac{1}{2}qx^2$

立柱 AB 　　　　　　　　　　$\overline{M}=x,M_F(x)=-\dfrac{1}{2}ql^2$

代入式(10-13),得 C 端水平位移为

$$\Delta_{CH}=\sum\int\frac{\overline{M}(x)M_F(x)}{EI}\mathrm{d}x=\frac{1}{EI}\int_0^l x\cdot\left(-\frac{1}{2}ql^2\right)\mathrm{d}x=-\frac{ql^4}{4EI}(\rightarrow)$$

计算结果为负,表示实际位移与所设虚拟单位荷载的方向相反,即为向右。

(2)求 C 端角位移

可在 C 点施加一单位力矩,设为顺时针方向,如图 10-20(d)所示。

两种状态下的弯矩为

横梁 BC 　　　　　　　　　　$\overline{M}=-1,M_F(x)=-\dfrac{1}{2}qx^2$

立柱 AB 　　　　　　　　　　$\overline{M}=-1,M_F(x)=-\dfrac{1}{2}ql^2$

代入式(10-13),得 C 端角位移为

$$\varphi_C=\frac{1}{EI}\int_0^l(-1)\cdot\left(-\frac{1}{2}qx^2\right)\mathrm{d}x+\frac{1}{EI}\int_0^l(-1)\cdot\left(-\frac{1}{2}ql^2\right)\mathrm{d}x=\frac{2ql^3}{3EI}$$

计算结果为正,表示 C 端转动方向与所设虚拟力矩的方向相同,即为顺时针方向转动。

【例 10-10】 一支架如图 10-21(a)所示,节点 B 处受一竖直方向的集中力 F 作用,已知两杆 AB、BC 的抗拉(压)刚度 EA 相等,试求结点 B 的竖向位移 Δ_{By}。

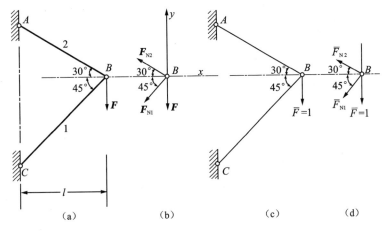

图 10-21 支架位移分析

【解】 (1)计算支架各杆轴力

支架由拉、压杆组成,可利用式(10-15)计算其位移。为此,先计算支架在外力 F 作用下各杆的轴力。

设两杆轴力分别为 F_{N1}、F_{N2},且为拉力(见图 10-21(b)),由结点 B 的平衡条件

$$\sum F_x = 0, \quad -F_{N1}\cos 45° - F_{N2}\cos 30° = 0$$

$$\sum F_y = 0, \quad F_{N2}\sin 30° - F_{N1}\sin 45° - F = 0$$

解得
$$F_{N1} = -0.897F \quad (压力)$$

$$F_{N2} = 0.732F \quad (拉力)$$

(2)计算支架各杆在单位力作用下的轴力

将外力 F 去掉而在 B 点竖直方向加一单位力 $\overline{F} = 1$(见图 10-21(c)),然后计算支架梁杆在此单位力作用下的轴力(见图 10-21(d))为

$$\overline{F}_{N1} = -0.897 \quad (压力)$$

$$\overline{F}_{N2} = 0.732 \quad (拉力)$$

将上述结果代入式(10-15),可求得 B 点的竖向位移为

$$\Delta_{By} = \sum_{i=1}^{n} \frac{F_{Ni}\overline{F}_{Ni}}{EA}l_i = \frac{F_{N1}\overline{F}_{N1}}{EA}\left(\frac{l}{\cos 45°}\right) + \frac{F_{N2}\overline{F}_{N2}}{EA}\left(\frac{l}{\cos 30°}\right)$$

$$= \frac{(-0.897F)(-0.897)}{EA}\left(\frac{l}{\cos 45°}\right) + \frac{0.732F \times 0.732}{EA}\left(\frac{l}{\cos 30°}\right)$$

$$= \frac{1.76}{EA}Fl(\downarrow)$$

结果为正,表示实际位移与单位力方向相同。

10.6 图乘法

在运用单位荷载法给出的公式

$$\Delta = \int_l \frac{M_F(x)\overline{M}(x)}{EI}\mathrm{d}x$$

计算位移时,必须进行积分运算。如果:

① EI 为常数;

② 杆件轴线是直线;

③ $M_F(x)$ 图和 $\overline{M}$ 图中至少有一个是直线图形。

上述条件得到满足时,则上式的积分可用 $M_F(x)$ 图和 $\overline{M}$ 图的图形互乘来计算,这样可使计算工作更加简便。下面给出证明。

设等截面直杆 AB 长为 l,由于 EI 为常量,故上式 EI 可提至积分号外,写成

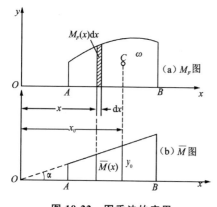

图 10-22 图乘法的应用

$$\Delta = \frac{1}{EI}\int_l M_F(x)\overline{M}(x)\mathrm{d}x \qquad (a)$$

设梁 AB 段的弯矩图形 M_F 图为任一曲线(见图 10-22(a)),而单位力(或单位力偶)作用下的弯矩图形 $\overline{M}$ 图必定是直线或折线,假设其为一斜直线(见图 10-22(b)),取斜直线与 x 轴之交点作为坐标原点,斜直线与 x 轴之夹角为 α。由图可见,$\overline{M}$ 图上任一点的纵坐标为

$$\overline{M}(x) = x\tan \alpha$$

于是积分

$$\int_l M_F(x)\overline{M}(x)\mathrm{d}x = \int_l M_F(x) \cdot x\tan \alpha\mathrm{d}x$$

$$= \tan \alpha\int_l xM_F(x)\mathrm{d}x \qquad (b)$$

上式中积分符号内的 $M_F(x)\mathrm{d}x$ 为 $M_F(x)$ 图形中阴影部分的微元面积,$xM_F(x)\mathrm{d}x$ 是这个微元面积对 y 轴的静矩,故 $\int_l xM_F(x)\mathrm{d}x$ 就是 $M_F(x)$ 图的面积对 y 轴的静矩。若以 ω 表示 $M_F(x)$ 图的面积,则该积分就等于 $M_F(x)$ 图的面积 ω 乘以 $M_F(x)$ 图面积形心 C 点到 y 轴的距离 x_0,即

$$\int_l xM_F(x)\mathrm{d}x = \omega \cdot x_0 \qquad (c)$$

将式(c)带入式(b),得

$$\int_l M_F(x)\overline{M}(x)\mathrm{d}x = \tan \alpha(\omega x_0) = \omega y_0 \qquad (d)$$

式中,y_0 表示 $M_F(x)$ 图面积的形心 C 点所对应的 $\overline{M}$ 图上的纵坐标值(见图 13-19(b))。

上式说明:弯矩 $M_F(x)$ 与 $\overline{M}(x)$ 乘积的积分,等于弯矩 $M_F(x)$ 图形的面积 ω 乘以该图面积形心 C 点所对应的另一直线弯矩图形的纵坐标值 y_0。

我们可以将式(d)代入式(a),最后可得图乘法的计算公式为

$$\Delta = \frac{1}{EI}\int_l M_F(x)\overline{M}(x)\mathrm{d}x = \frac{1}{EI}\omega y_0 \tag{10-16}$$

上述把积分化作图形相乘的计算方法称为**图形互乘法**,简称**图乘法**。

在使用式(10-16)时应注意如下几方面。

① 应用条件:杆件应是等截面直杆,两个弯矩图形中应有一个是直线,标距 y_0 应取自直线图形的图中。

② 正负号规定:弯矩图面积 ω 及 y_0 值均带有正负号。当 $\overline{M}(x)$ 与 $M_F(x)$ 图形在 x 轴同侧时,其乘积结果为正,正值表示位移方向与单位力同向;若 $M_F(x)$、$\overline{M}(x)$ 图形在 x 轴之异侧,则其乘积结果为负,负值表示位移方向与单位力反向。

③ 当 $M_F(x)$ 图形为任一曲线而图形 $\overline{M}(x)$ 为折线时,应以折线的转折点为界将 $M_F(x)$ 图分成几段,使得每段中的 $\overline{M}(x)$ 图的直线倾角为常量,最后再求其总和,此时式(10-16)可改写为

$$\Delta = \sum_{i=1}^{n} \frac{\omega_i \cdot y_{0i}}{EI_i} \tag{10-17}$$

式中,i 表示分段数目。

如图 10-23 所示,将图形按 EI 为常数分段后分别相乘,取其代数和,有

$$\Delta = \frac{\omega_1 y_1}{EI_1} + \frac{\omega_2 y_2}{EI_2} + \frac{\omega_3 y_3}{EI_3} \tag{10-18}$$

为便于图乘计算,在图 10-24 中给出四种常见图形的面积公式及其形心 C 点的位置。在应用抛物线图形的公式时,必须注意在顶点处的切线应与基线平行。

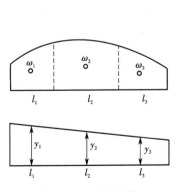

图 10-23　分段示意

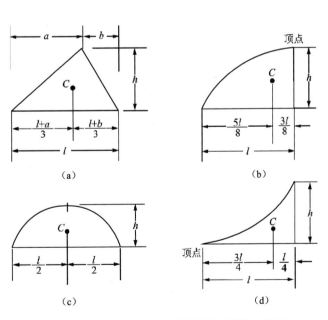

图 10-24　四种常见图形的面积公式及形心位置

(a)三角形 $\omega = \frac{1}{2}lh$;(b)二次抛物线 $\omega = \frac{2}{3}lh$;

(c)二次抛物线 $\omega = \frac{2}{3}lh$;(d)二次抛物线 $\omega = \frac{1}{3}lh$

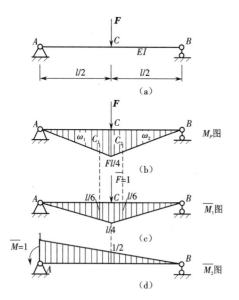

图 10-25 简支梁 AB 位移分析

【例 10-11】 简支梁 AB 如图 10-25(a)所示,设梁的抗弯刚度 EI 为常数,求中点 C 的挠度 Δ_C 和 A 截面的转角。

【解】 (1)求梁中点的挠度 Δ_C

① 作梁在外力作用下的弯矩图 $M_F(x)$ 图(见图 10-25(a))。

② 在 C 点加一向下的单位力 $\overline{F}$,并作梁在单位力作用下的弯矩图 $\overline{M}_1$ 图(见图 11-25(c))。

③ 用图乘公式计算挠度。由于图 10-25(b)在 C 点有转折,故将 AB 梁的 $M_F(x)$ 图以 C 点为界分成两段,考虑到左右对称,不难求得

$$\omega_1 = \omega_2 = \frac{1}{2} \cdot \frac{l}{2} \cdot \frac{Fl}{4} = \frac{Fl^2}{16}$$

$M_F(x)$ 图形形心所对应的 $\overline{M}_1$ 图的纵标为

$$y_{01} = y_{02} = \frac{2}{3} \cdot \frac{l}{4} = \frac{l}{6}$$

对图 10-25(b)、(c)作图乘,代入式(10-16)得

$$\Delta_C = \sum_{i=1}^{n} \frac{\omega y_{0i}}{EI} = \frac{2}{EI}\left(\frac{Fl^2}{16} \times \frac{l}{6}\right)$$
$$= \frac{Fl^3}{48EI}(\downarrow)$$

结果为正,说明位移方向与单位力同向。

(2)求转角 θ_A

① 在 A 截面处加一单位力偶 $\overline{M} = 1$,并作梁在单位力偶作用下的弯矩图 $\overline{M}_2$ 图(见图 10-25(d))。

② 对图 10-25(b)、(d)作图乘。考虑到图 10-25(d)在整个梁 AB 段内倾角为常数,故可按一段计算,即

由图 10-25(b)得

$$\omega = \frac{1}{2}l \cdot \frac{Fl}{4} = \frac{Fl^2}{8}$$

由图 10-25(d)得

$$y_0 = \frac{1}{2}$$

考虑到 $M_F(x)$ 图、$\overline{M}_2$ 图位于杆的异侧,故应加负号,代入式(10-16)得

$$\theta_A = -\frac{1}{EI}\left(\frac{Fl^2}{8} \times \frac{1}{2}\right) = -\frac{Fl^2}{16EI}(顺时针)$$

结果为负,说明实际转角方向与单位力偶的方向相反。

【例 10-12】 求图 10-26(a)所示悬臂梁 AB 在力 F 作用下中点 C 的挠度 Δ_C。

【解】 作在荷载 F 作用下的 $M_F(x)$ 图,如图 10-26(b)所示。

在中点 C 加单位力 $\overline{F}=1$，并作出 $\overline{M}$ 图（见图 10-26 (c)）。

$\overline{M}$ 图沿梁长为一折线，需分两段计算。因右段 $\overline{M}=0$，图乘结果必为零。左段上 $M_F(x)$ 图和 $\overline{M}$ 图均为直线图形。

在 $\overline{M}$ 图中，三角形面积为

$$\omega=\frac{1}{2}\times\frac{l}{2}\times\frac{l}{2}=\frac{l^2}{8}$$

形心距左端的距离为 $\frac{l}{6}$。在 $M_F(x)$ 图中，相应纵标为 $y_0=\frac{5}{6}Fl$。所以由式（10-16）得

$$\Delta_C=\frac{1}{EI}\times\frac{l^2}{8}\times\frac{5Fl}{6}=\frac{5Fl^3}{48EI}(\downarrow)$$

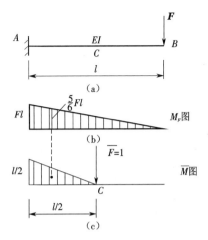

图 10-26　悬臂梁 AB 位移分析

【**例 10-13**】　刚架 ABC 如图 10-27(a)所示，已知 AB 的抗弯刚度为 EI，BC 的抗弯刚度为 $2EI$，若忽略轴力的影响，求 A 点的竖向位移 Δ_{Ay} 和 C 截面的转角 θ_C。

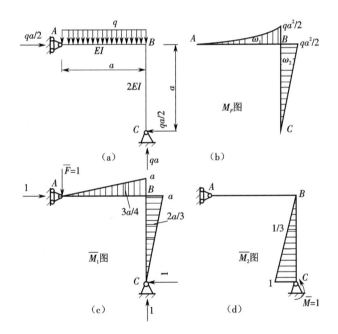

图 10-27　刚架 ABC 位移分析

【**解**】　（1）求 A 点的竖向位移 Δ_{Ay}

① 作刚架在荷载作用下的弯矩图，如图 10-27(b)所示。

② 在 A 点加竖直方向的单位力 $\overline{F}=1$，并作刚架在该力作用下的弯矩图 $\overline{M}_1$ 图（见图 10-27 (c)）。

③ 对图 10-27(b)、(c)作图乘，计算竖向位移。由于

$$\omega_1 = \frac{1}{3} \times \frac{qa^2}{2} \times a = \frac{qa^3}{6}, y_{01} = \frac{3}{4}a$$

$$\omega_2 = \frac{1}{2} \times \frac{qa^2}{2} \times a = \frac{qa^3}{4}, y_{02} = \frac{2}{3}a$$

代入式(10-16),并考虑 AB、BC 两段杆的 $M_F(x)$ 图、$\overline{M}_1$ 图均在杆的同侧,故得

$$\Delta_{Ay} = \sum_{i=1}^{n} \frac{\omega_i \cdot y_{0i}}{EI_i} = \frac{1}{EI}\left(\frac{qa^3}{6} \times \frac{3a}{4}\right) + \frac{1}{2EI}\left(\frac{qa^3}{4} \times \frac{2a}{3}\right)$$

$$= \frac{qa^4}{8EI} + \frac{qa^4}{12EI} = \frac{5qa^4}{24EI}(\downarrow)$$

结果为正,说明实际位移与单位力方向相同。

(2) 求 C 截面的转角 θ_C

① 在刚架 C 截面处加单位力偶并作刚架在该力偶作用下的弯矩图 $\overline{M}_2$ 图(见图 10-27(d))。

② 对图 10-27(b)、(d)作图乘,计算转角 θ_C

由于

$$\omega_1 = \frac{qa^3}{6}, y_{01} = 0$$

$$\omega_2 = \frac{qa^3}{4}, y_{02} = \frac{1}{3}$$

考虑到刚架在 BC 段的 $M_F(x)$ 图、$\overline{M}_2$ 图位于杆的异侧,故应加负号,得

$$\theta_C = 0 + \frac{-1}{2EI}\left(\frac{qa^3}{4} \times \frac{1}{3}\right) = -\frac{qa^3}{24EI}(顺时针)$$

结果为负,说明实际转角方向与单位力偶的方向相反。

10.7 弹性体的互等定理

本节介绍三个普通定理——互等定理:功的互等定理,位移互等定理,反力互等定理。

互等定理应用的条件如下。

① 材料处于弹性阶段,应力与应变成正比;

② 结构变形很小,不影响力的作用。

即互等定理适用于线性变形体系。

10.7.1 功的互等定理

图 10-28(a)及图 10-28(b)所示为同一结构分别承受一组外力 $\boldsymbol{F}_1$ 和另一组外力 $\boldsymbol{F}_2$ 作用的两种状态。在图 10-28(a)中,力 $\boldsymbol{F}_1$ 引起的点 1 沿 $\boldsymbol{F}_1$ 方向的位移用 Δ_{11} 表示。力 $\boldsymbol{F}_1$ 引起的点 2 沿 $\boldsymbol{F}_2$ 方向的位移用 Δ_{21} 表示。在图 10-28(b)中,力 $\boldsymbol{F}_2$ 引起的点 2 沿 $\boldsymbol{F}_2$ 方向的位移用 Δ_{22} 表示。力 $\boldsymbol{F}_2$ 引起的点 1 沿 $\boldsymbol{F}_1$ 方向的位移用 Δ_{12} 表示。

位移 Δ_{ij} 的第一个下标 i 表示与力 $\boldsymbol{F}_i$ 相应的位置处的位移,第二个下标 j 表示位移是由力 $\boldsymbol{F}_j$ 引起的(引起位移的原因)。

现在来研究这两组力按不同的次序先后作用于结构上时所引起的虚功,并由此推出功的互等

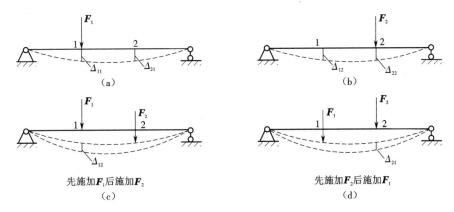

图 10-28　功的互等定理示意

定理。

如图 10-28(c)所示,若先施加 F_1,待达到弹性平衡后,再施加 F_2,梁的变形如图中虚线所示。若不考虑加载过程中其他形式的能量损耗,根据能量守恒定律可知,在整个加载过程中,储存在弹性体内的变形能 V_1 在数值上等于外力功,即

$$V_1 = \frac{1}{2}F_1\Delta_{11} + \frac{1}{2}F_2\Delta_{22} + F_1\Delta_{12} \tag{a}$$

又如图 10-28(d)所示,若先施加 F_2,待达到弹性平衡后,再施加 F_1。最后,梁的变形能 V_2 为

$$V_2 = \frac{1}{2}F_2\Delta_{22} + \frac{1}{2}F_1\Delta_{11} + F_2\Delta_{21} \tag{b}$$

若以 $M_{F_1}(x)$ 表示 F_1 单独作用时梁的弯矩表达式,以 $M_{F_2}(x)$ 表示 F_2 单独作用时梁的弯矩表达式,对于线弹性体来说,无论加载次序如何,加载后最终的弯矩 $M_F(x)$ 都等于单独加载的弯矩的叠加,与加载顺序无关,即

$$M_F(x) = M_{F_1}(x) + M_{F_2}(x)$$

因此

$$V_1 = V_2 = \int_l \frac{[M_{F_1}(x) + M_{F_2}(x)]^2}{2EI}\mathrm{d}x \tag{c}$$

说明线弹性体的变形能也与加载顺序无关。

于是由式(a)、(b)的右端相等,得

$$F_1\Delta_{12} = F_2\Delta_{21} \tag{10-19}$$

即第一状态的外力在第二状态的位移上所做的功等于第二状态的外力在第一状态的位移上所做的功。这就是功的互等定理。

功的互等定理适用于任何类型的弹性结构,在两种状态中也可以包括支座位移在内,不过在计算外力功时也必须把支座反力所做的功包括在内。

10.7.2　位移互等定理

由功的互等定理式(10-19)可得

$$F_1\Delta_{12} = F_2\Delta_{21} \tag{a}$$

在线性变形体系中,位移 Δ_{ij} 与力 F_j 的比值是一个常数,称为**位移影响系数**,它等于 F_j 为单位

力时所引起的与 F_i 相应的位移,记为 δ_{ij},即

$$\frac{\Delta_{ij}}{F_j}=\delta_{ij}$$

或

$$\Delta_{ij}=\delta_{ij}F_j \tag{b}$$

将式(b)代入式(a),得到

$$F_1F_2\delta_{12}=F_1F_2\delta_{21}$$

由此可得到

$$\delta_{12}=\delta_{21} \tag{10-20}$$

上式就是**位移互等定理**,即由单位力 $\overline{F}_1=1$ 引起的与力 F_2 相应的位移,等于由单位力 $\overline{F}_2=1$ 所引起的与力 F_1 相应的位移。

应当注意,这里的力可以是广义力,位移是广义位移。图 10-29 表示线位移与角位移影响系数的互等情况。

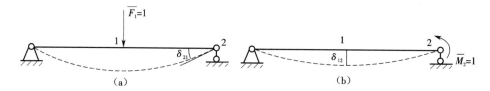

图 10-29 线位移与角位移影响系数的互等情况

显而易见,在功的互等定理式(10-19)中令 $F_1=F_2=1$,则得到位移互等定理。所以,位移互等定理是功的互等定理的特殊情况。

10.7.3 反力互等定理

这一定理也是功的互等定理的一种特殊情况。它是针对超静定结构建立的。

下面以图 10-30 为例研究超静定梁。

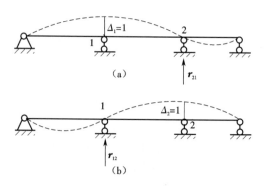

图 10-30 超静定梁的单位位移

如图 10-30 所示,两个支座 1、2 分别产生单位位移的两种状态。

状态一:其中图 10-30(a)表示支座 1 发生单位位移 $\Delta_1=1$ 的状态,此时支座 2 产生的反力为 r_{21}。

状态二:图 10-30(b)表示支座 2 发生单位位移 $\Delta_2=1$ 的状态,此时支座 1 产生的反力为 r_{12}。

r_{12}、r_{21} 也称为**反力影响系数**,其符号的第一个下标表示它所在的位置,第二个下标表示产生反力的单位位移所在位置。其他支座的反力未在图中一一绘出,由于它们所对应的另一状态的相应位移都等于零,因而不做功。根据功的互等定理,同样可以证明

$$r_{12} = r_{21} \tag{10-21}$$

上式就是**反力互等定理**,即支座 1 由于支座 2 的单位位移所引起的反力 r_{12},等于支座 2 由于支座 1 的单位位移所引起的反力 r_{21}。这一定理适用于体系中任何两个约束上的反力。但应注意,在两种状态中,同一约束的反力和位移在做功的关系上应该是相应的。

同样,由于位移是广义位移,所以反力也是广义反力。图 10-31 表示反力互等的另一例子,$r_{12} = r_{21}$ 表示支座 1 的反力影响系数与支座 2 的反力矩影响系数互等。

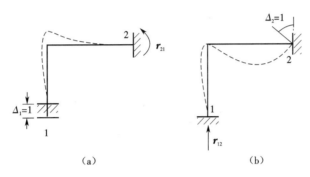

图 10-31　反力互等示意

10.8　结构的刚度校核

在工程实际中,对弯曲构件的刚度要求,就是要求其最大挠度或转角不得超过某一规定的限度,即

$$|y|_{\max} \leqslant [y] \tag{10-22}$$

$$|\theta|_{\max} \leqslant [\theta] \tag{10-23}$$

式中,$[y]$ 为构件的许用挠度,单位为 mm;$[\theta]$ 为构件的许用转角,单位为弧度(rad)。

以上二式为弯曲构件的刚度条件。式中的许用挠度和许用转角,对不同类别的构件有不同的规定,一般可由设计规范中查得。例如

对吊车梁　　　　　　　　　　$$[y] = \left(\frac{1}{750} \sim \frac{1}{400}\right)l$$

对架空管道　　　　　　　　　$$[y] = \frac{l}{500}$$

式中,l 为梁的跨度。

对一般弯曲构件,如其强度条件能够满足,刚度方面的要求一般也能达到。所以在设计计算中,通常是根据强度条件或构造上的要求,先确定构件的截面尺寸,然后进行刚度校核。

【例 10-14】　一台起重量为 50 kN 的单梁吊车(见图 10-32(a)),由 45a 号工字钢制成。已知电葫芦重 5 kN,吊车梁跨度 $l = 9.2$ m,许用挠度 $[y] = \frac{l}{500}$,材料的弹性模量 $E = 210$ GPa,试校核

此吊车梁的刚度。

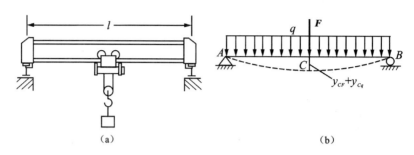

图 10-32　吊车梁刚度校核

【解】　将吊车梁简化为如图 10-32(b)所示的简支梁。梁的自重为均布荷载,其集度为 q;电葫芦的轮压近似地视为一个集中力 F,当它行至梁跨度中点时,所产生的挠度为最大。

（1）计算变形

电葫芦给吊车梁的轮压为

$$F=(50+5)\ \text{kN}=55\ \text{kN}$$

由型钢表查得 45a 号工字钢横截面的惯性矩和产生的均布荷载分别为

$$I=32\ 200\ \text{cm}^4$$

$$q=80.4\ \text{kgf/m}\approx804\ \text{N/m}$$

因集中力 F 和均布荷载 q 而引起的最大挠度位于梁的中点 C,由表 10-3 查得

$$|y_{CF}|=\frac{Fl^3}{48EI}=\frac{55\times10^3\times9.2^3}{48\times210\times10^9\times32\ 200\times10^{-8}}\ \text{m}=0.013\ 2\ \text{m}=1.32\ \text{cm}$$

$$|y_{Cq}|=\frac{5ql^4}{384EI}=\frac{5\times804\times9.2^4}{384\times210\times10^9\times32\ 200\times10^{-8}}\ \text{m}=0.001\ 1\ \text{m}=0.11\ \text{cm}$$

由叠加法求得梁的最大挠度为

$$|y|_{\max}=|y_{CF}|+|y_{Cq}|=(1.32+0.11)\ \text{cm}=1.43\ \text{cm}$$

（2）校核刚度

吊车梁的许用挠度为

$$[y]=\frac{l}{500}=\frac{9.2\times10^2}{500}\ \text{cm}=1.84\ \text{cm}$$

将梁的最大挠度与其比较,知

$$|y|_{\max}=1.43\ \text{cm}<[y]=1.84\ \text{cm}$$

可知满足刚度要求。

【本章要点】

1.构件和结构上各截面的位移用线位移(挠度)、角位移(转角)两个基本变量来描述。

2.对弯曲变形的构件,可建立挠曲线近似微分方程,通过积分运算来求出转角和挠度。其中,正确写出弯矩方程,正确运用边界条件和变形连续条件确定积分常数是十分重要的。

3.当梁上同时作用有多个荷载时,利用积分法计算工作量很大,在工程实际中,可分别计算出

每一种荷载单独作用下的位移,然后代数相加,即利用叠加法。叠加法适用于小变形的线弹性体。

4.利用结构或构件的变形能等于外力功这一概念建立了单位荷载法计算公式。利用单位荷载法可以求解各种变形构件的位移。但要建立必要的坐标系并分段写出结构的弯矩方程。

5.在运用单位荷载法给出的公式计算位移时,必须进行积分运算。① EI 为常数;② 杆件轴线是直线;③ $M_F(x)$图和$\overline{M}(x)$图中至少有一个是直线图形。在满足以上三个条件的基础上,我们可以使用图乘法计算线弹性结构的位移。

图乘法计算基本公式为

$$\Delta = \frac{1}{EI}\int_l M_F(x)\overline{M}(x)dx = \frac{1}{EI}\omega y_0$$

注意公式中各项的含义。

6.三个互等定理是超静定结构内力分析的理论基础,要了解其内容及其表达式中各符号的含义。

7.在工程设计中,构件和结构不但要满足强度条件,还应满足刚度条件,即控制结构或构件的变形在允许的范围内。

【思考题】

10-1　什么叫转角和挠度? 它们之间有什么关系? 其符号如何规定?

10-2　一悬臂梁如图 10-33 所示,如取的 x 轴方向向右或向左,此时 A 点处的挠度 y_A 和转角 θ_A 的符号怎样? 有无区别?

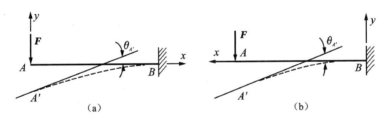

图 10-33　悬臂梁位移分析

10-3　什么叫梁变形的边界条件和连续条件? 用积分法求梁的变形时,它们起了什么作用?

10-4　叠加原理的适用条件是什么?

10-5　利用式(10-13)$\Delta = \int_l \dfrac{M_F(x)\overline{M}(x)}{EI}dx$ 计算梁和刚架的位移,需要先写出 $M_F(x)$ 和 $\overline{M}(x)$的表达式,在同一区段内写这两个弯矩表达式时,可否将坐标原点分别取在不同的位置? 为什么?

10-6　使用图乘法时需要注意哪些方面?

10-7　如果 δ_{12} 表示点 2 加单位力引起点 1 的转角,那么 δ_{21} 代表什么含义?

10-8　刚度校核的基本公式是什么?

【习题】

10-1 试画出图 10-34 所示各梁挠曲线的大致形状。

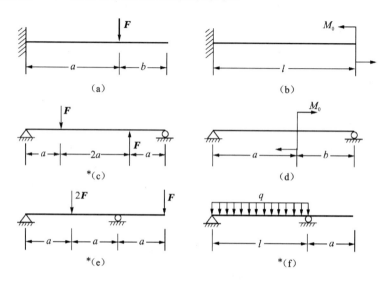

图 10-34 题 10-1 图

10-2 如图 10-35 所示,悬臂梁 AB 的抗弯刚度为 EI,B 端受力偶 M_0 作用。试用积分法求 B 截面的转角 θ_B 和竖直挠度 Δ_B。

10-3 如图 10-36 所示,简支梁 AB 的 B 端作用一力偶 M_0,梁的抗弯刚度为 EI,试用积分法求 A、B 截面的转角和 C 截面的挠度。

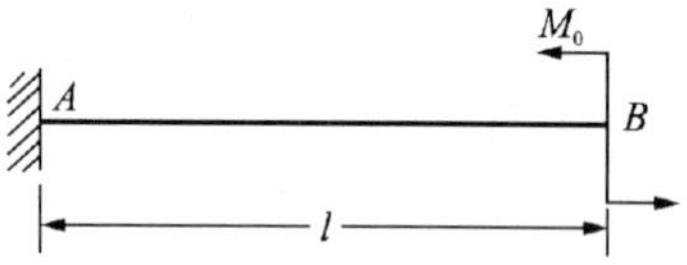

图 10-35 题 10-2 图

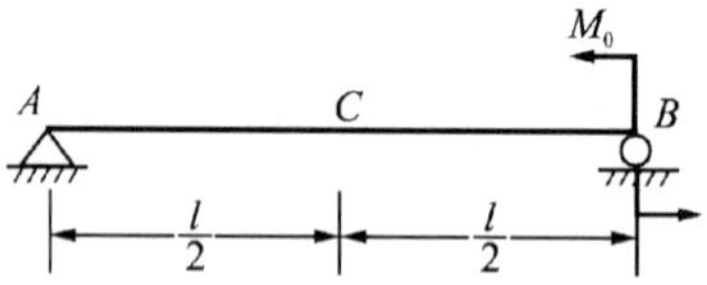

图 10-36 题 10-3 图

10-4 如图 10-37 所示,悬臂梁 AB 承受均布荷载作用,梁的抗弯刚度为 EI,试用积分法求 A 截面的转角 θ_A 和挠度 Δ_A。

10-5 求图 10-38 所示悬臂梁自由端的挠度和转角,设 EI 为常数。

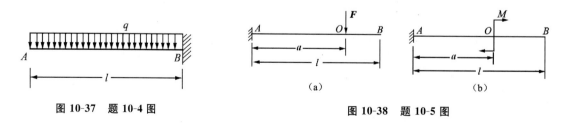

图 10-37 题 10-4 图

图 10-38 题 10-5 图

10-6　用叠加法求图 10-39 所示各梁指定的转角和挠度。已知 EI 为常数。

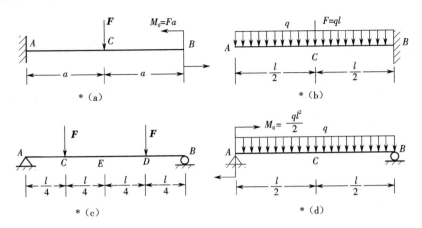

图 10-39　题 10-6 图

* (a)θ_B、y_B；* (b)θ_A、y_A；* (c)θ_A、y_C；* (d)θ_A、y_C

10-7　用叠加法求简支梁在图 10-40 所示荷载作用下跨度中点的挠度。设 EI 为常数。

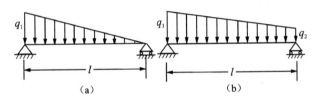

图 10-40　题 10-7 图

10-8　用单位荷载法求图 10-41 所示外伸梁 C 端的竖向位移 Δ_C。EI 为常数。

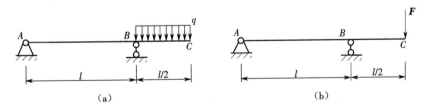

图 10-41　题 10-8 图

10-9　用单位荷载法求上题中 AB 段中点的转角 $\theta_{\frac{l}{2}}$。

10-10　用单位荷载法求图 10-42 所示梁跨中挠度(忽略剪切变形的影响)。

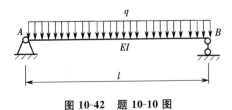

图 10-42　题 10-10 图

10-11 试求图 10-43 所示桁架结点 B 的竖向位移,已知,桁架各杆的 $EA=21\times10^4$ kN。

10-12 试求图 10-44 所示桁架结点 C 的水平位移,已知,桁架各杆的 $EA=C$。

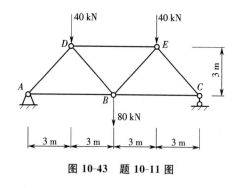

图 10-43 题 10-11 图

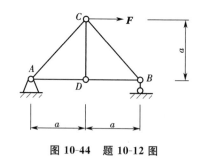

图 10-44 题 10-12 图

10-13 用图乘法解习题 10-4。

10-14 用图乘法解习题 10-5。

10-15 用图乘法解习题 10-10。

10-16 求图 10-45 所示刚架 A 点的竖向位移。

10-17 求图 10-46 所示结构 C 点的水平位移 Δ_H、竖向位移 Δ_y、转角 θ,忽略轴向变形影响。设各杆 EI 为常数。

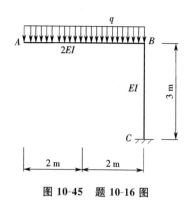

图 10-45 题 10-16 图

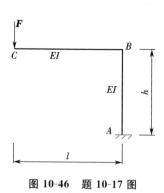

图 10-46 题 10-17 图

10-18 一简支梁如图 10-47 所示,已知 $F=22$ kN,$l=4$ m;若许用应力 $[\sigma]=160$ MPa,许用挠度 $[y]=\dfrac{1}{400}l$,试选择工字钢的型号。

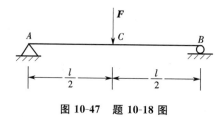

图 10-47 题 10-18 图

第11章 力 法

超静定结构是工程实践中常见的一类结构。在第 4 章中已给出了静定结构与超静定结构的基本概念,在具体求解超静定结构的内力时,根据计算途径的不同,归纳起来,基本上可以分为两类:一类是以多余未知力为未知数的力法(又称柔度法);另一类是以结点位移为未知数的位移法(又称刚度法)。其他的计算方法大都是从这两种基本方法演变而来的。本章主要介绍求解超静定结构内力的第一种基本方法——力法。

11.1 超静定次数

11.1.1 超静定结构的性质

跟静定结构相比较,超静定结构具有以下性质。

① 超静定结构为具有多余约束的几何不变体系。因存在多余约束,仅根据平衡条件不能全部确定其约束反力与内力。求解超静定结构的内力时,还需考虑变形条件。

② 根据已学的知识,结构变形与材料的物理性质和截面的几何性质有关。因此,超静定结构的内力与材料的物理性质和截面的几何性质有关。

③ 由于超静定结构具有多余约束,所以支座移动、温度改变等因素均会使超静定结构产生相应内力。

④ 由于多余约束的作用,局部荷载作用下局部的较大位移和内力被减小,图 11-1(a)所示为一静定的两跨梁,图 11-1(b)所示为有多余约束的超静定两跨梁。在相同荷载 F 的作用下,超静定梁上 AB 跨的最大挠度和弯矩,均小于静定梁上 AB 跨的最大挠度和弯矩。

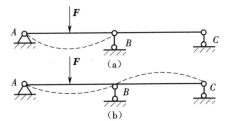

图 11-1 静定梁与超静定梁的位移比较

工程中常见的超静定结构有超静定梁、超静定桁架、超静定刚架等,在本章中将逐一介绍。

求解任何超静定结构问题,均须综合考虑以下三方面的条件。

(1)平衡条件

平衡条件即结构的整体及任何一部分的受力状态都应满足平衡方程。

(2)几何条件

几何条件也称为变形条件或位移条件、协调条件、相容条件等,即结构的变形和位移必须符合支承约束条件和各部分之间的变形连续条件。

(3)物理条件

物理条件即变形或位移与力之间的物理关系。

11.1.2 超静定次数的确定

在超静定结构中,由于具有多余未知力,使得平衡方程的数目少于未知力的数目,故单靠平衡条件无法确定其全部反力和内力,还必须考虑位移条件以建立补充方程。一个超静定结构有多少个多余约束,相应的便有多少个多余未知力,也就需要建立同样数目的补充方程,才能求解。因此,用力法计算超静定结构时,必须确定多余约束或多余未知力的数目。多余约束或多余未知力的数目,称为超静定结构的**超静定次数**。

在几何构造上,超静定结构可以看作是在静定结构的基础上增加若干多余约束而构成。因此,确定超静定次数最直接的方法,就是解除多余约束,使得原结构变成一个静定结构,而所去多余约束的数目,就是原结构的超静定次数。也就是说如果从原结构中去掉 n 个约束后,结构就成为静定的,则原结构的超静定次数就等于 n。

从静力分析的角度看,超静定次数等于与多余约束相对应的多余约束反力的个数。

如图 11-2(a)所示结构,如果将 B 链杆支座去掉(见图 11-2(b)),原结构就变成一个静定结构。这个结构具有 1 个多余约束,所以是 1 次超静定结构。如将链杆支座 B 视为多余约束,则多余约束反力即为链杆支座 B 的支承反力 X_1。

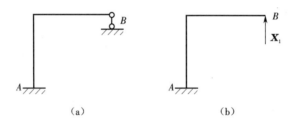

图 11-2 超静定次数的确定

如图 11-3(a)所示超静定桁架结构,如果去掉 3 根水平上弦杆(见图 11-3(b)),原结构就变成一静定结构,去掉 3 根链杆相当于去掉 3 个约束,所以原桁架是 3 次超静定桁架。与这 3 个多余约束相应的 3 对多余约束反力如图 11-3(b)所示。

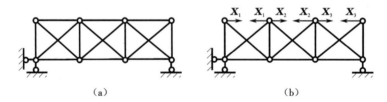

图 11-3 超静定桁架结构

如图 11-4(a)所示的超静定结构,如果去掉铰支座 B 和铰 C(见图 11-4(b)),则原结构就变成一个静定结构,去掉 1 个铰支座相当于去掉 2 个约束,去掉 1 个单铰相当于去掉 2 个约束,所以原结构是一个 4 次超静定结构。

如图 11-5(a)所示结构是一闭合刚架,任选一截面切开一切口,暴露出 3 个多余力(见图 11-5(b)),即变为静定结构。这说明一个闭合框有 3 个多余约束。图 11-5(c)所示框架有 2 个闭合框,有

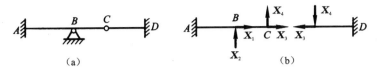

图 11-4　超静定结构

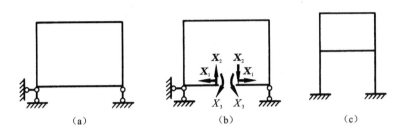

图 11-5　闭合刚架

6 个多余约束,即为 6 次超静定结构。

如图 11-6(a)所示刚架。如果将 B 端固定支座去掉,如图 11-6(b)所示,则得到一静定结构,所以原结构是 3 次超静定结构。如果将原结构在横梁中间切断,如图 11-6(c)所示,这相当于去掉 3 个约束,仍可得到一静定结构。还可以在原结构横梁的中点及两个固定端支座处加铰,得到图 11-6(d)所示的静定结构。总之,对于同一个超静定结构,可以采用不同的方法去掉多余约束,从而得到不同形式的静定结构体系。但是所去掉的多余约束的数目应该是相同的,即结构超静定次数不会因采用不同的静定结构体系而改变。

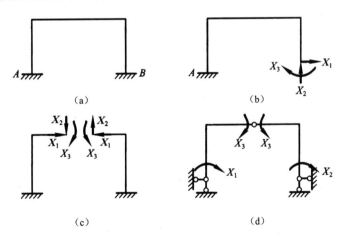

图 11-6　去掉多余约束的不同方法

由以上可知,当将一超静定结构通过去掉多余约束变成静定结构时,去掉多余约束的数目可按如下规则计算。

① 去掉 1 个链杆支座或切断 1 根链杆,相当于去掉 1 个约束。

② 去掉 1 个铰支座或 1 个单铰,相当于去掉 2 个约束。

③ 去掉 1 个固定端或切断 1 个梁式杆,相当于去掉 3 个约束。

④ 在连续杆上加 1 个单铰或将固定端用固定铰支座代替,相当于去掉 1 个约束。

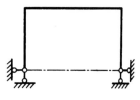

⑤ 切开 1 个闭合框,相当于去掉 3 个约束。

采用上述方法,可以确定任何结构的超静定次数。由于去掉多余约束的方案具有多样性,所以对同一超静定结构可以得到不同形式的静定结构体系。但必须注意,在去掉超静定结构的多余约束时,所得到的静定结构应是几何不变的。如图 11-7 所示结构的任何一个竖向支座链杆都不能去掉,否则将变成一个瞬变体系。

图 11-7 几何不变体系

11.2 力法典型方程

11.2.1 力法的基本概念

力法是计算超静定结构的最基本方法之一。下面通过一个例子来说明力法的基本概念,即讨论如何在计算静定结构的基础上,进一步寻求计算超静定结构的方法。如图 11-8(a)所示为一端固定另一端铰支的超静定梁,它是 1 次超静定结构。如果把链杆支座 B 去掉,则得到图 11-8(b)所示的基本结构。将相应的支座反力(即多余力)用 $\boldsymbol{X}_1$ 表示,则只要求出力 $\boldsymbol{X}_1$,其余未知力均可用平衡方程确定,超静定问题就可转化为静定问题求解。

为求多余力 $\boldsymbol{X}_1$,必须应用变形条件建立补充方程。原结构在多余约束位置(点 B)不能发生竖向位移,在基本结构上限制点 B 竖向位移的约束虽然已被解除,但必须保证基本结构在点 B 所发生的位移与原结构一致,即基本结构在荷载 q 和多余未知力 $\boldsymbol{X}_1$ 共同作用下,点 B 的竖向位移 Δ_1 必须等于零。

$$\Delta_1 = 0$$

这就是确定多余力 $\boldsymbol{X}_1$ 的变形(位移)条件。

设以 Δ_{11} 和 Δ_{1F} 分别表示多余未知力 $\boldsymbol{X}_1$ 和均布荷载 q 单独作用在基本结构上时,B 点沿 $\boldsymbol{X}_1$ 方向的位移(见图 11-8(c)、(d))。其符号都以沿假定的 $\boldsymbol{X}_1$ 方向为正,两个下标中第一个表示位移的位置和方向,第二个表示产生位移的原因。根据叠加原理,上式可以写成

$$\Delta_1 = \Delta_{11} + \Delta_{1F} = 0$$

若以 δ_{11} 表示在单位力 $X_1=1$ 作用下,点 B 沿 $\boldsymbol{X}_1$ 方向产生的位移,则 $\Delta_{11} = \delta_{11} X_1$,所以上述位移条件可写成

$$\delta_{11} X_1 + \Delta_{1F} = 0 \tag{11-1}$$

由于 δ_{11} 和 Δ_{1F} 都是静定结构在已知力作用下的位移,完全可按前面所介绍的计算静定结构位移的图乘法求出,因而多余未知力 $\boldsymbol{X}_1$ 即可由此方程解出。此方程便称为 1 次超静定结构的力法基本方程。

按位移计算公式 $\Delta_K = \displaystyle\int_l \frac{M_F(x)\overline{M}(x)}{EI}\mathrm{d}x$,荷载所引起的点 B 的竖向位移为

$$\Delta_{1F} = \int_l \frac{M_F(x)\overline{M}(x)}{EI}\mathrm{d}x$$

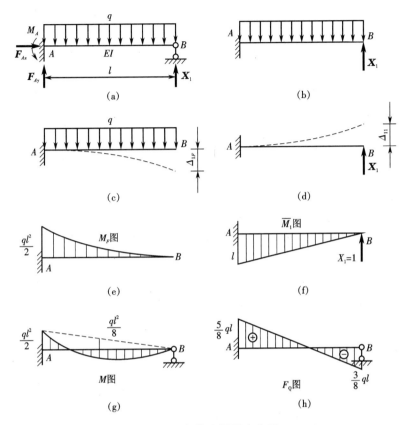

图 11-8 超静定梁受力分析

这里 $M_F(x)$ 为均布荷载作用下的弯矩方程(见图 11-8(e)),$\overline{M}(x)$ 为单位力 $X_1=1$ 作用下的弯矩方程(见图 11-8(f))。Δ_{1F} 也可由图乘法求得,为

$$\Delta_{1F} = -\frac{1}{EI}\left(\frac{1}{3} \times l \times \frac{ql^2}{2}\right) \times \frac{3l}{4} = -\frac{ql^4}{8EI}$$

单位力 $X_1=1$ 所引起的点 B 的竖向位移应为

$$\delta_{11} = \int_l \frac{\overline{M}(x)\overline{M}(x)}{EI}\mathrm{d}x$$

δ_{11} 也可由图乘法求得,为

$$\delta_{11} = \frac{1}{EI}\left(\frac{1}{2} \times l \times l\right) \times \frac{2l}{3} = \frac{l^3}{3EI}$$

代入式(11-1)解出

$$X_1 = -\frac{\Delta_{1F}}{\delta_{11}} = \frac{ql^4}{8EI} \times \frac{3EI}{l^3} = \frac{3}{8}ql(\uparrow)$$

正号表明 $\boldsymbol{X}_1$ 的实际方向与假定相同,即向上。

求出多余未知力 $\boldsymbol{X}_1$ 后,可以利用平衡方程求出原结构的其他支座反力,即

$$F_{Ax} = 0, F_{Ay} = \frac{5}{8}ql, M_A = \frac{1}{8}ql^2$$

　　超静定结构上由荷载引起的内力,就等于在静定基本结构上由荷载和多余力共同作用引起的内力。

　　根据叠加原理,结构的弯矩可表达为

$$M = \overline{M}_1 X_1 + M_F \tag{11-2}$$

原结构的内力图如图 11-8(g)、(h)所示。该内力图也是基本结构在荷载和多余力共同作用下的内力图。

　　总结上例可以看出,全部运算过程都是在静定的基本结构上进行的,这就把超静定结构的计算问题,转化为已经熟悉的静定结构的内力和位移的计算问题。力法是分析超静定结构最基本的方法,应用很广,可以分析任何类型的超静定结构。

11.2.2　力法典型方程的确定

　　图 11-9(a)所示刚架为 3 次超静定结构,用力法分析时,需要去掉 3 个多余约束。设去掉固定端支座 B,并以相应的反力 X_1、X_2、X_3 为基本未知量,可以得到图 11-9(b)所示的基本结构。为求出 X_1、X_2、X_3,可利用固定端支座 B 处没有水平位移、竖向位移和角位移的变形条件,即基本体系在点 B 沿 X_1、X_2、X_3 方向的位移应与原结构相同,有

$$\left.\begin{array}{l} \Delta_1 = 0 \\ \Delta_2 = 0 \\ \Delta_3 = 0 \end{array}\right\}$$

式中,Δ_1 为基本结构上点 B 沿 X_1 方向的位移;Δ_2 为基本结构上点 B 沿 X_2 方向的位移;Δ_3 为基本结构上点 B 沿 X_3 方向的位移。

　　用 Δ_{1F}、Δ_{2F} 和 Δ_{3F} 分别表示荷载单独作用在基本结构上时,点 B 沿 X_1、X_2 和 X_3 方向的位移(见图 11-9(c))。

　　用 δ_{11}、δ_{21} 和 δ_{31} 分别表示单位力 $X_1=1$ 单独作用在基本结构上时,点 B 沿 X_1、X_2 和 X_3 方向的位移(见图 11-9(d))。

　　用 δ_{12}、δ_{22} 和 δ_{32} 分别表示单位力 $X_2=1$ 单独作用在基本结构上时,点 B 沿 X_1、X_2 和 X_3 方向的位移(见图 11-9(e))。

　　用 δ_{13}、δ_{23} 和 δ_{33} 分别表示单位力 $X_3=1$ 单独作用在基本结构上时,点 B 沿 X_1、X_2 和 X_3 方向的位移(见图 11-9(f))。

　　点 B 的三个位移 Δ_1、Δ_2、Δ_3 均为三个多余力和荷载所共同引起的。由叠加原理,变形条件可以写成

$$\left.\begin{array}{l} \Delta_1 = \delta_{11} X_1 + \delta_{12} X_2 + \delta_{13} X_3 + \Delta_{1F} = 0 \\ \Delta_2 = \delta_{21} X_1 + \delta_{22} X_2 + \delta_{23} X_3 + \Delta_{2F} = 0 \\ \Delta_3 = \delta_{31} X_1 + \delta_{32} X_2 + \delta_{33} X_3 + \Delta_{3F} = 0 \end{array}\right\} \tag{11-3}$$

　　上式即为 3 次超静定结构的力法基本方程。这组方程的物理意义是:基本结构在多余力和荷载的作用下,在去掉多余约束处的位移与原结构中相应的位移相等。

　　解上述方程组即可以求出未知力 X_1、X_2 和 X_3,然后利用平衡方程求出原结构的其他支座反力和内力。也可利用叠加原理,将各多余力的弯矩图和荷载弯矩图叠加(相应截面弯矩值数值叠

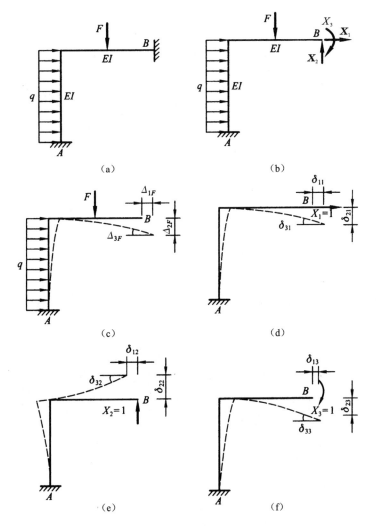

图 11-9 3 次超静定结构的受力分析

加)求得

$$M=\overline{M}_1 X_1+\overline{M}_2 X_2+\overline{M}_3 X_3+M_F \tag{11-4}$$

式中，$\overline{M}_1$、$\overline{M}_2$ 与 $\overline{M}_3$ 为单位力 $X_1=1$、$X_2=1$ 和 $X_3=1$ 单独作用在基本结构上时，基本结构的弯矩值；M_F 为基本结构在荷载作用下的弯矩值。

同一结构可以按不同的方式选取力法的基本结构和基本未知量，无论按何种方式选取的基本结构都应是几何不变的。当选不同的基本结构时，基本未知量 X_1、X_2 和 X_3 的含义不同，因而变形条件的含义也不相同，但是力法基本方程在形式上与式(11-3)完全相同。

对于 n 次超静定结构，力法的基本未知量是 n 个多余未知力 $\boldsymbol{X}_1$，$\boldsymbol{X}_2$，$\boldsymbol{X}_3$，$\cdots$，$\boldsymbol{X}_n$，每一个多余未知力都对应着一个多余约束，相应就可以写出一个变形条件，可以根据 n 个变形条件建立 n 个方程，如

$$\left.\begin{array}{l} \delta_{11}X_1+\delta_{12}X_2+\cdots+\delta_{1n}X_n+\Delta_{1F}=0 \\ \delta_{21}X_1+\delta_{22}X_2+\cdots+\delta_{2n}X_n+\Delta_{2F}=0 \\ \qquad\qquad\qquad\vdots \\ \delta_{n1}X_1+\delta_{n2}X_2+\cdots+\delta_{nn}X_n+\Delta_{nF}=0 \end{array}\right\} \tag{11-5}$$

上式即为 n 次超静定结构力法方程的一般形式,通常称为**力法典型方程**。这一组方程的物理意义为:基本结构在全部多余未知力和荷载共同作用下,在去掉各多余约束处沿多余未知力方向的位移,应与原结构的相应位移相等。

典型方程中主对角线上的系数 δ_{ii} 称为主系数。它是单位力 $X_i=1$ 单独作用时所引起的沿 X_i 方向产生的位移。主系数与外荷载无关,不随荷载而改变,是基本体系所固有的常数。主系数的计算公式为

$$\delta_{ii}=\sum\int\frac{\overline{M}_i^2\mathrm{d}s}{EI}$$

式中,$\overline{M}_i$ 为在单位力 $X_i=1$ 单独作用下的弯矩值。

典型方程中不在主对角线上的系数 δ_{ij} 称为副系数,它是单位力 $X_j=1$ 单独作用时所引起的沿单位力 X_i 方向产生的位移。副系数与外荷载无关,不随荷载而改变,也是基本体系所固有的常数。计算公式为

$$\delta_{ij}=\sum\int\frac{\overline{M}_i\overline{M}_j}{EI}\mathrm{d}s$$

式中,$\overline{M}_i$、$\overline{M}_j$ 分别为单位力 $X_i=1$、$X_j=1$ 单独作用时的弯矩值。系数 δ_{ij} 的第一个下标表示位移发生的位置和方向,第二个下标表示产生位移的原因。

根据位移互等定理,副系数有如下互等关系

$$\delta_{ij}=\delta_{ji}$$

系数 δ_{ij} 表示单位力 $X_j=1$ 作用时结构沿 X_i 方向的位移,其值愈大,表明结构在此方向的位移愈大,即柔性愈大,所以称 δ_{ij} 为**柔度系数**。

典型方程中系数 Δ_{iF} 称为**自由项**,它的物理意义是:基本结构在荷载作用下,力 X_i 作用点沿 X_i 方向产生的位移。它与荷载有关,由作用在基本结构上的荷载确定。

$$\Delta_{iF}=\sum\int\frac{\overline{M}_iM_F}{EI}\mathrm{d}s$$

如果用图乘法,主系数 δ_{ii} 由 $\overline{M}_i$ 图自乘求得,故恒为正值。副系数 δ_{ij} 和自由项 Δ_{iF} 由 $\overline{M}_i$ 图与 $\overline{M}_j$ 图互乘和 $\overline{M}_i$ 图与 M_F 图互乘求得,故可能为正值,也可能为负值或等于零。

δ_{ij} 或 Δ_{iF} 得正值(负值)说明位移的方向与相应的未知力 X_i 的正向相同(相反)。

系数和自由项求出后,解力法方程可求出多余未知力。超静定结构的内力可根据叠加原理按下式计算

$$\left.\begin{array}{l} M=\overline{M}_1X_1+\overline{M}_2X_2+\cdots+\overline{M}_iX_i+M_F \\ F_Q=\overline{F}_{Q1}X_1+\overline{F}_{Q2}X_2+\cdots+\overline{F}_{Qi}X_i+F_{QF} \\ F_N=\overline{F}_{N1}X_1+\overline{F}_{N2}X_2+\cdots+\overline{F}_{Ni}X_i+F_{NF} \end{array}\right\} \tag{11-6}$$

式中,$\overline{M}_iX_i$、$\overline{F}_{Qi}X_i$ 和 $\overline{F}_{Ni}X_i$ 是由力 X_i 单独作用在基本结构上而产生的内力;M_F、F_{QF} 和 F_{NF} 是由荷载单独作用在基本结构上而产生的内力。

作 F_Q 图和 F_N 图时,可以先作出原结构的弯矩图,然后利用平衡条件计算出各杆端力 F_Q 和 F_N,再画出 F_Q 图、F_N 图。

11.3　用力法计算超静定结构

本节将通过计算例题来说明用力法计算超静定结构的过程。

【例 11-1】　如图 11-10(a)所示超静定梁,已知荷载及尺寸,EI 为常数,EA 为常数。绘制弯矩图。

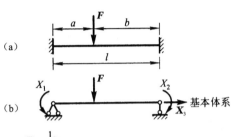

【解】　(1) 选取基本结构

取简支梁为基本结构,如图 11-10(b)所示,多余未知力为梁端弯矩 X_1、X_2 和水平反力 $\boldsymbol{X}_3$。

(2) 列力法典型方程、求系数

力法典型方程为

$$\delta_{11}X_1+\delta_{12}X_2+\delta_{13}X_3+\Delta_{1F}=0$$
$$\delta_{21}X_1+\delta_{22}X_2+\delta_{23}X_3+\Delta_{2F}=0$$
$$\delta_{31}X_1+\delta_{32}X_2+\delta_{33}X_3+\Delta_{3F}=0$$

绘制基本结构的各 $\overline{M}$ 图,如图11-10(c)、(d)、(e)所示。

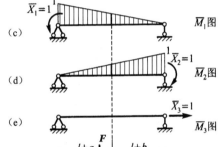

绘制荷载单独作用在基本结构上的 M_F 图,如图 11-10(f)所示。

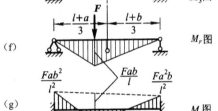

由于 $\overline{M}_3=0$,故由图乘法可知 $\delta_{13}=\delta_{31}=0$,$\delta_{23}=\delta_{32}=0$,$\Delta_{3F}=0$。因此典型方程的第三式成为

$$\delta_{33}X_3=0$$

在计算 δ_{33} 时,应同时考虑弯矩和轴力的影响,则有

$$\delta_{33}=\sum\int\frac{\overline{M}_3^2\mathrm{d}s}{EI}+\sum\int\frac{\overline{F}_{N3}^2\mathrm{d}s}{EA}$$

$$=0+\frac{l}{EA}=\frac{l}{EA}\neq0$$

图 11-10　超静定梁弯矩图绘制

于是有

$$X_3=0$$

这表明两端固定的梁在垂直于梁轴线的荷载作用下并不产生水平反力,因此,可以简化成只需求解两个多余未知力的问题,典型方程为

$$\delta_{11}X_1+\delta_{12}X_2+\Delta_{1F}=0$$
$$\delta_{21}X_1+\delta_{22}X_2+\Delta_{2F}=0$$

由图乘法可求得各系数和自由项(只考虑弯矩影响)

$$\delta_{11}=\frac{1}{EI}\left(\frac{1}{2}\times1\times l\times\frac{2}{3}\right)=\frac{l}{3EI}$$

$$\delta_{22} = \frac{1}{EI} \left(\frac{1}{2} \times 1 \times l \times \frac{2}{3} \right) = \frac{l}{3EI}$$

$$\delta_{12} = \delta_{21} = \frac{1}{EI} \left(\frac{1}{2} \times 1 \times l \times \frac{1}{3} \right) = \frac{l}{6EI}$$

$$\Delta_{1F} = -\frac{1}{EI} \cdot \frac{1}{2} \frac{Fab}{l} l \times \left(\frac{l+b}{3l} \right) = -\frac{Fab(l+b)}{6EIl}$$

$$\Delta_{2F} = -\frac{Fab(l+a)}{6EIl}$$

（3）求多余力、绘弯矩图

代入力法方程解得多余力

$$X_1 = \frac{Fab^2}{l^2}, X_2 = \frac{Fa^2b}{l^2}$$

根据叠加原理 $M = \overline{M}_1 X_1 + \overline{M}_2 X_2 + M_F$，得出最后的弯矩图如图 11-10(g)所示。

【例 11-2】 如图 11-11(a)所示超静定刚架，已知荷载及尺寸，各杆 E 为常数。绘制其弯矩图。

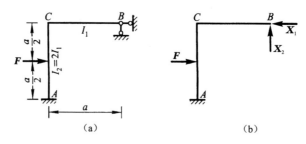

图 11-11 超静定刚架结构分析
(a)原结构；(b)基本结构

【解】 （1）选取基本结构

选该 2 次超静定刚架的基本结构如图 11-11(b)所示，基本未知量为 X_1、X_2。

（2）列力法典型方程，求系数

力法典型方程为

$$\delta_{11} X_1 + \delta_{12} X_2 + \Delta_{1F} = 0$$
$$\delta_{21} X_1 + \delta_{22} X_2 + \Delta_{2F} = 0$$

绘制 $\overline{M}_1$ 图、$\overline{M}_2$ 图和 M_F 图分别如图 11-12(a)、(b)、(c)所示。然后利用图乘法求得各系数和自由项为

$$\delta_{11} = \frac{1}{2EI_1} \left(\frac{1}{2} \times a \times a \times \frac{2}{3} a \right) = \frac{a^3}{6EI_1}$$

$$\delta_{22} = \frac{1}{EI_1} \left(\frac{1}{2} \times a \times a \times \frac{2}{3} a \right) + \frac{1}{2EI_1} (a \times a \times a) = \frac{5a^3}{6EI_1}$$

$$\delta_{12} = \delta_{21} = \frac{1}{2EI_1} \left(\frac{1}{2} \times a \times a \times a \right) = \frac{a^3}{4EI_1}$$

$$\Delta_{1F} = -\frac{1}{2EI_1} \left(\frac{1}{2} \times \frac{Fa}{2} \times \frac{a}{2} \times \frac{5}{6} a \right) = -\frac{5Fa^3}{96EI_1}$$

$$\Delta_{2F} = -\frac{1}{2EI_1}\left(\frac{1}{2}\times\frac{Fa}{2}\times\frac{a}{2}\times a\right) = -\frac{Fa^3}{16EI_1}$$

（3）求多余未知力、绘弯矩图

将以上系数和自由项代入典型方程，求得

$$X_1 = \frac{4F}{11}, X_2 = \frac{3F}{88}$$

根据叠加原理 $M = \overline{M}_1 X_1 + \overline{M}_2 X_2 + M_F$，最后弯矩图如图 11-12（d）所示。

装配式单层工业厂房的主要承重结构是由屋架（或屋面大梁）、柱子和基础所组成的横向排架（见图 11-13）。柱子通常采用阶梯型变截面构件，柱底为固定端，柱顶与屋架为铰接。在通常情况下，认为联系两个柱顶的屋架（或屋面大梁）两端之间的距离不变，即将其视为抗拉（压）强度 $EA = \infty$ 的链杆，称为排架的横梁。

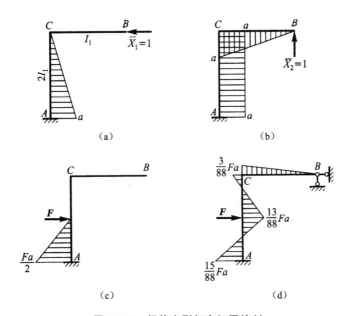

图 11-12 超静定刚架弯矩图绘制
（a）$\overline{M}_1$ 图；（b）$\overline{M}_2$ 图；（c）M_F 图；（d）M 图

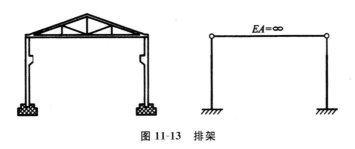

图 11-13 排架

【例 11-3】 如图 11-14（a）所示不等高两跨排架，已知 $EI_1 : EI_2 = 4:3$，受水平均布荷载作用。试作出排架的弯矩图。

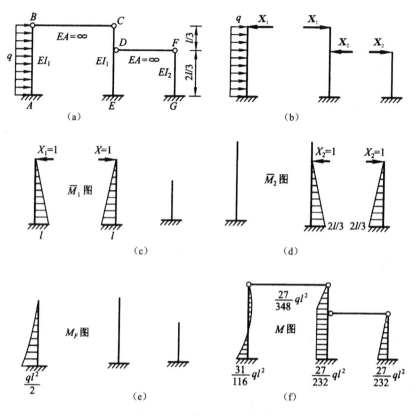

图 11-14　排架弯矩图绘制

【解】　(1)选取基本结构

该排架是 2 次超静定结构,基本结构如图 11-14(b)所示。取 BC 杆的轴力 X_1 和 DF 杆的轴力 X_2 为多余未知力。

(2)列力法方程、求柔度系数

基本结构应满足柱端处 B、C 两点间的相对位移和 D、F 两点间的相对位移同时等于零,即

$$\delta_{11}X_1 + \delta_{12}X_2 + \Delta_{1F} = 0$$
$$\delta_{21}X_1 + \delta_{22}X_2 + \Delta_{2F} = 0$$

为求主、副系数和自由项,分别作出相应的 $\overline{M}_1$ 图、$\overline{M}_2$ 图和 M_F 图(见图 11-14(c)、(d)、(e))。根据图乘法得

$$\delta_{11} = 2 \times \frac{1}{EI_1} \times \left(\frac{1}{2} \times l \times l\right) \times \frac{2}{3}l = \frac{2l^3}{3EI_1}$$

$$\delta_{12} = -\frac{1}{EI_1}\left(\frac{1}{2} \times \frac{2}{3}l \times \frac{2}{3}l\right) \times \frac{7}{9}l = -\frac{14l^3}{81EI_1}$$

$$\delta_{21} = \delta_{12}$$

$$\delta_{22} = \frac{1}{EI_1} \times \left(\frac{1}{2} \times \frac{2}{3}l \times \frac{2}{3}l\right) \times \frac{4}{9}l + \frac{1}{EI_2} \times \left(\frac{1}{2} \times \frac{2}{3}l \times \frac{2}{3}l\right) \times \frac{4}{9}l$$

$$= \frac{l^3}{EI_1} \times \frac{8}{81} + \frac{l^3}{EI_2} \times \frac{8}{81}$$

$$= \frac{l^3}{EI_1} \times \frac{8}{81} + \frac{4}{3} \times \frac{l^3}{EI_1} \times \frac{8}{81} = \frac{56l^3}{243EI_1}$$

$$\Delta_{1F} = -\frac{1}{EI_1} \times \left(\frac{1}{3} \times l \times \frac{1}{2}ql^2 \right) \times \frac{3}{4}l = -\frac{ql^4}{8EI}$$

$$\Delta_{2F} = 0$$

（3）求多余未知力、绘弯矩图

将各项系数代入力法方程，并消去 $\dfrac{l^3}{EI_1}$，得

$$\frac{2}{3}X_1 - \frac{14}{81}X_2 - \frac{ql}{8} = 0$$

$$-\frac{14}{81}X_1 + \frac{56}{243}X_2 = 0$$

解得

$$X_1 = \frac{81}{348}ql, \quad X_2 = \frac{81}{464}ql$$

结构的弯矩图如图 11-14(f)所示。

在工程实际中，有时还会采用超静定桁架这一结构形式。超静定桁架的计算，在基本解题方法上与其他超静定结构相同。但又有其特点，其基本结构的位移是由杆件的轴向变形引起的。典型方程中的主、副系数和自由项，可根据 $\Delta_K = \dfrac{F_{NF}\overline{F}_N l}{EA}$ 按下式计算

$$\delta_{ij} = \sum \frac{\overline{F}_{Ni}\overline{F}_{Nj}l}{EA}, \quad \Delta_{iF} = \sum \frac{\overline{F}_{Ni}F_{NF}l}{EA}$$

【**例 11-4**】　计算图 11-15(a)所示桁架。各杆 EA 为常数，荷载及尺寸已知。

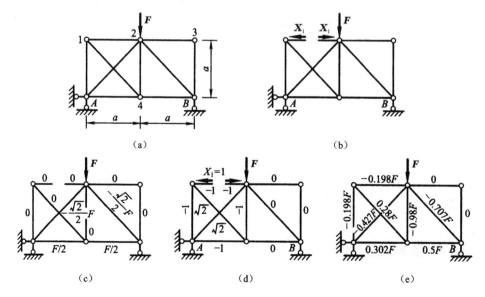

图 11-15　桁架受力分析

【解】 （1）取基本结构

该桁架是 1 次超静定结构，基本结构如图 11-15(b)所示，取 12 杆的轴力 X_1 为多余未知力。

（2）列力法方程、求系数

基本结构应满足杆 12 截面处相对位移等于零的变形条件，即

$$\delta_{11}X_1 + \Delta_{1F} = 0$$

为求主系数与自由项，分别作出相应的 $\bar{F}_{N1}$ 图(见图 11-15(d))和 F_{NF} 图(见图 11-15(c))。根据桁架位移计算公式，有

$$\delta_{11} = \sum \frac{\bar{F}_{N1}^2 l}{EA} = 4 \times \frac{1}{EA} \times (-1)^2 \times a + 2 \times \frac{1}{EA} \times (\sqrt{2})^2 \times \sqrt{2}a = \frac{4a(1+\sqrt{2})}{EA}$$

$$\Delta_{1F} = \sum \frac{\bar{F}_{N1}F_{NF}l}{EA} = \frac{1}{EA} \times \sqrt{2} \times \left(-\frac{\sqrt{2}}{2}F\right) \times \sqrt{2}a + \frac{1}{EA} \times (-1) \times \frac{F}{2} \times a$$

$$= -\frac{(2\sqrt{2}+1)Fa}{2EA}$$

（3）求多余未知力、绘内力图

将各项系数代入力法方程，并消去 EA，得方程

$$4a(1+\sqrt{2})X_1 - (2\sqrt{2}+1)\frac{Fa}{2} = 0$$

解方程，得

$$X_1 = \frac{(3-\sqrt{2})}{8}F$$

由叠加法求结构各杆轴力：$F_N = \bar{F}_{N1}X_1 + F_{NF}$，各杆轴力如图 11-15(e)所示，将各杆轴力数值标在杆件一侧。

由以上例题可知，超静定结构在荷载作用下，多余未知力表达式中不含刚度 $EI(EA)$，但当各杆刚度的比值不同时，多余未知力的值也不同。这说明超静定结构的内力与各杆刚度的绝对值无关，只与其相对值有关。所以，在设计超静定结构时，与设计静定结构不同，要预先给定各构件的刚度比。待求出多余未知力后才能选定截面，并确定实际采用的构件刚度。

现将用力法计算超静定结构的步骤总结如下。

① 先去掉多余约束代之以多余未知力，得到静定的基本结构，并确定基本未知量的数目。

② 根据原结构在去掉多余约束处的位移与基本结构在多余未知力和荷载作用下相应处的位移具有相同的变形条件，建立相应的力法典型方程。

③ 分别作基本结构的单位内力图和荷载内力图，求出力法方程的系数和自由项。

④ 解力法典型方程，求出多余未知力，用叠加法绘制弯矩图。

⑤ 按分析静定结构的方法，作出原结构的剪力图和轴力图。

11.4 对称结构的计算

11.4.1 对称结构

在工程中常有对称结构出现，即杆件轴线所组成的几何图形是对称的，支承情况是对称的，截

面尺寸及材料性质也关于同一轴对称。对称结构可分为两类：一类是没有中柱的对称结构，如图 11-16(a)所示，另一类是有中柱的对称结构，如图11-16(b)所示。

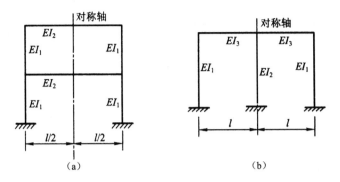

图 11-16　对称结构

当将对称结构绕对称轴对折后，如果轴两侧的荷载作用点、作用线完全重合，且指向相同、大小相等，则说明荷载是对称的；如果轴两侧的荷载作用点、作用线重合，且指向相反、大小相等，则说明荷载是反对称的。作用在对称结构上的一般荷载，都可以分解为对称荷载和反对称荷载两组，如图 11-17 所示。

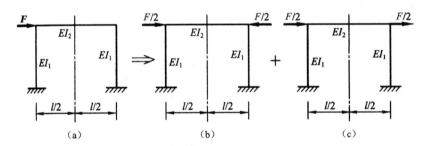

图 11-17　对称结构上的荷载

对称结构的力学特征：在对称荷载作用下，其内力和变形是对称的；在反对称荷载作用下，其内力和变形是反对称的。因此，无论荷载是对称的或是反对称的，都只需计算对称轴一侧的半个结构，从而使计算得以简化，并称此半个结构为原结构的等代结构。

11.4.2　无中柱对称刚架的等代结构

(1) 对称荷载作用下的等代结构

图 11-18(a)所示对称刚架受到对称荷载作用，将其沿对称轴切割为两半(见图 11-18(b))，则对称轴处截面 A 上只有对称的内力(轴力和弯矩)，没有反对称的内力(剪力)，如图 11-18(c)所示。

由于刚架发生对称的变形(见图 11-18(a))，截面 A 只能有竖向位移，不能有水平位移和转角。截面 A 处的内力和位移的上述特征，正与在该处安装一个垂直于对称轴线的定向支座相符合，于是得到如图 11-18(d)所示等代结构。

因此，无中柱对称刚架结构受对称荷载作用，其等代结构是：对称轴任一侧的半刚架，在切开截面处加与对称轴垂直的定向支座。

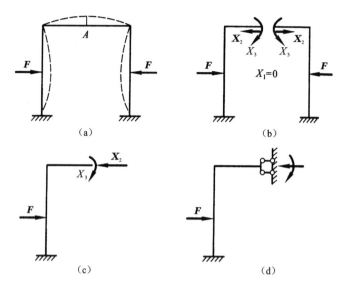

图 11-18 受对称荷载作用时的等代结构

（2）反对称荷载作用下的等代结构

如图 11-19(a)所示对称刚架受反对称荷载作用,将其沿对称轴切割为两半(见图 11-19(b)),则对称轴处截面 A 上只有反对称的内力(剪力),没有对称的内力(轴力和弯矩)。由于刚架发生反对称的变形(见图 11-19(a)),截面 A 处有水平位移和转角,不能有竖向位移。截面 A 处的内力和位移的上述特征,正与在该处安装一个平行于对称轴线的链杆支座相符合,于是得到如图 11-19(c)所示等代结构。

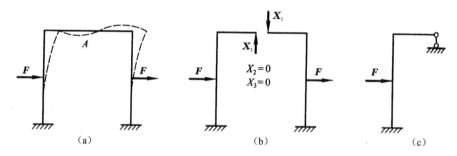

图 11-19 受反对称荷载作用时的等代结构

因此,无中柱对称刚架受反对称荷载作用,其等代结构是:对称轴任一侧的半刚架,在切开截面处加与对称轴平行的链杆支座。

11.4.3 有中柱对称刚架的等代结构

（1）对称荷载作用下的等代结构

如图 11-20(a)所示对称刚架受对称荷载作用,如不计轴向变形,中柱端点 A 将不发生任何位移。于是可以判定刚结点 A 的两侧截面也不发生任何位移,就像端点 A 两侧均是固定端约束一样,得到等代结构如图 11-20(b)所示。

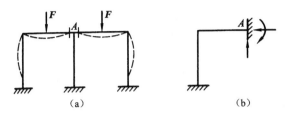

图 11-20　对称荷载作用下的等代结构

因此,有中柱对称刚架受对称荷载作用,其等代结构是:对称轴任一侧的半刚架(不含中柱),在切开截面处加一固定端约束。

（2）反对称荷载作用下的等代结构

有中柱对称刚架受反对称荷载作用(见图 11-21(a)),其等代结构是:对称轴一侧的半刚架(含中柱),中柱的截面惯性矩减半,中柱上的荷载也减半,如图 11-21(b)所示。

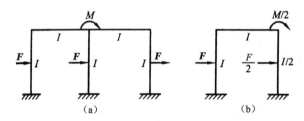

图 11-21　反对称荷载作用下的等代结构

11.4.4　对称性的利用

下面利用结构的对称性求解刚架内力。

【例 11-5】　作图 11-22(a)所示刚架的弯矩图。

【解】　此刚架在反对称荷载作用下,只有反对称未知力,对称未知力等于零。等代结构如图 12-22(b)所示,为 1 次超静定结构,取基本结构如图 11-22(c)所示。

用图乘法可以求出力法方程的系数和自由项,由图 11-22(d)、(e),可得

$$\delta_{11}=\frac{1}{EI}\left[l\times\frac{l}{2}\times\frac{l}{2}+\frac{1}{2}\times\frac{l}{2}\times\frac{l}{2}\times\frac{2}{3}\times\frac{l}{2}\right]=\frac{7l^3}{24}\times\frac{1}{EI}$$

$$\Delta_{1F}=-\frac{1}{EI}\times\frac{1}{3}\times l\times\frac{ql^2}{2}\times\frac{l}{2}=-\frac{1}{12}\times\frac{ql^4}{EI}$$

代入力法方程　　　　　　　　　　$$\delta_{11}X_1+\Delta_{1F}=0$$

解出

$$X_1=-\frac{\Delta_{1F}}{\delta_{11}}=\frac{2}{7}ql$$

求出 X_1 后,由叠加法

$$M=\overline{M}_1X_1+M_F$$

绘出弯矩图如图 11-22(f)所示,其中右半部结构的 M 图是按反对称绘出的。

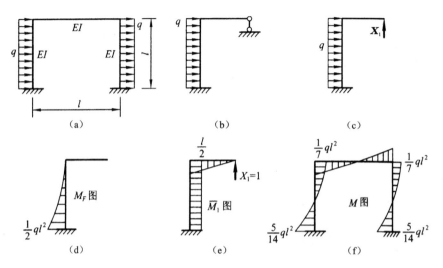

图 11-22　刚架弯矩图的绘制

【**例 11-6**】　利用对称性作图 11-23(a)所示刚架的弯矩图。

【**解**】　图示刚架在对称荷载作用下,只会产生对称未知力,反对称未知力等于零。因此半结构的切开截面处是一水平链杆支座,该处可有转角,不产生弯矩,等代结构如图 11-23(b)所示。取基本结构示于图 11-23(c)中,基本未知量只有对称未知力 X_1。

用图乘法可以求出力法方程的系数和自由项,由图 11-23(d)、(e)可得

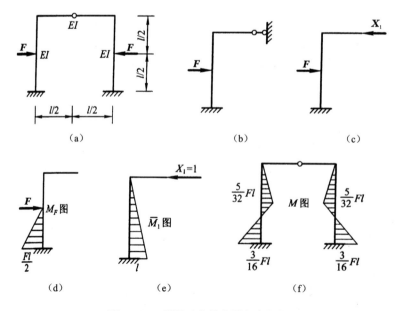

图 11-23　利用对称性作刚架弯矩图

$$\delta_{11} = \frac{1}{EI} \times \frac{1}{2} \times l \times l \times \frac{2}{3}l = \frac{l^3}{3EI}$$

$$\Delta_{1F} = -\frac{1}{EI} \times \frac{1}{2} \times \frac{Fl}{2} \times \frac{l}{2} \times \frac{5}{6}l = -\frac{5Fl^3}{48EI}$$

代入力法方程

$$\delta_{11}X_1 + \Delta_{1F} = 0$$

可得

$$X_1 = -\frac{\Delta_{1F}}{\delta_{11}} = \frac{5Fl^3}{48EI} \times \frac{3EI}{l^3} = \frac{5}{16}F$$

求出 X_1 后,用叠加法

$$M = \overline{M}_1 X_1 + M_F$$

绘出结构弯矩图如图 11-23(f)所示,其中右半部结构的弯矩图是按图形对称性绘出的。

11.5 几种常见工程结构的受力特点

11.5.1 超静定多跨连续梁

超静定多跨连续梁是一个连续的整体,连续梁在支座处的截面可以承受和传递弯矩,使梁各段能共同工作,其整体刚度和承载力优于静定多跨梁。

如图 11-24(a)所示为一超静定多跨连续梁。当其中两跨有荷载作用时,整个梁都产生内力(图中所示图形为弯矩图)。而图 11-24(b)所示为一静定多跨梁。当其中两跨有荷载作用时,只会引起本跨梁的内力,而对其他跨梁没有影响。超静定多跨连续梁在支座产生不均匀沉降时会引起整个结构的内力,如图 11-24(c)所示。在工程中超静定多跨连续梁通常用于梁板结构体系及桥梁中。

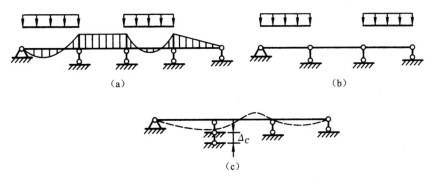

图 11-24 超静定连续多跨梁受力特点示意

11.5.2 排架结构

排架结构中的排架柱与横梁(屋架)铰接,通常可不考虑横梁的轴向变形。横梁对排架柱的支座不均匀沉降不敏感(见图 11-25(a))。

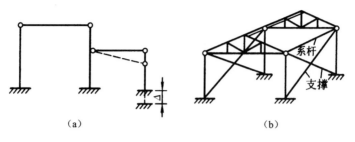

图 11-25 排架结构

在有吊车的排架结构中,排架柱通常采用变截面柱。排架主要承受竖向(屋架、吊车)和水平荷载。在自身平面内刚度和承载力较大,可以做成较大跨度的结构,形成较大的空间。排架的施工安装较方便,通常用于单层工业厂房和仓库中。在实际工程结构中,排架与排架之间需要加设支撑和纵向系杆,以保证结构体系的纵向刚度。在有吊车梁的排架中,吊车梁本身就是很好的系杆,如图 11-25(b)所示。

11.5.3 刚架

刚架结构在工程中又被称为框架结构。在刚架中柱与梁之间的联系可简化为刚性结点,结构整体性好,刚度强。刚结点可以承受和传递弯矩,结构中的杆件以受弯为主。

在竖向荷载作用下,刚架中的横梁比两端铰支的梁受力更加合理(见图 11-26)。刚结点起到了承受和传递弯矩的约束作用。

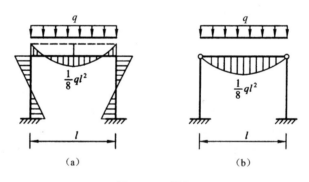

图 11-26 刚架

在水平荷载作用下,因为刚结点的存在,对结点转角和侧移有约束作用。与排架相比,排架柱顶横梁为铰接,对柱的侧移无限制作用,所以刚架的侧移小于排架的侧移。刚架结构,由于杆件数量较少,且大多数是直杆,所以能形成较大的空间,结构布置灵活。

11.5.4 桁架

无论是静定桁架还是超静定桁架,它们的所有杆件都只受轴力作用,杆件受力合理,结构自重轻,可以做成较大的跨度,能承受较大的荷载。超静定桁架由于具有多余约束杆件,比静定桁架更具有安全性。超静定结构中个别杆件受破坏而不能承受作用力时,可以由其他杆件分担,整个结构不会破坏,所以它优于静定桁架。当桁架用作受弯构件时(起梁的作用),在竖向荷载作用下,上弦杆受压,下弦杆受拉。上、下弦杆用来抵抗弯矩,桁架高度 h 值越大,对抵抗弯矩越有利。桁架的腹杆用来抵抗剪力。在承受相同荷载时,桁架的刚度、强度要优于等跨实体梁。

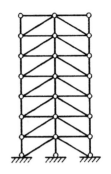

图 11-27　桁架

桁架结构在工程中可以用作屋架、桥梁、空间塔架等。高层建筑中也常采用桁架结构体系,如图 11-27 所示。对高层建筑来说水平荷载是主要荷载,桁架的斜杆支撑可以更有效地抵抗水平荷载所引起的水平侧移,对提高结构的整体刚度非常有利。

【本章要点】

力法是计算超静定结构的基本方法之一,是位移法的基础,应该熟练掌握。

1. 力法的基本结构是静定结构。力法以多余力作为基本未知量,由满足原结构的位移变形条件来求解多余力。然后通过静定结构来计算超静定结构的内力,将超静定问题转化为静定问题来处理。

2. 力法方程是一组变形协调方程,其物理意义是:基本结构在多余力和荷载的共同作用下,多余力作用处的位移与原结构相应处的位移相同。在计算超静定结构时,要同时运用平衡条件和变形条件,这是求解静定结构与求解超静定结构的根本区别。

3. 熟练地选取基本结构,熟练地计算力法方程中的主、副系数和自由项是掌握力法的关键。

4. 对于对称结构,只需计算对称轴一侧的半个结构——等代结构,这样可利用对称性简化结构计算。

【思考题】

11-1　如何得到力法的基本结构? 对于给定的超静定结构,它的力法基本结构是唯一的吗? 基本未知量的数目是确定的吗?

11-2　力法典型方程的物理意义是什么? 方程中每一系数和自由项的意义是什么?

11-3　为什么力法典型方程中主系数恒大于零,而副系数及自由项可能为正值、负值或为零?

11-4　什么是对称结构? 什么是正对称和反对称的力和位移? 怎样利用对称性简化力法计算?

11-5　为什么对称结构在对称荷载作用下,反对称多余未知力等于零? 在反对称荷载作用下,对称的多余未知力等于零?

【习题】

11-1　确定图 11-28 所示结构的超静定次数。

11-2　用力法计算图 11-29 所示超静定梁的弯矩。

11-3　用力法计算图 11-30 所示各结构,并作弯矩图。

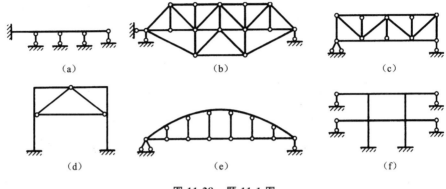

图 11-28　题 11-1 图

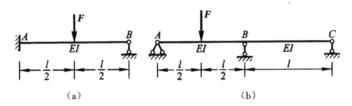

图 11-29　题 11-2 图

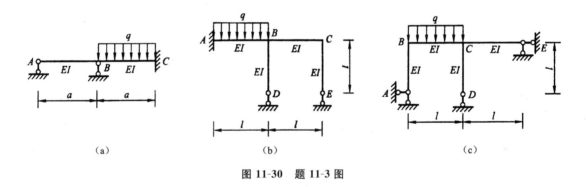

图 11-30　题 11-3 图

11-4　已知图 11-31 所示桁架中各杆 EA 相同,试求桁架中各杆的轴力。

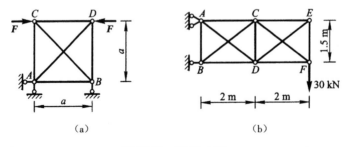

图 11-31　题 11-4 图

11-5　如图 11-32 所示不等高两跨排架，$EI_1 : EI_2 = 4 : 3$。试作出该排架的弯矩图。

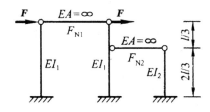

图 11-32　题 11-5 图

11-6　作图 11-33 所示对称结构的弯矩图。

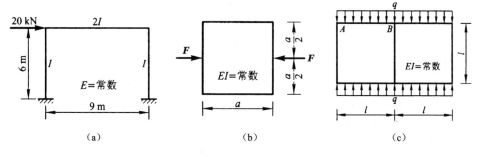

图 11-33　题 11-6 图

第 12 章 位 移 法

　　力法和位移法是求解超静定结构的两种基本方法。力法在 19 世纪末就已经应用于各种超静定结构的分析中,随后由于钢筋混凝土结构的问世,出现了大量的高次超静定刚架,如果仍用力法计算将十分烦琐。于是,20 世纪初又在力法的基础上建立了位移法。

　　结构在一定的外因作用下,其内力与位移之间具有一定的关系,即确定的内力只与确定的位移相对应。从这点出发,在分析超静定结构时,先设法求出内力,然后即可计算相应的位移,这便是力法;但也可以反过来,先确定某些位移,再据此推求内力,这便是位移法。

　　由此可以看出,位移法和力法的主要区别在于它们所选取的基本未知量不同。力法是以结构中的多余约束力为基本未知量,求出多余未知力后,再据此算得其他未知力和位移。而位移法是取结点位移为基本未知量,根据求得的结点位移再算得结构的未知内力和其他未知位移。位移法未知量的个数与超静定次数无关,这就使得对一个超静定结构的力学计算,有时候用位移法要比用力法计算简单得多,尤其是对于一些超静定刚架。

　　为了说明位移法的基本思路,我们来分析图 12-1(a)所示刚架的位移。它在荷载 F 作用下将发生虚线所示的变形,在刚结点 1 处两杆的杆端均发生相同的转角 Z_1。此外,若略去轴向变形,则可认为两杆长度不变,因而结点 1 没有线位移。如何据此来确定各杆内力呢?对于 12 杆,可以把它看成是一根两端固定的梁,除了受到荷载 F 作用外,固定支座 1 还发生了转角 Z_1(见图 12-1(b)),这两种情况下的内力都可以由力法算出。同理,13 杆则可以看作是一端固定,另一端铰支的梁,在固定端 1 处发生了转角 Z_1(见图 12-1(c)),其内力同样可以用力法算出。可见,在计算此刚架时,如果以结点 1 的角位移 Z_1 为基本未知量,设法先求出 Z_1,则各杆的内力可以随之确定。这就是位移法的思路。

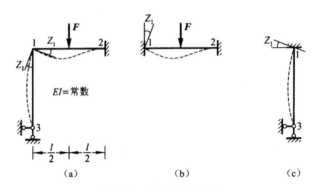

图 12-1 刚架位移分析

　　由以上讨论可知,在位移法中需要解决以下问题。

　　① 用力法算出单跨超静定梁在杆端发生各种位移时(角位移、线位移)以及荷载等因素作用下的内力。

② 确定以结构上的哪些位移作为基本未知量。

③ 如何求出这些位移。

以后章节会讨论解决以上问题的方法。

12.1 单跨超静定梁的杆端内力

位移法中是用加约束的方法将结构中的各杆件均变成单跨超静定梁。在不计轴向变形的情况下,单跨超静定梁有图 12-2 中所示的三种形式。它们分别为:两端固定梁(见图 12-2(a));一端固定一端链杆(铰)支座梁(见图 12-2(b));一端固定一端定向支座梁(见图 12-2(c))。

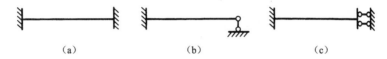

图 12-2 单跨静定梁的三种形式

上述各单跨超静定梁因荷载作用产生的杆端力,因支座移动产生的杆端力均可用力法求出,在位移法中是已知量。

12.1.1 杆端力与杆端位移的正负号规定

(1)杆端力的正负号规定

杆端弯矩:对杆端而言,顺时针转向为正,逆时针转向为负;对结点而言,逆时针转向为正,顺时针转向为负。

杆端剪力:使所研究的分离体有顺时针转动趋势为正,有逆时针转动趋势为负。

对图 12-3(a)所示的两端固定梁,图 12-3(b)给出其正向杆端力和结点力,图12-3(c)给出其负向杆端力和结点力。

(2)杆端位移的正负号规定

杆端转角:顺时针方向转动为正(见图 12-4(a)),逆时针方向转动为负(见图12-4(b))。

杆端相对线位移:两杆端连线发生顺时针方向转动时,相对线位移 Δ 为正,反之为负。图 12-5(a)和 12-5(b)分别为正向和负向相对线位移。

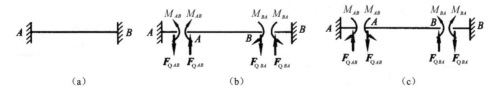

图 12-3 杆端力正负号确定

12.1.2 载常数

当支座无位移时,荷载作用下等截面单跨超静定梁的杆端弯矩和杆端剪力分别称为**固端弯矩**

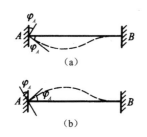

图 12-4　杆端转角正负号确定

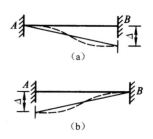

图 12-5　杆端相对线位移正负号规定

和**固端剪力**。对于给定的等截面单跨超静定梁,它们是只与荷载形式有关的常数,故统称为**载常数**。

给定等截面单跨超静定梁和荷载,载常数可以用力法求得。为方便利用,列于表 12-1 中。表中的符号如 F^F_{QBA} 表示由荷载引起的 AB 杆 B 端的固端剪力。

表 12-1　单跨超静定梁的固端弯矩和固端剪力(载常数)

编号	简　图	弯　矩　图	固端弯矩		固端剪力	
			M^F_{AB}	M^F_{BA}	F^F_{QAB}	F^F_{QBA}
1			$-\dfrac{Fab^2}{l^2}$ 当 $a=b$ 时 $-\dfrac{Fl}{8}$	$\dfrac{Fa^2b}{l^2}$ $\dfrac{Fl}{8}$	$\dfrac{Fb^2}{l^2}\left(1+\dfrac{2a}{l}\right)$ $\dfrac{F}{2}$	$-\dfrac{Fb^2}{l^2}$ $\left(1+\dfrac{2b}{l}\right)$ $-\dfrac{F}{2}$
2			$-\dfrac{ql^2}{12}$	$\dfrac{ql^2}{12}$	$\dfrac{ql}{2}$	$-\dfrac{ql}{2}$
3			$-\dfrac{Fab}{2l^2}(l+b)$ 当 $a=b$ 时 $-\dfrac{3Fl}{16}$	0	$\dfrac{Fb}{3l^3}(3l^2-b^2)$ $\dfrac{11F}{16}$	$-\dfrac{Fa^2}{2l^3}$ $(2l+b)$ $-\dfrac{5F}{16}$
4			$-\dfrac{ql^2}{8}$	0	$\dfrac{5}{8}ql$	$-\dfrac{3}{8}ql$
5			$\dfrac{M}{2}$	M	$-\dfrac{3M}{2l}$	$-\dfrac{3M}{2l}$
6			$-\dfrac{Fl}{2}$	$-\dfrac{Fl}{2}$	F	F

续表

编号	简 图	弯 矩 图	固端弯矩		固端剪力	
			M_{AB}^F	M_{BA}^F	F_{QAB}^F	F_{QBA}^F
7			$-\dfrac{ql^2}{3}$	$-\dfrac{ql^2}{6}$	ql	0
8			$-\dfrac{Fa}{2l}(l+b)$ 当 $a=b$ 时 $-\dfrac{3Fl}{8}$	$-\dfrac{Fa^2}{2l}$ $-\dfrac{Fl}{8}$	F	0

事实上,已知固端弯矩后,固端剪力不需查表就可以由平衡方程求得。如图 12-6 所示单跨梁,已知固端弯矩

$$M_{AB}^F = -\frac{1}{8}ql^2$$

由平衡方程

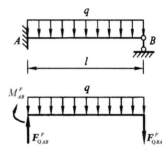

图 12-6 单跨梁 AB 受力图

$$\sum M_A = 0, \quad M_{AB}^F + \frac{1}{2}ql^2 + F_{QBA}^F l = 0$$

解得

$$F_{QBA}^F = -\frac{3}{8}ql$$

由方程

$$\sum M_B = 0$$

解得　$F_{QAB}^F = \dfrac{5}{8}ql$

12.1.3 形常数(刚度系数)

杆端单位位移所引起的等截面单跨超静定梁的杆端力称为**刚度系数**或**形常数**。形常数只与杆件的长度、截面尺寸及材料的弹性常数有关。

形常数可用力法求解。如图 12-7(a)所示单跨超静定梁 A 端发生单位转角 $\theta_A = 1$,可以求得杆端力如下。

取基本结构如图 12-7(b)所示。

力法方程为　　　　　　　　$\delta_{11} X_1 = \theta_A = 1$

由 $\overline{M}_1$ 图(见图 12-7(c))求得　　$\delta_{11} = \dfrac{l}{3EI}$

代入力法方程有

$$X_1 = \frac{3EI}{l} = 3i$$

由 A 端单位转角 $\theta_A = 1$ 引起的弯矩图如图 12-7(d)所示。

这里的力法方程的物理意义是:由多余未知力 X_1 引起的多余力作用点(点 A)沿多余力方向

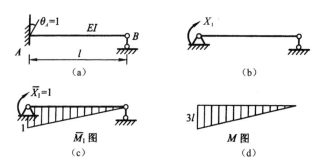

图 12-7 单跨超静定梁受力图

的角位移与原结构所发生的 A 端角位移相等。其中符号 $i=\dfrac{EI}{l}$，称为**线刚度**。

为方便使用，将杆端单位位移所引起的杆端弯矩和杆端剪力列于表 12-2 中。

表 12-2 单跨超静定梁的刚度系数(形常数)

编号	简　图	弯　矩　图	杆 端 弯 矩		杆 端 剪 力	
			M_{AB}	M_{BA}	F_{QAB}	F_{QBA}
1			$4i$	$2i$	$-\dfrac{6i}{l}$	$-\dfrac{6i}{l}$
2			$3i$	0	$-\dfrac{3i}{l}$	$-\dfrac{3i}{l}$
3			i	$-i$	0	0
4			$-i$	i	0	0
5			$-\dfrac{6i}{l}$	$-\dfrac{6i}{l}$	$\dfrac{12i}{l^2}$	$\dfrac{12i}{l^2}$
6			$-\dfrac{3i}{l}$	0	$\dfrac{3i}{l^2}$	$\dfrac{3i}{l^2}$

12.2 位移法的基本概念

我们通过图 12-8(a)所示刚架来说明位移法的基本概念,设刚架在受到荷载 **F** 作用后发生图中虚线所示的变形。

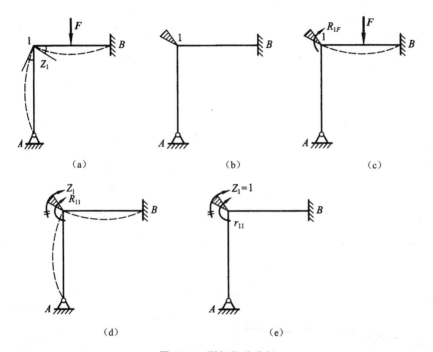

图 12-8 刚架位移分析

(1) 基本未知量

当不计轴向变形时,刚结点 1 不发生线位移,只发生角位移 Z_1,且杆 $A1$ 和 $B1$ 的 1 端发生相同的转角 Z_1。只要求出转角 Z_1,两个杆的变形和内力就完全确定。因此刚结点 1 的角位移 Z_1 就是求解该刚架的位移法基本未知量。

(2) 基本结构

在刚结点 1 上加一限制转动(不限制线位移)的约束,称之为**附加刚臂**,如图 12-8(b)所示。因不计轴向变形,杆 $A1$ 变成一端固定、一端铰支梁,杆 $B1$ 变成为两端固定梁。原刚架则变成两个单跨超静定梁体系,称为**位移法基本结构**。

(3) 荷载在附加刚臂中产生的反力矩 R_{1F}

在基本结构(见图 12-8(b))上施加原结构的外荷载,杆 $B1$ 发生虚线所示的变形,但杆端 1 截面被刚臂制约,不能产生角位移,使得刚臂中出现了反力矩 R_{1F},如图 12-8(c)所示。荷载引起的刚臂反力矩 R_{1F} 规定以顺时针为正。R_{1F} 可借助载常数(见表 12-1)求得。

(4) 刚臂转动引起的刚臂反力矩 R_{11}

为使基本结构与原结构一致,需将刚臂(连同刚结点 1)转动一角度 Z_1,使得基本结构的结点 1

的转角与原结构虚线所示自然变形状态中刚结点的转角相同。刚臂转动刚度 Z_1 所引起的刚臂反力矩用 R_{11} 表示，并规定以顺时针方向为正，如图 12-8(d)所示。

R_{11} 可用未知量 Z_1 表示为

$$R_{11} = r_{11}Z_1$$

r_{11} 为刚臂产生单位转角（即 $Z_1=1$）时，所引起的刚臂反力矩，即刚度系数，如图 12-8(e)所示。r_{11} 可以借助形常数（见表 12-2）求得。

（5）刚臂总反力矩 R_1，位移法基本方程

荷载作用于基本结构，引起刚臂反力矩 R_{1F}；刚结点转角 Z_1 引起刚臂反力矩 R_{11}。二者之和为总反力矩 R_1，即

$$R_1 = R_{11} + R_{1F}$$

在基本结构上施加原结构荷载，令基本结构的刚臂转动原结构结点的转角，这使得基本结构和原结构的受力状态及变形状态完全一致。这时，刚臂已失去约束作用，没有刚臂存在，刚结点自身也能处于平衡状态。表明总反力矩

$$R_1 = 0$$

即

$$R_{11} + R_{1F} = 0$$

或

$$r_{11}Z_1 + R_{1F} = 0 \tag{12-1}$$

式(12-1)可用于求解基本未知量 Z_1，称为**位移法基本方程**。它的物理意义是：基本结构由于刚臂转角 Z_1 及外荷载共同作用，附加刚臂的总反力矩为零。

式(12-1)中的自由项 R_{1F} 及系数 r_{11} 可以借助载常数（见表 12-1）和形常数（见表 12-2）由刚结点的平衡条件求出。做法如下。

设图 12-8(a)中刚架两个杆的长度同为 l，抗弯刚度同为 EI，力 $\boldsymbol{F}$ 作用于 B1 杆中点。

（1）求 r_{11}

给刚臂（结点 1）加正向单位转角 $Z_1=1$，由表 12-2 查得杆 A1 和 B1 的弯矩图如图 12-9(a)所示，称为**单位弯矩图**，记为 $\overline{M}_1$ 图。

当结点发生单位转角 $Z_1=1$ 时，基本结构和其上的两个单跨超静定梁的变形如图 12-9(b)中的虚线所示。由此变形图可以判定 A1 杆左侧受拉；B1 杆的左端面下侧受拉，右端面上侧受拉。这与 $\overline{M}_1$ 图是一致的。

取结点 1 为分离体，其上的刚臂反力矩及杆端弯矩如图 12-9(c)中所示。由平衡方程

$$\sum M_1 = 0, \quad M_{1A} + M_{1B} - r_{11} = 0$$

由表 12-2 查得

$$r_{11} = M_{1A} + M_{1B} = 3i_{1A} + 4i_{1A}$$

式中，$i_{1A} = i_{1B} = \dfrac{EI}{l} = i$，则得 $r_{11} = 7i$。

（2）求 R_{1F}

将荷载 $\boldsymbol{F}$ 作用在基本结构上，由表 12-1 查得弯矩图如图 12-9(d)所示，称为**荷载弯矩图**，记为

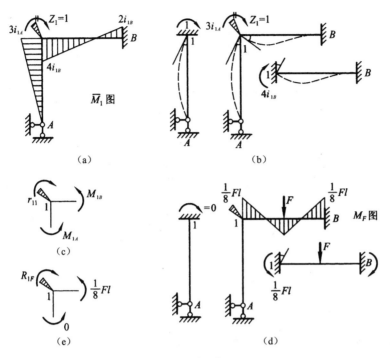

图 12-9 刚架弯矩图

M_F 图。

取荷载作用下的结点 1 为分离体,其上的刚臂反力矩及杆端力矩如图 12-9(e)所示。由平衡条件

$$\sum M_1 = 0, R_{1F} + \frac{1}{8}Fl = 0$$

解得

$$R_{1F} = -\frac{1}{8}Fl$$

将所求结果代入式(12-1),则可求得基本未知量

$$Z_1 = -\frac{R_{1F}}{r_{11}} = \frac{Fl}{56i}$$

【例 12-1】 用位移法绘制如图 12-10(a)所示两跨连续梁的弯矩图。EI 为常数。

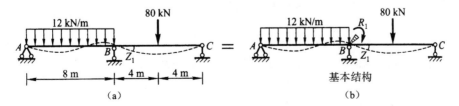

图 12-10 连续梁弯矩图的绘制

【解】 （1）取结点 B 的转角 Z_1 为基本未知量

取基本未知量如图 12-10(b)所示，当刚臂转动角度 Z_1 时，基本结构与原结构一致。

（2）绘制 $\overline{M}_1$ 图，并取出刚臂结点（见图 12-11(a)），由平衡条件求得

$$r_{11} = 3i + 3i = 6i$$

（3）绘制 M_F 图，并取出刚臂结点（见图 12-11(b)），由平衡条件得

$$R_{1F} = (96 - 120)\ \text{kN} \cdot \text{m} = -24\ \text{kN} \cdot \text{m}$$

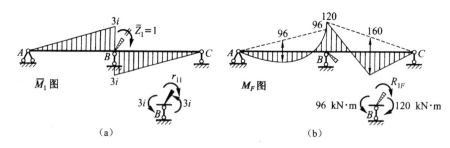

图 12-11　连续梁的单位弯矩图及荷载弯矩图

（4）由位移法基本方程

$$r_{11}Z_1 + R_{1F} = 0$$

求得

$$Z_1 = -\frac{R_{1F}}{r_{11}} = \frac{4}{i}$$

结果为正，表明 Z_1 的方向与假设的相同。

（5）绘弯矩图

按叠加原理，弯矩图为刚臂转角 Z_1 产生的弯矩图与荷载产生的弯矩图的纵标叠加，即

$$M = \overline{M}_1 Z_1 + M_F$$

弯矩图如图 12-12 所示。图中支座 B 的右截面的弯矩为

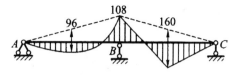

M 图(单位 kN·m)

图 12-12　连续梁的弯矩图

$$M_{BA} = 3iZ_1 + 96\ \text{kN} \cdot \text{m}$$

$$= (3i \times \frac{4}{i} + 96)\ \text{kN} \cdot \text{m}$$

$$= 108\ \text{kN} \cdot \text{m}$$

正值表示该弯矩的方向为绕杆端顺时针转动，即上侧受拉。

12.3 位移法基本未知量数目

我们已经知道位移法的基本未知量是结点位移,其中包括独立结点角位移和线位移。这里讨论确定未知量数目的方法。

位移法的基本结构是单跨超静定梁。为此需要应用在原结构上施加附加刚臂(限制结点转角)和附加链杆(限制结点线位移)的方法,将原结构变成若干单跨超静定梁。形成基本结构时所需施加的约束(刚臂和链杆)数目,即位移法基本未知量数目。

当不计轴向变形时,附加约束的数目可用下面介绍的方法确定。

12.3.1 结点角位移

确定独立的结点角位移数目比较容易。由于在同一刚结点处的各杆端的转角都相等,即每一个刚结点只有一个独立的角位移。因此,结构有几个刚结点就有几个角位移。至于铰接点或铰支座处各杆端的转角,它们不是独立的,一般不取其为基本未知量。这时在结构的刚结点上需加刚臂,铰接点处不需加刚臂,如图 12-13(a)所示结构,结点 1 和 3 处应加刚臂,基本结构如图 12-13(b)所示。其中杆 $A1$、$B1$、$C3$ 均为两端固定梁,杆 12、$D2$、23 则均为一端固定、一端铰支梁。

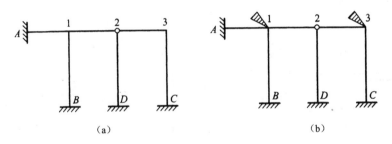

（a） （b）

图 12-13 结构的结点角位移分析

12.3.2 独立的结点线位移

如图 12-14(a)所示排架结构中,受荷载作用后,横梁的长度不发生变化,各柱头发生相同的位移 Z_1。只需加一个附加水平链杆即可限制各结点的水平线位移,基本结构如图 12-14(b)所示。

一般情况下,为确定独立的结点线位移数目,可采用刚结点铰化的方法,即将原结构中所有刚结点和固定支座均改为铰接,从而得到一个相应的铰接体系。若此铰接体系为几何不变体系,则原结构没有结点线位移,不需加设链杆。图 12-13(a)中所示结构即属于此种情况。若为几何可变或瞬变体系,则可以通过添加链杆使其成为几何不变体系,所需添加的最少链杆数目就是原结构独立的结点线位移个数。

为确定图 12-15(a)所示结构的独立结点线位移数目,需将四个刚结点用铰接点代替,将 3 个固定端支座用固定铰支座代替,得到图 12-15(b)中的铰接体系。该体系是几何可变的,需在结点上加两个水平链杆(见图 12-15(c)),才能使其成为几何不变体系。这样,该体系的独立线位移数目为 2。

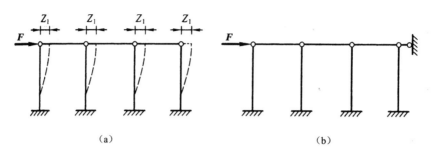

图 12-14　排架结构的结点线位移分析

图 12-15(a)中所示结构的位移法基本结构示于图 12-15(d)中,其位移法基本未知量数目等于 6。

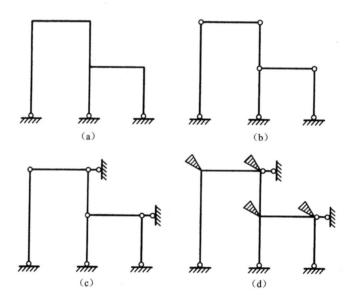

图 12-15　独立线位移数目的确定

12.4　位移法典型方程

本节将以图 12-16(a)中所示侧移刚架为例,进一步说明位移法的典型方程和解题步骤。

图 12-16(a)中所示刚架,13 杆和 24 杆有侧移产生,这种结构称为有侧移结构。在荷载作用下,会产生如图 12-16(a)中虚线所示的变形。刚结点 1 的转角为 Z_1,柱端线位移为 Z_2。在刚架结点 1 处加一刚臂,在结点 2(或结点 1)处加一水平支承链杆,形成位移法的基本结构,如图 12-16(b)所示。

基本未知量为结点 1 的转角 Z_1 以及结点 2 的线位移 Z_2。

为消除基本结构与原结构的差别,令两个附加约束分别发生位移 Z_1、Z_2,这些位移在三个约束上所引起的反力分别标记如下。

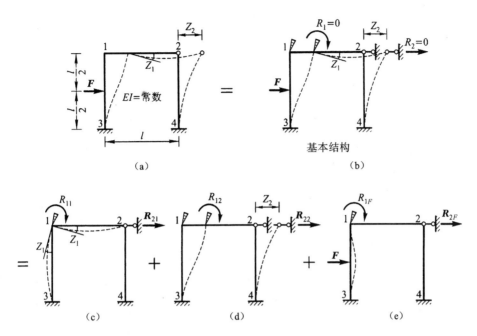

图 12-16　有侧移结构的位移分析

R_{11}、$\boldsymbol{R}_{21}$——Z_1 引起的在约束 1、2 上的反力(见图 12-16(c))。

R_{12}、$\boldsymbol{R}_{22}$——Z_2 引起的在约束 1、2 上的反力(见图 12-16(d))。

将荷载施加在基本结构上,因荷载作用,结点 1 处在刚臂约束上产生约束力矩 R_{1F},结点 2 处在支杆约束上产生约束力 $\boldsymbol{R}_{2F}$(见图 12-16(e))。

当这些结点位移等于原结构在荷载作用下的真实结点位移时,基本结构的受力和变形状态就与原结构在荷载作用下的受力和变形状态完全一致,这时,各附加约束均已不起作用。这就是说,基本结构在荷载和结点位移 Z_1、Z_2 的共同作用下,各约束力矩和链杆约束的约束力均应为零。

以 $\boldsymbol{R}_i$ 代表由荷载和附加约束位移共同作用,在第 i 个附加约束上引起的反力,则按上述分析应有

$$\left.\begin{array}{l} R_1 = R_{11} + R_{12} + R_{1F} = 0 \\ R_2 = R_{21} + R_{22} + R_{2F} = 0 \end{array}\right\} \tag{12-2}$$

其中 $\boldsymbol{R}_{ij}$ 的第一个下标 i 表示产生力的位置,第二个下标 j 表示产生力的原因。如 $\boldsymbol{R}_{23}$ 是第三个约束发生位移 Z_3,在第二个约束上引起的反力。

将 $\boldsymbol{R}_{ij}$ 用结点位移 Z_j 的形式表述,有

$$R_{ij} = r_{ij}Z_j \tag{12-3}$$

式中,r_{ij} 的物理意义是:当结点产生单位位移 $Z_j = 1$ 时,在 i 约束上引起的反力。

将式(12-3)代入式(12-2),得

$$\left.\begin{array}{l} r_{11}Z_1 + r_{12}Z_2 + R_{1F} = 0 \\ r_{21}Z_1 + r_{22}Z_2 + R_{2F} = 0 \end{array}\right\} \tag{12-4}$$

式(12-4)是关于位移法基本未知量的代数方程组,称为**位移法典型方程**。解方程组即可求出

基本未知量 Z_1、Z_2。

为了求出典型方程中的系数和自由项,可以借助表 12-1,绘出基本结构(见图 12-16(b))在单位位移 $Z_1 = 1$、$Z_2 = 1$ 以及荷载作用下的弯矩图 $\overline{M}_1$ 图、$\overline{M}_2$ 图和 M_F 图,如图 12-17 所示。

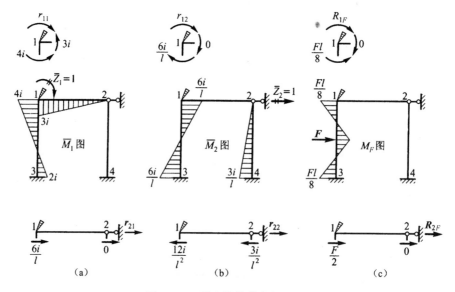

图 12-17 基本结构的弯矩图

系数和自由项可以分为两类:一类是刚臂上的反力矩 r_{11}、r_{12}、R_{1F};另一类是链杆上的反力 r_{21}、r_{22}、R_{2F}。对于刚臂上的反力矩,可分别在图 12-17(a)、(b)、(c)中取结点 1 为分离体,由力矩平衡方程 $\sum M_1 = 0$ 求得

$$r_{11} = 7i, r_{12} = -\frac{6i}{l}, R_{1F} = \frac{Fl}{8}$$

链杆上的反力,可以分别在图 12-17(a)、(b)、(c)中用截面割断两柱顶端,取柱顶端以上横梁部分为分离体,并由表 12-1、表 12-2 查出竖柱 13、24 的柱端剪力,由投影方程 $\sum F_x = 0$ 求得

$$r_{21} = -\frac{6i}{l}, r_{22} = \frac{15i}{l^2}, R_{2F} = -\frac{F}{2}$$

将系数和自由项代入式(12-4),有

$$7iZ_1 - \frac{6i}{l}Z_2 + \frac{Fl}{8} = 0$$

$$-\frac{6i}{l}Z_1 + \frac{15i}{l^2}Z_2 - \frac{F}{2} = 0$$

解以上两式可得

$$Z_1 = \frac{9Fl}{552i}, Z_2 = \frac{22Fl^2}{552i}$$

所得均为正值,说明 Z_1、Z_2 与所设方向相同。

结构的最后弯矩图可由叠加法绘制:

$$M = \overline{M}_1 Z_1 + \overline{M}_2 Z_2 + M_F$$

最终弯矩图如图 12-18 所示。

对于具有 n 个基本未知量的问题，则可以写出 n 个方程

$$\left.\begin{array}{l} r_{11}Z_1+r_{12}Z_2+\cdots+r_{1n}Z_n+R_{1F}=0 \\ r_{21}Z_1+r_{22}Z_2+\cdots+r_{2n}Z_n+R_{2F}=0 \\ \vdots \\ r_{n1}Z_1+r_{n2}Z_2+\cdots+r_{nn}Z_n+R_{nF}=0 \end{array}\right\} \quad (12\text{-}5)$$

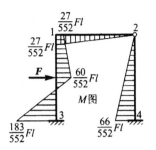

图 12-18　结构弯矩图

上述方程组就是具有 n 个基本未知量的**位移法典型方程**，在方程(12-6)中 r_{ii} 称为**主系数**，$r_{ij}(i\neq j)$ 称为**副系数**，R_{iF} 称为**自由项**。r_{ij} 的物理意义是：当第 j 个附加约束发生单位位移 $Z_j=1$ 时，在第 i 个附加约束上产生的反力，即**刚度系数**。R_{iF} 的物理意义是：基本结构在荷载作用下，第 i 个附加约束上产生的反力。

主系数、副系数和自由项具有如下特征。

① 主系数和副系数与外荷载无关，为结构常数；自由项随荷载变化而改变。

② 主系数 r_{ii} 恒为正值，副系数 r_{ij} 和自由项 R_{iF} 可为正可为负，也可能等于零。

③ 由反力互等定理知，副系数满足互等关系：$r_{ij}=r_{ji}$。

可以看出，以上各点与力法典型方程是相似的。

最后，归纳位移法的计算步骤如下。

① 确定原结构的基本未知量数目即独立的结点角位移和线位移数目，加入附加约束而得到基本结构。

② 令各附加约束发生与原结构相同的结点位移，根据基本结构在荷载等外因和各结点位移共同作用下，各附加约束上的反力矩或反力均等于零的条件，建立位移法的典型方程。

③ 绘出基本结构在各单位结点位移作用下的弯矩图和荷载作用下的弯矩图，由平衡条件求出各系数和自由项。

④ 解算典型方程，求出作为基本未知量的各结点位移。

⑤ 按叠加法绘制最终的弯矩图。

12.5　用位移法计算超静定结构

【例 12-2】　绘制如图 12-19(a)所示梁的弯矩图。E 为常数。

（1）基本结构

此结构的基本未知量是结点 B 的角位移 Z_1 和竖向线位移 Z_2，基本结构如图12-19(b)所示。

（2）位移法典型方程

根据基本结构在荷载和 Z_1、Z_2 共同作用下，附加刚臂上的反力矩和附加链杆上的反力等于零的条件，建立位移法典型方程如下。

$$r_{11}Z_1+r_{12}Z_2+R_{1F}=0$$
$$r_{21}Z_1+r_{22}Z_2+R_{2F}=0$$

（3）绘单位、荷载弯矩图，求系数和自由项

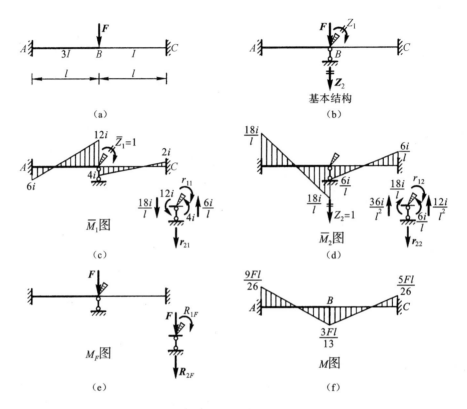

图 12-19　梁的弯矩图绘制

设 $\dfrac{EI}{l}=i$，则 $i_{AB}=3i$，$i_{BC}=i$。绘出 $\overline{M}_1$ 图、$\overline{M}_2$ 图和 M_F 图(见图 12-19(c)、(d)、(e))，然后取结点 B 处的分离体，利用力矩和竖向投影平衡条件可求出系数和自由项。

$$r_{11}=16i,r_{12}=r_{21}=-\frac{12i}{l},r_{22}=\frac{48i}{l^2}$$

$$R_{1F}=0,R_{2F}=-F$$

代入典型方程

$$16iZ_1-\frac{12i}{l}Z_2=0$$

$$-\frac{12i}{l}Z_1+\frac{48i}{l^2}Z_2-F=0$$

解得

$$Z_1=\frac{Fl}{52i},Z_2=\frac{Fl^2}{39i}$$

(4) 用叠加法绘弯矩图

由叠加原理 $M=\overline{M}_1Z_1+\overline{M}_2Z_2+M_F$ 可得最后的弯矩图，如图 12-19(f)所示。

【**例 12-3**】　绘制图 12-20(a)所示刚架的 M 图。

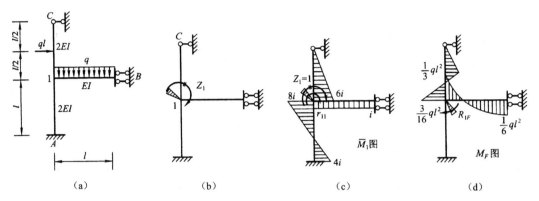

图 12-20　刚架弯矩图的绘制

【解】　（1）基本结构

刚架有一个基本未知量——结点 1 的角位移 Z_1。在结点 1 上附加刚臂得到基本结构,如图 12-20(b)所示。

（2）绘单位弯矩图 $\overline{M}_1$ 和荷载弯矩图 M_F

参照表 12-2,绘出 $\overline{M}_1$ 图(见图 12-20(c))。从该图上可直接求出

$$r_{11} = 8i + 6i + i = 15i$$

这里因杆 $A1$ 和 $C1$ 的刚度为 $2EI$,所以 $A1$ 杆 1 端的杆端力矩为 $4i_{1A} = 8i$,而 $C1$ 杆 1 端的杆端力矩为 $3i_{1C} = 6i$。

参照表 12-1,绘制 M_F 图(见图 12-20(d))。从该图上可直接求出

$$R_{1F} = -\frac{3}{16}ql^2 - \frac{1}{3}ql^2 = -\frac{25}{48}ql^2$$

（3）列典型方程,求未知量

由位移法典型方程 $\qquad\qquad r_{11}Z_1 + R_{1F} = 0$

求得 $\qquad\qquad Z_1 = -\dfrac{R_{1F}}{r_{11}} = \dfrac{25ql^2}{48} \Big/ 15i = \dfrac{5ql^2}{144i}$

（4）用叠加法绘弯矩图

由叠加原理 $M = \overline{M}_1 Z_1 + M_F$ 可得最后弯矩图如图 12-21(a)所示。图中各纵标值均应乘公因子 ql^2。$B1$ 杆上有均布荷载,绘该杆段弯矩图时,应先将两杆端弯矩纵标连成一虚线,以此虚线为基线叠加简支梁在均布荷载下的弯矩图。

为校核 M 图,可截取结点 1 为分离体,画结点各杆端弯矩值(见图 12-21(b))。由平衡方程

$$\sum M_1 = \frac{ql^2}{432}(9 + 120 - 129) = 0$$

判定计算无误。

【例 12-4】　计算图 12-22(a)所示排架,绘制弯矩图。

【解】　（1）基本结构

当不计排架横梁的轴向变形时,各柱端的水平位移同为 Z_1。取 Z_1 为基本未知量,基本结构如图 12-22(b)所示。

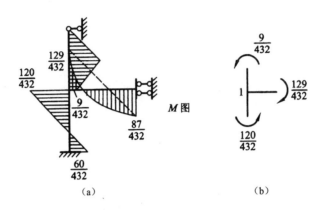

图 12-21 刚架弯矩图及校核

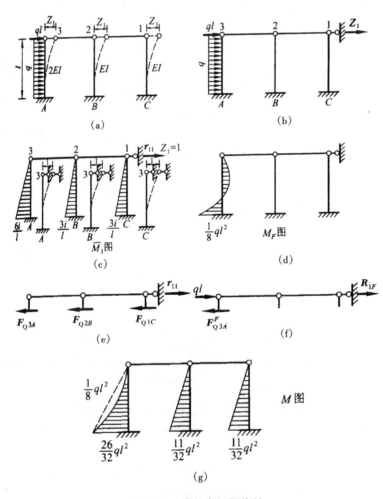

图 12-22 排架弯矩图绘制

（2）绘单位弯矩图，求 r_{11}

在基本结构中，三个立柱均为一端固定、一端铰支梁，参照表 12-2，将单位弯矩图示于图 12-22

(c)中。其中 A3 杆 A 端的弯矩为

$$M_{A3} = \frac{3i_{A3}}{l} = \frac{6i}{l}$$

为求附加链杆反力 r_{11}，过柱头引水平截面，将所取分离体示于图 12-22(e)中。受力图上链杆反力和柱头剪力均按正向画出。写平衡方程

$$\sum F_x = 0$$

得

$$r_{11} = F_{Q1C} + F_{Q2B} + F_{Q3A}$$

由表 12-2 查得

$$F_{Q3A} = 3i_{3A}/l^2 = 6i/l^2$$
$$F_{Q2B} = F_{Q1C} = 3i/l^2$$

得

$$r_{11} = 12i/l^2$$

（3）绘荷载弯矩图，求 $\boldsymbol{R}_{1F}$

参照表 12-1，绘制 M_F 图（见图 12-22(d)）。为求 $\boldsymbol{R}_{1F}$，取分离体如图 12-22(f)所示。由平衡方程

$$\sum F_x = 0$$

得

$$R_{1F} + ql - F_{Q3A}^F = 0$$

式中 $F_{Q3A}^F = -\frac{3}{8}ql$（见表 12-1）

解得

$$R_{1F} = -\frac{11}{8}ql$$

（4）列位移法典型方程，求未知量

由位移法典型方程

$$r_{11}Z_1 + R_{1F} = 0$$

解得

$$Z_1 = -\frac{R_{1F}}{r_{11}} = \frac{11ql^2}{96i}$$

（5）叠加法绘弯矩图

由叠加原理

$$M = \overline{M}_1 Z_1 + M_F$$

最终弯矩图如图 12-22(g)所示。

【例 12-5】 计算图 12-23(a)所示刚架，并绘弯矩图。

【解】　(1) 基本结构

结构的 A、B 两结点各有一角位移,没有线位移。基本结构如图 12-23(b)所示,基本未知量为 Z_1 和 Z_2。

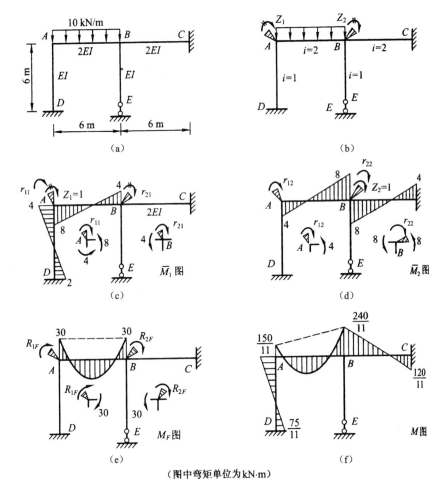

图 12-23　刚架弯矩图绘制

从前述各例中可知,计算杆端力时,线刚度 i 将被消掉,即内力与 i 的绝对值无关,只有结点位移才与 i 的绝对值有关。所以可以取相对线刚度,使算式简化。基本结构图图 12-23(b)中给出了各杆的相对线刚度值。

(2) 绘制弯矩图

分别令 $Z_1=1$、$Z_2=1$ 单独作用于基本结构,并绘制 $\overline{M}_1$ 图、$\overline{M}_2$ 图;绘制荷载单独作用的 M_F 图。三个弯矩图分别示于图 12-23(c)、(d)、(e)中。

(3) 求主、副系数和自由项

从 $\overline{M}_1$ 图中分别取结点 A、结点 B 为分离体,可求得

$$r_{11}=4\times2+4\times1=12$$
$$r_{12}=r_{21}=2\times2=4$$

从 $\overline{M}_2$ 图中取结点 B 为分离体,可求得

$$r_{22} = 4 \times 2 + 4 \times 2 = 16$$

从 M_F 图中分别取结点 A、结点 B 为分离体,可求得

$$R_{1F} = -\frac{ql^2}{12} = -30$$

$$R_{2F} = -\frac{ql^2}{12} = 30$$

(4)列位移法典型方程,解未知量

位移法典型方程为

$$12Z_1 + 4Z_2 - 30 = 0$$
$$4Z_1 + 16Z_2 + 30 = 0$$

从中解得

$$Z_1 = \frac{75}{22}, Z_2 = -\frac{30}{11}$$

(5)用叠加法作弯矩图

按

$$M = \overline{M}_1 Z_1 + \overline{M}_2 Z_2 + M_F$$

绘出弯矩图如图 12-23(f)所示。其中 AB 杆 A 端弯矩计算式为

$$M_{AB} = 8Z_1 + 4Z_2 - 30 = -\frac{150}{11}$$

12.6 超静定结构的特性

跟静定结构相比较,超静定结构具有以下特性。

① 超静定结构比静定结构具有更大的刚度。所谓结构刚度是指结构抵抗某种变形的能力。如图 12-24(a)、(b)所示两种梁,在荷载、截面尺寸、长度、材料均相同的情况下,简支梁的最大挠度 $y_{\max} = \dfrac{0.013ql^4}{EI}$,而两端固定梁的最大挠度 $y_{\max} = \dfrac{0.002\,6ql^4}{EI}$,仅是前者的 $\dfrac{1}{5}$。

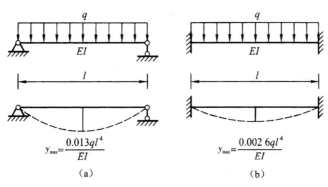

图 **12-24** 静定结构与超静定结构刚度比较

② 在局部荷载作用下,超静定结构的内力分布比静定结构均匀,分布范围也更大。如图 12-25 (a)、(b)所示为两种刚架,在相同荷载作用下,图 12-25(a)所示为静定刚架,只有横梁承受弯矩,最大值为$\frac{Fa}{4}$;图 12-25(b)所示的超静定结构刚架的各杆都受弯矩作用,最大弯矩值为$\frac{Fa}{6}$。

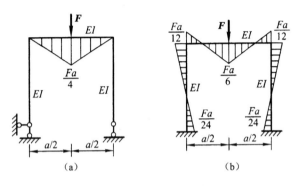

图 12-25 荷载分布比较

加载跨的弯矩减小,意味着该跨应力降低,因而梁的截面可以比静定结构所要求的小,节省材料。

③ 静定结构的内力只用平衡条件即可确定,其值与结构的材料性质及构件截面尺寸无关。而超静定结构的内力需要同时考虑平衡条件和变形条件才能确定,故超静定结构的内力与结构的材料性质和截面尺寸有关。利用这一特性,也可以通过改变各杆刚度的大小来调整超静定结构的内力分布。

④ 在静定结构中,除荷载以外的其他因素,如支座移动、温度改变、制造误差等,都不会引起内力。而超静定结构由于有多余约束,使构件的变形不能自由发生,上述因素都会引起结构的内力。

⑤ 静定结构的某个约束遭到破坏,就会变成几何可变体系,不能再承受荷载。而当超静定结构的某个多余约束被破坏时,结构仍然为几何不变体系,仍能承受荷载。因而超静定结构具有较强的抵抗破坏的能力。

【本章要点】

1. 位移法的基本结构是通过在原结构上施加附加约束的方法而得到的一组超静定梁系。在刚结点和组合结点上加刚臂约束,依据结构的铰接体系为几何不变体系的原则加链杆约束,这是形成基本结构的关键。这些结点的角位移和线位移就是位移法的基本未知量。

2. 对于超静定结构,只要能求出其结点位移,就可以确定杆件的杆端力,用位移法求解超静定结构的关键是求出结点位移。

3. 位移法典型方程的物理意义是:基本结构在荷载和结点位移共同作用下,与原结构的受力和变形状态相同,附加约束无约束作用,即附加约束的约束力全部等于零。位移法典型方程的每个方程或表示刚臂约束力矩为零的结点力矩平衡方程,或表示链杆约束力为零的截面投影平衡方程。

4.熟练地选取基本结构,熟练地计算位移法方程中的主、副系数和自由项,是掌握和运用位移法的关键。必须准确理解主、副系数和自由项的物理意义,并在此基础上加深理解位移法的基本思路。

5.计算过程中,结点位移和附加约束的反力要按规定的正向画出。

【思考题】

12-1 位移法的基本思路是什么?为什么说位移法是建立在力法的基础之上的?

12-2 在位移法中,杆端力和杆端位移的正负号是如何规定的?

12-3 力法与位移法在原理与步骤上有何异同?试将两者从基本未知量、基本结构、典型方程的意义、每一系数和自由项的含义和求法等方面作一全面比较。

【习题】

12-1 试确定用位移法计算图 12-26 所示结构时的基本未知量。

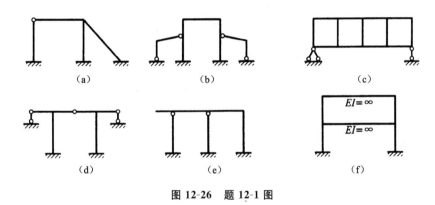

(a)　　　　　　　(b)　　　　　　　(c)

(d)　　　　　　　(e)　　　　　　　(f)

图 12-26 题 12-1 图

12-2 用位移法计算图 12-27 所示结构,并作出 M 图、F_Q 图、F_N 图。

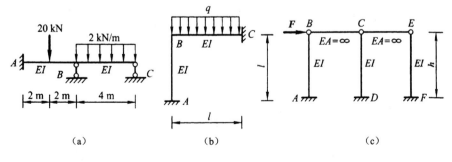

(a)　　　　　　　(b)　　　　　　　(c)

图 12-27 题 12-2 图

12-3 用位移法计算图 12-28 所示结构,并作出 M 图。(E 为常数)

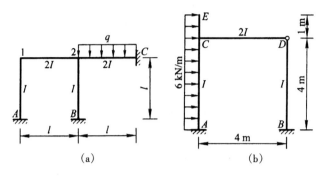

图 12-28 题 12-3 图

12-4 用位移法计算图 12-29 所示连续梁,并作出 M 图。(E 为常数)

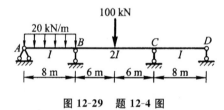

图 12-29 题 12-4 图

第 13 章　力矩分配法

计算超静定结构,采用力法或位移法,都要组成和解算典型方程,当未知量较多时,解算联立方程的工作是非常烦琐的。为满足工程的要求,同时为了避免建立和求解联立方程,人们在力法、位移法的基础上建立了许多实用的计算方法。在实用计算方法中,一类是近似法,一类是通过反复运算,逐渐趋于精确解的渐进法。本章所介绍的力矩分配法是渐进法中的一种。该法以位移法为理论基础,但不是用典型方程求结点位移的精确解,而是按某种程序直接渐进地求解杆端弯矩。

13.1　力矩分配法的基本概念

用力矩分配法对连续梁和无结点线位移刚架进行计算特别方便。我们通过研究图 13-1(a)所示的有一个结点角位移的刚架来学习力矩分配法。

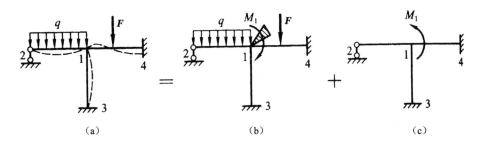

图 13-1　刚架的三种

(a)自然状态;(b)约束状态;(c)放松状态

在荷载作用下,刚架的变形如图 13-1(a)中虚线所示,称作结构的自然状态。

用力矩分配法求解时,先在刚结点 1 上加限制转动的约束(刚臂),将结点 1 固定,使刚架变成三个单跨梁(见图 13-1(b)),称作结构的约束状态。限制转动的约束的作用,从变形角度看,是使结点 1 不发生转动;从受力角度看,是在结点 1 上施加一约束反力矩 M_1。为使结构恢复在荷载作用下的自然状态,再把约束反力矩 M_1 反方向施加在结点 1 上(见图 13-1(c))。这就相当于去掉了约束的作用,称作结构的放松状态。显然,将约束状态下和放松状态下的内力叠加,即得到结构在荷载作用时自然状态下的内力。

求约束状态下的杆端弯矩。约束状态下由荷载引起的杆端弯矩称为**固端弯矩**,用 M_{ij}^F 表示,可由表 12-1 查得。固端弯矩对杆端而言以顺时针转向为正,对结点而言则以逆时针转向为正。

欲求放松状态下的杆端弯矩,必须解决以下三个问题。

(1) 求约束反力矩 M_1 的值

约束反力矩 M_1 的值,可由约束状态下结点 1 的力矩平衡条件求出。由图 13-2 有

$$M_1 = M_{12}^F + M_{13}^F + M_{14}^F \tag{13-1}$$

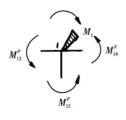

图 13-2 约束反力矩

即:约束反力矩 M_1 等于汇交于结点 1 的各杆固端弯矩的代数和。规定约束反力矩以绕结点顺时针转向为正,反之为负。

由于原结构上并不存在限制结点转动的约束,所以结点上各杆的固端弯矩不能使结点平衡,而使结点产生转动,且结点转角的大小由固端弯矩的代数和决定,即由结点约束反力矩决定。由此,又称结点约束反力矩为结点不平衡力矩。

(2) 由不平衡力矩求结点上各杆杆端弯矩

假设在放松状态下(见图 13-1(c))受不平衡力矩 M_1 的作用,结点 1 的转角为 φ_1,根据位移法中的基本概念,可求得因结点转角引起的结点 1 上各杆端弯矩为

$$\left.\begin{array}{l} M'_{12} = 3i\varphi_1 = S_{12}\varphi_1 \\ M'_{13} = 4i\varphi_1 = S_{13}\varphi_1 \\ M'_{14} = 4i\varphi_1 = S_{14}\varphi_1 \end{array}\right\} \tag{13-2}$$

其中 S_{12}、S_{13}、S_{14} 分别反映了各杆件抵抗结点转动的能力,称为**转动刚度**。转动刚度在数值上等于使杆端产生单位转角时,在杆端所需施加的力矩。

结构给定后,各杆件的转动刚度是确定的。其值的大小与杆件的线刚度 $i = EI/l$ 和杆件另一端(或称远端)的支承情况有关。对远端铰支的杆件 $S = 3i$,对远端固定的杆件 $S = 4i$,对远端滑动的杆件 $S = i$,对远端自由或轴向链杆 $S = 0$(见图 13-3)。

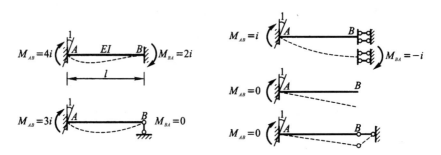

图 13-3 杆件的转动刚度

根据结点 1 的平衡条件,如图 13-4 所示,将式(13-2)中各式相加,就可以得到结点不平衡力矩 M_1 和由它引起的结点转角 φ_1 之间的关系

$$\begin{aligned} M_1 &= M'_{12} + M'_{13} + M'_{14} \\ &= (S_{12} + S_{13} + S_{14})\varphi_1 = \left(\sum_1 S\right)\varphi_1 \end{aligned}$$

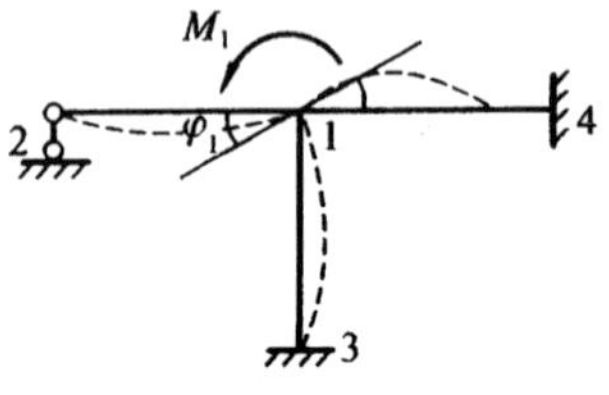

图 13-4 结点不平衡力矩

式中,$\sum_1 S$ 为汇交于结点 1 的各杆端转动刚度之和。可见求出结点不平衡力矩,就可以求出结点转角,其值为

$$\varphi_1 = \frac{M_1}{\sum_1 S} \tag{13-3}$$

将式(13-3)代入式(13-2),可以求得结点不平衡力矩作用下结点 1 上各杆的杆端弯矩

$$M'_{12} = \frac{S_{12}}{\displaystyle\sum_1 S} M_1$$

$$M'_{13} = \frac{S_{13}}{\displaystyle\sum_1 S} M_1 \qquad\qquad (13\text{-}4)$$

$$M'_{14} = \frac{S_{14}}{\displaystyle\sum_1 S} M_1$$

这一结果表明,因结点转角引起的杆端弯矩与杆件自身的转动刚度成正比,与通过该结点的各杆件转动刚度的总和成反比。结点不平衡力矩 M_1 按系数 $\dfrac{S_{1i}}{\displaystyle\sum S}$ 分配给各杆件的杆端。

式(13-4)中的系数 $\dfrac{S_{1i}}{\displaystyle\sum_1 S}$ 称为各杆件的力矩**分配系数**,记为 μ_{1i},即

$$\mu_{12} = \frac{S_{12}}{\displaystyle\sum_1 S}$$

$$\mu_{13} = \frac{S_{13}}{\displaystyle\sum_1 S} \qquad\qquad (13\text{-}5)$$

$$\mu_{14} = \frac{S_{14}}{\displaystyle\sum_1 S}$$

结构给定后,力矩分配系数是确定的。

力矩分配系数 μ_{1i} 等于杆 $1i$ 的转动刚度与交于 1 点的各杆的转动刚度之和的比值,是 $1i$ 杆件承受不平衡力矩的能力的体现。分配系数较大(小)的杆件,承受不平衡力矩的较大(小)部分。也可以说,转动刚度较大(小)的杆件,承受不平衡力矩的较大(小)部分。

显然,汇交于 1 结点的各杆件的分配系数之和等于 1,即

$$\sum \mu_{1i} = 1 \qquad\qquad (13\text{-}6)$$

解题时,可用式(13-6)验算分配系数计算得是否正确。

由结点不平衡力矩 M_1 引起的各杆的杆端弯矩 M'_{12}、M'_{13}、M'_{14},其实就是将 M_1 按各杆的分配系数分配给各杆杆端,因此称为**分配弯矩**。

此处需注意的是,分配弯矩是放松状态下的杆端弯矩,放松状态是将结点不平衡力矩反向加在结点上。因而,按式

$$M'_{12} = \mu_{12} M_1$$
$$M'_{13} = \mu_{13} M_1 \qquad\qquad (13\text{-}7)$$
$$M'_{14} = \mu_{14} M_1$$

计算分配弯矩时,式中的 M_1 应将结点不平衡力矩加负号代入。

(3)求杆件上结点远端的杆端弯矩、传递系数、传递弯矩

近端弯矩是指杆件靠结点一端的杆端弯矩。远端弯矩是指杆件远离结点一端的杆端弯矩。

例如,杆件 12 的 1 端的弯矩称为近端弯矩,2 端的弯矩称为远端弯矩。

根据位移法的基本概念,近端弯矩 M_{ij} 求出后,远端弯矩 M_{ji} 可按公式求得。

$$M_{ji} = C_{ij}M_{ij} \tag{13-8}$$

式中,C_{ij} 是远端弯矩与近端弯矩的比值,称之为**传递系数**。例如,对远端铰接的杆件 12,其近端弯矩

$$M_{12} = 3i\varphi_1$$

远端弯矩

$$M_{21} = 0$$

则传递系数

$$C_{12} = \frac{M_{21}}{M_{12}} = 0$$

又如,对远端固定的杆件 13,其近端弯矩

$$M_{13} = 4i\varphi_1$$

远端弯矩

$$M_{31} = 2i\varphi_1$$

则传递系数

$$C_{13} = \frac{M_{31}}{M_{13}} = \frac{1}{2}$$

可以看出,结构给定后,传递系数是确定的,它根据杆件远端的支承情况而定。

在力矩分配法中,近端弯矩即分配弯矩,远端弯矩即传递弯矩。以后的讲述中,传递弯矩以 M'' 表示。

上面通过具有一个结点角位移的简单结构,介绍了力矩分配法的基本概念。从中可以看出,用力矩分配法求杆端弯矩的步骤如下。

① 固定结点,求荷载作用下的杆端弯矩,即固端弯矩。求各杆固端弯矩的代数和,得出结点不平衡力矩。

② 求各杆端的分配系数,将结点不平衡力矩加负号,分别乘以各杆件的分配系数,从而得到分配弯矩。

③ 将分配弯矩乘以传递系数,得到各杆件远端的传递弯矩。

④ 最后各近端弯矩等于固端弯矩加分配弯矩,各远端弯矩等于固端弯矩加传递弯矩。

这样经过一次力矩分配得到的计算结果是精确解,实际上,上述过程就是按位移法的计算原理进行的。只不过没有写典型方程,并避开求解结点角位移,而按一定的程序直接求解杆端弯矩。通常,结构有多个结点角位移,对这种情况在力矩分配法中如何处理,将在下节中介绍。

【**例 13-1**】 用力矩分配法计算图 13-5(a)所示连续梁,求杆端弯矩,绘制 M 图、F_Q 图。

【**解**】 (1)求分配系数

将结点 1 固定,杆件 $1A$ 与 $1B$ 的转动刚度分别为

$$S_{1A} = \frac{3(2EI)}{12} = 0.5EI$$

$$S_{1B} = \frac{4EI}{8} = 0.5EI$$

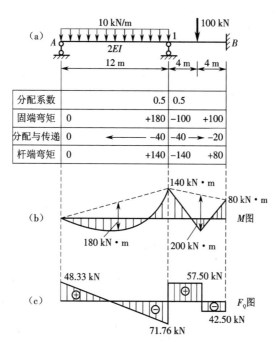

图 13-5 用力矩分配法分析连续梁

分配系数

$$\mu_{1A} = \frac{S_{1A}}{S_{1A} + S_{1B}} = 0.5$$

$$\mu_{1B} = \frac{S_{1B}}{S_{1A} + S_{1B}} = 0.5$$

由 $\sum \mu_{1i} = \mu_{1A} + \mu_{1B} = 0.5 + 0.5 = 1$，验算分配系数，计算无误。

将分配系数记入表中第一行结点 1 的两侧。

（2）求固端弯矩

杆件 1A 为一端铰支、一端固定梁，杆件 1B 为两端固定梁。按表 12-1 查得固端弯矩

$$M_{1A}^F = \frac{1}{8} q l^2 = 180 \text{ kN} \cdot \text{m}$$

$$M_{A1}^F = 0$$

$$M_{1B}^F = -\frac{1}{8} F l = -100 \text{ kN} \cdot \text{m}$$

$$M_{B1}^F = \frac{1}{8} F l = 100 \text{ kN} \cdot \text{m}$$

固端弯矩记入表中第二行相应于杆端部位。

按结点 1 的平衡条件，计算结点 1 的结点不平衡力矩

$$M_1 = M_{1A}^F + M_{1B}^F = (180 - 100) \text{ kN} \cdot \text{m} = 80 \text{ kN} \cdot \text{m}$$

（3）求分配弯矩和传递弯矩

将结点 1 的不平衡力矩 M_1 冠以负号，乘以各杆件的分配系数，得各杆件在 1 端的分配弯矩

$$M'_{1A} = \mu_{1A}(-M_1) = -40 \text{ kN} \cdot \text{m}$$

$$M'_{1B} = \mu_{1B}(-M_1) = -40 \text{ kN} \cdot \text{m}$$

分配弯矩记入表中第三行相应于杆端部位。

将杆件近端的分配弯矩乘以该杆件的传递系数,得该杆件远端的传递弯矩

$$M''_{A1} = 0$$

$$M''_{B1} = \frac{1}{2}M''_{1B} = -20 \text{ kN} \cdot \text{m}$$

传递弯矩记入第三行相应于杆件远端的部位。

(4)求最终杆端弯矩

将各杆杆端弯矩的固端弯矩与分配弯矩和传递弯矩相加,得最终杆端弯矩

$$M_{1A} = M_{1A}^F + M'_{1A} = (180-40) \text{ kN} \cdot \text{m} = 140 \text{ kN} \cdot \text{m}$$

$$M_{A1} = M_{A1}^F + M''_{A1} = 0$$

$$M_{1B} = M_{1B}^F + M'_{1B} = (-100-40) \text{ kN} \cdot \text{m} = -140 \text{ kN} \cdot \text{m}$$

$$M_{B1} = M_{B1}^F + M''_{B1} = (100-20) \text{ kN} \cdot \text{m} = 80 \text{ kN} \cdot \text{m}$$

最终杆端弯矩记入表中第四行。第四行中的每一值都是第二、三行相应值的竖向代数相加。

(5)绘制弯矩图和剪力图

根据最终杆端弯矩绘制弯矩图如图 13-5(b)所示。分别取杆段 $A1$、$1B$ 为分离体,可求得其杆端剪力,并绘制剪力图如图 13-5(c)所示。

【**例 13-2**】 计算图 13-6(a)所示无侧移刚架,绘制 M 图。各杆 EI 值相同。

【**解**】 (1)求分配系数

为了计算方便,可令 $i_{AB} = i_{AC} = \dfrac{EI}{4} = 1$,则 $i_{AD} = \dfrac{2EI}{4} = 2$。将结点 A 固定,此时各杆件的转动刚度分别为

$$S_{AB} = 4, S_{AC} = 3, S_{AD} = 2$$

分配系数

$$\mu_{AB} = \frac{S_{AB}}{S_{AB} + S_{AC} + S_{AD}} = \frac{4}{4+3+2} = \frac{4}{9} = 0.445$$

$$\mu_{AC} = \frac{S_{AC}}{S_{AB} + S_{AC} + S_{AD}} = \frac{3}{4+3+2} = \frac{3}{9} = 0.333$$

$$\mu_{AD} = \frac{S_{AD}}{S_{AB} + S_{AC} + S_{AD}} = \frac{2}{4+3+2} = \frac{2}{9} = 0.222$$

(2)求固端弯矩

$$M_{BA}^F = -\frac{30 \times 4^2}{12} \text{ kN} \cdot \text{m} = -40 \text{ kN} \cdot \text{m}$$

$$M_{AB}^F = \frac{30 \times 4^2}{12} \text{ kN} \cdot \text{m} = 40 \text{ kN} \cdot \text{m}$$

$$M_{AD}^F = -\frac{3 \times 50 \times 4}{8} \text{ kN} \cdot \text{m} = -75 \text{ kN} \cdot \text{m}$$

$$M_{DA}^F = -\frac{50 \times 4}{8} \text{ kN} \cdot \text{m} = -25 \text{ kN} \cdot \text{m}$$

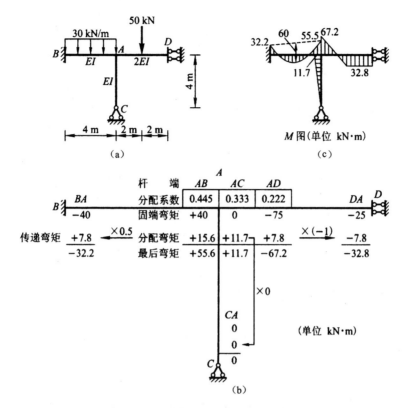

图 13-6 用力矩分配法分析无侧移刚架

结点 A 的不平衡力矩可由结点 A 的平衡条件求得，即

$$M_A = (40-75)\ \text{kN}\cdot\text{m} = -35\ \text{kN}\cdot\text{m}$$

（3）求分配弯矩和传递弯矩

分配弯矩分别为

$$M'_{AB} = \mu_{AB}(-M_A) = 0.445 \times 35\ \text{kN}\cdot\text{m} = 15.6\ \text{kN}\cdot\text{m}$$
$$M'_{AC} = \mu_{AC}(-M_A) = 0.333 \times 35\ \text{kN}\cdot\text{m} = 11.7\ \text{kN}\cdot\text{m}$$
$$M'_{AD} = \mu_{AD}(-M_A) = 0.222 \times 35\ \text{kN}\cdot\text{m} = 7.8\ \text{kN}\cdot\text{m}$$

传递弯矩分别为

$$M''_{BA} = \frac{1}{2} \times 15.6\ \text{kN}\cdot\text{m} = 7.8\ \text{kN}\cdot\text{m}$$

$$M''_{DA} = (-1) \times 7.8\ \text{kN}\cdot\text{m} = -7.8\ \text{kN}\cdot\text{m}$$

$$M''_{CA} = 0$$

（4）求最终杆端弯矩

$$M_{BA} = (-40+7.8)\ \text{kN}\cdot\text{m} = -32.2\ \text{kN}\cdot\text{m}$$

$$M_{AB} = (40+15.6)\ \text{kN}\cdot\text{m} = 55.6\ \text{kN}\cdot\text{m}$$

$$M_{AC} = 11.7\ \text{kN}\cdot\text{m}$$

$$M_{AD} = (-75+7.8)\ \text{kN}\cdot\text{m} = -67.2\ \text{kN}\cdot\text{m}$$

$$M_{DA} = [(-25) + (-7.8)] \text{ kN} \cdot \text{m} = -32.8 \text{ kN} \cdot \text{m}$$
$$M_{CA} = 0$$

（5）绘制弯矩图

弯矩图如图 13-6(c) 所示。

13.2　用力矩分配法解连续梁

上节中的各例题是以只有一个结点转角的结构说明力矩分配法的基本概念。对这些具有一个结点转角未知量的简单结构，只需进行一次力矩分配便可得到杆端弯矩的精确解。对于具有多个结点转角但无结点线位移（简称无侧移）的结构，只需依次对各结点使用上节所述方法便可求解。如图 13-7 所示的连续梁就有三个结点转角未知量。这时，用力矩分配法求解的一般步骤如下。

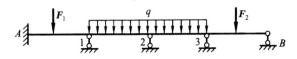

图 13-7　连续梁受力图

① 将结点 1、2、3 同时固定，求分配系数。

② 求各杆的固端弯矩和各结点的不平衡力矩 M_1、M_2、M_3。

③ 先放松第 1 个结点，其他结点保持固定。求结点 1 上各杆端的分配弯矩。

④ 再放松第 2 个结点，其他结点保持固定。求结点 2 上各杆端的分配弯矩。这时出现了新情况：在结点 1 进行力矩分配时，已有传递弯矩 M''_{21} 传到杆件 21 的 2 端。因此，结点 1 进行力矩分配后，还要对远端进行传递，此时结点 2 的不平衡力矩已不再是 M_2，而是 $M_2 + M''_{21}$，在结点 2 应以 $M_2 + M''_{21}$ 为不平衡力矩进行力矩分配。

⑤ 最后放松结点 3，其他结点保持固定。求结点 3 上各杆端的分配弯矩。同样，在结点 2 进行力矩分配时，已有传递弯矩 M''_{32} 传到杆件 23 的 3 端。因此，在结点 3 应以 $M_3 + M''_{32}$ 为不平衡力矩进行力矩分配。

各结点轮流完成一次力矩分配之后，即第一次循环的力矩分配完成之后，结点 1、2 都不处于平衡状态，这是因为：结点 1 接受了结点 2 进行力矩分配时的传递弯矩；结点 2 接受了结点 3 进行力矩分配时的传递弯矩。1、2 两个结点出现了新的不平衡力矩，需重复③～⑤的计算过程，进行第二次循环的力矩分配。如此往复下去，新出现的不平衡力矩随循环次数的增加而减少，当不平衡力矩趋向于零时，求得的最终杆端弯矩也就趋向于精确解。实际上，一般经三四次循环后，所得结果的精度就足以满足工程的要求。

最终杆端弯矩按下式计算

$$杆端弯矩 = 固端弯矩 + \sum 分配弯矩 + \sum 传递弯矩 \tag{13-9}$$

式中，$\sum$ 分配弯矩和 $\sum$ 传递弯矩分别代表同一杆端在各次循环中所得分配弯矩和传递弯矩的代数和。

【例 13-3】　用力矩分配法计算图 13-8(a)所示连续梁,并绘制弯矩图。

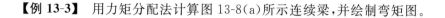

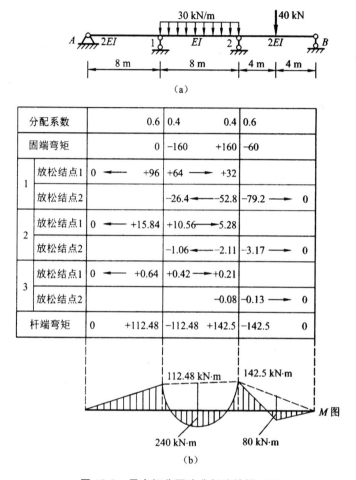

分配系数		0.6	0.4		0.4	0.6	
固端弯矩			0	−160	+160	−60	
1	放松结点1	0 ←	+96	+64 →	+32		
	放松结点2			−26.4 ←	−52.8	−79.2 →	0
2	放松结点1	0 ←	+15.84	+10.56 →	5.28		
	放松结点2			−1.06 ←	−2.11	−3.17 →	0
3	放松结点1	0 ←	+0.64	+0.42 →	+0.21		
	放松结点2				−0.08	−0.13 →	0
杆端弯矩		0	+112.48	−112.48	+142.5	−142.5	0

图 13-8　用力矩分配法分析连续梁 AB

【解】　(1) 求分配系数

本题图中所示连续梁有两个结点转角而无结点线位移。现将两个刚结点 1、2 都固定起来,计算转动刚度和分配系数。

杆件 $1A$ 和杆件 12 的转动刚度分别为

$$S_{1A}=\frac{3\times 2EI}{l}=6i$$

$$S_{12}=\frac{4\times EI}{l}=4i$$

结点 1 上两杆件的分配系数分别为

$$\mu_{1A}=\frac{6i}{4i+6i}=0.6$$

$$\mu_{12}=\frac{4i}{4i+6i}=0.4$$

杆件 21 和杆件 2B 的转动刚度分别为

$$S_{21} = \frac{4EI}{l} = 4i$$

$$S_{2B} = \frac{3 \times 2EI}{l} = 6i$$

结点 2 上两杆件的分配系数分别为

$$\mu_{21} = \frac{4i}{4i+6i} = 0.4$$

$$\mu_{2B} = \frac{6i}{4i+6i} = 0.6$$

分配系数记入表中第一行。

（2）求固端弯矩

$$M_{1A}^F = M_{A1}^F = 0$$

$$M_{12}^F = -\frac{1}{12}ql^2 = -160 \text{ kN} \cdot \text{m}$$

$$M_{21}^F = \frac{1}{12}ql^2 = 160 \text{ kN} \cdot \text{m}$$

$$M_{2B}^F = -\frac{3}{16}Fl = -60 \text{ kN} \cdot \text{m}$$

$$M_{B2}^F = 0$$

固端弯矩记入表中第二行。

（3）第一次分配、传递

先单独放松结点 1，结点 1 的不平衡力矩为

$$M_1 = -160 \text{ kN} \cdot \text{m}$$

杆端分配弯矩分别为

$$M_{1A}' = \mu_{1A}(-M_1) = 96 \text{ kN} \cdot \text{m}$$
$$M_{12}' = \mu_{12}(-M_1) = 64 \text{ kN} \cdot \text{m}$$

传递弯矩分别为

$$M_{A1}'' = 0$$

$$M_{21}'' = \frac{1}{2}M_{12}' = 32 \text{ kN} \cdot \text{m}$$

将以上结果记入表中第三行。

再单独放松结点 2，将结点 1 重新固定起来。这时，结点 2 接受了传递弯矩，其不平衡力矩为

$$M_2 + M_{21}'' = (160-60+32) \text{ kN} \cdot \text{m} = 132 \text{ kN} \cdot \text{m}$$

分配弯矩分别为

$$M_{21}'' = \mu_{21} \times (-132) \text{ kN} \cdot \text{m} = -52.8 \text{ kN} \cdot \text{m}$$
$$M_{2B}'' = \mu_{2B} \times (-132) \text{ kN} \cdot \text{m} = -79.2 \text{ kN} \cdot \text{m}$$

传递弯矩分别为

$$M_{B2}'' = 0$$

$$M''_{12} = \frac{1}{2}M'_{21} = -26.4 \text{ kN} \cdot \text{m}$$

以上结果记入表中第四行。

（4）第二次循环

对各结点进行观察，在第一次循环完成之后，结点 1 已不处于平衡状态，因为它又接受了传递弯矩 $M''_{12} = -26.4$ kN·m，传递弯矩 M''_{12} 成为结点 1 的不平衡力矩。不过这一不平衡力矩已较原来的不平衡力矩小得多了。

再次对结点 1 进行力矩分配和传递，结果记入表中第五行。

第五行中值为 5.28 kN·m 的传递弯矩又成为结点 2 的不平衡力矩。经分配和传递，结果记入表中第六行。

（5）第三次循环

第三次循环的计算结果记入表中第七行和第八行。

可以看到，结点 1 的不平衡力矩已极小（-0.04 kN·m），计算可到此结束。

（6）求杆端弯矩

杆端弯矩按式(13-9)计算，将表中各行竖向代数相加即为相应杆端弯矩。如杆件 12 的 1 端的杆端弯矩按式(13-9)计算为

$$M_{12} = (-160+64-26.4+10.56-1.06+0.42)\text{kN} \cdot \text{m} = -112.48 \text{ kN} \cdot \text{m}$$

各杆端弯矩记入表中最后一行。

（7）绘制弯矩图

弯矩图如图 13-8(b)所示。

最后说明一点，本题中第一次循环的计算是从结点 1 开始的，也可以从结点 2 开始计算。最好的做法是从不平衡力矩的绝对值最大的结点开始计算，这样能够较快收敛于精确解。本题正是这样做的，因为两个结点固定后，$|M_1| = 160$ kN·m $> |M_2| = 100$ kN·m。

【例 13-4】 用力矩分配法计算图 13-9(a)所示连续梁的各杆端弯矩，并绘制弯矩图。（E 为常数）

【解】 （1）简化处理

右边悬臂部分 EF 的内力是静定的，若将其切去，而以相应的弯矩和剪力作为外力施加于结点 E 处，则结点 E 便化为铰支端来处理，如图 13-9(b)所示。

（2）计算分配系数

本题中所示连续梁有三个结点转角而无结点线位移。现将三个刚结点 B、C、D 都固定起来，计算转动刚度和分配系数。若设 BC、CD 两杆的线刚度为 $\frac{2EI}{8 \text{ m}} = i$，则 AB、DE 两杆的线刚度为 $\frac{EI}{5 \text{ m}} = 0.8i$，如图 13-9(b)所示。

杆件 BA 和杆件 BC 的转动刚度分别为

$$S_{BA} = 3 \times 0.8i = 2.4i$$
$$S_{BC} = 4i$$

结点 B 上两杆件的分配系数分别为

$$\mu_{BA} = \frac{2.4i}{2.4i+4i} = 0.375$$

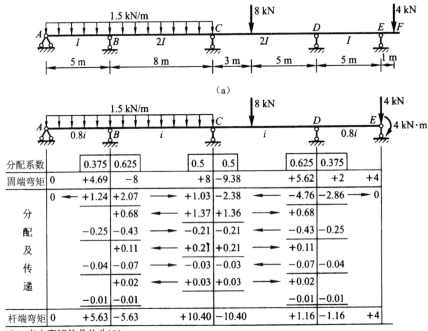

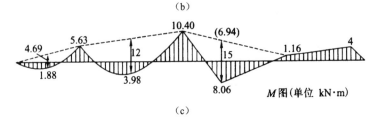

（c）

图 13-9　用力矩分配法计算杆端弯矩

$$\mu_{BC}=\frac{4i}{2.4i+4i}=0.625$$

杆件 CB 和杆件 CD 的转动刚度分别为

$$S_{CB}=4i$$
$$S_{CD}=4i$$

结点 C 上两杆件的分配系数分别为

$$\mu_{CB}=\frac{4i}{4i+4i}=0.5$$
$$\mu_{CD}=\frac{4i}{4i+4i}=0.5$$

杆件 DC 和杆件 DE 的转动刚度分别为

$$S_{DC}=4i$$
$$S_{DE}=3\times0.8i=2.4i$$

结点 D 上两杆件的分配系数分别为

$$\mu_{DC} = \frac{4i}{2.4i + 4i} = 0.625$$

$$\mu_{DE} = \frac{2.4i}{2.4i + 4i} = 0.375$$

分配系数记入表中第一行。

（3）求固端弯矩

$$M_{AB}^F = 0$$

$$M_{BA}^F = \frac{1}{8}ql^2 = \frac{1}{8} \times 1.5 \times 5^2 \text{ kN} \cdot \text{m} = 4.69 \text{ kN} \cdot \text{m}$$

$$M_{BC}^F = -\frac{1}{12}ql^2 = -\frac{1}{12} \times 1.5 \times 8^2 \text{ kN} \cdot \text{m} = -8 \text{ kN} \cdot \text{m}$$

$$M_{CB}^F = \frac{1}{12}ql^2 = \frac{1}{12} \times 1.5 \times 8^2 \text{ kN} \cdot \text{m} = 8 \text{ kN} \cdot \text{m}$$

$$M_{CD}^F = -\frac{ab^2}{l^2}F = -\frac{3 \times 5^2}{8^2} \times 8 \text{ kN} \cdot \text{m} = -9.38 \text{ kN} \cdot \text{m}$$

$$M_{DC}^F = -\frac{ba^2}{l^2}F = -\frac{5 \times 3^2}{8^2} \times 8 \text{ kN} \cdot \text{m} = 5.62 \text{ kN} \cdot \text{m}$$

DE 杆相当于一端固定、一端铰支的梁，在铰支端处承受一集中力及一力偶的作用。其中集中力 4 kN 将被支座 E 直接承受而不使梁产生弯矩，故可不考虑；而力偶 4 kN·m 所产生的固端弯矩为

$$M_{DE}^F = \frac{1}{2} \times 4 = 2 \text{ kN} \cdot \text{m}$$

$$M_{ED}^F = 4 \text{ kN} \cdot \text{m}$$

固端弯矩记入表中第二行。

（4）轮流放松各结点进行力矩分配和传递

为了使计算时收敛较快，分配宜从不平衡力矩数值较大的结点开始，本例先放松结点 D。此外，由于放松结点 D 时结点 C 是固定的，故可同时放松结点 B。由此可知，凡不相邻的各结点每次均可同时放松，这样便可以加快收敛的速度。整个计算详见图 13-9。

（5）计算杆端最后弯矩，并绘制弯矩图如图 13-9(c)所示

【本章要点】

1.力矩分配法是渐近法的一种，适用于连续梁和无侧移刚架的计算。转动刚度、分配系数、分配弯矩、传递系数和传递弯矩都是在无线位移的前提下提出的。

2.力矩分配法以位移法为理论基础，将结构的受载状态分解为约束状态（固定结点）和放松状态（放松结点），分别求约束状态与放松状态下的杆端弯矩。二者的和即为结构受载状态下的杆端弯矩。

3.力矩分配法的关键是确定放松状态下的杆端弯矩，为此必须明确以下三点。

① 约束状态相当于在受载结构上施加了不平衡力矩 M。M 可由约束状态下的结点平衡条件求得。放松状态是将不平衡力矩 M 反向加在结构结点上，是原结构受荷载 $-M$ 作用的状态。

② 分配弯矩是放松状态下结点近端的杆端弯矩,分配弯矩由$-M$乘以分配系数求得,分配系数与杆端转动刚度成正比,所以,转动刚度越大所获得的分配弯矩也越大。

③ 传递弯矩是放松状态下结点远端的杆端弯矩,传递弯矩由分配弯矩乘以传递系数求得。

4.结点放松后就处于平衡状态。但是,当结构有多个结点时,一个结点放松、平衡的同时,相邻结点获得不平衡力矩——传递弯矩,这就破坏了相邻结点的平衡。所以,力矩分配法的计算要逐个结点反复地进行,直到每个结点的不平衡力矩都足够小,精度满足工程的要求时为止。

力矩分配法的优点之一就是有较快的收敛速度,通常经三四个循环所得结果的精度就可满足工程的需要。

【思考题】

13-1 什么是转动刚度？分配系数和转动刚度有何关系？为什么每一个结点的分配系数之和应等于1?

13-2 什么是固端弯矩？结点不平衡力矩如何计算？为什么不平衡力矩要变号后才能进行分配？

13-3 什么是传递力矩？传递系数如何确定？

13-4 力矩分配法的基本运算有哪些步骤？

13-5 为什么力矩分配法不能直接应用于有结点线位移的刚架？

【习题】

13-1 用力矩分配法求图 13-10 所示结构的杆端弯矩,绘制弯矩图。

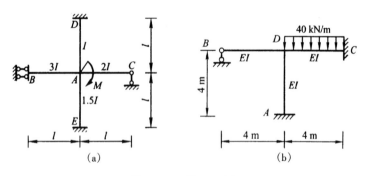

图 13-10 题 13-1 图

13-2 用力矩分配法求图 13-11 所示连续梁的杆端弯矩,绘制 M 图、F_Q 图。

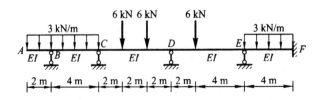

图 13-11 题 13-2 图

13-3 用力矩分配法求图 13-12 所示连续梁的杆端弯矩,绘制 M 图并求支座 B 的反力。

13-4 用力矩分配法计算图 13-13 所示刚架,绘制 M 图。E 为常数。

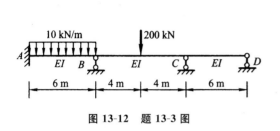

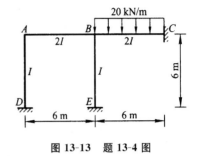

图 13-12 题 13-3 图

图 13-13 题 13-4 图

13-5 用力矩分配法求图 13-14 所示连续梁的杆端弯矩,绘制 M 图。

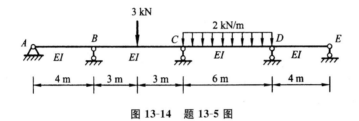

图 13-14 题 13-5 图

第 14 章 压 杆 稳 定

本章主要介绍压杆稳定、临界力、临界应力的概念及其计算公式;详细介绍柔度的概念和欧拉公式及其适用范围;着重介绍压杆的稳定性计算;最后分析提高压杆稳定性的主要措施。

14.1 压杆稳定的概念

14.1.1 问题的提出

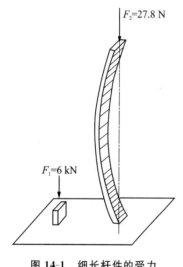

图 14-1　细长杆件的受力

前面讨论的轴向受压杆件,是从强度方面考虑的,根据抗压强度条件来保证压杆的正常工作。事实上,这仅仅对于短粗的压杆才是可行的,而对于细长的压杆,就不能单纯从强度方面考虑了。例如,有一根 3 cm×0.5 cm 的矩形截面木杆,其抗压强度极限是 $\sigma_b = 40$ MPa,承受轴向压力,如图 14-1 所示。根据试验可知,当杆很短时(高为 3 cm 左右),将其压坏所需的压力 F_1 为

$$F_1 = \sigma_b A = 40 \times 10^6 \times 0.005 \times 0.03 \text{ N} = 6\ 000 \text{ N}$$

但若杆长达到 100 cm 时,则只要用 $F_2 = 27.8$ N 的压力(后面用公式进行了计算),就会使杆突然产生显著的弯曲变形而丧失工作能力。在此例中,F_2 与 F_1 的数值相差很远。这也说明,细长压杆的承载能力并不取决于其轴向压缩时的抗压强度,而是与它受压时突然变弯有关。细长杆受压时,其轴线不能维持原有直线形状的平衡状态而突然变弯这一现象,称为丧失稳定,简称**失稳**。由此可见,两根材料和横截面都相同的压杆,只是由于杆长不同,其破坏性质将发生质的改变。对于短粗压杆,只需考虑其强度问题;对于细长压杆,则应考虑其原有直线形状平衡状态的稳定性问题。

14.1.2 压杆的稳定问题

取一根下端固定,上端自由的细长杆,在其上端沿杆轴方向施加压力 **F**,杆受轴向压缩而处于直线平衡状态(见图 14-2(a))。为了考察这种平衡状态是否稳定,可暂加一微小的横向干扰力,使杆原来的直线平衡形状受到扰动而产生微弯(见图14-2(b))。然后解除干扰力,这时可以观察到,当压力 **F** 不大且小于某一临界值时,杆将恢复原来的直线形状(见图14-2(c)),这表明杆在原有直线形状下的平衡是**稳定平衡**。但当压力 **F** 大到某一临界值时,杆将不再恢复原来的直线形状,而处于曲线形状的平衡状态(见图14-2(d))。此时,如 **F** 再微小增加,杆的弯曲变形将显著增大而最

后趋向破坏,这表明,杆在原有直线形状下的平衡是**不稳定平衡**。

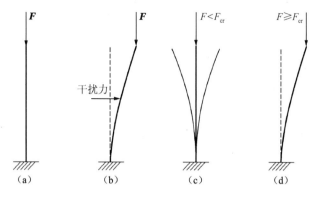

图 14-2 压杆的稳定

由上面所观察到的现象可知,细长压杆原有直线状态是否稳定,与承受压力 F 的大小有关。当压力 F 增大到临界值 F_{cr} 时,弹性压杆将从稳定平衡过渡到不稳定平衡。压力的临界值 F_{cr} 称为**压杆的临界力**,或称临界载荷,它标志着压杆原有直线形状从稳定平衡过渡到不稳定平衡的分界点。压杆处于不稳定平衡状态时,就称为丧失稳定或失稳。

压杆,常见于柱,压杆在纵向力作用下的弯曲,也称为纵弯曲,压杆失稳的现象,有时也称为柱的屈曲。

在工程中,有很多较长的压杆常考虑其稳定性。例如,千斤顶的丝杠(见图14-3)、托架中的压杆(见图14-4)等。由于失稳破坏是突然发生的,往往会给工程结构带来很大的危害,历史上就存在着不少由于失稳而引起严重事故的事例。因此,在设计细长压杆时,进行稳定计算是非常必要的。

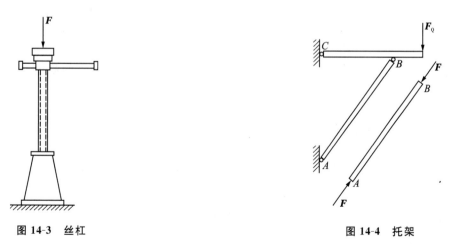

图 14-3 丝杠　　　　　　　　　　　　图 14-4 托架

失稳现象并不限于压杆,其他如截面窄而高的梁受力弯曲(见图 14-5)、薄壁容器受外压作用(见图 14-6)等,都可能发生失稳现象,它们失稳后的形状分别如图14-5、图 14-6 中的虚线所示。

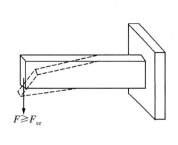

图 14-5 梁弯曲

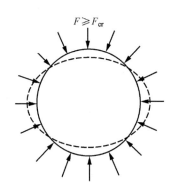

图 14-6 薄壁容器受外压作用

14.2 细长压杆的临界力

14.2.1 两端铰支压杆的临界力

由上节可知,要判定细长压杆是否稳定,必须求出其临界力 $\boldsymbol{F}_{cr}$。试验指出,压杆的临界力与压杆两端的支承情况有关,我们先研究两端铰支情况下细长压杆的临界力。

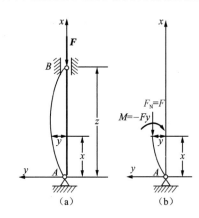

图 14-7 压杆 AB 稳定性分析

现有一长度为 l、两端铰支的压杆 AB,如图 14-7(a)所示。由于临界力是使压杆开始失去稳定时的压力,也就是使压杆在微弯状态下处于平衡的压力,因此,可从研究压杆在 $\boldsymbol{F}$ 力作用下处于微弯状态的挠曲线入手。在图 14-7(a)所示的坐标系中,令距杆端为 x 处截面的挠度为 y,则由图 14-7(b)可知,该截面的弯矩为

$$M(x) = -Fy \qquad\qquad \text{(a)}$$

上式中,F 是个可以不考虑正负号的数值,而在所选定的坐标系中,当 y 为正值时,$M(x)$ 为负值,当 y 为负值时,$M(x)$ 为正值。为了使等式两边的符号一致,所以在(a)式的右端加上了负号。这时,可列出挠曲线近似微分方程为

$$EI\frac{\mathrm{d}^2 y}{\mathrm{d}x^2} = M(x) = -Fy \qquad\qquad \text{(b)}$$

在上式中,令

$$K^2 = \frac{F}{EI} \qquad\qquad \text{(c)}$$

则式(b)经过移项后可写为

$$\frac{\mathrm{d}^2 y}{\mathrm{d}x^2} + K^2 y = 0 \qquad\qquad \text{(d)}$$

这一微分方程的通解是

$$y = C_1 \sin Kx + C_2 \cos Kx \qquad\qquad \text{(e)}$$

上式中，C_1 和 C_2 是两个待定的积分常数。另外，从式(e)可见，因为 F 还不知道，所以 K 也是一个待定值。杆端的约束情况提供了两个边界条件

$$在 \ x=0 \ 处，y=0$$
$$在 \ x=l \ 处，y=0$$

将第一个边界条件代入式(e)可得 $C_2=0$。将第二个边界条件代入式(e)可得 $C_1 \sin Kl=0$，即

$$C_1=0 \ 或 \ \sin Kl=0$$

若取 $C_1=0$，则由式(e)可知，$y=0$，即压杆轴线上各点处的挠度都等于零，表明杆没有弯曲，这与杆在微弯状态下保持平衡的前提矛盾。因此，只能取 $\sin Kl=0$，满足这一条件的 Kl 值为

$$Kl=n\pi(n=0,1,2\cdots)$$

由此得到

$$K=\sqrt{\frac{F}{EI}}=\frac{n\pi}{l}$$

或

$$F=\frac{n^2\pi^2 EI}{l^2} \tag{f}$$

上式表明，无论 n 取何值，都有对应的 F 力，但实用上应取最小值，以求得使压杆失稳的最小轴向压力，所以应取 $n=1$(若取 $n=0$，则 $F=0$，与讨论的情况不符)，相应的临界力为

$$F_{cr}=\frac{\pi^2 EI}{l^2} \tag{14-1}$$

式中，E 为压杆材料的弹性模量；I 为压杆横截面对中性轴的惯性矩；l 为压杆的长度。

上式称为两端铰支细长压杆**临界力的欧拉公式**。

从式(14-1)可以看出，临界力 F_{cr} 与杆的抗弯刚度 EI 成正比，与杆长 l 成反比。这就是说，杆愈细长，其临界力愈小，即愈易失去稳定。

上面，我们从压杆处于微弯状态的挠曲线近似微分方程入手，推导出了计算两端铰支压杆临界力的欧拉公式。下面，再补充讨论几个问题。

应该注意：在杆件两端为球形铰链支承的情况下，可认为杆端各方向的支承情况相同。这时，为了求出使压杆失稳的最小轴向压力，式(14-1)中的惯性矩 I 应取最小值 I_{min}。因为压杆失稳时，总是在抗弯能力最小的纵向平面(最小刚度平面)内弯曲失稳的。例如，图 14-8 所示的矩形截面压杆，若截面尺寸 $b<h$，则 $I_y<I_z$，这时压杆将在与 z 轴垂直的 $x—y$ 平面内弯曲失稳，因而在求临界力的公式(14-1)中，应取 $I_{min}=I_y$。

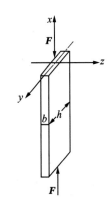

图 14-8 矩形截面压杆尺寸

现在用公式(14-1)来估算一下上节开始所述的细长木压杆的临界力。将压杆近似地看作两端铰支，设杆的弹性模量 $E=90$ GPa，且杆长为 1 m，最小惯性矩为

$$I_{min}=\frac{3\times0.5^3}{12} \ \text{cm}^4=\frac{1}{32} \ \text{cm}^4=\frac{1}{32\times10^8} \ \text{m}^4$$

则由式(14-1)得

$$F_{cr} = \frac{\pi^2 EI}{l^2} = \frac{\pi^2 \times 9 \times 10^9}{(1^2) \times 32 \times 10^8} \text{ N} = 27.8 \text{ N}$$

由上式可见,当轴向压力 F 仅为 27.8 N 时,该细长木杆将失去稳定。

14.2.2 其他支承情况压杆的临界力

上述确定压杆临界力的公式,是在两端铰支情况下推导出来的。当压杆端部支承情况不同时,利用相似的推导方法,也可求得相应的临界力公式,结果如下。

(1) 一端固定、一端自由的压杆(见图 14-9(a))

$$F_{cr} = \frac{\pi^2 EI}{(2l)^2} \tag{14-2}$$

(2) 两端固定的压杆(见图 14-9(b))

$$F_{cr} = \frac{\pi^2 EI}{\left(\dfrac{l}{2}\right)^2} \tag{14-3}$$

(3) 一端固定、一端铰支的压杆(见图 14-9(c))

$$F_{cr} \approx \frac{\pi^2 EI}{(0.7l)^2} \tag{14-4}$$

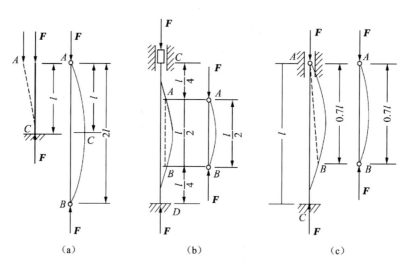

图 14-9 不同支承情况下杆件的受力状况

综合起来,可以得到欧拉公式的一般形式为

$$F_{cr} = \frac{\pi^2 EI}{(\mu l)^2} \tag{14-5}$$

式中,μ 称为**长度系数**,μl 称为**相当长度(计算长度)**。长度系数 μ 值,决定于杆端的支承情况,对于两端铰支以及以上三种情况分别为

两端铰支: $\qquad\qquad\qquad \mu = 1$

一端固定,一端自由: $\qquad\qquad \mu = 2$

两端固定: $\qquad\qquad\qquad \mu = 0.5$

一端固定,一端铰支:$\mu = 0.7$

由此可见,若杆端约束愈强,则 μ 值愈小,相应的压杆临界力愈高;若杆端约束愈弱,则 μ 值愈大,压杆临界力愈低。

14.3 临界应力及临界应力总图

14.3.1 临界应力和柔度

在临界力作用下压杆横截面上的应力,可用临界力 F_{cr} 除以压杆横截面面积 A 而得到,称为压杆的临界应力,以 σ_{cr} 表示,即

$$\sigma_{cr} = \frac{F_{cr}}{A} \tag{a}$$

将式(14-5)带入上式得

$$\sigma_{cr} = \frac{\pi^2 E I}{(\mu l)^2 A} \tag{b}$$

上式中的 I 与 A 都是与截面有关的几何量,可用压杆截面的惯性半径 i 来表示。

$$i = \sqrt{\frac{I}{A}}$$

于是式(b)可以写成

$$\sigma_{cr} = \frac{\pi^2 E i^2}{(\mu l)^2} = \frac{\pi^2 E}{\left(\dfrac{\mu l}{i}\right)^2}$$

令

$$\lambda = \frac{\mu l}{i} \tag{14-6}$$

可得压杆临界应力公式为

$$\sigma_{cr} = \frac{\pi^2 E}{\lambda^2} \tag{14-7}$$

式中,λ 表示压杆的相当长度 μl 与其惯性半径 i 的比值,称为压杆的**柔度**或**长细比**,它反映了杆端约束情况、压杆长度、截面形状和尺寸对临界应力的综合影响。例如,对于直径为 d 的圆形截面,其惯性半径为

$$i = \sqrt{\frac{I}{A}} = \sqrt{\frac{\pi d^4/64}{\pi d^2/4}} = \frac{d}{4}$$

则柔度

$$\lambda = \frac{\mu l}{i} = \frac{4\mu l}{d} \tag{c}$$

由式(14-7)及式(c)可以看出,如压杆愈细长,则其柔度 λ 愈大。压杆的临界应力愈小,说明压杆愈容易失去稳定;反之,若为短粗压杆,则其柔度 λ 较小,而临界应力较大,压杆就不容易失稳,所以,柔度 λ 是压杆稳定计算中的一个重要参数。

14.3.2 欧拉公式的适用范围

欧拉公式是根据压杆的挠曲线近似微分方程推导出来的,而这个微分方程只有在材料服从胡克定律的条件下才能成立。因此,只有当压杆的临界应力 σ_{cr} 不超过材料的比例极限 σ_p 时,欧拉公式才适用。具体来说,欧拉公式的适用条件是

$$\sigma_{cr} = \frac{\pi^2 E}{\lambda^2} \leqslant \sigma_p \tag{14-8}$$

由上式可求得对应于比例极限 σ_p 的柔度值 λ_p 为

$$\lambda_p = \pi \sqrt{\frac{E}{\sigma_p}} \tag{14-9}$$

于是,欧拉公式的适用范围可用压杆的柔度 λ_p 来表示,即要求压杆的实际柔度 λ 不能小于对应于比例极限时的柔度值 λ_p,即

$$\lambda \geqslant \lambda_p$$

只有这样,才能满足式(14-8)中的 $\sigma_{cr} \leqslant \sigma_p$ 的要求。

能满足上述条件的压杆,称为**大柔度杆**或**细长杆**。对于常用的 Q235 钢制成的压杆,弹性模量 $E = 200$ GPa,比例极限 σ_p,代入式(14-9)可得

$$\lambda_p = \pi \sqrt{\frac{200 \times 10^9}{200 \times 10^6}} \approx 100$$

也就是说,以 Q235 钢制成的压杆,其柔度 $\lambda \geqslant \lambda_p$ 时,才能用欧拉公式来计算临界应力。对于其他材料也可求得相应的 λ_p 值。

由临界应力公式(14-7)可知,压杆的临界应力随其柔度而变化,二者的关系可用一曲线来表示。如取临界应力 σ_{cr} 为纵坐标,柔度 λ 为横坐标,按式(14-7)可画出如图 14-10 所示的曲线 AB,该曲线称为欧拉双曲线。图上也可以表明欧拉公式的适用范围,即曲线上的实线部分 BC 才是适用的;而虚线部分 AC 是不适用的,因为对应于该部分的应力已超过了比例极限 σ_p,欧拉公式已经不适用,所以没有意义。

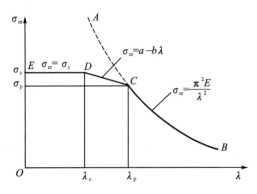

图 14-10 欧拉双曲线

14.3.3 中、小柔度杆的临界应力

在工程实际中,也经常遇到柔度小于 λ_p 的压杆,这类压杆的临界应力已不能再用式(14-7)来

计算。目前多采用建立在试验基础上的经验公式,如直线公式、抛物线公式等。下面先介绍简便、常用的直线公式

$$\sigma_{cr} = a - b\lambda \tag{14-10}$$

此式在图 14-10 中以倾斜直线 CD 表示。式中,a 及 b 是与材料性质有关的常数,其单位都是 MPa。某些材料的 a、b 值,可以从表 14-1 中查得。

表 14-1　直线公式的系数 a、b 及柔度值 λ_p、λ_s

材　　料	a/MPa	b/MPa	λ_p	λ_s
Q235 钢	304	1.12	100	62
35 钢	461	2.568	100	60
45、55 钢	578	3.744	100	60
铸铁	332.2	1.454	80	—
松木	28.7	0.19	110	40

上述经验公式也有一个适用范围。对于塑性材料的压杆,还要求其临界应力不超过材料的屈服极限 σ_s,若以 λ_s 代表对应于 σ_s 的柔度值,则要求

$$\sigma_{cr} = a - b\lambda_s \leqslant \sigma_s$$

或

$$\lambda_s \geqslant \frac{a - \sigma_s}{b}$$

由上式即可求得对应于屈服极限 σ_s 的柔度值 λ_s 为

$$\lambda_s = \frac{a - \sigma_s}{b} \tag{14-11}$$

当压杆的实际柔度 $\lambda \geqslant \lambda_s$ 时,直线公式才适用。对于 Q235 钢,$\sigma_s = 235$ MPa,$a = 304$ MPa,$b = 1.12$ MPa,可求得

$$\lambda_s = \frac{304 - 235}{1.12} \approx 62$$

柔度在 λ_s 和 λ_p 之间(即 $\lambda_s \leqslant \lambda \leqslant \lambda_p$)的压杆,称为**中柔度杆**或**中长杆**。中柔度杆的 λ 在 60~100 之间。试验指出,这种压杆的破坏性质接近于大柔度杆,也有较明显的失稳现象。

柔度较小($\lambda \leqslant \lambda_s$)的短粗杆,称为**小柔度杆**或**短杆**。对绝大多数碳素结构钢和优质碳素结构钢来说,小柔度杆的 λ 在 0~60 之间。试验证明,这种压杆当应力达到屈服极限 σ_s 时才破坏,破坏时很难观察到失稳现象。这说明小柔度杆是因强度不足而破坏的,应该以屈服极限 σ_s 作为极限应力;若在形式上作为稳定问题考虑,则可认为临界应力 $\sigma_{cr} = \sigma_s$,在图 14-10 上以水平直线段 DE 表示。对于脆性材料如铸铁制成的压杆,则应取强度极限 σ_b 作为临界应力。

相应于大、中、小柔度的三类压杆,其临界应力与柔度关系的三部分曲线或直线,组成了**临界应力图**(见图 14-10)。从图上可以明显地看出,小柔度杆的临界应力与 λ 无关,而大、中柔度杆的临界应力则随 λ 的增加而减小。

【例 14-1】　一根 12 cm×20 cm 的矩形截面木柱,长度 $l = 7$ m,支承情况是:在最大刚度平面内弯曲时为两端铰支(见图 14-11(a)),在最小刚度平面内弯曲时为两端固定(见图 14-11(b))。木材的弹性模量 $E = 10$ GPa,试求木柱的临界力和临界应力。

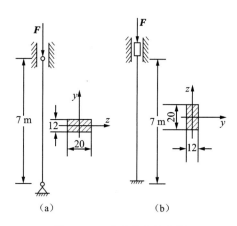

图 14-11　木柱稳定性分析

【解】　由于木柱在最小和最大刚度平面内的支承情况不同,所以需分别计算其临界力和临界应力。

(1) 计算最大刚度平面内的临界力和临界应力

考虑木柱在最大刚度平面内失稳时,如图 14-11(a) 所示,截面对 y 轴的惯性矩和惯性半径分别为

$$I_y = \frac{12 \times 20^3}{12} \text{ cm}^4 = 8\ 000 \text{ cm}^4$$

$$i_y = \sqrt{\frac{I_y}{A}} = \sqrt{\frac{8\ 000}{12 \times 20}} \text{ cm} = 5.77 \text{ cm}$$

对两端铰支情形,长度系数 $\mu = 1$,由式(14-6)可算出其柔度为

$$\lambda_y = \frac{\mu l}{i_y} = \frac{1 \times 700}{5.77} = 121 > \lambda_p = 110$$

因柔度大于 λ_p,应该用欧拉公式计算临界力。由式(14-5)有

$$F_{cr} = \frac{\pi^2 EI}{(\mu l)^2} = \frac{\pi^2 \times 10 \times 10^9 \times 8\ 000 \times 10^{-8}}{(1 \times 7)^2} \text{ N} = 161\ 000 \text{ N} = 161 \text{ kN}$$

再由式(14-7)计算临界应力,得

$$\sigma_{cr} = \frac{\pi^2 E}{\lambda_y^2} = \frac{\pi^2 \times 10 \times 10^3}{121^2} \text{ MPa} = 6.74 \text{ MPa}$$

(2) 计算最小刚度平面内的临界力和临界应力

如图 14-11(b) 所示,截面对 z 轴的惯性矩和惯性半径分别为

$$I_z = \frac{20 \times 12^3}{12} \text{ cm}^4 = 2\ 880 \text{ cm}^4$$

$$i_z = \sqrt{\frac{I_z}{A}} = \sqrt{\frac{2\ 880}{12 \times 20}} \text{ cm} = 3.46 \text{ cm}$$

对于两端固定情形,长度系数 $\mu = 0.5$,由式(14-6)可算出其柔度为

$$\lambda_z = \frac{\mu l}{i_z} = \frac{0.5 \times 700}{3.46} = 101 < \lambda_p = 110$$

在此平面内弯曲时,柱的柔度值小于 λ_p,应采用经验公式计算临界应力。查表 14-1 得对于木材(松木),$a = 28.7$ MPa,$b = 0.19$ MPa,利用直线公式(14-10),得

$$\sigma_{cr} = a - b\lambda = (28.7 - 0.19 \times 101) \text{ MPa} = 9.5 \text{ MPa}$$

其临界力为

$$F_{cr} = \sigma_{cr} A = 9.5 \times 10^6 \times 0.12 \times 0.2 \text{ N} = 228 \times 10^3 \text{ N} = 228 \text{ kN}$$

比较上述计算结果可知,第一种情形的临界力和临界应力都较小,所以木柱失稳时将在最大刚度平面内产生弯曲。此例说明,当在最小和最大刚度平面内的支承情况不同时,木柱不一定在最小刚度平面内失稳,必须经过具体计算之后才能确定。

14.4　压杆的稳定计算

由前几节的讨论可知,压杆在使用过程中存在着失稳破坏,而失稳破坏时的临界应力往往低

于强度计算中的许用应力$[\sigma]$,因此为保证压杆能安全可靠地使用,必须对压杆建立相应的稳定条件,进行稳定性计算,下面对此问题进行讨论和研究。

14.4.1 安全系数法

显然,要使压杆不丧失稳定,就必须使压杆的轴向压力或工作应力小于其极限值,再考虑到压杆应具有适当的安全储备,因此,压杆的稳定条件为

$$F \leqslant \frac{F_{cr}}{[n_{st}]} \text{ 或 } \sigma \leqslant \frac{\sigma_{cr}}{[n_{st}]} = [\sigma_{cr}] \tag{14-12}$$

式中,$[n_{st}]$为规定的稳定安全系数;$[\sigma_{cr}]$为压杆的临界许用应力。

若令 $n_{st} = \dfrac{F_{cr}}{F} = \dfrac{\sigma_{cr}}{\sigma}$ 为压杆实际工作的稳定安全系数。于是可得用稳定安全系数表示的压杆稳定条件

$$n_{st} = \frac{F_{cr}}{F} \geqslant [n_{st}] \text{ 或 } n_{st} = \frac{\sigma_{cr}}{\sigma} \geqslant [n_{st}] \tag{14-13}$$

稳定安全系数$[n_{st}]$一般要高于强度安全系数。这是因为一些难以避免的因素,如杆件的初弯曲、压力偏心、材料的不均匀和支座缺陷等,都严重地影响压杆的稳定,降低了临界应力。关于规定的稳定安全系数$[n_{st}]$,一般可从有关专业手册中或设计规范中查得。

14.4.2 折减系数法

为了计算方便起见,通常将压杆稳定的临界许用应力$[\sigma_{cr}]$表示为压杆材料的强度许用应力$[\sigma]$乘以一个系数φ,即

$$[\sigma_{cr}] = \frac{\sigma_{cr}}{[n_{st}]} = \varphi[\sigma]$$

由此可得到

$$\sigma = \frac{F}{A} \leqslant \varphi[\sigma] \tag{14-14}$$

式中,φ是一个小于1的系数,称为**折减系数**。利用式(14-14)可以为压杆选择截面。这种方法称为折减系数法,由于使用式(14-14)时涉及与规范有关的较多内容,这里不再举例。

【例 14-2】 千斤顶如图 14-12 所示,丝杠长度 $l = 37.5$ cm,内径 $d = 4$ cm,材料为 45 钢,最大起重量为 $F = 80$ kN,规定稳定安全系数$[n_{st}] = 4$。试校核该丝杠的稳定性。

【解】 (1)计算柔度

丝杠可简化为下端固定、上端自由的压杆,故长度系数$\mu = 2$。由式(14-6)计算丝杠的柔度,因为 $i = \dfrac{d}{4}$,所以

$$\lambda = \frac{\mu l}{i} = \frac{2 \times 37.5}{4/4} = 75$$

(2)计算临界力并校核稳定性

由表 14-1 中查得 45 钢相应于屈服极限和比例极限时的柔度值为 $\lambda_s = 60$,$\lambda_p = 100$,而 $\lambda_s < \lambda < \lambda_p$,可知丝杠是中柔度压杆,现在采用直线经验公式计算其临界力。

在表 14-1 上查得 $a=578$ MPa，$b=3.744$ MPa。

故丝杠的临界力为

$$F_{cr}=\sigma_{cr}A=(a-b\lambda)\frac{\pi d^2}{4}$$

$$=(578\times10^6-3.744\times10^6\times75)\times\frac{\pi\times0.04^2}{4}\text{N}=373\times10^3\text{ N}$$

由式(14-13)校核丝杠的稳定性：

$$n_{st}=\frac{F_{cr}}{F}=\frac{373\ 000}{80\ 000}=4.66\geqslant[n_{st}]$$

从计算结果可知，此千斤顶丝杠是稳定的。

【例 14-3】 钢柱长 $l=7$ m，两端固定，材料是 Q235 钢，规定稳定安全系数 $[n_{st}]=3$，横截面由两个 10 号槽钢组成(见图 14-13)。试求当槽钢靠紧(见图 14-13(a))和离开(见图 14-13(b))时钢柱的许用荷载，已知 $E=200$ GPa。

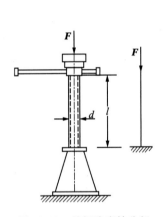

图 14-12 丝杠稳定性分析

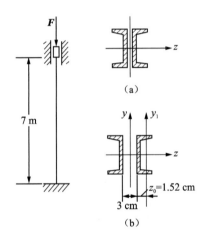

图 14-13 钢柱稳定性分析

【解】 (1)两槽钢靠紧的情形

从型钢表中查得

$$A=2\times12.74\text{ cm}^2=25.48\text{ cm}^2$$

$$I_{min}=I_y=2\times54.9\text{ cm}^4=109.8\text{ cm}^4$$

$$i_{min}=i_y=\sqrt{\frac{I_y}{A}}=\sqrt{\frac{109.8}{25.48}}\text{ cm}=2.08\text{ cm}$$

由式(14-6)计算柔度，其值为

$$\lambda_y=\frac{\mu l}{i_y}=\frac{0.5\times700}{2.08}=168>\lambda_p=100$$

故可用欧拉公式(14-5)计算临界力，即

$$F_{cr}=\frac{\pi^2EI}{(\mu l)^2}=\frac{\pi^2\times200\times10^9\times109.8\times10^{-8}}{(0.5\times7)^2}\text{ N}=176.9\times10^3\text{ N}=176.9\text{ kN}$$

由式(14-13)计算钢柱的许用荷载 F_1，即

$$F_1 \leqslant \frac{F_{cr}}{[n_{st}]} = \frac{176.9}{3} \text{ kN} = 59 \text{ kN}$$

（2）两槽钢离开的情形

从型钢表中查得

$$I_z = 2 \times 198 \text{ cm}^4 = 396 \text{ cm}^4$$

$$i_z = \sqrt{\frac{I_z}{A}} = \sqrt{\frac{396}{25.48}} \text{ cm} = 3.94 \text{ cm}$$

又由附录 A 的平行移轴定理可得：

$$I_y = 2\left[I_{y_1} + \left(\frac{3}{2} + z_0\right)^2 \times 12.74\right]$$

$$= 2[25.6 + (1.5 + 1.52)^2 \times 12.74] \text{ cm}^4 = 284 \text{ cm}^4$$

$$i_y = \sqrt{\frac{I_y}{A}} = \sqrt{\frac{284}{25.48}} \text{ cm} = 3.34 \text{ cm}$$

比较以上数值，可知应取

$$I_{min} = I_y, i_{min} = i_y$$

由式（14-6）计算柔度为

$$\lambda_y = \frac{\mu l}{i_y} = \frac{0.5 \times 700}{3.34} = 104.8 > \lambda_p = 100$$

可用欧拉公式（14-5）计算临界力

$$F_{cr} = \frac{\pi^2 E I_y}{(\mu l)^2} = \frac{\pi^2 \times 200 \times 10^9 \times 284 \times 10^{-8}}{(0.5 \times 7)^2} \text{ N} = 457 \times 10^3 \text{ N} = 457 \text{ kN}$$

由式（14-13）计算钢柱的许用荷载 F_2，即

$$F_2 \leqslant \frac{F_{cr}}{[n_{st}]} = \frac{457}{3} \text{ kN} = 152.3 \text{ kN}$$

将这两种情形进行比较，可知 F_1 比 F_2 小得多。因此，为了提高压杆的稳定性，可将两槽钢离开一定距离，以增加它对 y 轴的惯性矩 I_y；离开的距离，最好能使 I_y 与 I_z 尽可能相等，以便使压杆在两个方向有相等的抵抗失稳的能力。根据这样的原则来设计压杆的截面形状是合理的。

14.5　提高压杆稳定性的措施

由以上各节的讨论可知，影响压杆临界力和临界应力的因素，或者说影响压杆稳定性的因素，包括压杆截面的形状和尺寸、压杆的长度、压杆端部的支承情况、压杆材料的性质等。因此，如要采取适当措施来提高压杆的稳定性，必须从上述几方面加以考虑。

14.5.1　选择合理的截面形状

由细长杆和中长杆的临界应力公式

$$\sigma_{cr} = \frac{\pi^2 E}{\lambda^2}, \sigma_{cr} = a - b\lambda$$

可知，两类压杆临界应力的大小和柔度 λ 有关，柔度愈小，则临界应力愈高，压杆抵抗失稳的能力愈

强。压杆的柔度为

$$\lambda = \frac{\mu l}{i} = \mu l \sqrt{\frac{A}{I}}$$

由上式可知,对于一定长度和支承方式的压杆,在面积一定的前提下,应尽可能使材料远离截面形心,以加大惯性矩,从而减小压杆的柔度。

如图 14-14 所示,采用空心的圆环形截面比实心的圆形截面更为合理。但这时应注意,若为薄壁圆筒,则其壁厚不能过薄,要有一定限制,以防止圆筒出现局部失稳现象。

如果压杆在各个纵向平面内的支承情况相同,例如球形铰支座和固定端,则应尽可能使截面的最大和最小两个惯性矩相等,即 $I_y = I_z$,这可使压杆在各纵向平面内有相同或接近相同的稳定性。上述的圆形和环形截面,还有方形截面等都能满足这一要求。显然,在图 14-15 中,截面(b)比截面(a)更能满足这一要求。

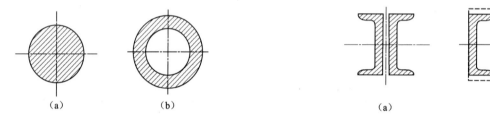

图 14-14　实心圆形截面与空心圆环截面　　　　图 14-15　截面变换与组合

另外,在工程实际中,也有一类压杆,在两个互相垂直的纵向平面内,其支承情况或计算长度(μl)并不相同,例如柱形铰支座。这时,就相应要求截面对两个互相垂直的轴的惯性矩也不相同,即 $I_y \neq I_z$。理想的截面设计是使压杆在两个纵向平面内的柔度相同,即

$$\lambda_y = \lambda_z$$

或

$$(\mu l)_y \sqrt{\frac{A}{I_y}} = (\mu l)_z \sqrt{\frac{A}{I_z}}$$

经适当设计的组合截面,如图 14-15(a)中的工字形截面等,都有可能满足上述要求。

14.5.2　减小压杆的支承长度

由前述细长杆和中长杆的临界应力计算公式可知,随着压杆长度的增加,其柔度 λ 增加,而临界应力 σ_{cr} 减小。因此,在条件允许时,应尽可能减小压杆的长度,或者在压杆的中间增设支座,以提高压杆的稳定性。如图 14-16 所示无缝钢管的穿孔机,如在顶杆的中间增加一个抱辊装置,则可提高顶杆的稳定性,从而增加顶杆的穿孔压力 F。

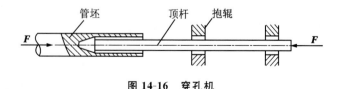

图 14-16　穿孔机

14.5.3　改善杆端的约束情况

由压杆柔度公式可知,若杆端约束刚性愈强,则压杆长度系数 μ 愈小,即柔度愈小,从而临界应力愈高。因此,应尽可能改善杆端约束情况,加强杆端约束的刚性。

14.5.4　合理选用材料

由细长杆的临界应力计算公式可知,临界应力值与材料的弹性模量 E 有关,选用 E 值较大的材料,可以提高细长压杆的临界应力。但这时应注意,就钢材而言,各种钢材的 E 值大致相同,为 $200 \sim 210$ GPa,即使选用高强度钢材,其 E 值也增大不多。所以,对细长压杆来说,选用高强度钢作材料是不必要的。

但是,对中柔度杆而言,情况有所不同。由试验可知,其破坏既有失稳现象,也有强度不足的因素。另外,在直线经验公式的系数 a、b 中,优质钢的 a 值也较高。由此可知,中柔度压杆的临界应力与材料的强度有关,强度愈高的材料,临界应力也愈高。所以,对中柔度压杆而言,选用高强度钢作材料,将有利于提高压杆的稳定性。

最后指出,对于压杆,除了可以采取上述几方面的措施以提高其稳定性外,在可能的条件下,还可以从结构方面采取相应的措施。例如,将结构中比较细长的压杆转换成拉杆,这样,就可以从根本上避免失稳问题。例如对图 14-17 所示的托架,在可能的条件下,在不影响结构的承载能力时,将图 14-17(a)所示的结构改换成图14-17(b)所示的结构,则 AB 杆由承受压力变为承受拉力,从而避免了压杆的失稳问题。

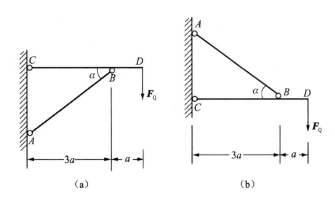

图 14-17　改变托架结构的形式

【本章要点】

1.要准确理解压杆稳定和失稳的概念,掌握压杆临界荷载的概念。

2.欧拉公式是计算细长杆临界力的基本公式,细长杆临界力、临界应力计算的欧拉公式为

$$F_{cr} = \frac{\pi^2 EI}{(\mu l)^2}, \sigma_{cr} = \frac{\pi^2 E}{\lambda^2}$$

应用此公式时,要注意它的适用范围,即 $\lambda \geqslant \lambda_p$。并注意在不同约束情况下长度系数 μ 的取值。

3.柔度系数 λ 表示压杆的计算长度 μl 与其惯性半径 i 的比值,即

$$\lambda = \frac{\mu l}{i}$$

压杆愈细长,则其柔度 λ 愈大。压杆的临界应力愈小,这说明压杆愈容易失去稳定。

4.掌握用稳定安全系数表示压杆稳定条件的方法:

$$n_{st} = \frac{F_{cr}}{F} \geqslant [n_{st}] \text{或} \ n_{st} = \frac{\sigma_{cr}}{\sigma} \geqslant [n_{st}]$$

式中, $n_{st} = \dfrac{F_{cr}}{F} = \dfrac{\sigma_{cr}}{\sigma} \geqslant [n_{st}]$ 为压杆实际工作的稳定安全系数; $[n_{st}]$ 为规定的稳定安全系数。

5.了解用折减系数法确定压杆稳定条件的方法: $\sigma = \dfrac{F}{A} \leqslant \varphi [\sigma]$。式中, φ 是一个小于 1 的系数,称为折减系数。

【思考题】

14-1　试述失稳破坏与强度破坏的区别。

14-2　如图 14-18 所示两组截面中,两截面面积相同,试问作为压杆时(两端为球铰),各组中哪一种截面形状更合理?

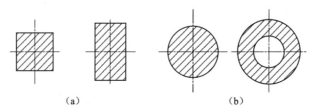

（a）　　　　　　　　　　（b）

图 14-18　截面分析

14-3　细长压杆的材料宜用高强度钢还是普通钢?为什么?

14-4　何谓压杆的柔度?它与哪些因素有关?它对临界应力有什么影响?

14-5　两根材料相同的压杆,_____值大的容易失稳。

14-6　欧拉公式适用的范围是什么?如超过范围继续使用,则计算结果偏于危险还是偏于安全?

14-7　"在材质、杆长、支承情况相同的条件下,压杆横截面面积 A 越大,则临界应力就越大。"试举例说明这个结论是否正确?为什么?

【习题】

14-1　图 14-19 所示为三根材料相同、直径相等的杆件。试问,哪一根杆的稳定性最差?哪一根杆的稳定性最好?

14-2　铸铁压杆的直径 $d = 40$ mm,长度 $l = 0.7$ m,一端固定,另一端自由。试求压杆的临界力。已知 $E = 108$ GPa。

14-3　图 14-20 所示为某型飞机起落架中承受轴向压力的斜撑杆。杆为空心圆管,外径 $D =$

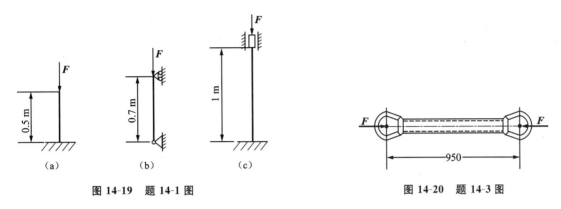

图 14-19　题 14-1 图　　　　　　　　图 14-20　题 14-3 图

52 mm，内径 $d=44$ mm，$l=950$ mm。材料 30CrMnSiNi2A，$\sigma_b=1\ 600$MPa，$\sigma_p=1\ 200$ MPa，$E=210$ GPa。试求斜撑杆的临界压力 $\boldsymbol{F}_{cr}$ 及临界应力 σ_{cr}。

14-4　三根圆截面压杆，直径均为 $d=160$ mm，材料为低碳钢，$E=200$ GPa，$\sigma_s=240$ MPa。两端均为铰支，长度分别为 l_1、l_2 和 l_3，且 $l_1=2l_2=4l_3=5$ m。试求各杆的临界压力 $\boldsymbol{F}_{cr}$。

14-5　某型柴油机的挺杆长度 $l=25.7$ cm，圆形横截面的直径 $d=8$ mm，钢材的 $E=210$ GPa，$\sigma_p=240$ MPa。挺杆所受最大压力 $F=1.76$ kN。规定的稳定安全系数 $[n_{st}]=2\sim5$。试校核挺杆的稳定性。

14-6　如图 14-21 所示，一根 25a 工字钢柱，柱长 $l=7$ m，两端固定，规定稳定安全系数 $[n_{st}]=2$，材料是 Q235 钢，$E=210$ GPa，试求钢柱的许用荷载。

14-7　托架如图 14-22 所示，AB 杆的直径 $d=4$ cm，长度 $l=80$ cm，两端铰支，材料是 Q235 钢，$E=200$ GPa。

① 试根据 AB 杆的失稳临界条件求托架的临界荷载 $\boldsymbol{F}_{cr}$。

② 若已知实际荷载 $F=70$ kN，AB 杆的规定稳定安全系数 $[n_{st}]=2$，问此托架是否安全？

图 14-21　题 14-6 图　　　　　　　　图 14-22　题 14-7 图

14-8　如图 14-23 所示，横梁 AB 为矩形截面，竖杆截面为圆形，直径 $d=20$ mm，竖杆两端为柱销连接，材料为 Q235 钢，$E=206$ GPa，规定稳定安全系数 $[n_{st}]=3$，若测得 AB 梁的最大弯曲正应力 $\sigma=120$ MPa。试校核竖杆 CD 的稳定性。

14-9　图 14-24 所示钢管柱，上端铰支，下端固定，外径 $D=7.6$ cm，内径 $d=6.4$ cm，长度 $l=2.5$

m,材料是铬锰合金钢,比例极限 $\sigma_p = 540$ MPa,弹性模量 $E = 215$ GPa,如承受压力 $F = 150$ kN,规定稳定安全系数 $[n_{st}] = 3.5$,试校核此钢管柱的稳定性。

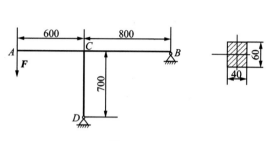

图 14-23 题 14-8 图

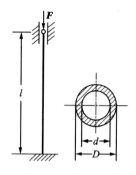

图 14-24 题 14-9 图

习 题 答 案

第 1 章

1-1 略

1-2 略

第 2 章

2-1 $F_R = 10.97$ kN，$\alpha = 31.74°$

2-2 $F_1 = 0.53$ kN，$F_2 = 0.68$ kN；指向（略）

2-3 略

2-4 ① $\sum M_O(\boldsymbol{F}) = 3FR$，$\sum M_D(\boldsymbol{F}) = 3FR$；② 证明从略

2-5 $\sum M_A(\boldsymbol{F}) = -7$ N·m，$\sum M_O(\boldsymbol{F}) = 68$ N·m

2-6 $F_{NA} = F_{NB} = 10$ kN

2-7 $F_{NA} = F_{NB} = 10$ kN

2-8 $F_{RA} = F_{CD} = 500$ N

2-9 ① $F_{RA} = F_{RB} = 17.68$ kN；② 略

2-10 $\sum M_O(\boldsymbol{F}) = 21.44$ N·m，$F_R = F'_R = 466.5$ N，$d = 45.96$ mm

第 3 章

3-1 略

3-2 $F_B = 2.85$ kN，$F_{Ax} = 3.6$ kN，$F_{Ay} = 0.15$ kN；

$F_B = 2.85$ kN，$F_{Ax} = 3.6$ kN，$F_{Ay} = -2.85$ kN

3-3 $F_A = F$，$\theta = 45°$

3-4 $F_{BC} = 13.29$ kN，$F_{Ax} = 18.8$ kN，$F_{Ay} = 9.4$ kN

3-5 $F_A = 63.72$ kN（压力），$F_B = 70.71$ kN（拉力），$F_C = 72.88$ kN（压力）；

$F_A = 75$ kN（拉力），$F_B = 75$ kN（压力），$F_C = 100$ kN（压力）

3-6 $F_{AC} = 1.155F$（压力），$F_{AB} = 0.577\ 4F$（拉力）；

$F_{AB} = 1.155F$（拉力），$F_{AC} = 0.577\ 4F$（压力）；

$F_{AB} = 0.577\ 4F$（拉力），$F_{AC} = 0.577\ 4F$（拉力）

3-7 $F_A = 1.118F$，$F_B = 0.5F$

3-8 $G \geqslant 60$ kN

3-9 $F_A = \dfrac{\sqrt{2}}{2}F$，$F_B = \dfrac{\sqrt{2}}{2}F$，$F_C = \dfrac{\sqrt{2}}{2}F$

3-10 $F_{Ay} = \dfrac{1}{2}F$，$F_B = -\dfrac{3}{2}F$，$F_D = 2F$

3-11 $F_A = -10$ kN，$F_B = 25$ kN，$F_D = 5$ kN

3-12　$\theta=30°,\beta=30°$

3-13　$F_A=-20$ kN, $F_B=60$ kN, $F_C=60$ kN, $F_D=-20$ kN

3-14　$F_T=\dfrac{a\cos\theta}{2h}F$

3-15　$F_{Ax}=-26.1$ kN, $F_{Ay}=28$ kN, $F_1=32.6$ kN(拉力),
　　　$F_2=41.8$ kN(压力), $F_3=26.1$ kN(压力)

3-16　略

3-17　$F_{Ax}=0$, $F_{Ay}=40$ kN, $M_A=60$ kN·m

3-18　略

3-19　略

3-20　略

3-21　略

3-22　略

第 4 章

4-1　(a)几何不变,且无多余约束;(b)几何不变,且无多余约束;
　　　(c)几何可变;(d)几何不变,且无多余约束

4-2　(a)几何不变,且无多余约束;(b)几何不变,且无多余约束;
　　　(c)几何不变,且无多余约束;(d)几何不变,且无多余约束;
　　　(e)几何不变,且无多余约束;(f)几何可变;
　　　(g)几何不变,且无多余约束;(h)几何不变,且无多余约束;
　　　(i)几何不变,且无多余约束;(j)几何不变,且无多余约束;
　　　(k)瞬变体系;(l)几何可变;
　　　(m)几何不变,有两个多余约束

第 5 章

5-1　(a)$F_{N1}=F$, $F_{N2}=2F$; (b)$F_{N1}=0$, $F_{N2}=F$;
　　　(c)$F_{N1}=0$, $F_{N2}=0$; (d)$F_{N1}=F$, $F_{N2}=0$

5-2　(a)$F_Q=\dfrac{F}{2}$, $M=-\dfrac{Fl}{4}$; (b)$F_Q=14$ kN, $M=-26$ kN·m;

　　　(c)$F_{Q1}=-qa$, $M_1=-qa^2$, $F_{Q2}=-2qa$, $M_2=-\dfrac{9}{2}qa^2$;

　　　(d)$F_Q=-6$ kN, $M=0$; (e)$F_Q=7$ kN, $M=2$ kN·m;
　　　(f)$F_Q=-17$ kN, $M=17$ kN·m

5-3　略

5-4　(a)$M_A=18$ kN·m(上侧受拉), $M_D=10$ kN·m(上侧受拉),
　　　$M_E=12$ kN·m(上侧受拉); (b)$M_{BA}=120$ kN·m(上侧受拉)

5-5　略

5-6　(a)$M_{CB}=M$(下侧受拉), $M_{CA}=0$;

　　　(b)$M_{AB}=\dfrac{Fa}{2}$(右侧受拉), $M_{BC}=\dfrac{Fa}{2}$(上侧受拉), $M_{CD}=\dfrac{Fa}{2}$(右侧受拉);

(c)$M_{AC} = 40$ kN・m(左侧受拉)，$M_{CB} = 40$ kN・m(上侧受拉)，

　　$M_{CD} = 80$ kN・m(上侧受拉)；

(d)$M_{AC} = \dfrac{1}{6}qb^2$(右侧受拉)，$M_{BD} = \dfrac{1}{6}qb^2$(左侧受拉)；

(e)$M_{DA} = \dfrac{5}{2}ql^2$(右侧受拉)，$M_{DB} = \dfrac{3}{2}ql^2$(下侧受拉)，

　　$M_{DC} = \dfrac{5}{2}ql^2$(左侧受拉)，$M_{DE} = ql^2$(上侧受拉)；

(f)$M_{DA} = 0$，$M_{ED} = \dfrac{1}{2}Fl$(下侧受拉)，

　　$M_{EB} = Fl$(左侧受拉)，$M_{EF} = \dfrac{1}{2}Fl$(上侧受拉)，$M_{FC} = 0$

5-7　$M_K = -29$ kN・m，$F_{SK} = 18.3$ kN，$F_{NK} = -68.3$ kN

5-8　(a)$F_{N56} = 4$ kN；

　　(b)$F_{N45} = -2.23F_P$ kN，$F_{N46} = -1.12F_P$ kN；

　　(c)$F_{N78} = 2$ kN，$F_{N12} = 10$ kN，$F_{N35} = 7.5$ kN；

　　(d)$F_{N35} = -15$ kN，$F_{N34} = 6.25$ kN

5-9　(a)$F_{ya} = 10$ kN，$F_{yb} = 30$ kN；

　　(b)$F_{Na} = 52.5$ kN，$F_{yb} = 10$ kN，$F_{yc} = 10$ kN；

　　(c)$F_{Na} = 40$ kN；

　　(d)$F_{Na} = 40$ kN，$F_{Nb} = 20$ kN，$F_{Nc} = -105$ kN

第 6 章

6-1　略

6-2　略

6-3　$\sigma_{AB} = 3.647$ MPa，$\sigma_{BC} = 137.9$ MPa

6-4　$\sigma_1 = 62.5$ MPa，$\sigma_2 = -60$ MPa，$\sigma_3 = 50$ MPa

6-5　$\sigma_{max} = 389$ MPa

6-6　$\sigma_{60°} = 10$ MPa，$\tau_{60°} = \tau_{30°} = 17.3$ MPa，$\sigma_{30°} = 30$ MPa

6-7　$\sigma_{max} = 127.3$ MPa，$\Delta l = 0.573$ mm

6-8　(a)$\Delta l = -\dfrac{Fl}{3EA}$，(b)$\Delta l = -\dfrac{2Fl}{3EA}$

6-9　$\delta = 0.249$ mm

6-10　$\delta_{Bx} = \Delta l_2$，$\delta_{By} = \dfrac{\Delta l_1 + \Delta l_2 \cos \alpha}{\sin \alpha}$

6-11　略

6-12　$F \leqslant 38.6$ kN

6-13　$\sigma = 75.9$ MPa$< [\sigma]$

第 7 章

7-1　$\tau = 70.7$ MPa$> [\tau]$，改用 $d \geqslant 326$ mm

7-2 $\tau = 15.9$ MPa $< [\tau]$

7-3 $d \geqslant 50$ mm, $b \geqslant 100$ mm

7-4 $\dfrac{d}{h} = 2.4$

7-5 略

7-6 $\tau_{\rho 1} = 127.3$ MPa, $\tau_{\rho 2} = 255$ MPa, $\tau_{max} = 509$ MPa

7-7 $D \geqslant 26.8$ cm

7-8 $d = 50$ mm

7-9 $\tau_{max} = 56.6$ MPa $< [\tau]$

7-10 $\phi_{CA} = -0.0019$ rad

7-11 (1)实心轴:$\tau_{max} = 14.93$ MPa, $\tau_{min} = 0$ MPa

　　　空心轴:$\tau_{max} = 14.55$ MPa, $\tau_{min} = 10.91$ MPa

　　　(2)$\phi_{max} = 9.21 \times 10^3$ rad, $\phi_{12} = 0.233 \times 10^3$ rad

7-12 $\tau_{AC max} = 49.4$ MPa $< [\sigma]$, $\tau_{BD max} = 21.3$ MPa $< [\sigma]$

第 8 章

8-1 $\sigma_a = -58.6$ MPa, $\sigma_b = 37.3$ MPa

8-2 $\sigma_a = -122$ MPa, $\sigma_b = 0$ MPa

8-3 (a)$\sigma_{max} = 9$ MPa,(b)$\sigma_{max} = 31.5$ MPa

8-4 $\sigma_{lmax} = 3.68$ MPa, $\sigma_{ymax} = 10.88$ MPa

8-5 ①$\sigma_H = -\sigma_D = 34.1$ MPa, $\sigma_E = -18.2$ MPa, $\sigma_F = 0$ MPa;

　　　②$\sigma_{max} = 41$ MPa;③3 倍

8-6 实心轴 $\sigma_{max} = 159$ MPa,空心轴 $\sigma_{max} = 93.6$ MPa,减少 41%

8-7 1.67

8-8 $\sigma_{max} = 100$ MPa

8-9 略

8-10 略

8-11 $\sigma_{max} = 382$ MPa, $\tau_{max} = 15.9$ MPa

8-12 $\tau_{max} / \sigma_{max} = h/l$

第 9 章

9-1 $\sigma_{max} = 126$ MPa $< [\sigma]$

9-2 $\sigma_2 / \sigma_1 = 8$

9-3 $\sigma_{Tmax} = 26.8$ MPa, $\sigma_{Cmax} = 32$ MPa

9-4 $\sigma_{max} = 54$ MPa, $\sigma = 2.55$ MPa, $\sigma / \sigma_{max} = 4.72\%$

9-5 $\sigma_{max} = 10.5$ MPa

9-6 $\sigma_{max} = 9.83$ MPa

9-7 $F_{eq}^3 = 785$ N, $F_{eq}^4 = 844$ N

第 10 章

10-1 略

10-2 $\quad \theta_B = \dfrac{M_0 l}{EI}, \Delta_B = \dfrac{M_0 l^2}{2EI}$

10-3 $\quad \theta_A = \dfrac{M_0 l}{6EI}, \theta_B = \dfrac{M_0 l}{3EI}, \Delta_C = \dfrac{M_0 l^2}{16EI}$

10-4 $\quad \theta_A = \dfrac{q l^3}{6EI}, \Delta_A = -\dfrac{q l^4}{16EI}$

10-5 $\quad$ (a)$\theta_B = -\dfrac{F a^2}{2EI}, y_B = -\dfrac{F a^2}{6EI}(3l-a)$;(b)$\theta_B = -\dfrac{ma}{EI}, y_B = -\dfrac{ma}{EI}\left(l-\dfrac{a}{2}\right)$

10-6 $\quad$ (a)$\theta_B = \dfrac{3F a^2}{2EI}, y_B = \dfrac{7F a^2}{6EI}$;(b)$\theta_A = \dfrac{7q l^3}{24EI}, y_A = -\dfrac{11q l^4}{48EI}$;

$\qquad$ (c)$\theta_A = \dfrac{3F l^2}{32EI}, y_C = -\dfrac{11F l^3}{384EI}$;(d)$\theta_A = \dfrac{5q l^3}{24EI}, y_C = -\dfrac{17q l^4}{384EI}$

10-7 $\quad$ (a)$y = \dfrac{5q_1 l^4}{768EI}$;(b)$y = -\dfrac{5(q_1+q_2) l^4}{768EI}$

10-8 $\quad$ (a)$\Delta_C = \dfrac{11q l^4}{384EI}$;(b)$\Delta_C = \dfrac{F l^3}{8EI}$

10-9 $\quad$ (a)$\theta_{\frac{l}{2}} = \dfrac{q l^3}{192EI}$;(b)$\theta_{\frac{l}{2}} = \dfrac{F l^2}{48EI}$

10-10 $\quad \Delta = \dfrac{5q l^4}{384EI}(\downarrow)$

10-11 $\quad \Delta_{By} = 0.768 \text{ cm}(\downarrow)$

10-12 $\quad \Delta_C = \dfrac{(2\sqrt{2}+1)Fa}{2EA}$

10-13 $\quad$ 略

10-14 $\quad$ 略

10-15 $\quad$ 略

10-16 $\quad \Delta_A = \dfrac{112q}{EI}(\downarrow)$

10-17 $\quad \Delta_H = \dfrac{F l h^2}{2EI}, \Delta_y = \dfrac{F l^2(l+3h)}{3EI}, \theta = \dfrac{F l(l+2h)}{2EI}$

10-18 $\quad$ 略

第 11 章

11-1 $\quad$ (a)4;(b)3;(c)6;(d)5;(e)1;(f)10

11-2 $\quad$ (a)$M_A = \dfrac{3}{16}Fl$(上侧受拉);(b)$M_B = \dfrac{3}{32}Fl$(上侧受拉)

11-3 $\quad$ (a)$M_{BA} = \dfrac{q a^2}{28}$(上侧受拉),$M_{CB} = \dfrac{3q a^2}{28}$(上侧受拉);(b)略

$\qquad$ (c)$M_{BC} = \dfrac{q l^2}{20}$(上侧受拉),$M_{CE} = \dfrac{q l^2}{20}$(上侧受拉)

11-4 $\quad$ (a)$F_{NAB} = 0.104F$;(b)$F_{NBC} = F_{NDE} = -23.5 \text{ kN}$

11-5 $\quad F_1 = -\dfrac{7}{29}F, F_2 = -\dfrac{27}{29}F$

11-6　(a)将荷载分组,正对称时选取 M_F 图为零的基本结构,这时只有横梁受有轴向压力 10 kN,
反对称时跨中剪力为 -5.93 kN,此时弯矩图即为最终弯矩图;

(b)角点弯矩 $\dfrac{Fa}{16}$(外侧受拉);

(c)$M_{AB}=\dfrac{ql^2}{36}$(外侧受拉),$M_{BA}=\dfrac{ql^2}{9}$(外侧受拉)

第 12 章

12-1　(a)$1+0=1$;(b)$6+3=9$;(c)$10+4=14$;

(d)$2+2=4$;(e)$2+1=3$;(f)$0+2=2$

12-2　(a)$M_{AB}=16.71$ kN・m(上侧受拉),$M_{BC}=11.57$ kN・m(上侧受拉);

(b)$M_{BA}=\dfrac{ql^2}{24}$(左侧受拉),$F_{QBA}=-\dfrac{ql}{16}$,$F_{NBA}=-\dfrac{7ql}{16}$;

(c)$M_{BA}=M_{DC}=M_{FE}=\dfrac{Fh}{3}$(左侧受拉),$F_{NBC}=-\dfrac{2}{3}F$,$F_{NCE}=-\dfrac{1}{3}F$

12-3　(a)$Z_1=-\dfrac{ql^2}{672i}$,$Z_2=\dfrac{3ql^2}{672i}$,$M_{12}=\dfrac{ql^2}{168}$;

(b)$M_{AC}=-38.05$ kN・m,$M_{CA}=-15.79$ kN・m,

$M_{CD}=18.79$ kN・m,$M_{BD}=-18.16$ kN・m

12-4　$M_B=175.2$ kN・m(上侧受拉),$M_C=59.8$ kN・m(上侧受拉)

第 13 章

13-1　(a)$M_{AB}=\dfrac{3}{19}M$;

(b)$M_{DA}=28.4$ kN・m,$M_{DB}=10.7$ kN・m,$M_{DC}=-39.1$ kN・m

13-2　$M_{CD}=-6.27$ kN・m,$M_{DC}=7.14$ kN・m

13-3　$M_{BA}=162.8$ kN・m,$M_{BC}=-162.8$ kN・m,

$M_{CB}=124.8$ kN・m,$M_{CD}=-124.8$ kN・m

13-4　$M_{CB}=72.9$ kN・m

13-5　$M_{CD}=-5.1$ kN・m

第 14 章

14-1　略

14-2　68 kN

14-3　$F_{cr}=400$ kN,$\sigma_{cr}=665$ MPa

14-4　2 450 kN,4 710 kN,4 802 kN

14-5　$n_{st}=3.57$

14-6　$F\leqslant237$ kN

14-7　① 269 kN;② $n_{st}=2.65>[n_{st}]$

14-8　$n_{st}=3.87>[n_{st}]$

14-9　$n_{st}=3.77>[n_{st}]$

附录 A　平面图形的几何性质

　　杆件的横截面都是具有一定几何形状的平面图形,其面积 A、极惯性矩 I_P、抗扭截面模量 W_T 等,都是与平面图形的形状和尺寸有关的几何量,称为**平面图形的几何性质**。这些表征截面几何性质的量是确定杆件强度、刚度、稳定性的重要参数,因此有必要对截面的几何性质作专门讨论。

A.1　形心和面积矩

　　确定平面图形的形心,是确定其几何性质的基础。

　　在建筑力学中,用合力矩定理建立物体重心坐标的计算公式。譬如均质等厚度薄板(见图 A-1),若其截面积为 A,厚度为 t,体积密度为 ρ,则微元的重力为

$$\mathrm{d}G = \mathrm{d}At\rho$$

整个薄板的重力为 $G = At\rho$

其重心 C 的坐标为

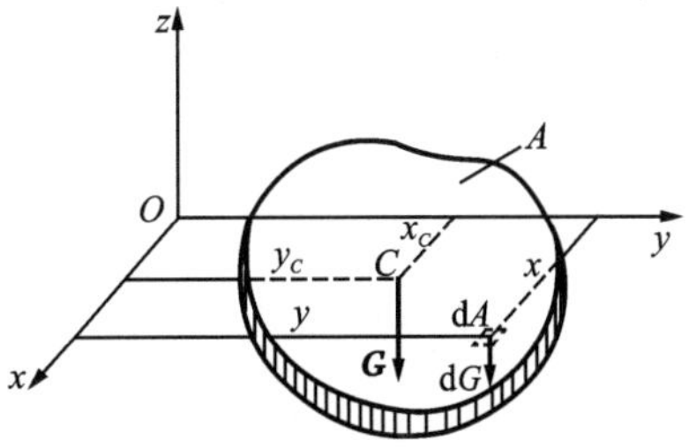

图 A-1

$$x_C = \frac{\int_A x \, \mathrm{d}G}{G} = \frac{\int_A x \, \mathrm{d}At\rho}{At\rho}, \quad y_C = \frac{\int_A y \, \mathrm{d}G}{G} = \frac{\int_A y \, \mathrm{d}At\rho}{At\rho}$$

由于均质等厚度,t、ρ 为常量,故上式可改写为

$$x_C = \frac{\int_A x \, \mathrm{d}A}{A}, \quad y_C = \frac{\int_A y \, \mathrm{d}A}{A} \tag{A-1}$$

　　由式(A-1)确定的 C 点,其坐标与薄板的截面形状和大小有关,称为平面图形的**形心**,它是平面图形的几何中心。具有对称中心、对称轴的图形的形心必然在对称中心、对称轴上。形心与重心的计算公式虽然相似,但意义不同。**重心**是物体重力的中心,其位置决定于物体重力大小的分布情况,只有均质物体的重心才与形心重合。

　　式(A-1)中 $y\mathrm{d}A$、$x\mathrm{d}A$ 分别为微元面积 $\mathrm{d}A$ 对 x 轴和 y 轴的**面积矩**(**静矩**)。它们对整个平面图形面积的定积分

$$S_x = \int_A y \, \mathrm{d}A, \quad S_y = \int_A x \, \mathrm{d}A \tag{A-2}$$

分别为整个平面图形对于 x 轴和 y 轴的面积矩。由上式可看出,同一平面图形对不同的坐标轴,其面积矩不同,面积矩是代数值,可能为正,可能为负,也可能为零。常用单位为立方米(m^3)或立方毫米(mm^3)。

　　将式(A-2)代入式(A-1),平面图形的形心坐标公式可写为

$$x_C = \frac{S_y}{A}, \quad y_C = \frac{S_x}{A} \tag{A-3}$$

由此可得平面图形的面积矩为

$$S_x = Ay_C, \quad S_y = Ax_C \tag{A-4}$$

即平面图形对某轴的面积矩等于其面积与形心坐标(形心至该轴的距离)的乘积。当坐标轴通过图形的形心(简称形心轴)时,面积矩便等于零;反之,图形对某轴的面积矩等于零,则该轴必通过图形的形心。

构件截面的图形往往由矩形、圆形等简单图形组成,称为组合图形。根据图形面积矩的定义,组合图形对某轴的面积矩等于各简单图形对同一轴的面积矩的代数和,即

$$\left.\begin{aligned}
S_x &= A_1 y_{C_1} + A_2 y_{C_2} + \cdots + A_i y_{C_i} = \sum_{i=1}^{n} A_i y_{C_i} \\
S_y &= A_1 x_{C_1} + A_2 x_{C_2} + \cdots + A_i x_{C_i} = \sum_{i=1}^{n} A_i x_{C_i}
\end{aligned}\right\} \tag{A-5}$$

式中,x_{C_i}、y_{C_i} 和 A_i 分别表示各简单图形的形心坐标和面积,n 为组成组合图形的简单图形的个数。

将式(A-5)代入式(A-3),可得组合图形形心坐标计算公式为

$$\left.\begin{aligned}
x_C &= \frac{S_y}{A} = \frac{\displaystyle\sum_{i=1}^{n} x_{C_i} A_i}{\displaystyle\sum_{i=1}^{n} A_i} \\
y_C &= \frac{S_x}{A} = \frac{\displaystyle\sum_{i=1}^{n} y_{C_i} A_i}{\displaystyle\sum_{i=1}^{n} A_i}
\end{aligned}\right\} \tag{A-6}$$

【例 A-1】 试计算图 A-2 所示平面图形形心的坐标。

【解】 此图形有一个垂直对称轴,取该轴为 y 轴,顶边 AB 为 x 轴。由于对称关系,形心 C 必在 y 轴上,因此只需计算形心在 y 轴上的位置。此图形可看成是由矩形 $ABCD$ 减去矩形 $abcd$。设矩形 $ABCD$ 的面积为 A_1,矩形 $abcd$ 的面积为 A_2。

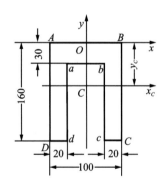

图 A-2 确定平面图形的形心

$$A_1 = 100 \times 160 \ \text{mm}^2 = 16\ 000 \ \text{mm}^2$$

$$y_{C_1} = \frac{-160}{2} \ \text{mm} = -80 \ \text{mm}$$

$$A_2 = -(60 \times 130) \ \text{mm}^2 = -7\ 800 \ \text{mm}^2$$

$$y_{C_1} = \left[\frac{-(160-30)}{2} + (-30)\right] \ \text{mm} = -95 \ \text{mm}$$

$$\begin{aligned}
y_C &= \frac{\displaystyle\sum_{i=1}^{n} A_i y_{C_i}}{\displaystyle\sum_{i=1}^{n} A_i} = \frac{y_{C_1} A_1 - y_{C_2} A_2}{A_1 - A_2} \\
&= \frac{(-80) \times 16 \times 10^3 - (-95) \times 78 \times 10^2}{16 \times 10^3 - 78 \times 10^2} \text{mm} \\
&= -65.73 \ \text{mm}
\end{aligned}$$

A. 2　惯性矩和惯性半径

A. 2. 1　惯性矩

在平面图形中取一微元面积 dA（见图 A-3），dA 与其坐标平方的乘积 $y^2 dA$、$x^2 dA$ 分别称为该微元面积 dA 对 x 轴和 y 轴的惯性矩，而定积分

$$I_x = \int_A y^2 \, dA$$
$$I_y = \int_A x^2 \, dA$$

（A-7）

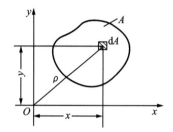

图 A-3　惯性矩分析示意

分别称为整个平面图形对 x 轴和 y 轴的**惯性矩**。式中，A 是整个平面图形的面积。微元面积 dA 与它到坐标原点距离平方的乘积在整个面积上的积分

$$I_P = \int_A \rho^2 \, dA$$

（A-8）

称为平面图形对坐标原点的**极惯性矩**。

由上述定义可知，同一图形对不同坐标轴的惯性矩是不相同的，由于 y^2、x^2 和 ρ^2 恒为正值，故惯性矩与极惯性矩也恒为正值，它们的单位为四次方米（m^4）或四次方毫米（mm^4）。

从图 A-3 可知 $\rho^2 = x^2 + y^2$，因此

$$I_P = \int_A \rho^2 \, dA = \int_A (x^2 + y^2) \, dA = I_x + I_y$$

（A-9）

上式表明平面图形对于位于图形平面内某点的任一对相互垂直坐标轴的惯性矩之和是一常量，恒等于它对该两轴交点的极惯性矩。

A. 2. 2　惯性半径

工程中，常将图形对某轴的惯性矩，表示为图形面积 A 与某一长度平方的乘积，即

$$I_x = i_x^2 A$$
$$I_y = i_y^2 A$$

（A-10）

式中，i_x、i_y 分别称为平面图形对 x 轴和 y 轴的**惯性半径**，单位为米（m）或毫米（mm）。

由上式可知，惯性半径愈大，则图形对该轴的惯性矩也愈大。若已知图形面积 A 和惯性矩 I_x、I_y，则惯性半径为

$$i_x = \sqrt{\frac{I_x}{A}}$$
$$i_y = \sqrt{\frac{I_y}{A}}$$

（A-11）

A. 2. 3　简单图形的惯性矩

下面举例说明简单图形惯性矩的计算方法。

【例 A-2】 设圆的直径为 d(见图 A-4);圆环的外径为 D,内径为 d,$\alpha=\dfrac{d}{D}$(见图 A-5)。试计算它们对圆心和形心轴的惯性矩,以及圆对形心轴的惯性半径。

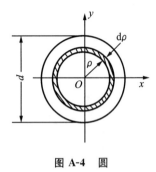

图 A-4　圆

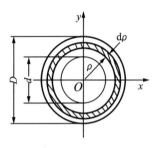

图 A-5　圆环

【解】 (1)圆的惯性矩和惯性半径

如图 A-4 所示,在距圆心 O 为 ρ 处取宽度为 $\mathrm{d}\rho$ 的圆环作为面积元素,其面积为

$$\mathrm{d}A=2\pi\rho\mathrm{d}\rho$$

由式(A-8)得圆心 O 的极惯性矩为

$$I_P=\int_A\rho^2\mathrm{d}A=\int_0^{\frac{d}{2}}2\pi\rho^3\mathrm{d}\rho=\frac{\pi d^4}{32}$$

由圆的对称性可知,$I_x=I_y$,按式(A-9)得圆对形心轴的惯性矩为

$$I_x=I_y=\frac{1}{2}I_P=\frac{\pi d^4}{64}$$

由式(A-11),可得圆对形心轴的惯性半径为

$$i_x=i_y=\sqrt{\frac{I_x}{A}}=\sqrt{\frac{\pi d^4}{64}\times\frac{4}{\pi d^2}}=\frac{d}{4}$$

(2)圆环(见图 A-5)的惯性矩为

$$I_P=\int_{\frac{d}{2}}^{\frac{D}{2}}2\pi\rho^3\mathrm{d}\rho=\frac{\pi}{32}(D^4-d^4)=\frac{\pi D^4}{32}(1-\alpha^4)$$

$$I_x=I_y=\frac{1}{2}I_P=\frac{\pi D^4}{64}(1-\alpha^4)$$

式中,$\alpha=\dfrac{d}{D}$。

【例 A-3】 试计算矩形对其形心轴的惯性矩 I_x、I_y。

【解】 (1)取平行于 x 轴的微元面积(见图 A-6)

$$\mathrm{d}A=b\mathrm{d}y$$

$$I_x=\int_A y^2\mathrm{d}A=\int_{-\frac{h}{2}}^{\frac{h}{2}}by^2\mathrm{d}y=\frac{bh^3}{12}$$

(2)取平行于 y 轴的微面积(见图 A-6)

$$\mathrm{d}A=h\mathrm{d}x$$

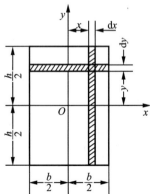

图 A-6　矩形的惯性矩分析

$$I_y=\int_A x^2\mathrm{d}A=\int_{-\frac{b}{2}}^{\frac{b}{2}}hx^2\mathrm{d}x=\frac{hb^3}{12}$$

为便于计算时查用，在表 A-1 中列出了一些简单的常用平面图形的几何性质。

表 A-1 常用平面图形的几何性质

序号	截面形状和形心位置	面 积 A	惯 性 矩 I	抗弯截面模量 W
1		$A = bh$	$I_z = \dfrac{bh^3}{12}$ $I_y = \dfrac{hb^3}{12}$	$W_z = \dfrac{bh^2}{6}$ $W_y = \dfrac{hb^2}{6}$
2		$A = \dfrac{\pi d^2}{4}$	$I_z = I_y = \dfrac{\pi d^4}{64}$	$W_z = W_y = \dfrac{\pi d^3}{32}$
3		$A = \dfrac{\pi(D^2 - d^2)}{4}$	$I_z = I_y = \dfrac{\pi D^4}{64}(1 - \alpha^4)$ $\alpha = \dfrac{d}{D}$	$W_z = W_y = \dfrac{\pi D^3}{32}(1 - \alpha^4)$
4		$A = HB - bh$	$I_z = \dfrac{BH^3 - bh^3}{12}$ $I_y = \dfrac{HB^3 - hb^3}{12}$	$W_z = \dfrac{BH^2 - bh^2}{6}$ $W_y = \dfrac{HB^2 - hb^2}{6}$

A.2.4 惯性积

在平面图形的坐标 (y, z) 处，取微元面积 $\mathrm{d}A$（见图 A-3），将遍及整个图形面积 A 的积分

$$I_{yz} = \int_A yz \, \mathrm{d}A \tag{A-12}$$

定义为图形对 y、z 轴的惯性积。

由于坐标乘积 yz 为正或为负，因此，I_{yz} 的数值可能为正，可能为负，也可能等于零。例如当整个图形都在第一象限内时，由于所有微元面积 $\mathrm{d}A$ 的 y、z 坐标均为正值，所以图形对这两个坐标轴的惯性积也必为正值。又如当整个图形都在第二象限内时，由于所有微元面积 $\mathrm{d}A$ 的 z 坐标为正，而 y 坐标为负，因而图形对这两个坐标轴的惯性积必为负值。惯性积的量纲是长度的四次方。

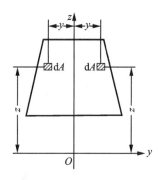

图 A-7 惯性积分析图示

若坐标轴 y 或 z 中有一个是图形的对称轴,例如图 A-7 中的 z 轴。这时,如在 z 轴两侧对称位置处,各取一微元面积 dA,显然,两者的 z 坐标相同,y 坐标数值相等但符号相反。因而两个微元面积与坐标 y、z 的乘积,数值相等而符号相反,它们在积分中互相抵消。所有微元面积与坐标的乘积都两两相消,最后使得

$$I_{yz} = \int_A yz\,dA = 0$$

所以,坐标系的两个坐标轴中只要有一个为图形的对称轴,则图形对这一坐标系的惯性积等于零。

A.3 组合图形的惯性矩

A.3.1 平行移轴公式

同一平面图形对于平行的两对坐标轴的惯性矩或惯性积,并不相同。当其中一对轴是图形的形心轴时,它们之间有比较简单的关系。现介绍这种关系的表达式。

在图 A-8 中,C 为图形的形心,y_C 和 z_C 是通过形心的坐标轴。图形对形心轴 y_C 和 z_C 的惯性矩和惯性积分别记为

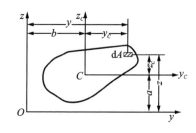

图 A-8 平行移轴示意

$$\left.\begin{aligned}
I_{y_C} &= \int_A z_C^2\,dA \\
I_{z_C} &= \int_A y_C^2\,dA \\
I_{y_C z_C} &= \int_A y_C z_C\,dA
\end{aligned}\right\} \tag{a}$$

若 y 轴平行于 y_C,且两者的距离为 a;z 轴平行于 z_C,且两者的距离为 b,图形对 y 轴和 z 轴的惯性矩和惯性积应为

$$I_y = \int_A z^2\,dA, \quad I_z = \int_A y^2\,dA, \quad I_{yz} = \int_A yz\,dA \tag{b}$$

由图 A-8 显然可以看出

$$y = y_C + b, \quad z = z_C + a \tag{c}$$

以式(c)代入式(b),得

$$I_y = \int_A z^2\,dA = \int_A (z_C + a)^2\,dA = \int_A z_C^2\,dA + 2a\int_A z_C\,dA + a^2\int_A dA$$

$$I_z = \int_A y^2\,dA = \int_A (y_C + b)^2\,dA = \int_A y_C^2\,dA + 2b\int_A y_C\,dA + b^2\int_A dA$$

$$I_{yz} = \int_A yz\,dA = \int_A (y_C + b)(z_C + a)\,dA$$

$$= \int_A y_C z_C\,dA + a\int_A y_C\,dA + b\int_A z_C\,dA + ab\int_A dA$$

在以上三式中,$\int_A z_C\,dA$ 和 $\int_A y_C\,dA$ 分别为图形对形心轴 y_C 和 z_C 的静矩,其值等于零。$\int_A dA$

＝A,如再应用式(a),则上列三式简化为

$$I_y = I_{y_C} + a^2 A$$
$$I_z = I_{z_C} + b^2 A$$
$$I_{yz} = I_{y_C z_C} + abA$$

(A-13)

式(A-13)为惯性矩和惯性积的**平行移轴公式**。利用这一公式可使惯性矩和惯性积的计算得到简化。在使用平行移轴公式时,要注意 a 和 b 是图形的形心在 yOz 坐标系中的坐标,所以它们是有正负的。

A.3.2 组合图形的惯性矩

由惯性矩的定义可知,组合图形对某轴的惯性矩等于组成它的各简单图形对同一轴的惯性矩的和。简单图形对本身形心轴的惯性矩可通过积分或查表求得,再利用平行移轴公式便可求得它对组合图形形心轴的惯性矩。这样就可较方便地计算组合图形的惯性矩。下面举例说明。

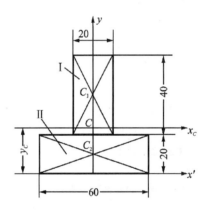

图 A-9 组合图形惯性矩分析示意

【**例 A-4**】 试计算图 A-9 所示的组合图形对形心轴的惯性矩。

【**解**】 (1) 计算形心 C 的位置

该图形有垂直对称轴 y_C,形心必在此轴上,只需计算形心在此轴上的坐标。取底边为参考轴 x',设形心 C 到此轴的距离为 y_C,将图形分为两个矩形 I、II。它们对 x' 轴的面积矩分别为

$$S_1 = 40 \times 20 \times \left(\frac{40}{2} + 20\right) \text{ mm}^3 = 32\ 000 \text{ mm}^3$$

$$S_2 = 60 \times 20 \times \frac{20}{2} \text{ mm}^3 = 12\ 000 \text{ mm}^3$$

整个图形对 x' 轴的面积矩为

$$S_{x'} = S_1 + S_2 = (32\ 000 + 12\ 000) \text{ mm}^3 = 44 \times 10^3 \text{ mm}^3$$

整个图形的面积为

$$A = A_1 + A_2 = (40 \times 20 + 60 \times 20) \text{ mm}^2 = 2 \times 10^3 \text{ mm}^2$$

按式(A-6)得

$$y_C = \frac{S_{x'}}{A} = \frac{44 \times 10^3}{2 \times 10^3} \text{ mm} = 22 \text{ mm}$$

过形心 C 作垂直于 y_C 轴的 x_C 轴,x_C 轴和 y_C 轴为图形的形心轴。

(2) 计算图形对形心轴 x_C、y_C 的惯性矩 I_x、I_y

先分别求出矩形 I、II 对 x_C、y_C 轴的惯性矩 I_{xI}、I_{yI}、I_{xII}、I_{yII}。由平行移轴公式得

$$I_{xI} = \left[\frac{20 \times 40^3}{12} + \left(\frac{40}{2} + 20 - 22\right)^2 \times 40 \times 20\right] \text{ mm}^4 = 365\ 900 \text{ mm}^4$$

$$I_{xII} = \left[\frac{60 \times 20^3}{12} + \left(22 - \frac{20}{2}\right)^2 \times 60 \times 20\right] \text{ mm}^4 = 212\ 800 \text{ mm}^4$$

$$I_{y\,\mathrm{I}} = \frac{40 \times 20^3}{12}\ \mathrm{mm}^4 = 266\ 670\ \mathrm{mm}^4$$

$$I_{y\,\mathrm{II}} = \frac{20 \times 60^3}{12}\ \mathrm{mm}^4 = 360\ 000\ \mathrm{mm}^4$$

整个图形对 x_C、y_C 轴的惯性矩为

$$I_x = I_{x\,\mathrm{I}} + I_{x\,\mathrm{II}} = (365\ 900 + 212\ 800)\ \mathrm{mm}^4 = 57.9 \times 10^4\ \mathrm{mm}^4$$

$$I_y = I_{y\,\mathrm{I}} + I_{y\,\mathrm{II}} = (266\ 670 + 360\ 000)\ \mathrm{mm}^4 = 38.7 \times 10^4\ \mathrm{mm}^4$$

工程中广泛采用各种型钢,或用型钢组成的构件,型钢的几何性质可从有关手册中查得,本书附录 B 中列有我国标准的等边角钢、工字钢和槽钢等的截面几何性质。由型钢组合的构件,也可用上述方法计算其截面的惯性矩。

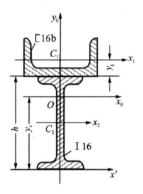

图 A-10 组合图形分析

【例 A-5】 求图 A-10 所示组合图形对形心轴 x_C、y_C 的惯性矩。

【解】 (1) 计算形心 C 的位置

取轴 x' 为参考轴,轴 y_0 为该截面的对称轴,$x_C = 0$,只需计算 y_C。由附录 B 型钢表中查得

① 16b 号槽钢。

$A_1 = 25.15\ \mathrm{cm}^2$,$I_{x_1} = 83.4\ \mathrm{cm}^4$,$I_{y_1} = 935\ \mathrm{cm}^4$,$y_1 = 1.75\ \mathrm{cm}$,$C_1$ 为其形心

② 16 号工字钢。

$A_2 = 26.11\ \mathrm{cm}^2$,$I_{x_2} = 1\ 130\ \mathrm{cm}^4$,$I_{y_2} = 93.1\ \mathrm{cm}^4$,$h = 160\ \mathrm{mm}$,$C_2$ 为其形心

$$y_C = \frac{\left[25.15 \times 10^2 \times (160 + 17.5) + 26.11 \times 10^2 \times \dfrac{160}{2}\right]}{(25.15 \times 10^2 + 26.11 \times 10^2)}\ \mathrm{mm} = 128\ \mathrm{mm}$$

(2) 计算整个图形对形心轴的惯性矩 I_x、I_y

可由平行移轴公式求得

$$I_x = I_{x_1} + (y_1 + h - y_C)^2 A_1 + I_{x_2} + \left(y_C - \frac{h}{2}\right)^2 A_2$$

$$= \left[83.4 \times 10^4 + (17.5 + 160 - 128)^2 \times 25.15 \times 10^2 + 1\ 130 \times 10^4\right.$$

$$\left. + \left(128 - \frac{160}{2}\right)^2 \times 26.11 \times 10^2\right]\ \mathrm{mm}^4 = 243 \times 10^5\ \mathrm{mm}^4$$

$$I_y = I_{y_1} + I_{y_2} = (935 \times 10^4 + 93.1 \times 10^4)\ \mathrm{mm}^4 = 103 \times 10^5\ \mathrm{mm}^4$$

在图形平面内,通过形心可以作无数根形心轴,图形对各轴的惯性矩各不相同。可以证明,其中必然有一极大值与一极小值;具有极大值惯性矩的形心轴与具有极小值惯性矩的形心轴互相垂直;当互相垂直的两个形心轴有一根是图形的对称轴时,则图形对这两个形心轴的惯性矩一为极大值,另一为极小值。如上例中,对轴 x_C 的惯性矩为极大值,对轴 y_C 的惯性矩为极小值。

附录 B 型 钢 表

表 B-1 工字钢截面尺寸、截面面积、理论重量及截面特性

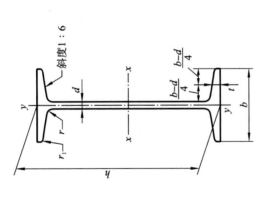

说明：

h —— 高度；
b —— 腿宽度；
d —— 腰厚度；
t —— 腿中间厚度；
r —— 内圆弧半径；
r_1 —— 腿端圆弧半径。

型号	截面尺寸/mm						截面面积/cm²	理论重量/(kg/m)	外表面积/(m²/m)	惯性矩/cm⁴		惯性半径/cm		截面模数/cm³	
	h	b	d	t	r	r_1				I_x	I_y	i_x	i_y	W_x	W_y
10	100	68	4.5	7.6	6.5	3.3	14.33	11.3	0.432	245	33.0	4.14	1.52	49.0	9.72
12	120	74	5.0	8.4	7.0	3.5	17.80	14.0	0.493	436	46.9	4.95	1.62	72.7	12.7
12.6	126	74	5.0	8.4	7.0	3.5	18.10	14.2	0.505	488	46.9	5.20	1.61	77.5	12.7
14	140	80	5.5	9.1	7.5	3.8	21.50	16.9	0.553	712	64.4	5.76	1.73	102	16.1

续表

型号	截面尺寸/mm						截面面积/cm²	理论重量/(kg/m)	外表面积/(m²/m)	惯性矩/cm⁴		惯性半径/cm		截面模数/cm³	
	h	b	d	t	r	r_1				I_x	I_y	i_x	i_y	W_x	W_y
16	160	88	6.0	9.9	8.0	4.0	26.11	20.5	0.621	1 130	93.1	6.58	1.89	141	21.2
18	180	94	6.5	10.7	8.5	4.3	30.74	24.1	0.681	1 660	122	7.36	2.00	185	26.0
20a	200	100	7.0	11.4	9.0	4.5	35.55	27.9	0.742	2 370	158	8.15	2.12	237	31.5
20b	200	102	9.0	11.4	9.0	4.5	39.55	31.1	0.746	2 500	169	7.96	2.06	250	33.1
22a	220	110	7.5	12.3	9.5	4.8	42.10	33.1	0.817	3 400	225	8.99	2.31	309	40.9
22b	220	112	9.5	12.3	9.5	4.8	46.50	36.5	0.821	3 570	239	8.78	2.27	325	42.7
24a	240	116	8.0	13.0	10.0	5.0	47.71	37.5	0.878	4 570	280	9.77	2.42	381	48.4
24b	240	118	10.0	13.0	10.0	5.0	52.51	41.2	0.882	4 800	297	9.57	2.38	400	50.4
25a	250	116	8.0	13.0	10.0	5.0	48.51	38.1	0.898	5 020	280	10.2	2.40	402	48.3
25b	250	118	10.0	13.0	10.0	5.0	53.51	42.0	0.902	5 280	309	9.94	2.40	423	52.4
27a	270	122	8.5	13.7	10.5	5.3	54.52	42.8	0.958	6 550	345	10.9	2.51	485	56.6
27b	270	124	10.5	13.7	10.5	5.3	59.92	47.0	0.962	6 870	366	10.7	2.47	509	58.9
28a	280	122	8.5	13.7	10.5	5.3	55.37	43.5	0.978	7 110	345	11.3	2.50	508	56.6
28b	280	124	10.5	13.7	10.5	5.3	60.97	47.9	0.982	7 480	379	11.1	2.49	534	61.2
30a	300	126	9.0	14.4	11.0	5.5	61.22	48.1	1.031	8 950	400	12.1	2.55	597	63.5
30b	300	128	11.0	14.4	11.0	5.5	67.22	52.8	1.035	9 400	422	11.8	2.50	627	65.9
30c	300	130	13.0	14.4	11.0	5.5	73.22	57.5	1.039	9 850	445	11.6	2.46	657	68.5
32a	320	130	9.5	15.0	11.5	5.8	67.12	52.7	1.084	11 100	460	12.8	2.62	692	70.8
32b	320	132	11.5	15.0	11.5	5.8	73.52	57.7	1.088	11 600	502	12.6	2.61	726	76.0
32c	320	134	13.5	15.0	11.5	5.8	79.92	62.7	1.092	12 200	544	12.3	2.61	760	81.2

续表

型号	截面尺寸/mm						截面面积/cm²	理论重量/(kg/m)	外表面积/(m²/m)	惯性矩/cm⁴		惯性半径/cm		截面模数/cm³	
	h	b	d	t	r	r₁				I_x	I_y	i_x	i_y	W_x	W_y
36a	360	136	10.0	15.8	12.0	6.0	76.44	60.0	1.185	15 800	552	14.4	2.69	875	81.2
36b		138	12.0	15.8	12.0		83.64	65.7	1.189	16 500	582	14.1	2.64	919	84.3
36c		140	14.0				90.84	71.3	1.193	17 300	612	13.8	2.60	962	87.4
40a	400	142	10.5	16.5	12.5	6.3	86.07	67.6	1.285	21 700	660	15.9	2.77	1 090	93.2
40b		144	12.5	16.5	12.5		94.07	73.8	1.289	22 800	692	15.6	2.71	1 140	96.2
40c		146	14.5				102.1	80.1	1.293	23 900	727	15.2	2.65	1 190	99.6
45a	450	150	11.5	18.0	13.5	6.8	102.4	80.4	1.411	32 200	855	17.7	2.89	1 430	114
45b		152	13.5	18.0	13.5		111.4	87.4	1.415	33 800	894	17.4	2.84	1 500	118
45c		154	15.5				120.4	94.5	1.419	35 300	938	17.1	2.79	1 570	122
50a	500	158	12.0	20.0	14.0	7.0	119.2	93.6	1.539	46 500	1 120	19.7	3.07	1 860	142
50b		160	14.0	20.0	14.0		129.2	101	1.543	48 600	1 170	19.4	3.01	1 940	146
50c		162	16.0				139.2	109	1.547	50 600	1 220	19.0	2.96	2 080	151
55a	550	166	12.5	21.0	14.5	7.3	134.1	105	1.667	62 900	1 370	21.6	3.19	2 290	164
55b		168	14.5	21.0	14.5		145.1	114	1.671	65 600	1 420	21.2	3.14	2 390	170
55c		170	16.5				156.1	123	1.675	68 400	1 480	20.9	3.08	2 490	175
56a	560	166	12.5	21.0	14.5		135.4	106	1.687	65 600	1 370	22.0	3.18	2 340	165
56b		168	14.5	21.0			146.6	115	1.691	68 500	1 490	21.6	3.16	2 450	174
56c		170	16.5				157.8	124	1.695	71 400	1 560	21.3	3.16	2 550	183
63a	630	176	13.0	22.0	15.0	7.5	154.6	121	1.862	93 900	1 700	24.5	3.31	2 980	193
63b		178	15.0	22.0	15.0		167.2	131	1.866	98 100	1 810	24.2	3.29	3 160	204
63c		180	17.0				179.8	141	1.870	102 000	1 920	23.8	3.27	3 300	214

表 B-2 槽钢截面尺寸、截面面积、理论重量及截面特性

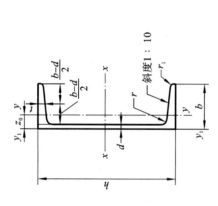

说明:

h——高度;
b——腿宽度;
d——腰厚度;
t——腿中间厚度;
r——内圆弧半径;
r_1——腿端圆弧半径;
z_0——重心距离。

型号	截面尺寸/mm						截面面积/cm²	理论重量/(kg/m)	外表面积/(m²/m)	惯性矩/cm⁴			惯性半径/cm		截面模数/cm³		重心距离/cm
	h	b	d	t	r	r_1				I_x	I_y	I_{y1}	i_x	i_y	W_x	W_y	z_0
5	50	37	4.5	7.0	7.0	3.5	6.925	5.44	0.226	26.0	8.30	20.9	1.94	1.10	10.4	3.55	1.35
6.3	63	40	4.8	7.5	7.5	3.8	8.446	6.63	0.262	50.8	11.9	28.4	2.45	1.19	16.1	4.50	1.36
6.5	65	40	4.3	7.5	7.5	3.8	8.292	6.51	0.267	55.2	12.0	28.3	2.54	1.19	17.0	4.59	1.38
8	80	43	5.0	8.0	8.0	4.0	10.24	8.04	0.307	101	16.6	37.4	3.15	1.27	25.3	5.79	1.43
10	100	48	5.3	8.5	8.5	4.2	12.74	10.0	0.365	198	25.6	54.9	3.95	1.41	39.7	7.80	1.52
12	120	53	5.5	9.0	9.0	4.5	15.36	12.1	0.423	346	37.4	77.7	4.75	1.56	57.7	10.2	1.62
12.6	126	53	5.5	9.0	9.0	4.5	15.69	12.3	0.435	391	38.0	77.1	4.95	1.57	62.1	10.2	1.59

续表

型号	截面尺寸/mm						截面面积/cm²	理论重量/(kg/m)	外表面积/(m²/m)	惯性矩/cm⁴			惯性半径/cm		截面模数/cm³		重心距离/cm
	h	b	d	t	r	r_1				I_x	I_y	I_{y1}	i_x	i_y	W_x	W_y	z_0
14a	140	58	6.0	9.5	9.5	4.8	18.51	14.5	0.480	564	53.2	107	5.52	1.70	80.5	13.0	1.71
14b	140	60	8.0	9.5	9.5	4.8	21.31	16.7	0.484	609	61.1	121	5.35	1.69	87.1	14.1	1.67
16a	160	63	6.5	10.0	10.0	5.0	21.95	17.2	0.538	866	73.3	144	6.28	1.83	108	16.3	1.80
16b	160	65	8.5	10.0	10.0	5.0	25.15	19.8	0.542	935	83.4	161	6.10	1.82	117	17.6	1.75
18a	180	68	7.0	10.5	10.5	5.2	25.69	20.2	0.596	1 270	98.6	190	7.04	1.96	141	20.0	1.88
18b	180	70	9.0	10.5	10.5	5.2	29.29	23.0	0.600	1 370	111	210	6.84	1.95	152	21.5	1.84
20a	200	73	7.0	11.0	11.0	5.5	28.83	22.6	0.654	1 780	128	244	7.86	2.11	178	24.2	2.01
20b	200	75	9.0	11.0	11.0	5.5	32.83	25.8	0.658	1 910	144	268	7.64	2.09	191	25.9	1.95
22a	220	77	7.0	11.5	11.5	5.8	31.83	25.0	0.709	2 390	158	298	8.67	2.23	218	28.2	2.10
22b	220	79	9.0	11.5	11.5	5.8	36.23	28.5	0.713	2 570	176	326	8.42	2.21	234	30.1	2.03
24a	240	78	7.0	12.0	12.0	6.0	34.21	26.9	0.752	3 050	174	325	9.45	2.25	254	30.5	2.10
24b	240	80	9.0	12.0	12.0	6.0	39.01	30.6	0.756	3 280	194	355	9.17	2.23	274	32.5	2.03
24c	240	82	11.0	12.0	12.0	6.0	43.81	34.4	0.760	3 510	213	388	8.96	2.21	293	34.4	2.00
25a	250	78	7.0	12.0	12.0	6.0	34.91	27.4	0.722	3 370	176	322	9.82	2.24	270	30.6	2.07
25b	250	80	9.0	12.0	12.0	6.0	39.91	31.3	0.776	3 530	196	353	9.41	2.22	282	32.7	1.98
25c	250	82	11.0	12.0	12.0	6.0	44.91	35.3	0.780	3 690	218	384	9.07	2.21	295	35.9	1.92

续表

型号	截面尺寸/mm						截面面积/cm²	理论重量/(kg/m)	外表面积/(m²/m)	惯性矩/cm⁴			惯性半径/cm		截面模数/cm³		重心距离/cm
	h	b	d	t	r	r_1				I_x	I_y	I_{y1}	i_x	i_y	W_x	W_y	z_0
27a	270	82	7.5	12.5	12.5	6.2	39.27	30.8	0.826	4 360	216	393	10.5	2.34	323	35.5	2.13
27b		84	9.5				44.67	35.1	0.830	4 690	239	428	10.3	2.31	347	37.7	2.06
27c		86	11.5				50.07	39.3	0.834	5 020	261	467	10.1	2.28	372	39.8	2.03
28a	280	82	7.5	12.5	12.5		40.02	31.4	0.846	4 760	218	388	10.9	2.33	340	35.7	2.10
28b		84	9.5				45.62	35.8	0.850	5 130	242	428	10.6	2.30	366	37.9	2.02
28c		86	11.5				51.22	40.2	0.854	5 500	268	463	10.4	2.29	393	40.3	1.95
30a	300	85	7.5	13.5	13.5	6.8	43.89	34.5	0.897	6 050	260	467	11.7	2.43	403	41.1	2.17
30b		87	9.5				49.89	39.2	0.901	6 500	289	515	11.4	2.41	433	44.0	2.13
30c		89	11.5				55.89	43.9	0.905	6 950	316	560	11.2	2.38	463	46.4	2.09
32a	320	88	8.0	14.0	14.0	7.0	48.50	38.1	0.947	7 600	305	552	12.5	2.50	475	46.5	2.24
32b		90	10.0				54.90	43.1	0.951	8 140	336	593	12.2	2.47	509	49.2	2.16
32c		92	12.0				61.30	48.1	0.955	8 690	374	643	11.9	2.47	543	52.6	2.09
36a	360	96	9.0	16.0	16.0	8.0	60.89	47.8	1.053	11 900	455	818	14.0	2.73	660	63.5	2.44
36b		98	11.0				68.09	53.5	1.057	12 700	497	880	13.6	2.70	703	66.9	2.37
36c		100	13.0				75.29	59.1	1.061	13 400	536	948	13.4	2.67	746	70.0	2.34
40a	400	100	10.5	18.0	18.0	9.0	75.04	58.9	1.144	17 600	592	1 070	15.3	2.81	879	78.8	2.49
40b		102	12.5				83.04	65.2	1.148	18 600	640	1 140	15.0	2.78	932	82.5	2.44
40c		104	14.5				91.04	71.5	1.152	19 700	688	1 220	14.7	2.75	986	86.2	2.42

表 B-3　等边角钢截面尺寸、截面面积、理论重量及截面特性

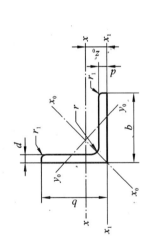

说明：
b——边宽度；
d——边厚度；
r——内圆弧半径；
r_1——边端圆弧半径；
z_0——重心距离。

| 型号 | 截面尺寸/mm | | | 截面面积/cm² | 理论重量/(kg/m) | 外表面积/(m²/m) | 惯性矩/cm⁴ | | | | 惯性半径/cm | | | 截面模数/cm³ | | | 重心距离/cm |
	b	d	r				I_x	I_{x1}	I_{x0}	I_{y0}	i_x	i_{x0}	i_{y0}	W_x	W_{x0}	W_{y0}	z_0
2	20	3	3.5	1.132	0.89	0.078	0.40	0.81	0.63	0.17	0.59	0.75	0.39	0.29	0.45	0.20	0.60
		4		1.459	1.15	0.077	0.50	1.09	0.78	0.22	0.58	0.73	0.38	0.36	0.55	0.24	0.64
2.5	25	3		1.432	1.12	0.098	0.82	1.57	1.29	0.34	0.76	0.95	0.49	0.46	0.73	0.33	0.73
		4		1.859	1.46	0.097	1.03	2.11	1.62	0.43	0.74	0.93	0.48	0.59	0.92	0.40	0.76
3.0	30	3	4.5	1.749	1.37	0.117	1.46	2.71	2.31	0.61	0.91	1.15	0.59	0.68	1.09	0.51	0.85
		4		2.276	1.79	0.117	1.84	3.63	2.92	0.77	0.90	1.13	0.58	0.87	1.37	0.62	0.89
3.6	36	3		2.109	1.66	0.141	2.58	4.68	4.09	1.07	1.11	1.39	0.71	0.99	1.61	0.76	1.00
		4		2.756	2.16	0.141	3.29	6.25	5.22	1.37	1.09	1.38	0.70	1.28	2.05	0.93	1.04
		5		3.382	2.65	0.141	3.95	7.84	6.24	1.65	1.08	1.36	0.70	1.56	2.45	1.00	1.07

续表

型号	截面尺寸/mm			截面面积/cm²	理论重量/(kg/m)	外表面积/(m²/m)	惯性矩/cm⁴				惯性半径/cm			截面模数/cm³			重心距离/cm
	b	d	r				I_x	I_{x1}	I_{x0}	I_{y0}	i_x	i_{x0}	i_{y0}	W_x	W_{x0}	W_{y0}	z_0
4	40	3	5	2.359	1.85	0.157	3.59	6.41	5.69	1.49	1.23	1.55	0.79	1.23	2.01	0.96	1.09
		4		3.086	2.42	0.157	4.60	8.56	7.29	1.91	1.22	1.54	0.79	1.60	2.58	1.19	1.13
		5		3.792	2.98	0.156	5.53	10.70	8.76	2.30	1.21	1.52	0.78	1.96	3.10	1.39	1.17
4.5	45	3	5	2.659	2.09	0.177	5.17	9.12	8.20	2.14	1.40	1.76	0.89	1.58	2.58	1.24	1.22
		4		3.486	2.74	0.177	6.65	12.20	10.60	2.75	1.38	1.74	0.89	2.05	3.32	1.54	1.26
		5		4.292	3.37	0.176	8.04	15.20	12.70	3.33	1.37	1.72	0.88	2.51	4.00	1.81	1.30
		6		5.077	3.99	0.176	9.33	18.40	14.80	3.89	1.36	1.70	0.80	2.95	4.64	2.06	1.33
5	50	3	5.5	2.971	2.33	0.197	7.18	12.5	11.4	2.98	1.55	1.96	1.00	1.96	3.22	1.57	1.34
		4		3.897	3.06	0.197	9.26	16.7	14.7	3.82	1.54	1.94	0.99	2.56	4.16	1.96	1.38
		5		4.803	3.77	0.196	11.2	20.9	17.8	4.64	1.53	1.92	0.98	3.13	5.03	2.31	1.42
		6		5.688	4.46	0.196	13.1	25.1	20.7	5.42	1.52	1.91	0.98	3.68	5.85	2.63	1.46
5.6	56	3	6	3.343	2.62	0.221	10.2	17.6	16.1	4.24	1.75	2.20	1.13	2.48	4.08	2.02	1.48
		4		4.39	3.45	0.220	13.2	23.4	20.9	5.46	1.73	2.18	1.11	3.24	5.28	2.52	1.53
		5		5.415	4.25	0.220	16.0	29.3	25.4	6.61	1.72	2.17	1.10	3.97	6.42	2.98	1.57
		6		6.42	5.04	0.220	18.7	35.3	29.7	7.73	1.71	2.15	1.10	4.68	7.49	3.40	1.61
		7		7.404	5.81	0.219	21.2	41.2	33.6	8.82	1.69	2.13	1.09	5.36	8.49	3.80	1.64
		8		8.367	6.57	0.219	23.6	47.2	37.4	9.89	1.68	2.11	1.09	6.03	9.44	4.16	1.68

续表

型号	截面尺寸/mm			截面面积/cm²	理论重量/(kg/m)	外表面积/(m²/m)	惯性矩/cm⁴				惯性半径/cm			截面模数/cm³			重心距离/cm
	b	d	r				I_x	I_{x1}	I_{x0}	I_{y0}	i_x	i_{x0}	i_{y0}	W_x	W_{x0}	W_{y0}	z_0
6	60	5	6.5	5.829	4.58	0.236	19.9	36.1	31.6	8.21	1.85	2.33	1.19	4.59	7.44	3.48	1.67
		6		6.914	5.43	0.235	23.4	43.3	36.9	9.60	1.83	2.31	1.18	5.41	8.70	3.98	1.70
		7		7.977	6.26	0.235	26.4	50.7	41.9	11.0	1.82	2.29	1.17	6.21	9.88	4.45	1.74
		8		9.02	7.08	0.235	29.5	58.0	46.7	12.3	1.81	2.27	1.17	6.98	11.0	4.88	1.78
6.3	63	4	7	4.978	3.91	0.248	19.0	33.4	30.2	7.89	1.96	2.46	1.26	4.13	6.78	3.29	1.70
		5		6.143	4.82	0.248	23.2	41.7	36.8	9.57	1.94	2.45	1.25	5.08	8.25	3.90	1.74
		6		7.288	5.72	0.247	27.1	50.1	43.0	11.2	1.93	2.43	1.24	6.00	9.66	4.46	1.78
		7		8.412	6.60	0.247	30.9	58.6	49.0	12.8	1.92	2.41	1.23	6.88	11.0	4.98	1.82
		8		9.515	7.47	0.247	34.5	67.1	54.6	14.3	1.90	2.40	1.23	7.75	12.3	5.47	1.85
		10		11.66	9.15	0.246	41.1	84.3	64.9	17.3	1.88	2.36	1.22	9.39	14.6	6.36	1.93
7	70	4	8	5.570	4.37	0.275	26.4	45.7	41.8	11.0	2.18	2.74	1.40	5.14	8.44	4.17	1.86
		5		6.876	5.40	0.275	32.2	57.2	51.1	13.3	2.16	2.73	1.39	6.32	10.3	4.95	1.91
		6		8.160	6.41	0.275	37.8	68.7	59.9	15.6	2.15	2.71	1.38	7.48	12.1	5.67	1.95
		7		9.424	7.40	0.275	43.1	80.3	68.4	17.8	2.14	2.69	1.38	8.59	13.8	6.34	1.99
		8		10.67	8.37	0.274	48.2	91.9	76.4	20.0	2.12	2.68	1.37	9.68	15.4	6.98	2.03

续表

型号	截面尺寸/mm			截面面积/cm²	理论重量/(kg/m)	外表面积/(m²/m)	惯性矩/cm⁴				惯性半径/cm			截面模数/cm³			重心距离/cm
	b	d	r				I_x	I_{x1}	I_{x0}	I_{y0}	i_x	i_{x0}	i_{y0}	W_x	W_{x0}	W_{y0}	z_0
7.5	75	5	9	7.412	5.82	0.295	40.0	70.6	63.3	16.6	2.33	2.92	1.50	7.32	11.9	5.77	2.04
		6		8.797	6.91	0.294	47.0	84.6	74.4	19.5	2.31	2.90	1.49	8.64	14.0	6.67	2.07
		7		10.16	7.98	0.294	53.6	98.7	85.0	22.2	2.30	2.89	1.48	9.93	16.0	7.44	2.11
		8		11.50	9.03	0.294	60.0	113	95.1	24.9	2.28	2.88	1.47	11.2	17.9	8.19	2.15
		9		12.83	10.1	0.294	66.1	127	105	27.5	2.27	2.86	1.46	12.4	19.8	8.89	2.18
		10		14.13	11.1	0.293	72.0	142	114	30.1	2.26	2.84	1.46	13.6	21.5	9.56	2.22
8	80	5		7.912	6.21	0.315	48.8	85.4	77.3	20.3	2.48	3.13	1.60	8.34	13.7	6.66	2.15
		6		9.397	7.38	0.314	57.4	103	91.0	23.7	2.47	3.11	1.59	9.87	16.1	7.65	2.19
		7		10.86	8.53	0.314	65.6	120	104	27.1	2.46	3.10	1.58	11.4	18.4	8.58	2.23
		8		12.30	9.66	0.314	73.5	137	117	30.4	2.44	3.08	1.57	12.8	20.6	9.46	2.27
		9		13.73	10.8	0.314	81.1	154	129	33.6	2.43	3.06	1.56	14.3	22.7	10.3	2.31
		10		15.13	11.9	0.313	88.4	172	140	36.8	2.42	3.04	1.56	15.6	24.8	11.1	2.35
9	90	6	10	10.64	8.35	0.354	82.8	146	131	34.3	2.79	3.51	1.80	12.6	20.6	9.95	2.44
		7		12.30	9.66	0.354	94.8	170	150	39.2	2.78	3.50	1.78	14.5	23.6	11.2	2.48
		8		13.94	10.9	0.353	106	195	169	44.0	2.76	3.48	1.78	16.4	26.6	12.4	2.52
		9		15.57	12.2	0.353	118	219	187	48.7	2.75	3.46	1.77	18.3	29.4	13.5	2.56
		10		17.17	13.5	0.353	129	244	204	53.3	2.74	3.45	1.76	20.1	32.0	14.5	2.59
		12		20.31	15.9	0.352	149	294	236	62.2	2.71	3.41	1.75	23.6	37.1	16.5	2.67

续表

型号	截面尺寸/mm			截面面积/cm²	理论重量/(kg/m)	外表面积/(m²/m)	惯性矩/cm⁴				惯性半径/cm			截面模数/cm³			重心距离/cm
	b	d	r				I_x	I_{x1}	I_{x0}	I_{y0}	i_x	i_{x0}	i_{y0}	W_x	W_{x0}	W_{y0}	z_0
10	100	6	12	11.93	9.37	0.393	115	200	182	47.9	3.10	3.90	2.00	15.7	25.7	12.7	2.67
		7		13.80	10.8	0.393	132	234	209	54.7	3.09	3.89	1.99	18.1	29.6	14.3	2.71
		8		15.64	12.3	0.393	148	267	235	61.4	3.08	3.88	1.98	20.5	33.2	15.8	2.76
		9		17.46	13.7	0.392	164	300	260	68.0	3.07	3.86	1.97	22.8	36.8	17.2	2.80
		10		19.26	15.1	0.392	180	334	285	74.4	3.05	3.84	1.96	25.1	40.3	18.5	2.84
		12		22.80	17.9	0.391	209	402	331	86.8	3.03	3.81	1.95	29.5	46.8	21.1	2.91
		14		26.26	20.6	0.391	237	471	374	99.0	3.00	3.77	1.94	33.7	52.9	23.4	2.99
		16		29.63	23.3	0.390	263	540	414	111	2.98	3.74	1.94	37.8	58.6	25.6	3.06
11	110	7	12	15.20	11.9	0.433	177	311	281	73.4	3.41	4.30	2.20	22.1	36.1	17.5	2.96
		8		17.24	13.5	0.433	199	355	316	82.4	3.40	4.28	2.19	25.0	40.7	19.4	3.01
		10		21.26	16.7	0.432	242	445	384	100	3.38	4.25	2.17	30.6	49.4	22.9	3.09
		12		25.20	19.8	0.431	283	535	448	117	3.35	4.22	2.15	36.1	57.6	26.2	3.16
		14		29.06	22.8	0.431	321	625	508	133	3.32	4.18	2.14	41.3	65.3	29.1	3.24

续表

型号	截面尺寸/mm			截面面积/cm²	理论重量/(kg/m)	外表面积/(m²/m)	惯性矩/cm⁴				惯性半径/cm			截面模数/cm³			重心距离/cm
	b	d	r				I_x	I_{x1}	I_{x0}	I_{y0}	i_x	i_{x0}	i_{y0}	W_x	W_{x0}	W_{y0}	z_0
12.5	125	8		19.75	15.5	0.492	297	521	471	123	3.88	4.88	2.50	32.5	53.3	25.9	3.37
		10		24.37	19.1	0.491	362	652	574	149	3.85	4.85	2.48	40.0	64.9	30.6	3.45
		12		28.91	22.7	0.491	423	783	671	175	3.83	4.82	2.46	41.2	76.0	35.0	3.53
		14		33.37	26.2	0.490	482	916	764	200	3.80	4.78	2.45	54.2	86.4	39.1	3.61
		16		37.74	29.6	0.489	537	1 050	851	224	3.77	4.75	2.43	60.9	96.3	43.0	3.68
14	140	10	14	27.37	21.5	0.551	515	915	817	212	4.34	5.46	2.78	50.6	82.6	39.2	3.82
		12		32.51	25.5	0.551	604	1 100	959	249	4.31	5.43	2.76	59.8	96.9	45.0	3.90
		14		37.57	29.5	0.550	689	1 280	1 090	284	4.28	5.40	2.75	68.8	110	50.5	3.98
		16		42.54	33.4	0.549	770	1 470	1 220	319	4.26	5.36	2.74	77.5	123	55.6	4.06
15	150	8		23.75	18.6	0.592	521	900	827	215	4.69	5.90	3.01	47.4	78.0	38.1	3.99
		10		29.37	23.1	0.591	638	1 130	1 010	262	4.66	5.87	2.99	58.4	95.5	45.5	4.08
		12		34.91	27.4	0.591	749	1 350	1 190	308	4.63	5.84	2.97	69.0	112	52.4	4.15
		14		40.37	31.7	0.590	856	1 580	1 360	352	4.60	5.80	2.95	79.5	128	58.8	4.23
		15		43.06	33.8	0.590	907	1 690	1 440	374	4.59	5.78	2.95	84.6	136	61.9	4.27
		16		45.74	35.9	0.589	958	1 810	1 520	395	4.58	5.77	2.94	89.6	143	64.9	4.31

附录 B 型钢表 **325**

续表

型号	b	d	r	截面面积/cm²	理论重量/(kg/m)	外表面积/(m²/m)	I_x	I_{x1}	I_{x0}	I_{y0}	i_x	i_{x0}	i_{y0}	W_x	W_{x0}	W_{y0}	z_0
16	160	10	16	31.50	24.7	0.630	780	1 370	1 240	322	4.98	6.27	3.20	66.7	109	52.8	4.31
		12		37.44	29.4	0.630	917	1 640	1 460	377	4.95	6.24	3.18	79.0	129	60.7	4.39
		14		43.30	34.0	0.629	1 050	1 910	1 670	432	4.92	6.20	3.16	91.0	147	68.2	4.47
		16		49.07	38.5	0.629	1 180	2 190	1 870	485	4.89	6.17	3.14	103	165	75.3	4.55
18	180	12	16	42.24	33.2	0.710	1 320	2 330	2 100	543	5.59	7.05	3.58	101	165	78.4	4.89
		14		48.90	38.4	0.709	1 510	2 720	2 410	622	5.56	7.02	3.56	116	189	88.4	4.97
		16		55.47	43.5	0.709	1 700	3 120	2 700	699	5.54	6.98	3.55	131	212	97.8	5.05
		18		61.96	48.6	0.708	1 880	3 500	2 990	762	5.50	6.94	3.51	146	235	105	5.13
20	200	14	18	54.64	42.9	0.788	2 100	3 730	3 340	864	6.20	7.82	3.98	145	236	112	5.46
		16		62.01	48.7	0.788	2 370	4 270	3 760	971	6.18	7.79	3.96	164	266	124	5.54
		18		69.30	54.4	0.787	2 620	4 810	4 160	1 080	6.15	7.75	3.94	182	294	136	5.62
		20		76.51	60.1	0.787	2 870	5 350	4 550	1 180	6.12	7.72	3.93	200	322	147	5.69
		24		90.66	71.2	0.785	3 340	6 460	5 290	1 380	6.07	7.64	3.90	236	374	167	5.87

续表

型号	截面尺寸/mm			截面面积/cm²	理论重量/(kg/m)	外表面积/(m²/m)	惯性矩/cm⁴				惯性半径/cm			截面模数/cm³			重心距离/cm
	b	d	r				I_x	I_{x1}	I_{x0}	I_{y0}	i_x	i_{x0}	i_{y0}	W_x	W_{x0}	W_{y0}	z_0
22	220	16	21	68.67	53.9	0.866	3 190	5 680	5 060	1 310	6.81	8.59	4.37	200	326	154	6.03
		18		76.75	60.3	0.866	3 540	6 400	5 620	1 450	6.79	8.55	4.35	223	361	168	6.11
		20		84.76	66.5	0.866	3 870	7 110	6 150	1 590	6.76	8.52	4.34	245	395	182	6.18
		22		92.68	72.8	0.865	4 200	7 830	6 670	1 730	6.73	8.48	4.32	267	429	195	6.26
		24		100.5	78.9	0.864	4 520	8 550	7 170	1 870	6.71	8.45	4.31	289	461	208	6.33
		26		108.3	85.0	0.864	4 830	9 280	7 690	2 000	6.68	8.41	4.30	310	492	221	6.41
25	250	18	24	87.84	69.0	0.985	5 270	9 380	8 370	2 170	7.75	9.76	4.97	290	473	224	6.84
		20		97.05	76.2	0.984	5 780	10 400	9 180	2 380	7.72	9.73	4.95	320	519	243	6.92
		22		106.2	83.3	0.983	6 280	11 500	9 970	2 580	7.69	9.69	4.93	349	564	261	7.00
		24		115.2	90.4	0.983	6 770	12 500	10 700	2 790	7.67	9.66	4.92	378	608	278	7.07
		26		124.2	97.5	0.982	7 240	13 600	11 500	2 980	7.64	9.62	4.90	406	650	295	7.15
		28		133.0	104	0.982	7 700	14 600	12 200	3 180	7.61	9.58	4.89	433	691	311	7.22
		30		141.8	111	0.981	8 160	15 700	12 900	3 380	7.58	9.55	4.88	461	731	327	7.30
		32		150.5	118	0.981	8 600	16 800	13 600	3 570	7.56	9.51	4.87	488	770	342	7.37
		35		163.4	128	0.980	9 240	18 400	14 600	3 850	7.52	9.46	4.86	527	827	364	7.48

表 B-4 不等边角钢截面尺寸、截面面积、理论重量及截面特性

说明：
B——长边宽度；
b——短边宽度；
d——边厚度；
r——内圆弧半径；
r_1——边端圆弧半径；
x_0——重心距离；
y_0——重心距离。

型号	截面尺寸/mm B	b	d	r	截面面积/cm²	理论重量/(kg/m)	外表面积/(m²/m)	惯性矩/cm⁴ I_x	I_{x1}	I_y	I_{y1}	I_u	惯性半径/cm i_x	i_y	i_u	截面模数/cm³ W_x	W_y	W_u	$\tan\alpha$	重心距离/cm x_0	y_0
2.5/1.6	25	16	3	3.5	1.162	0.91	0.080	0.70	1.56	0.22	0.43	0.14	0.78	0.44	0.34	0.43	0.19	0.16	0.392	0.42	0.86
			4		1.499	1.18	0.079	0.88	2.09	0.27	0.59	0.17	0.77	0.43	0.34	0.55	0.24	0.20	0.381	0.46	0.90
3.2/2	32	20	3	3.5	1.492	1.17	0.102	1.53	3.27	0.46	0.82	0.28	1.01	0.55	0.43	0.72	0.30	0.25	0.382	0.49	1.08
			4		1.939	1.52	0.101	1.93	4.37	0.57	1.12	0.35	1.00	0.54	0.42	0.93	0.39	0.32	0.374	0.53	1.12
4/2.5	40	25	3	4	1.890	1.48	0.127	3.08	5.39	0.93	1.59	0.56	1.28	0.70	0.54	1.15	0.49	0.40	0.385	0.59	1.32
			4		2.467	1.94	0.127	3.93	8.53	1.18	2.14	0.71	1.36	0.69	0.54	1.49	0.63	0.52	0.381	0.63	1.37
4.5/2.8	45	28	3	5	2.149	1.69	0.143	4.45	9.10	1.34	2.23	0.80	1.44	0.79	0.61	1.47	0.62	0.51	0.383	0.64	1.47
			4		2.806	2.20	0.143	5.69	12.1	1.70	3.00	1.02	1.42	0.78	0.60	1.91	0.80	0.66	0.380	0.68	1.51
5/3.2	50	32	3	5.5	2.431	1.91	0.161	6.24	12.5	2.02	3.31	1.20	1.60	0.91	0.70	1.84	0.82	0.68	0.404	0.73	1.60
			4		3.177	2.49	0.160	8.02	16.7	2.58	4.45	1.53	1.59	0.90	0.69	2.39	1.06	0.87	0.402	0.77	1.65

续表

型号	B	b	d	r	截面面积/cm²	理论重量/(kg/m)	外表面积/(m²/m)	I_x	I_{x1}	I_y	I_{y1}	I_u	i_x	i_y	i_u	W_x	W_y	W_u	$\tan\alpha$	x_0	y_0
5.6/3.6	56	36	3	6	2.743	2.15	0.181	8.88	17.5	2.92	4.7	1.73	1.80	1.03	0.79	2.32	1.05	0.87	0.408	0.80	1.78
			4		3.590	2.82	0.180	11.5	23.4	3.76	6.33	2.23	1.79	1.02	0.79	3.03	1.37	1.13	0.408	0.85	1.82
			5		4.415	3.47	0.180	13.9	29.3	4.49	7.94	2.67	1.77	1.01	0.78	3.71	1.65	1.36	0.404	0.88	1.87
6.3/4	63	40	4	7	4.058	3.19	0.202	16.5	33.3	5.23	8.63	3.12	2.02	1.14	0.88	3.87	1.70	1.40	0.398	0.92	2.04
			5		4.993	3.92	0.202	20.0	41.6	6.31	10.9	3.76	2.00	1.12	0.87	4.74	2.07	1.71	0.396	0.95	2.08
			6		5.908	4.64	0.201	23.4	50.0	7.29	13.1	4.34	1.96	1.11	0.86	5.59	2.43	1.99	0.393	0.99	2.12
			7		6.802	5.34	0.201	26.5	58.1	8.24	15.5	4.97	1.98	1.10	0.86	6.40	2.78	2.29	0.389	1.03	2.15
7/4.5	70	45	4	7.5	4.553	3.57	0.226	23.2	45.9	7.55	12.3	4.40	2.26	1.29	0.98	4.86	2.17	1.77	0.410	1.02	2.24
			5		5.609	4.40	0.225	28.0	57.1	9.13	15.4	5.40	2.23	1.28	0.98	5.92	2.65	2.19	0.407	1.06	2.28
			6		6.644	5.22	0.225	32.5	68.4	10.6	18.6	6.35	2.21	1.26	0.98	6.95	3.12	2.59	0.404	1.09	2.32
			7		7.658	6.01	0.225	37.2	80.0	12.0	21.8	7.16	2.20	1.25	0.97	8.03	3.57	2.94	0.402	1.13	2.36
7.5/5	75	50	5	8	6.126	4.81	0.245	34.9	70.0	12.6	21.0	7.41	2.39	1.44	1.10	6.83	3.3	2.74	0.435	1.17	2.40
			6		7.260	5.70	0.245	41.1	84.3	14.7	25.4	8.54	2.38	1.42	1.08	8.12	3.88	3.19	0.435	1.21	2.44
			8		9.467	7.43	0.244	52.4	113	18.5	34.2	10.9	2.35	1.40	1.07	10.5	4.99	4.10	0.429	1.29	2.52
			10		11.59	9.10	0.244	62.7	141	22.0	43.4	13.1	2.33	1.38	1.06	12.8	6.04	4.99	0.423	1.36	2.60
8/5	80	50	5	8	6.376	5.00	0.255	42.0	85.2	12.8	21.1	7.66	2.56	1.42	1.10	7.78	3.32	2.74	0.388	1.14	2.60
			6		7.560	5.93	0.255	49.5	103	15.0	25.4	8.85	2.56	1.41	1.08	9.25	3.91	3.20	0.387	1.18	2.65
			7		8.724	6.85	0.255	56.2	119	17.0	29.8	10.2	2.54	1.39	1.08	10.6	4.48	3.70	0.384	1.21	2.69
			8		9.867	7.75	0.254	62.8	136	18.9	34.3	11.4	2.52	1.38	1.07	11.9	5.03	4.16	0.381	1.25	2.73

续表

型号	截面尺寸/mm				截面面积/cm²	理论重量/(kg/m)	外表面积/(m²/m)	惯性矩/cm⁴					惯性半径/cm			截面模数/cm³			tan α	重心距离/cm	
	B	b	d	r				I_x	I_{x1}	I_y	I_{y1}	I_u	i_x	i_y	i_u	W_x	W_y	W_u		x_0	y_0
9/5.6	90	56	5	9	7.212	5.66	0.287	60.5	121	18.3	29.5	11.0	2.90	1.59	1.23	9.92	4.21	3.49	0.385	1.25	2.91
			6		8.557	6.72	0.286	71.0	146	21.4	35.6	12.9	2.88	1.58	1.23	11.7	4.96	4.13	0.384	1.29	2.95
			7		9.881	7.76	0.286	81.0	170	24.4	41.7	14.7	2.86	1.57	1.22	13.5	5.70	4.72	0.382	1.33	3.00
			8		11.18	8.78	0.286	91.0	194	27.2	47.9	16.3	2.85	1.56	1.21	15.3	6.41	5.29	0.380	1.36	3.04
10/6.3	100	63	6	10	9.618	7.55	0.320	99.1	200	30.9	50.5	18.4	3.21	1.79	1.38	14.6	6.35	5.25	0.394	1.43	3.24
			7		11.11	8.72	0.320	113	233	35.3	59.1	21.0	3.20	1.78	1.38	16.9	7.29	6.02	0.394	1.47	3.28
			8		12.58	9.88	0.319	127	266	39.4	67.9	23.5	3.18	1.77	1.37	19.1	8.21	6.78	0.391	1.50	3.32
			10		15.47	12.1	0.319	154	333	47.1	85.7	28.3	3.15	1.74	1.35	23.3	9.98	8.24	0.387	1.58	3.40
10/8	100	80	6	10	10.64	8.35	0.354	107	200	61.2	103	31.7	3.17	2.40	1.72	15.2	10.2	8.37	0.627	1.97	2.95
			7		12.30	9.66	0.354	123	233	70.1	120	36.2	3.16	2.39	1.72	17.5	11.7	9.60	0.626	2.01	3.00
			8		13.94	10.9	0.353	138	267	78.6	137	40.6	3.14	2.37	1.71	19.8	13.2	10.8	0.625	2.05	3.04
			10		17.17	13.5	0.353	167	334	94.7	172	49.1	3.12	2.35	1.69	24.2	16.1	13.1	0.622	2.13	3.12
11/7	110	70	6	10	10.64	8.35	0.354	133	266	42.9	69.1	25.4	3.54	2.01	1.54	17.9	7.90	6.53	0.403	1.57	3.53
			7		12.30	9.66	0.354	153	310	49.0	80.8	29.0	3.53	2.00	1.53	20.6	9.09	7.50	0.402	1.61	3.57
			8		13.94	10.9	0.353	172	354	54.9	92.7	32.5	3.51	1.98	1.53	23.3	10.3	8.45	0.401	1.65	3.62
			10		17.17	13.5	0.353	208	443	65.9	117	39.2	3.48	1.96	1.51	28.5	12.5	10.3	0.397	1.72	3.70

续表

型号	B	b	d	r	截面面积/cm²	理论重量/(kg/m)	外表面积/(m²/m)	I_x	I_{x1}	I_y	I_{y1}	I_u	i_x	i_y	i_u	W_x	W_y	W_u	$\tan\alpha$	x_0	y_0
12.5/8	125	80	7	11	14.10	11.1	0.403	228	455	74.4	120	43.8	4.02	2.30	1.76	26.9	12.0	9.92	0.408	1.80	4.01
			8		15.99	12.6	0.403	257	520	83.5	138	49.2	4.01	2.28	1.75	30.4	13.6	11.2	0.407	1.84	4.06
			10		19.71	15.5	0.402	312	650	101	173	59.5	3.98	2.26	1.74	37.3	16.6	13.6	0.404	1.92	4.14
			12		23.35	18.3	0.402	364	780	117	210	69.4	3.95	2.24	1.72	44.0	19.4	16.0	0.400	2.00	4.22
14/9	140	90	8	12	18.04	14.2	0.453	366	731	121	196	70.8	4.50	2.59	1.98	38.5	17.3	14.3	0.411	2.04	4.50
			10		22.26	17.5	0.452	446	913	140	246	85.8	4.47	2.56	1.96	47.3	21.2	17.5	0.409	2.12	4.58
			12		26.40	20.7	0.451	522	1 100	170	297	100	4.44	2.54	1.95	55.9	25.0	20.5	0.406	2.19	4.66
			14		30.46	23.9	0.451	594	1 280	192	349	114	4.42	2.51	1.94	64.2	28.5	23.5	0.403	2.27	4.74
15/9	150	90	8		18.84	14.8	0.473	442	898	123	196	74.1	4.84	2.55	1.98	43.9	17.5	14.5	0.364	1.97	4.92
			10		23.26	18.3	0.472	539	1 120	149	246	89.9	4.81	2.53	1.97	54.0	21.4	17.7	0.362	2.05	5.01
			12		27.60	21.7	0.471	632	1 350	173	297	105	4.79	2.50	1.95	63.8	25.1	20.8	0.359	2.12	5.09
			14		31.86	25.0	0.471	721	1 570	196	350	120	4.76	2.48	1.94	73.3	28.8	23.8	0.356	2.20	5.17
			15		33.95	26.7	0.471	764	1 680	207	376	127	4.74	2.47	1.93	78.0	30.5	25.3	0.354	2.24	5.21
			16		36.03	28.3	0.470	806	1 800	217	403	134	4.73	2.45	1.93	82.6	32.3	26.8	0.352	2.27	5.25
16/10	160	100	10	13	25.32	19.9	0.512	669	1 360	205	337	122	5.14	2.85	2.19	62.1	26.6	21.9	0.390	2.28	5.24
			12		30.05	23.6	0.511	785	1 640	239	406	142	5.11	2.82	2.17	73.5	31.3	25.8	0.388	2.36	5.32
			14		34.71	27.2	0.510	896	1 910	271	476	162	5.08	2.80	2.16	84.6	35.8	29.6	0.385	2.43	5.40
			16		39.28	30.8	0.510	1 000	2 180	302	548	183	5.05	2.77	2.16	95.3	40.2	33.4	0.382	2.51	5.48

续表

型号	截面尺寸/mm				截面面积/cm²	理论重量/(kg/m)	外表面积/(m²/m)	惯性矩/cm⁴					惯性半径/cm			截面模数/cm³			tan α	重心距离/cm	
	B	b	d	r				I_x	I_{x1}	I_y	I_{y1}	I_u	i_x	i_y	i_u	W_x	W_y	W_u		x_0	y_0
18/11	180	110	10	14	28.37	22.3	0.571	956	1 940	278	447	167	5.80	3.13	2.42	79.0	32.5	26.9	0.376	2.44	5.89
			12		33.71	26.5	0.571	1 120	2 330	325	539	195	5.78	3.10	2.40	93.5	38.3	31.7	0.374	2.52	5.98
			14		38.97	30.6	0.570	1 290	2 720	370	632	222	5.75	3.08	2.39	108	44.0	36.3	0.372	2.59	6.06
			16		44.14	34.6	0.569	1 440	3 110	412	726	249	5.72	3.06	2.38	122	49.4	40.9	0.369	2.67	6.14
20/12.5	200	125	12	14	37.91	29.8	0.641	1 570	3 190	483	788	286	6.44	3.57	2.74	117	50.0	41.2	0.392	2.83	6.54
			14		43.87	34.4	0.640	1 800	3 730	551	922	327	6.41	3.54	2.73	135	57.4	47.3	0.390	2.91	6.62
			16		49.74	39.0	0.639	2 020	4 260	615	1 060	366	6.38	3.52	2.71	152	64.9	53.3	0.388	2.99	6.70
			18		55.53	43.6	0.639	2 240	4 790	677	1 200	405	6.35	3.49	2.70	169	71.7	59.2	0.385	3.06	6.78

附录 C 名词索引

参 考 文 献

[1] 李前程,安学敏. 建筑力学[M]. 2版. 北京:高等教育出版社,2013.

[2] 刘成云. 建筑力学[M]. 北京:机械工业出版社,2006.

[3] 孙俊,郑辉中,董羽惠. 建筑力学[M]. 重庆:重庆大学出版社,2005.

[4] 同济大学航空航天与力学学院. 建筑力学[M]. 上海:同济大学出版社,2005.

[5] 范钦珊,陈建平. 理论力学[M]. 2版. 北京:高等教育出版社,2010.

[6] 王铎,赵经文. 理论力学[M]. 6版. 北京:高等教育出版社,2002.

[7] 李宜民,王慕龄,宫能平. 理论力学[M]. 徐州:中国矿业大学出版社,1996.

[8] 王崇革,等. 理论力学教程[M]. 北京:北京航空航天大学出版社,2004.

[9] 浙江大学理论力学教研室. 理论力学[M]. 4版. 北京:高等教育出版社,1999.

[10] 朱照宣,周起钊,殷金生. 理论力学[M]. 北京:北京大学出版社,1982.

[11] 刘鸿文. 材料力学[M]. 5版. 北京:高等教育出版社,2011.

[12] 孙训方,等. 材料力学[M]. 5版. 北京:高等教育出版社,2013.

[13] 粟一凡. 材料力学[M]. 2版. 北京:高等教育出版社,1983.

[14] 戴葆青. 材料力学教程[M]. 北京:北京航空航天大学出版社,2004.

[15] 武建华. 材料力学[M]. 重庆:重庆大学出版社,2007.

[16] 龙驭球,包世华,等. 结构力学[M]. 4版. 北京:高等教育出版社,2018.

[17] 李廉锟. 结构力学[M]. 6版. 北京:高等教育出版社,2016.

[18] 王焕定,等. 结构力学[M]. 2版. 北京:高等教育出版社,2012.

[19] 包世华. 结构力学[M]. 武汉:武汉工业大学出版社,2000.

[20] 孙俊,等. 结构力学[M]. 2版. 重庆:重庆大学出版社,2012.

[21] 梁圣复. 建筑力学[M]. 2版. 北京:机械工业出版社,2011.

[22] 刘寿梅. 建筑力学[M]. 2版. 北京:高等教育出版社,2015.

[23] GHALI A. Structural Analysis [M]. London：Chapman and Hall，1989.